Mit vollem Genuss

Pfeife rauchen

Heiko Behrens · Holger Frickert

Mit vollem Genuss
Pfeife rauchen

Wissenswertes über die Pfeife und den Tabak

VIEBRANZ VERLAG

Vorwort

Vor Ihnen liegt nun die von Grund auf revidierte, aktualisierte und fast gänzlich neu illustrierte Ausgabe unseres gleichnamigen Buches, das wir im Jahre 1985 erstmals der Pfeife rauchenden Öffentlichkeit vorstellten. Wie schon in der ersten Version wird hier der Genuss von Pfeife und Tabak unter allen Aspekten gewürdigt. Dabei kommen den Verfassern ihre langjährigen beruflichen Erfahrungen in diesem Bereich zugute. Und obwohl seit damals zu diesem Thema einige interessante Bücher erschienen sind, fehlte unseres Erachtens auch weiterhin ein Nachschlagewerk, welches die Rolle des „ständigen Begleiters" für den Pfeifenraucher erfüllen kann. Neben Ausflügen in die Geschichte der Rauchkultur erfährt der Leser alles Wissenswerte über den Umgang mit Pfeife und Tabak, garniert mit hilfreichen Ratschlägen und Anregungen zur Lösung von gelegentlich auftretenden Problemen.

Ein wesentlicher Grund, der uns damals zum Schreiben und jetzt zur erneuten Veröffentlichung veranlasste, liegt in der Absicht eines „Brückenschlags" zwischen Herstellern und Handel unserer Branche auf der einen und dem Verbraucher auf der anderen Seite. Wir bieten dem Leser einen Blick „hinter die Kulissen" der Pfeifen- und Tabakherstellung und damit die Möglichkeit zu einem eigenen Urteil. Wir möchten ihn auf diese Weise darauf aufmerksam machen und daran erinnern, dass gerade bei Pfeifen Anspruch und Wirklichkeit in einem realistischen Verhältnis stehen müssen. Wir wollen auf diesem Wege - auch und gerade in Zeiten zunehmend aggressiver Ablehnung, die uns Tabakgenießern heute entgegegenschlägt - den „gestandenen" Pfeifenraucher ermutigen, „bei der Stange zu bleiben" und den jüngeren Interessenten den Weg ebnen zu unserer anregenden Variante des Genießens.

Die Verfasser

Inhalt

Das Geheimnis des Pfeifenrauchens 6

Pfeife und Tabak - eine kleine Philosophie 8
Der Pfeifenraucher - Klischee und Wirklichkeit 11
Die Tabakspfeife: ein historischer Überblick 13
Bruyèreholz oder Briar 28
Die Meerschaumpfeife 59

Alles rund um die Pfeife 69

Konstruktionsmerkmale von Pfeifen 70
Das Wichtigste über Mundstücke 71
Filtersysteme für Pfeifen und Systempfeifen 82
Tipps für den Kauf einer Pfeife 91
Über das richtige Einrauchen von Pfeifen 103
Die Pflege der Pfeife und das nötige Zubehör 110
»Exotische« Pfeifen 127

Die Pfeife - ein handwerkliches Kunstwerk 133

Dem Pfeifenmacher zugeschaut: ein Werkstattbericht 134
Die Arbeitsabläufe in einer Pfeifenfabrik 141
Pfeifen aus Dänemark und ihre Geschichte 148
Die Entstehung einer handgefertigten Pfeife 160
Anleitung zum Selbstfertigen von Pfeifen 165
Die Reparatur einer Pfeife 171

Alles rund um den Tabak 179

Zum Charakter des Tabaks 180
Reifungsprozesse und Trocknung des Blattgutes;
die gängigen Fermentationsarten und ihre
Auswirkungen auf den Tabak 183
Der Handel mit Tabak ist Vertrauenssache 189
Ein Besuch im Rohtabaklager 192
In der Tabakfabrik 197
Der geheimnisvolle Orienttabak 209
Die Ursprünge des Tabakgenusses
und seine Ausbreitung in Europa 213
Tabakanbau in Virginia 220
Wer produziert (noch) Pfeifentabak? 222
Zum Schluss eine Anmerkung zum Thema „Zigarre“ 224

Register 228

Anhang/Impressum 236

Das Geheimnis des Pfeifenrauchens

Pfeife und Tabak - eine kleine Philosophie

Der Pfeifenraucher - Klischee und Wirklichkeit

Die Tabakspfeife: ein historischer Überblick

Bruyèreholz oder Briar

Die Meerschaumpfeife

Pfeife und Tabak - eine kleine Philosophie

Wenn wir über Tabak und Pfeifen zu schreiben beginnen, befinden wir uns sofort in einem Dilemma. Spontan möchte man der Versuchung gehorchen und die breit ausgetretenen Pfade gängiger Berichterstattung einschlagen, doch bereits nach wenigen Sätzen hält man inne: Sind es eigentlich eigene Gedanken, die man niederschreibt? Sind es nicht vielmehr von Autor zu Autor weitergereichte Anekdoten und humoristisch verpacktes Erfahrungswissen vieler Generationen von Rauchern, das lange genug im eigenen Saft schmorte?

Gänzlich vermeiden lässt sich dieser Stil nicht. Man beginnt zu grübeln, man horcht in sich hinein. Nach vielen Pfeifenfüllungen kommt man zu der Erkenntnis: Du musst dem Leser einfach erzählen, was Tabak und Pfeife für dich bedeuten. Lass den Gedanken freien Lauf, und du wirst verstanden, denn eine gewisse Gemeinsamkeit der Gedanken verbindet wohl alle Pfeifenraucher. Also möchten wir mit einem Zitat beginnen, weil es genau das ausdrückt, was wir sagen wollen.

Calabash-Modell des dänischen Pfeifenmachers Emil Chonowitsch († 1996). Eine Pfeife von bezaubernder Leichtigkeit und feiner Eleganz.

Der italienische Künstler Piero Chiara schreibt: *„Wenn ich male, dann folge ich seit Jahren einem Ritus, dem ich niemals die gebührende Bedeutung beigemessen habe. Oft - zwischen zwei Pinselstrichen - setze ich mich in eine Ecke meines Ateliers, um das begonnene Gemälde zu betrachten. Dann nehme ich - fast ohne es zu bemerken - eine der vielen Pfeifen meiner Sammlung, stopfe sie sorgfältig mit sieben Fingerspitzen Tabak, zünde sie an und genieße sie langsam in ruhigen Zügen. Nur jetzt, da ich über diese Bewegungsabläufe nachdenke, wird mir bewusst, wie wichtig sie für mich sind und wie sehr sie mir bei meiner Arbeit helfen. Aus diesem kleinen, aus einer Wurzel gefertigten Gegenstand entspringt für mich, jedes Mal wenn ich ihn gebrauche, eine freundschaftliche Zusammenarbeit, eine Glückseligkeit und ein Gefühl der Ausgeglichenheit, das ich anders nur schwer finden würde."*

Das Rauchen als Sinnbild der Einheit zwischen Mensch und Natur

Dies genau ist das „Geheimnis" des Pfeifenrauchens. Wer es nicht kennt, wird es niemals in seiner Tiefe gebührend nachempfinden können. Pfeife und Tabak laden zum Verweilen ein. Mit den ersten Zügen löst sich die Anspannung des Arbeitsprozesses, die Gedanken kreisen, scheinbar verspielt. Doch in Wirklichkeit ordnen sie sich, die geistige Energie konzentriert sich auf den nächsten Schritt. So ist es nicht verwunderlich, dass viele schöpferische Menschen Pfeife rauchen. Die Ruhepausen dienen der Sammlung, und der Tabak ist der liebenswerte Mittler.

Aus kulturgeschichtlicher Sicht wurde die Rauch - „Zeremonie" geprägt durch die Wahl der Rauchinstrumente. Die langen Tonpfeifen und die Meerschaumpfeife ließen wegen ihrer Zerbrechlichkeit eine unbekümmerte Handhabung nicht zu. Sie konnten nicht ohne Probleme mitgeführt werden, es sei denn, man trug ständig einen voluminösen Koffer bei sich. Sie dienten daher eher der genüsslichen Entspannung nach dem Tagwerk. Die in ihrer Blütezeit mit extremer Länge protzenden deutschen Gesteckpfeifen begrenzten erst recht das Rauchvergnügen auf die eigenen vier Wände oder allenfalls das Wirtshaus. Erst die handliche und relativ robuste Bruyèrepfeife, die man bequem in der Jacken- oder Manteltasche verstauen konnte, machte das Pfeifenrauchen mobil.

Sie hätte sich eigentlich viel früher durchsetzen müssen, als es in Wirklichkeit geschah. Der Grund dafür ist, wie so oft, in gesellschaftlichen Schranken zu suchen, die damals auch die Rauchkultur prägten. Der statusbewusste Bürger verband mit der Pfeife ein gewisses Prestige. Sie war eine für jedermann sichtbare Visitenkarte und musste deshalb respektabel wirken. Vermutlich erinnerten die relativ kurzen Bruyèrepfeifen zu sehr an die Stummelpfeifchen aus Ton, die - von den einfachen Leuten bevorzugt - auch in der Öffentlichkeit geraucht wurden. Obwohl bereits um 1800 in Spanien Pfeifen aus Bruyèreholz anzutreffen waren, kann das im französischen Jura gelegene Städtchen Saint Claude als die Wiege der Pfeife unserer Tage betrachtet werden. Die „Arme-Leute-Pfeife" wurde dort nachweislich seit 1850 in größeren Stückzahlen von Manufakturen hergestellt. Zwar verlegte Henri Comoy seine Bruyèrepfeifenproduktion bereits 1875 nach London, doch bezog der Gentleman der Upper Class weiterhin seine Meerschaumpfeifen aus Wien oder Paris. Alfred Dunhill blieb es vorbehalten, die „Briar" mit der Prägung „London Made" in den Clubs und Salons gesellschaftsfähig zu machen.

In „primitiven" Kulturen war das Rauchen Sinnbild der Einheit zwischen Mensch und Natur und oft Bestandteil religiöser Riten. Nehmen wir als Beispiel das Kalumet, die „Friedenspfeife" der Prärieindianer. Das Zeremoniell des Kalumet war ihnen heilig. Sie bliesen daraus den Rauch der ersten Züge gegen die Sonne und in die vier Himmelsrichtungen. Der Rauch stieg auf zu Manitu, der ihnen der Sage nach den roten Stein (Catlinit) zur Herstellung ihrer Pfeifenköpfe geschenkt hatte. In dieser indianischen Tradition zeigt sich die Rauchkultur von ihrer erhabensten Seite. Ruhe, Harmonie und friedliche Besonnenheit waren die Gefährten des Kalumet. Krieg, Erregung und Hass hatten dort keinen Platz. Hier also liegt der Ursprung unserer Rauchkultur. Und was haben wir daraus gemacht? Die Zigarette „zwischendurch", den suchtgeprägten tiefen Lungenzug zur Beruhigung der angespannten Nerven, gipfelnd in exzessivem „Kettenrauchen"! Das ist die Kehrseite jenes Erbes, einer Tradition des bewussten und tiefgründigen Tabak-Erlebens, die in uns Pfeifenrauchern auch heute noch fortlebt.

Die Pfeife wehrt sich gegen allzu achtlosen Gebrauch und versagt dem Raucher den ersehnten Genuss. In Herman Melvilles Roman „Moby Dick" sucht Kapitän Ahab Zuflucht beim Tabak vor seiner rastlosen Unruhe auf der Jagd nach dem weißen Wal: *„Geraume Weile saß er da und stieß den Qualm in raschen und regelmäßigen Wolken aus, die ihm gleich wieder ins Gesicht wehten. ‚Nanu', meinte er schließlich und nahm die Pfeife aus dem Mund, ‚wo bleibt denn die Beschwichtigung bei dieser Raucherei? O meine Pfeife! Schlimm muss es um mich stehen, wenn dein Trost dahin ist! Da habe ich mich nun abgemüht, ohne Lust und Liebe, jawohl, und die ganze Zeit habe ich ahnungslos gegen den Wind geraucht; gegen den Wind und mit so heftigen Zügen, als sei - wie beim verendeten Wal - mein letztes Gebläse am kräftigsten und am unheilvollsten. Was habe ich mit dieser Pfeife zu schaffen? Mit diesem Ding, das für ein heiteres Gemüt bestimmt ist... Ich will nichts mehr davon wissen.'"* Achtlos wirft er die Trostspenderin aus besseren Tagen über Bord.

Ein alter Fischer mit „Südwester" genießt versonnen seine kleine Tonpfeife. Kohlezeichnung, Hamburg ca. 1900. Aus „Auf zur Reise durch Hamburgs Geschichte", M. Glogau jr. Verlag

Pfeifenraucher „erarbeiten" sich ihren Rauchgenuss

Pfeifen- und Zigarrenraucher sind gezwungen, sich auf den Rauchvorgang einzustellen und genießen somit bewusster. Man kann also nicht in jeder Gemütslage zur Pfeife greifen. Hektik und Stress, beides Nährboden für den flüchtigen Rauchkonsum, stören die Einstimmung auf die Pfeife und lassen sie alsbald erlöschen. Sie beginnt zu brodeln und zu stinken - und rächt sich so für das Fehlverhalten ihres Besitzers. Voraussetzung für genussreiches Rauchen sind also Ruhe, Gelassenheit und Entspannung.

Andererseits kann man aber aus den Erkenntnissen der psychologischen Lerntheorien schließen, dass sich dieser Sachverhalt unter gewissen Bedingungen auch umkehren lässt. Schafft es der Raucher, sich kurzzeitig aus dem nervenaufreibenden Diktat des Terminplans zu lösen, so kann er mit der glimmenden Pfeifenfüllung eben jene innere Ruhe erreichen, die für das „Ritual" benötigt wird. So entsteht eine tiefe Beziehung zwischen Mensch, Tabak und Pfeife, die Außenstehende oft zu der irrigen Annahme verleitet, Pfeifenraucher seien „von Natur aus" ruhige und bedachtsame Menschen.

Rot und Weiß vereint im Genuss von Tabak und Pfeife - die Realität sah leider gänzlich anders aus. Zeitungswerbung, USA ca. Ende 19. Jahrhundert.

Zwischen Zigaretten- und Pfeifenrauchen besteht ein großer Unterschied. Während Pfeifentabak und auch Zigarren vorwiegend die Rezeptoren für Duft- und Geschmacksreize auf Zunge, Gaumen und Nasenschleimhaut ansprechen, wird der Zigarettenrauch zusätzlich inhaliert und entfaltet dadurch seine anregende Wirkung.

Die Pfeife ist also aus psychischen wie auch physischen Ursachen schwieriger zu handhaben als die Zigarette. Darin mag einer der wichtigsten Gründe liegen, warum sie in unserer zusehends hektischeren, unruhigeren und schnelllebigeren Zeit die Pfeife allmählich ins Abseits gedrängt hat, wo sie ein - wenn auch beschauliches - Nischendasein führt.

Rauchen und Gesundheit

Da sind wir nun, quasi durch die Hintertür, in einen Bereich vorgedrungen, der heute zu den Standardthemen der Medien gehört. Die generelle Ächtung des „Tabakmissbrauchs" findet ständig mehr Befürworter, in den letzten Jahren mit zusätzlichem Auftrieb durch den enorm gestiegenen Konsum „harter Drogen". Zigaretten-, Zigarren- und Pfeifenraucher werden hier „in einen Topf geworfen" und pauschal be- oder vielmehr verurteilt. Dieser „Rundumschlag" ist in höchstem Maße ungerecht, denn er berücksichtigt in keiner Weise das Rauchverhalten der verschiedenen Gruppen.

Die Zigarette, diese schlanke Verführerin, spart nicht mit ihren Reizen. Sie umgarnt ihr Opfer allmählich und entlässt es aus ihren Verstrickungen nur noch unter äußerster Willensanstrengung und mit entsprechenden Entzugserscheinungen. Sie wirkt am Anfang harmlos und zeigt die weniger schönen Seiten ihres Wesens erst im Stadium der Abhängigkeit. Sie wird zuerst „so nebenbei" genossen, doch schon bald bekommt der Griff zur Zigarette etwas mechanisches. Das Ausmaß des Konsums wird allenfalls beiläufig registriert, wenn die Schachtel leer ist. Und so entpuppt sich der Zigarettenkonsum als die einfachste Art zu rauchen, aber auch als die gefährlichste, denn das Bewusstsein bleibt weitgehend ausgeschaltet. Gerade das Bewusstsein hat aber immer entscheidenden Einfluss auf die Auswirkungen eines Genussmittels, sei es von Tee, Kaffee, gutem Essen, Alkohol oder eben Tabak. Wo das Bewusstsein und die Vernunft ausgeschaltet, wo also die Steuerungsmöglichkeiten eines maßvollen Umgangs mit Genussmitteln reduziert sind, ist immer mit akuten oder chronischen Schäden zu rechnen. Pfeifentabak lässt sich einfach nicht „kettenrauchen". Bereits ein, zwei Pfeifenfüllungen erzeugen beim Raucher einen Sättigungsgrad, der unmissverständlich zur Pause zwingt. Raucht man dennoch weiter, so schmeckt die nächste Pfeife einfach nicht mehr.

Wir schreiben ein Buch für Raucher, ein Buch über den Genuss von Tabak und Pfeife. Niemand kann und wird von uns, die wir selbst die Freuden des Rauchens schätzen gelernt haben, erwarten, dass wir hier in aller Ausführlichkeit die Argumente für und wider das Rauchen aus medizinischer Sicht vor Ihnen ausbreiten - die Medien tun das bereits zur Genüge. Daher wollen wir uns auf diese kurze Einlassung beschränken.

Erlauben Sie uns, zum Schluss dieses Gedankenganges noch einmal weiter auszuholen. In unserer Zeit, am Beginn eines neuen Jahrtausends, hat sich der Mensch wie nie zuvor an die sich immer rasanter entwickelnde Technik mit all ihren Vor- und Nachteilen gekettet. Die Einheit von Mensch und Natur ist zusehends verlorengegangen. Wir machten uns „die Erde untertan", wie es in der Bibel heißt. Wir überwinden Zeit und Raum durch hochtechnisierte Fortbewegungs- und Kommunikationsmittel und treiben doch einer immer ungewisseren Zukunft entgegen.

Überkommene, für Generationen maßgebende Werte haben ihre Gültigkeit verloren, was vor allem im konservativen Lager mit Inbrunst beklagt wird. Neue Wertbegriffe, an denen sich orientieren ließe, entstehen nur spärlich - es bleibt ihnen kaum mehr Zeit, sich zu entwickeln, da sind sie schon wieder überholt. Eben aus diesem Bewusstsein heraus ist das Pfeifenrauchen für uns ein Medium der Besinnung, vielleicht auch der Rückbesinnung. Das Pfeifenrauchen als Sinnbild der Einheit von Mensch und Natur: langsam glimmendes, duftendes Tabakkraut, umfangen vom handschmeichelnd geformten Wildwuchs der Bruyèrewurzel, das sanfte, fast schwerelose Sich-Kräuseln aufsteigenden Rauchs. Das ist Rauchkultur und verschlüsselte Lebensfreude für einen leider allzu kleinen Kreis von Eingeweihten. Wir können den Lauf der Welt nicht durch das Pfeifenrauchen ändern. Und doch hat wohl manch tragender Gedanke das Licht der Welt erblickt durch die verschwiegene Vermittlung des Tabakrauchs, der dazu beiträgt, unsere Welt lebens- und liebenswerter zu gestalten.

Der Pfeifenraucher - Klischee und Wirklichkeit

Seit vielen, vielen Jahren lesen wir jede uns zugängliche Veröffentlichung über das Pfeifenrauchen, greifen anschließend zur Schere und archivieren alle Texte in mittlerweile recht dickleibigen Ordnern. Bei der Auswertung können wir uns jedoch oft des Schmunzelns nicht erwehren, denn gar manchem der Berichte zufolge ist der Pfeifenraucher geradezu eine Zierde der Menschheit.

Hans Albers - hier in der Titelrolle des Films „Der Mann, der Sherlock Holmes war" - mit festem Blick, männlich-markant, ein Idol seiner Zeit... natürlich mit Pfeife.

Er ist intelligent, er ist überlegen, aber nicht anmaßend, er ist markant männlich und von individueller Lebensart, er hat Niveau und beruflichen Erfolg, er zeigt Geschmack und ist Neuem gegenüber stets aufgeschlossen. Manchem geht das runter wie Öl - uns stößt es eher sauer auf. Eine derart überhöhte positive Darstellung wird uns Pfeifenrauchern ebenso wenig gerecht wie die heute schon fast zum guten Ton gehörende pauschalisierende Verurteilung des Rauchens. Und sie setzt uns Erwartungen aus, denen wir nicht oder nur sehr begrenzt gerecht werden können. Pfeifenraucher finden sich in allen gesellschaftlichen Schichten, und wie überall reicht die Bandbreite der Charaktere vom eher schlichten Gemüt bis zum hochgebildeten, scharfsinnigen Intellektuellen, vom „Otto Normalverbraucher" bis zum Industriemagnaten, vom freundlich-friedlichen Nachbarn bis zum despotischen Machtmenschen. Ja, es muss leider gesagt werden: auch Stalin war ein Pfeifenraucher. Es überwiegen aber bei weitem die freundlichen, angenehmen und in sich ruhenden Zeitgenossen unter den Pfeifenrauchern.

Die weiblichen Leser mögen uns im übrigen verzeihen, dass wir von „dem Pfeifenraucher" sprechen - es gibt mittlerweile recht viele Frauen, die am Pfeifenrauchen Gefallen finden. In manchen Publikationsbereichen ist es heute fast obligatorisch, Worte mit männlichem Artikel durch das Anhängsel „.../innen" zu verlängern und zu neutralisieren. Wir wollen auf derlei formalistische Mätzchen lieber verzichten.

Der „alte Hase" und seine gelehrige Schülerin. Das Pfeifenrauchen ist schon längst keine männliche Domäne mehr.

Worin liegt nun die Ursache dieser offensichtlich übertriebenen Etikettierungen? Ganz einfach: Man überträgt die Technik des Pfeifenrauchens auf die Wesensart des Pfeifenrauchers. Pfeifen sind nun einmal sensibel zu handhaben. Man muss schon ruhig und einigermaßen ausgeglichen sein, um überhaupt Freude an dieser Art des Rauchgenusses zu finden. Andererseits wird man ruhiger, wenn man eine Pfeife raucht. In Hektik und durch zu hastiges Ziehen würde sie zu heiß werden. Genussvoll Pfeife rauchen kann man also nur in einem gelassenen, entspannten Gemütszustand.

Warum greifen wir zu Tabak und Pfeife?

Mit dieser Frage sind wir bei einem wichtigen Thema angelangt: der Motivation. Warum unterwerfen wir uns in dieser schnelllebigen Zeit dem mühevollen, langwierigen Ritual des Pfeifestopfens, des Anzündens, der ständigen Anforderung nach Aufmerksamkeit während des Rauchens und schließlich der nötigen Säuberung der Pfeife? Das Pfeifenrauchen ist wohl eines der wenigen Reservate individuellen Genusses, die uns geblieben sind.

Tabak und Pfeife sind etwas höchst Privates. Im Gegensatz zur Zigarette wird die Pfeife nicht nebenher genossen. Liebevoll und aufmerksam wird sie gestopft, mit Bedacht der Tabak entzündet. Ein bequemer Sessel und ein anregendes Buch, das Gespräch unter Freunden, dazu vielleicht ein Glas Tee oder ein Schoppen Wein sind die idealen Begleiter für eine beschaulich genossene Pfeife. Ein Anflug von „heiler Welt", nach der sich wohl jeder im Stillen sehnt, kommt auf bei Betrachtung dieser Szenerie. Diese Assoziation mag in der Wohllebephase der 60er und 70er Jahre des vergangenen Jahrhunderts viele Politiker bewogen haben, sich der Öffentlichkeit möglichst oft Pfeife rauchend zu präsentieren - seltsamerweise in der Regel mit einer geraden Pfeife, obwohl doch allgemein die gebogenen Modelle bevorzugt werden. Ein „Hänger" wäre wohl dem Image des dynamischen Machers eher abträglich gewesen. Im Zuge der verstärkten Antiraucherkampagnen in allen Medien und der „fürsorglichen" Verhängung von Rauchverboten in öffentlichen Gebäuden, am Arbeitsplatz und jetzt auch in Gaststätten hat sich das Bild allerdings deutlich gewandelt: von wenigen Ausnahmen abgesehen, wagt sich die Prominentenriege von Politikern und Schauspielern nur noch gesundheitsbewusst und rauchfrei an die Öffentlichkeit.

In der gehobenen Trivialliteratur, besonders in Kriminalromanen, wird der Pfeifenraucher vortrefflich gewürdigt. Arthur Conan Doyles berühmter Detektiv Sherlock Holmes ohne Pfeife? Kaum auszudenken! Die zum Kombinieren von Fakten und Beobachtungen nötige Energie wird erst durch den Tabakgenuss aktiviert. Dem stets beflissenen Assistenten Dr. Watson bleibt die Pfeife natürlich vorenthalten. Ihm, dem eher naiven Bewunderer, ist lediglich die Rolle des mehr oder minder gescheit Fragenden zugedacht - und die des Chronisten. Georges Simenon, der belgische Autor unzähliger fesselnder Kriminalgeschichten, war selbst ein passionierter Pfeifenraucher. Seine wohl berühmteste Schöpfung, den Kommissar Maigret, stattete er mit ähnlichen Attributen aus wie Doyle seinen Sherlock Holmes. Die Pfeife vermittelt hier Gelassenheit, Überlegenheit und Weitblick.

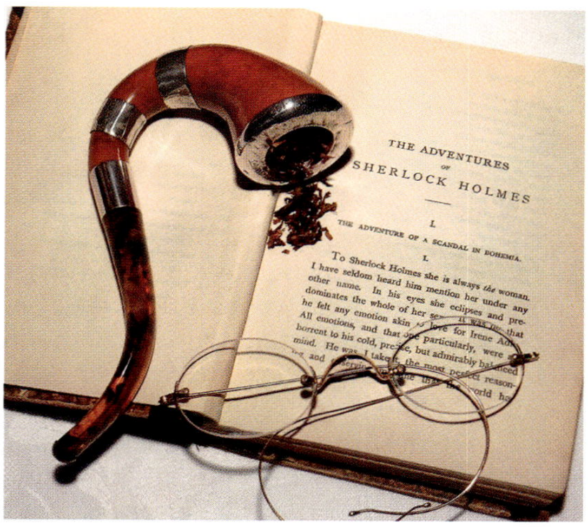

Calabash-Pfeife aus England, ausgehendes 19. Jahrhundert. Der Meerschaumeinsatz wird von einer Kappe aus Sterling Silber gehalten. Der Korpus wurde mehrfach mit aufgesetzten Silberringen repariert.

Das positive Klischee vom „edlen“ Pfeifenraucher birgt aber auch eine Reihe von Gefahren. Es kann erstarren oder gar zur Karikatur ausarten, denn viele der Attribute haben ihre Wurzeln in der Vergangenheit. So liegt die Vorstellung nicht fern, dass wir Pfeifenraucher eben wegen jener vortrefflichen Eigenschaften, die ständig übernommen und wiederholt werden, einer Fremdeinschätzung ausgesetzt sind, die heute viele junge Leute vom Pfeifenrauchen abhält. Es gibt „Nachwuchssorgen“. Das begleitende Drum und Dran erscheint den Jungen vielleicht als zu spießerhaft, unzeitgemäß und, nicht ganz zu Unrecht, ziemlich kostspielig.

In der Gestalt des Booms der Zigarre, den wir in jüngster Zeit zu verzeichnen haben, zeigt sich aber ein „Silberstreif am Horizont“. Denn es sind in großer Zahl die Jungen, die am genießerischen, geschmacksbetonten Zigarrenrauchen Gefallen finden. Die Ähnlichkeit dieser Art des Tabakgenusses mit der des Pfeifenrauchens gibt zu der Hoffnung Anlass, dass einige der neuen Zigarrenfreunde bald auch den Weg zum Pfeifenrauchen finden und damit die Zukunftssorgen um diesen Part unserer Rauchkultur verscheuchen werden.

Die Tabakspfeife: ein historischer Überblick

Für den russischen Schriftsteller und passionierten Pfeifenraucher Ilja Ehrenburg ist die Pfeife mehr als nur ein Gegenstand: *„Zernagt, durchräuchert, stellt sie sozusagen das menschliche Leben dar, eine Chronik seiner Leidenschaften, denn in dem Holz, in dem Ton oder in dem Stein verbirgt sich die Spur des menschlichen Atems. Atem, Geist, Seele. - Beseeltheit.“* Ein wahrhaft schönes Sinnbild des Pfeifenrauchens. Mensch und Pfeife wachsen im täglichen Umgang zu einer Einheit zusammen, die Pfeife wird zu einem Stück der eigenen Persönlichkeit, was manchmal - wie im folgenden Beispiel - zu dramatischen Ereignissen führen kann.

Der Maler und Karikaturist George Grosz, bekannt durch seine teils drastische Darstellung der Auswüchse gesellschaftlicher Zerrissenheit in der Weimarer Zeit, war der Pfeife fast schon „verfallen“ wie einer Geliebten. Er pflegte mit dem Verleger Mark Neven DuMont einen regen Briefwechsel, und immer wieder ging es um Pfeife und Tabak, mit denen Neven DuMont von London aus seinen Freund George Grosz in Berlin versorgen musste. Hier eine kleine Kostprobe („Teurer Makkaroni“, Argon Verlag, Berlin 1992):

„... doch ich verhaspele mich ja vor Erregung und Wut - also um Dir endlich zu sagen was los ist: Mensch es ist einfach doll, komme mir schon wirklich wie ein von geheimen magischen Kräften Verfolgter vor, sone Saubande, in die Zeitungen müsste es rein, solche Betrüger, also Neven es ist ja wirklich kaum zu sagen, also so was, ich habe direkt einen Schock bekommen, als es plötzlich so unangenehm bekannt in der bowl pruzzelte und knergelte, brennt mir doch meine [Dunhill] *No. 56 links unten durch, kannst Dir lebhaft vorstellen wie mir zu Mute war. Sprachlos sass ich lange und starrte auf den ominösen schwarzen Schandfleck. Eigenmündig hatte ich die No. 56 angeraucht, seit ein paar Tagen war sie sozusagen über das erste dumme Vierteljahr hinaus, (bildlich gemeint, denn ich besaß sie ja nur einige Wochen) und nun brennt das Schwein durch, weg, aus! erledigt! kaputt! Ich soll drei Tage kein Wort geredet haben -*

dieser Schurke mit dem weichklingenden Namen, dieser Lump - erwürgen hätte ich ihn können, diesen Dönhill. Was sagst Du nu? es ist die fünfte Dönhill, die mich so schmälich getäuscht, und dabei läßt sich das Dreckvieh erst sorgfältig von mir einrauchen, Himmel, Schah und Aasch, pardon ich meinte natürlich Zwirn, also und dann dies. Verflucht sei Alfred und seine Scheisspfeifen mit den Mundstücken die sich immer so lockern bis ins dritte und vierte Glied...".

Skizze von George Grosz aus einem seiner Briefe an Mark Neven Dumont, in dem er sich für eine Tabaklieferung aus England bedankt.

Diesem vernichtenden Urteil über die Qualitäten der Dunhill-Pfeifen können wir uns natürlich nicht anschließen, wir lassen es als historisches Dokument stehen. Die Verzweiflung aber, die aus diesen Briefen spricht, wird ein echter Pfeifenraucher nachfühlen können. Das Phänomen gelockerter Mundstücke, überwiegend als Folge zu heißen Rauchens, ist allerdings auch heute noch aktuell und vielen Pfeifenfreunden geläufig. Wir werden auf dieses Problem in einem späteren Kapitel näher eingehen.

Vom Ursprung der Tabakspfeife

Das Wort „Pfeife" hat seinen Ursprung im vulgärlateinischen „pipa", zu deutsch Rohrflöte (rückgebildet aus „pipare" bzw. „pipilare" = „piepen" von Vögeln). Im englischen Wort „pipe" ist dieser Zusammenhang wohl noch am ehesten erhalten geblieben (z. B. „pipeline"). Das Rohr ist die Urform der indianischen Pfeife. Man nimmt an, dass zu Beginn der Rauchkultur die Tabakblätter aufgeschichtet und entzündet wurden, um dann den aufsteigenden Rauch durch ein Rohr einzusaugen, z. B. einen durchbohrten Schilfhalm oder einen gerade gewachsenen Ast, den man der Länge nach gespalten, ausgekehlt und später mit Baumharz verklebt und mit Bast umwickelt hatte.

Schon lange vor der Entdeckung Amerikas durch die Europäer haben die Ureinwohner den Pfeifenkopf aus Ton erfunden. In den rätselhaften „Mounds", den Grabhügeln frühzeitlicher indianischer Kulturen in Nordamerika vom Golf von Mexico bis hinauf zu den großen Seen, fanden Archäologen Pfeifenköpfe aus Ton und aus poliertem weichem Stein (Steatit oder Catlinit). Ihre kunstfertige Ausarbeitung lässt auf ein hohes handwerkliches Niveau schließen, wie es in Europa erst viele Jahrhunderte später erreicht wurde.

Die Rolle von Pfeife und Tabak bei den Indianern Nordamerikas

Den wohl nachhaltigsten Eindruck hat das Kalumet, die „heilige Pfeife" der Prärieindianer bei den Europäern hinterlassen. Der lange gerade Stiel war häufig mit bunten Federn, mit Perlen und manchmal auch mit geflochtenen Haaren verziert. Die ersten wagemutigen Abenteurer, Fallensteller oder Forscher stießen auf ihren Reisen durch die nordamerikanische Wildnis überall auf Indianer und waren froh, wenn der Häuptling eines Stammes zur Begrüßung das Kalumet ergriff. Er blies daraus die ersten Züge gegen die Sonne und in die vier Himmelsrichtungen und überreichte die Pfeife dann dem Gast. Der Trapper Alexander Ross berichtete, das Rauchen des Kalumet sei *„der Einleitungsschritt zu allen wichtigen Angelegenheiten, und bevor die Zeremonie des Rauchens nicht beendet ist, sind mit diesen Leuten keinerlei Verhandlungen möglich".*

Indianische Pfeifenköpfe: oben ein galoppierendes Pferd, geschnitzt aus rotem Catlinit, unten ein Bison, geschnitzt aus dunklem Steatit.

Die Pfeife und der Tabak spielten bei den Indianern in allen gesellschaftlichen Bereichen eine wesentliche Rolle. Kein Ritual wurde von ihnen häufiger ausgeübt als das des Rauchens. Zündete ein Indianer den „kinnikinnick", eine Mischung aus Tabak und aromatischen Kräutern, im steinernen Kopf seiner Pfeife an, so geschah dies oft zu besonderen Anlässen. Doch war das Rauchen auch als zwangloser Genuss verbreitet, und viele Männer besaßen zu diesem Zweck eine eher schmucklose Alltagspfeife. In vielen Stämmen war solches alltägliches Rauchen allerdings nur den älteren Männern von Rang erlaubt. Den jüngeren Kriegern wurde es sogar verboten. Man befürchtete, der Rauch könnte ihnen „den Atem rauben", den sie im Kampf so nötig brauchten.

Federn verziert, so bedeutete das Frieden.

Pfeifen dienten auch als eine Art Reisepass beim Durchqueren fremder Stammesgebiete. Sie wurden auch bei privaten Auseinandersetzungen zur Schlichtung des Streitfalls eingesetzt. Brannte z. B. ein Krieger mit der Frau eines anderen durch, so verlangte die Etikette, dass er dem betrogenen Ehegatten einen alten Mann als Boten schickte und eine Pfeife übergeben ließ. Rauchte der Betrogene diese Pfeife, so gab er zu erkennen, dass er darauf verzichtete, sich an den Liebenden zu rächen.

Manche Prärieindianer bemaßen die Dauer ihrer Beratungen und Zusammenkünfte nach Pfeifenfüllungen. Dies stellte

Indianische Gerätschaften und Waffen, darunter auch zwei Zeremonialpfeifen. Kolorierte Lithographie nach einem Aquarell von Karl Bodmer (1841).

natürlich weder eine Zeitmessung im heutigen Sinne dar, noch war es Ersatz für eine Uhr, sondern es veranschaulichte einfach die Bedeutsamkeit des gehabten Palavers. Doch gibt es auch Zeugnisse dafür, dass die Pfeife wirklich für die Zeitmessung genutzt wurde. So berichtet uns Hans Otto Meißner in seinem Buch „Wildes rauhes Land" von den nordamerikanischen „Voyageurs", den Mittelsmännern zwischen den europäischen Handelsgesellschaften und den Indianern

Zeremonielle Pfeifen waren Eigentum eines Häuptlings oder Medizinmannes und wurden nach dem beschriebenen Ritual geraucht, um einen Eid zu leisten oder Verträge zu schließen. Der weiße Mann leitete daraus den Ausdruck „Friedenspfeife" ab - fälschlicherweise, denn auch vor kriegerischen Auseinandersetzungen machte das Kalumet die Runde. War das Kalumet mit roten Federn geschmückt, bedeutete dies Krieg. War das Kalumet aber mit weißen oder Eskimos. Der Arbeitsrhythmus dieser harten Männer wurde tatsächlich durch die Tabakspfeife bestimmt. Wenn sie in den kurzen Sommern ihre schwerbeladenen Lastenkanus die Flüsse hinaufpaddelten, um von den Indianern wertvolle Pelze und Felle einzutauschen, nahmen sie die Pfeife nur aus dem Mund, um ihre alten französischen Volkslieder zu singen. Meißner schreibt: *„Man berechnete die Entfernung nicht nach Meilen, sondern nach Piepen. Das war auch praktischer, weil ja Meilen über die Reisedauer nichts besagten... Vor der Abfahrt und bei der Ankunft wurde ebenfalls geraucht. Achtzehn Piepen war die übliche Tagesleistung der Voyageurs, gleichbedeutend mit achtzehn Stunden harter Arbeit."*

Palaver zwischen einem Trapper und Indianern. Die Pfeife als wichtiges Requisit durfte dabei niemals fehlen. Nach einer Illustration von Frederick Remington. Aus „Indianer" von H. J. Stammel, Orbis Verlag

Die Prärieindianer waren nicht gerade verwöhnt, was den Tabakgenuss betraf, denn sie kannten nur die aus wild wachsenden Pflanzen kultivierte „Nicotiana Rustica", ein recht herbes und beißendes Kraut, das sie zur Geschmacksmilderung mit aromatischen Kräutern vermischten. Aus einem Reisebericht von Jaques Cartier, der in den Jahren 1534-35 den Sankt-Lorenz-Strom erkundete, erfahren wir wenig Schmeichelhaftes über die Vorzüge dieses Vorläufers unserer Tabakmixturen: *„Wir haben diesen Rauch probiert. Nachdem wir etwas davon im Mund hatten, wurden wir an Pfeffer erinnert. Außerdem war er sehr heiß."* Die Indianer Nordamerikas müssen wirklich leidenschaftliche Pfeifenraucher gewesen sein. Als die Franzosen 1616 in Ontario den Stamm der Tionontati entdeckten, gaben sie ihm den Namen „Tobacco Nation", so sehr beherrschte der Anbau von Tabak das Landschaftsbild ihres Siedlungsraums.

Pehriska-Ruhpa, ein Hidatsa-Häuptling. Kolorierter Kupferstich nach einem Aquarell des schweizerischen Malers Karl Bodmer, der 1839 die Missouri-Indianer besuchte.

Sir Walter Raleigh - Begründer der europäischen Rauchkultur

Einer der Günstlinge der englischen Königin Elisabeth I. - und auch einer der gebildetsten und glänzendsten Männer ihrer Regierung - war Sir Walter Raleigh. Er setzte fast sein gesamtes Vermögen aufs Spiel, um an der nordamerikanischen Küste eine Kolonie zu gründen, die zu Ehren der Königin „Virginia" genannt wurde. Virginia deshalb, weil die recht angejahrte und gewiss nicht prüde Elisabeth als unverheiratete Frau nach der Hof-Etikette noch als „Virgin" (Jungfrau) geführt wurde. Dies nur als Information am Rande, damit Sie wissen, warum wir als Pfeifenraucher großenteils „jungfräulichen" Tabak rauchen. Zurück zu Sir Walter, der neben der Kartoffel auch den Tabak nach England brachte. Raleigh war einer der ersten rauchenden Europäer, und er trug wesentlich zur Verbreitung dieser neuen

Mode bei, indem er seinen Freunden kleine Pfeifen mit silbernem Mundstück schenkte und sie in der eigens dafür eingerichteten „Tabagie", einem Raucherzimmer, in der Etikette des Pfeifenrauchens unterwies.

Sir Walter Raleigh
(1552 - 1618)
Nach einer anonymen Miniatur

Nach dem Tode seiner Schutzherrin Elisabeth I., die kinderlos starb, fiel Walter Raleigh bei ihrem katholischen Nachfolger Jacob I. (James I.) aus der Linie der Stuarts, einem strengen und verbohrten Gegner des Tabakrauchens, wegen eines angeblichen Komplotts in Ungnade und musste seine Tabagie für 13 schwere Jahre mit einem feuchtkalten Kerkerverlies im Tower von London tauschen. Erst als Jacob in Konkurrenz mit Spanien um die Herrschaft auf den Weltmeeren in Geldnöte geriet, erinnerte er sich der Verdienste dieses Seekriegshelden und ließ ihn aus dem Tower holen. Sir Walter Raleigh erhielt das Kommando über ein Kriegsschiff, und man erwartete, dass er in der neuen Welt wie einstmals Francis Drake märchenhafte Reichtümer erbeuten würde. Da er aber erfolglos zurückkehrte und außerdem in Friedenszeiten eine spanische Stadt angegriffen hatte, wurde er verhaftet und, um die Spanier zu besänftigen, hingerichtet. Im Volk hielt sich hartnäckig das Gerücht, er sei in Wirklichkeit wegen seiner Leidenschaft für das Rauchen geköpft worden, zu der er sich auch Jacob gegenüber stets freimütig bekannt hatte. Nach dem Tod Jacobs machte in England ein Spottvers die Runde:

„Sir Walter Raleigh, edler Herr,
ein Trost aus sich'rer Quelle:
King James, der selber nie geraucht,
er qualmt jetzt in der Hölle!"

Über die Tonpfeifen - „Bäckerei"

Die ersten europäischen Pfeifen waren aus Ton. England war am Anfang des 17. Jahrhunderts das Zentrum der Pfeifenbäckerei. Pfeifen aus dem berühmten Purbeck-Ton, die „clay pipes", wurden in Winchester, Broxley und später auch in London in riesigen Mengen gefertigt. Die restriktive Politik des Tabakgegners Jacob I. setzte dieser aufstrebenden Zunft jedoch ein jähes Ende. In den ersten zwanzig Jahren des 17. Jahrhunderts verließen immer mehr Pfeifenbäcker das ungastliche England. Sie fanden schnell und nicht allzu weit entfernt eine neue Heimat, denn die geschäftstüchtigen Holländer nahmen sie mit offenen Armen auf. William Baernelts und andere berühmte Pfeifenbäcker englischer Herkunft sorgten dafür, dass die Stadt Gouda in den folgenden 200 Jahren die Führung in der Pfeifenherstellung hielt. Bereits um 1660 waren in der kleinen Stadt Gouda etwa 500 Handelsmarken für Tonpfeifen registriert.

In Größe und Verarbeitung unterschieden sich die Tonpfeifen holländischer Machart deutlich von ihren englischen Vorgängerinnen. Wegen des enorm hohen Tabakpreises in England wurden dort fast nur winzige Köpfe - sogenannte „fairies" oder „cutties" - hergestellt, die gerade eine Prise Tabak fassen konnten. In Holland war der Tabak billiger, und so fanden dort Pfeifen mit großen Köpfen und längeren Rohren leicht ihre Abnehmer. Nach englischer Tradition wurden sie „aldermen" getauft.

Während der ersten stürmischen Phase der europäischen Rauchkultur im elisabethanischen Zeitalter war natürlich der Reiz des Neuen ein sehr wesentlicher Faktor für die relativ rasche Verbreitung des Rauchens. In den „Tabagien", den Raucherkneipen des kleinen Mannes, konnte man sich eine Tonpfeife mieten. Wer nicht einmal dafür genug Geld hatte, behalf sich mit einer Pfeife aus Schilfrohr mit einer Nussschale als Kopf. Die jungen Herren der besser gestellten Kreise machten einen Kult aus der neuen Mode. In London ging man nach

St. Paul's, um die neue Kunst fachgerecht zu erlernen. Es galt als chic, die Pfeife graziös zu stopfen und tadellose Rauchringe zu erzeugen. Wer sein Handwerk beherrschte, ließ dann keine Gelegenheit aus, sich darin hervorzutun. Natürlich war auch die Ausrüstung des Rauchers ein Zeugnis seiner Eitelkeit. Ein „tobacconist", der auf sich hielt, führte mehrere Tonpfeifen in kostbar verzierten Etuis mit sich, dazu eine Tabakdose aus Elfenbein oder edlem Metall. Eine silberne Zange zum Halten der Kohleglut beim Anzünden, ein Messer zum Zerschneiden des Tabaks (er wurde damals nur in ganzen Blättern gehandelt) und schließlich noch eine kleine tiegelartige Kelle zum Trocknen des Tabaks über einer Flamme vervollständigten das umfangreiche Sortiment.

Im 18. und 19. Jahrhundert geriet die Rauchkultur in England in ruhigere Bahnen. Die standesbewussten Leute hatten sich längst vom „Tabakgestank" abgewandt und huldigten der neuesten Pariser Mode, dem Tabakschnupfen. Bei Damen und Herren des Adels war es „en vogue", zur Anregung von Zeit zu Zeit mit spitzen Fingern aus einem kleinen Döschen eine Prise stark parfümierten Schnupftabaks zu nehmen und sich dann mit einem luftigen Spitzentaschentuch, „frivolités" genannt, die Nase abzutupfen. Aber auch aus dem lärmenden Dunstkreis billiger Kneipen verschwand die Tonpfeife mehr und mehr und kam in bürgerlichen Herrenzimmern, in Bauern- und Handwerkerstuben zu geruhsamen Ehren. Die Ohrensessel wurden weicher, die Bäuche dicker und die Pfeifenrohre länger. Ihre größte Länge erreichte die Tonpfeife mit der bekannten „churchwarden", die auch „London Straw" oder „yard of clay" genannt wurde.

Die typischen langen Tonpfeifen holländischer Machart erfreuen sich auch heute noch großer Beliebtheit. Der Ständer aus gedrechseltem Eichenholz wurde nach einem Original aus dem frühen 19. Jahrhundert gefertigt. Im Vordergrund eine Calabash-Pfeife, ein weiterer „Oldtimer" aus aktueller Produktion.

In Holland ging man dazu über, die Tonpfeifen zu glasieren und mit Bildern zu bemalen. Eine amüsante Spielart dieser Pfeifen nannte sich „Doorrooker", zu deutsch etwa „Durchraucher". Mit einer farblosen Kieselsäurelösung wurde ein Bild auf den Pfeifenkopf gemalt, das vorerst unsichtbar blieb. Erst nach häufigem Rauchen färbten die aufgesogenen Kondensate den Pfeifenkopf allmählich dunkel, die versteckte, mit Kieselsäure imprägnierte Abbildung blieb hell. Da gab es dann nach einiger Zeit so manche Überraschung, denn viele dieser „Doorrooker" waren mit recht deftigen Darstellungen verziert. Die Bedeutung der Tonpfeife in Holland wird in einem damals weit verbreiteten Brauch deutlich: ein heiratswilliger Mann pflegte seiner Auserwählten eine reich verzierte „Bräutigamspfeife" zu reichen und sie um Feuer zu bitten. Kam sie dieser Aufforderung nach, so konnte er sich Hoffnungen machen. Und wenn sie ihm zum dritten Mal die Pfeife anzündete, galt das als bindendes Ja-Wort. Nach der Hochzeit bekam diese Pfeife natürlich einen Ehrenplatz in der guten Stube.

Auch in Deutschland ist die Tonpfeifenbäckerei seit langer Zeit ein verbreitetes Handwerk. So wurde die Kölner Innung der

Pfeifenbäcker wurde bereits im 17. Jahrhundert gegründet. Im Westerwald werden bis in unsere Zeit noch Pfeifen nach Altvätersitte gebacken. Dazu wird ein weißer, zäher, kalk- und eisenfreier Ton mehrfach fein gemahlen, gewässert (geschlämmt), geknetet, fein gesiebt und wiederum geknetet. Wenn er richtig „durchgemaukt“ und abgelagert worden ist, formt man den Ton zu Strängen, die von Hand mit einem Draht durchbohrt und mit ihm in die mit Leinöl benetzten Pressmulden gedrückt werden. Schließlich wird, ebenfalls von Hand, durch Eindrücken eines konischen, gerundeten Zapfens die Kopfbohrung ausgeformt. Heute übernimmt eine Maschine diese Arbeiten, so dass stündlich 300 bis 400 Pfeifen gefertigt werden können. Die roh gepressten Pfeifen lagern anschließend zum Trocknen in flachen Holzkästen und werden dann „verputzt“, d. h. von Pressnähten befreit und geglättet. Zum weiteren Durchhärten legt man sie auf lange Holzbretter, um sie dann zum Brennen kunstvoll im Ofen aufzuschichten. Da diese Öfen recht groß und die Heizkosten hoch sind, kommen bis zu 50.000 Pfeifen auf einmal hinein. Das Brennen bei einer Temperatur von etwa 900 Grad dauert 10 bis 12 Stunden.

Die Werkzeuge eines Tonpfeifenbäckers mit der zweiteiligen, fein gestochenen Pressform, dem Konuszapfen für die Kopfbohrung und einer schlanken Ahle zum Stechen des Rauchkanals.

Der Abnehmerkreis für Tonpfeifen ist allerdings heute recht klein geworden, deshalb sind sie auch nur noch in wenigen Geschäften zu finden. Nur vereinzelt pflegt man heute noch das gemeinschaftliche Rauchen aus den langen holländischen Tonpfeifen nach dem Vorbild des „Tabaks-Collegiums“ von Preußenkönig Friedrich Wilhelm I., dargestellt in dem berühmten Gemälde von Adolph Menzel. Der Norden Deutschlands bietet gleich drei Beispiele für Ereignisse mit jahrhundertlanger Tradition und von großer gesellschaftlicher Bedeutung, bei denen das Rauchen aus den langen Tonpfeifen noch immer zum Zeremoniell gehört. Im Bremer Rathaus begeht man jährlich am zweiten Freitag im Februar die „Schaffer-Mahlzeit“, ursprünglich ein Festessen für Reeder und Kapitäne anlässlich des Wiederauslaufens der Handelsflotte nach der Winterpause. Ebenfalls im Februar findet in Hamburg die „Matthiae-Mahlzeit“ statt, zu der ein erlesener Kreis von Kaufleuten der Stadt und auch ausländische Gäste höchsten Ranges ins Rathaus geladen wird.

In Norden/Ostfriesland ist die seit fast elfhundert Jahren bestehende „Theelacht“ ansässig, die älteste bäuerliche Gemeinschaft auf genossenschaftsähnlicher Grundlage in Europa. In der „Theelkammer“ im Rathaus zu Norden finden die Zusammenkünfte statt, bei denen nach einem überlieferten Ritual alle Geschäftsvorgänge der „Theelacht“ abgewickelt werden. Dazu wird Bier gereicht, und man raucht aus mehr als 50 cm langen geraden Tonpfeifen. Bis in jüngste Zeit blieb die „Theelkammer“ allen Fremden verschlossen. Heute kann sie im Rahmen einer Führung durch das alte Rathaus in Norden besichtigt werden.

Gönnen Sie sich doch einmal eine lange Tonpfeife und rauchen Sie eine leichte, nicht allzu sehr aromatisierte Mixture daraus. So genießen Sie, behaglich in den Sessel zurückgelehnt, die Raucherfreuden unserer Vorväter. Aus einer guten Tonpfeife schmeckt der Tabak wirklich ausgezeichnet, der Rauch wird auf dem langen Weg merklich gekühlt und daher angenehm mild. Ein Filter lässt sich hier zwar nicht einsetzen, doch entzieht der poröse Ton dem Rauch einen Großteil des feuchten Kondensats, so dass Sie sich auf einen angenehm trockenen Genuss freuen können. Sollte übrigens das Ende des Rohrs nicht glasiert sein, reiben Sie es einfach mit einigen Tropfen Speiseöl ein. Auf diese Weise verhindern Sie, dass Ihre Lippen an dem porösen Ton festkleben. Und wenn Sie einmal Gäste haben, die vom Duft Ihres Tabaks schwärmen, dann bieten Sie ihnen einfach eine Tonpfeife zum Probieren an.

„Cutties" - Die Tonpfeifen für den Kleinen Mann

Wir haben diese kleinen Stummelpfeifchen, zu Beginn des 17. Jahrhunderts die Wegbereiter des Pfeifenrauchens in England, bereits erwähnt. Im Zuge der Industrialisierung und dem gleichzeitig einsetzenden enormen Bevölkerungswachstum erfreuten sie sich in England und Frankreich, vor allem bei der arbeitenden Schicht, einer neuen und ständig steigenden Beliebtheit. Ihre Blütezeit fällt, sowohl was die Vielfalt der Formen als auch die produzierten Stückzahlen betrifft, in die zweite Hälfte des 19. Jahrhunderts. Tonpfeifen der Marke „Gambier" wurden in der „Belle Epoque" zum Verkaufsschlager. In Gambiers Katalog wurden damals mehr als 1600 verschiedene Modelle angeboten. Besonders beliebt waren die Pfeifen, deren Köpfe die Portraits berühmter Persönlichkeiten der Geschichte und der Gegenwart darstellten und zuweilen auch karikierten.

Repliken historischer Tonpfeifen („Cutties") aus der Manufaktur von John Pollock, England, gegossen in Originalformen. Die winzige dritte Pfeife von oben ist eine Nachbildung der „fairies" des frühen 17. Jahrhunderts.

La Pipe du Matin - die Morgenpfeife. Der französische Karikaturist Honoré Daumier hat das Glück des Kleinen Mannes beim Rauchen seiner „Cutty" in dieser Lithographie verewigt.

Auch im viktorianischen England erinnerte man sich des traditionellen Handwerks der Pfeifenbäckerei, und es wurden riesige Mengen dieser kleinen Tonpfeifen hergestellt. Die 1879 von John Pollock gegründete „Kirk Factory" stellte übrigens bis 1992 solche Pfeifen unter Verwendung der Originalgussformen her. Ihr unschuldiges Weiß wurde allerdings nach dem Brennen ein wenig patiniert, so dass sie aussahen, als kämen sie frisch von einer archäologischen Grabungsstätte im historischen Kern Londons. Vor allem bei den amerikanischen Touristen mit Hunger auf alles „Antike" aus der Heimat ihrer Ahnen fanden diese clay pipes reißenden Absatz.

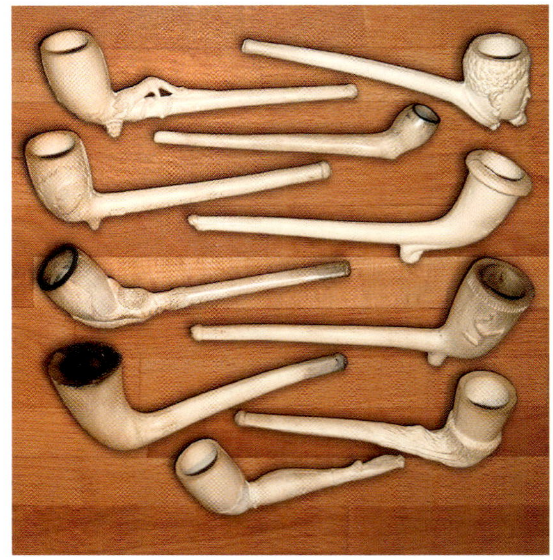

Moderne Tonpfeifen mit Doppelwandköpfen

Die holländischen Pfeifenbäcker haben versucht, mit der Entwicklung neuzeitlichen Pfeifendesigns Schritt zu halten und entwickelten ein einfaches und geniales System: die Pfeifen mit Doppelwandung. Hier gießt man nach dem Vorbild der Industriekeramik flüssigen Tonschlamm in eine zweiteilige Hohlform aus Gips. In Sekundenschnelle entzieht der poröse Gips dem Schlamm das Wasser, die festen Bestandteile setzen sich an der Wandung ab. Nach einer bestimmten Zeit und kurzem Umschwenken gießt man überschüssigen Tonschlamm wieder aus und stellt die Form zum Vortrocknen beiseite. Der Gips saugt weiter Wasser aus der Tonablagerung, die dadurch ein wenig schrumpft und sich selbsttätig von der Wandung löst. Nun kann man die Form öffnen und den rohen Pfeifenkopf entnehmen, um ihn anschließend zu glätten, ihn vollends zu trocknen und anschließend im Ofen zu brennen. In der Regel werden diese Pfeifen mit farbloser Glasur überzogen, um sie grifffest zu machen und für größere Stabilität zu sorgen. In die Holmbohrung wird ein Hohlstopfen aus Gummi oder Kork geklebt, der schließlich das Mundstück aufnimmt. Diese Doppelwandköpfe mit ihrem porösen Material können den Tabakrauch deutlich entfeuchten und kühlen, so dass sich aus diesen Pfeifen wirklich angenehm mild rauchen lässt. Auch das geringe Gewicht der hohlen Köpfe macht sich positiv bemerkbar. Nach einiger Zeit des Rauchens beginnt sich der Pfeifenkopf wie bei einer Meerschaumpfeife einzufärben, und die Glasur bildet ein interessantes Craquelé. Leider sind diese Pfeifen, wie alle keramischen Erzeugnisse, doch recht empfindlich, und ein Sturz auf harten Boden hat meist fatale Folgen.

Tonpfeifen mit Doppelwandkopf aus der holländischen Manufaktur ZENITH van der Wandt, die neben traditionellen „Churchwardens" auch Delfter Fayencen fertigt. Der Pfeifenkopf in der Mitte wurde aufgeschnitten, um das Bauprinzip zu verdeutlichen.

Vor einigen Jahren haben wir Tonpfeifen aus der Hand eines jungen polnischen Künstlers entdeckt, die ebenfalls nach dem Doppelwandprinzip gefertigt werden, allerdings aus rotem Ton. Der Bildhauer Marek Parol hat neben den traditionellen Portraitköpfen auch eine Reihe moderner Formen entworfen, die sich teils an klassischen Vorbildern orientieren, teils aber auch durch Originalität und Witz ins Auge fallen. Parol hat übrigens die Rauchgewohnheiten deutscher Pfeifenfreunde berücksichtigt und seine Kreationen für den Einsatz von 9 mm Filtern konzipiert.

Porzellanpfeifen

Obwohl auch sie aus keramischem Material besteht, zeigt die Porzellanpfeife ein völlig anderes Gesicht. Joaquin Verdaguer nennt sie die „kühle Deutsche". Nicht etwa, weil sie sich besonders kühl rauchen ließe - nein, ganz im Gegenteil! Er beschreibt sie zu Recht als gefühlskalt und unnahbar. Warum

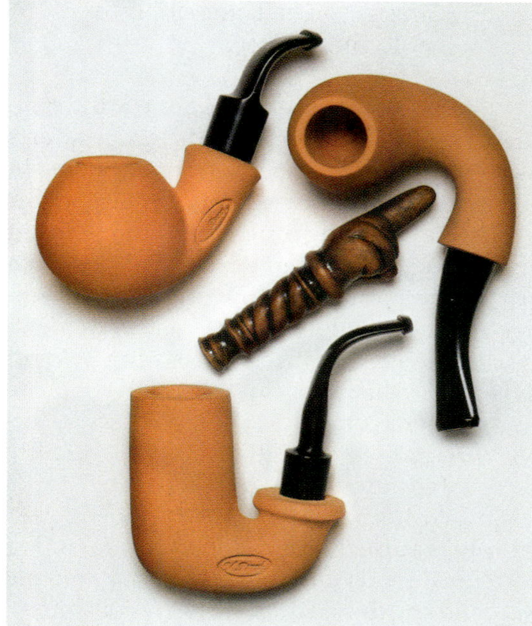

Terracotta-Pfeifen mit Doppelwandköpfen aus der Hand des polnischen Künstlers Marek Parol. Besonders originell die Pfeife rechts, mit der sich „um die Ecke" rauchen läßt, sowie der gezwirbelte Stopfer.

nur fanden unsere Ahnen einen so großen Gefallen an diesen „Tabakskrematorien"? Porzellan ist bekanntlich nicht porös, so dass die beim Rauchen entstehende Feuchtigkeit sich an der Wandung des Pfeifenkopfes niederschlägt und in Bächen abwärts rinnt. Um dieser Flut von Tabaksaft Herr zu werden, konstruierte man eigens ein Auffanggefäß, den „Abguss" oder „Wassersack", in den, von einer Korkmanschette schonend und doch stramm gehalten, das kurze konische Rohr des meist übergroßen Kopfes hineinragte. Der Tabak brannte in diesen Pfeifen mit so extremer Hitze, dass man sie mit einem möglichst langen Rohr versah, in der Regel aus Weichselkirsche, spanischem

Porzellanpfeife mit sechsfach facettiertem, kelchförmigem Kopf, mit Blattornamenten von Hand bemalt. Deutschland, 2. Hälfte 19. Jahrhundert. Sammlung Rösch

Rohr oder Horn, oft verziert mit gedrechselten Elementen und Geweihteilen. Auf dem langen Weg konnte sich der Rauch auf ein der Zunge zumutbares Maß abkühlen. Und der Tabak? Aromaversiegelte oder gar vakuumierte Packungen gab es nicht. Tabak lag im Kolonialwarenladen vielfach offen aus - neben Seife, Würsten, Käselaiben und Fässern mit Sauerkraut oder gesalzenen Heringen. Eine ganze Symphonie von Düften verband sich dort mit dem Aroma des Tabaks - ganz sicher nicht zu dessen Vorteil. Aber daran war man eben gewöhnt, und der Anspruch an Wohlgeschmack und -geruch war wohl eher bescheiden.

Wilhelm Busch schreibt in seiner Autobiographie: „*Von meinem Onkel, der äußerst milde war, erhielt ich nur ein einziges Mal Hiebe... weil ich den Dorftrottel geneckt hatte. Dem war die Pfeife voll Kuhhaare gestopft und dienstbeflissen angezündet. Er rauchte sie aus, bis aufs letzte Härchen, mit dem Ausdruck der seligsten Zufriedenheit.*“

Was den Rauchgenuss betrifft, müssen viele unserer Altvorderen - mit Verlaub - Trottel gewesen sein. Die wundervolle Tonpfeife tauschten sie gegen diese miserablen Kocher. Wir kommen der Wahrheit wohl ein Stück näher, wenn wir das damals sehr ausgeprägte Bedürfnis nach Repräsentation berücksichtigen. Großartig sehen sie ja aus, diese gewaltigen Rauchwerkzeuge mit ihren langen Rohren und hohen, reich verzierten

Gesteckpfeifen aus Deutschland, Ende 19. Jahrhundert. Die Jagdmotive, hier als Abziehbilder aufgebrannt und von Hand coloriert, waren besonders beliebt. Hintere Pfeife mit Rohr aus gedrechseltem Bein und Büffelhorn, vordere Pfeife mit knotig gewachsenem Holzrohr. Beide Pfeifen mit Abguss aus schwarzem Büffelhorn.

Köpfen und Abgüssen: Dokumente vergangener Größe des Patriarchats, seien es nun Studentenpfeifen, mit denen die Burschen in ihren Verbindungen protzten, oder Reservistenpfeifen, welche die Erinnerung an Vaters „glorreiche“ Zeit bei Kaisers Militär wach hielten und jedermann vor Augen führten.

Eine Sammlung von deutschen Porzellan-Pfeifenköpfen, verziert mit fein ausgearbeiteten Reliefs, die teilweise mit Gold belegt und von Hand nachcoloriert wurden. In der Mitte zwei typische aufwendig bemalte Köpfe von Reservistenpfeifen. Sammlung Osskó.

Heute sind diese Pfeifen vor allem begehrte Sammlerstücke, die im Antiquitätenhandel recht hohe Preise erzielen, wenn sie im Originalzustand gut erhalten sind. Sollten Sie im Besitz eines solchen Erbstücks sein und von nostalgischen Anwandlungen ergriffen werden, versuchen Sie lieber nicht, es im Gedenken an den Urgroßvater noch einmal durchzuglühen. Es lohnt einfach nicht, und um den schönen Tabak wäre es einfach nur schade.

Pfeifendrechslerei in Deutschland

Zur Ehrenrettung der Rauchkultur hierzulande möchten wir aber gleich darauf hinweisen, dass die Erzeugnisse deutscher Pfeifendrechsler in den vergangenen zwei Jahrhunderten Weltruhm genossen. Ihre Gesteckpfeifen waren handwerklich sauber verarbeitet und ließen sich für damalige Ansprüche bestens rauchen. Populär wurde der Tabakgenuss in Deutschland eigentlich erst während des Dreißigjährigen Krieges. Die kreuz und quer durchs Land ziehenden Heere von Söldnern aus vielen europäischen Ländern kauften allen Tabak auf oder plünderten Apotheken, wo er noch brav als Heilmittel angeboten wurde. Die Landsknechte

Deutsche Burschenherrlichkeit mit „Peiff' un' Äppelwoi" um 1910. Viele der Porzellanpfeifen sind bereits kleiner geworden, und Heer und Marine (im Vordergrund) geben bereits der schlanken Zigarette den Vorzug.

gingen wohl recht barbarisch mit diesem Kraut um. In seiem Roman „Simplicissimus" schreibt Grimmelshausen: *„Teils saufen sie den Tabak, teils fressen sie ihn, und von etlichen wird er geschnupft, also dass mich wundert, dass ich noch keinen gefunden, der ihn sich in die Ohren steckt!"* Mit „Saufen" ist hier übrigens das Rauchen gemeint. Auch die ersten spanischen Westindienfahrer nannten das Tabakrauchen der Indianer „Rauch trinken".

Überhaupt haben Kriege auf die Entwicklung der Rauchgewohnheiten recht entscheidenden Einfluss gehabt. Aus dem Krim-Krieg wurde von englischen und französischen Soldaten die Zigarette in Westeuropa eingeführt, nach dem zweiten Weltkrieg war es die „American Blend", die Währung der Schwarzmarktzeit, die mit „Lucky Strike" und „Camel" die zuvor bei uns marktbeherrschende Orientzigarette verdrängte.

Zurück zur Pfeifendrechslerei. Bereits am Ende des 17. Jahrhunderts wurden in der Gegend von Ulm Holzpfeifen hergestellt. Seit etwa 1750 fertigte man dort die bekannten Ulmer Maserköpfe (auch „Schwäbische Köpfe" genannt) aus der knorrigen, meist mit dichten „Vogelaugen" gemaserten Wurzel der Sumpf-Erle. Kopf und Hals dieser Pfeife wurden aus einem Stück gefertigt. Die Innenwand des hohen Kopfes wurde mit Blech ausgeschlagen, um die Pfeife hitzebeständig zu machen. Das Rohr bestand aus gedrechselten Hornteilen und war oft mit

Ulmer Maserpfeife mit Beschlägen aus Silber: einem Dragonerhelm als Deckel und einem umlaufenden gefalzten Band zum Schutz der dünn ausgeformten Rundung des flachen, weit ausladenden Korpus. Mitte 19. Jahrhundert. Sammlung Rösch.

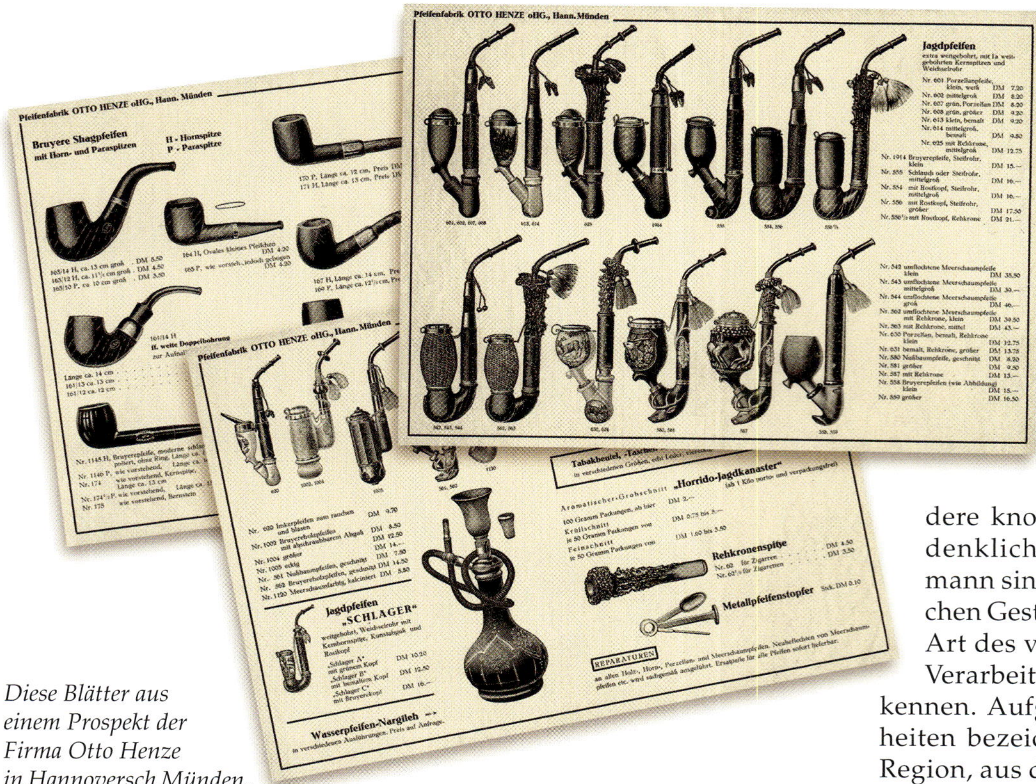

Diese Blätter aus einem Prospekt der Firma Otto Henze in Hannoversch Münden, gedruckt ca. 1950 unter Verwendung der alten, für die Zeit zu Beginn des 20. Jahrhunderts typischen Bildvorlagen.

Schnüren oder Kettchen behängt. Noch bis 1989 stellte die Firma Schum im Odenwald solche Pfeifen aus Bruyèreholz nach historischen Originalvorbildern her.

Im thüringischen Ruhla ist die Pfeifenherstellung seit 1739 beurkundet. Bis zur Teilung Deutschlands 1945 bestand dort eine florierende Fabrikation. Seit Mitte des 18. Jahrhunderts wurden auch in Nürnberg Pfeifen gedrechselt. Weitere Zentren der Pfeifenfertigung entstanden in Coburg und in Bozen (Tirol). Zur Herstellung verwendete man die verschiedensten Hölzer: Walnuss, Haselnuss, Esche, Buchsbaum, Weißbuche, Maserbirke, das dicht gesprenkelte Wurzelholz des Ahorns (Vogelaugenahorn) und andere knorrige Verwachsungen aller erdenklicher Holzarten. Für den Fachmann sind Herkunft und Alter einer solchen Gesteckpfeife anhand der Form, der Art des verwendeten Materials und der Verarbeitungstechniken unschwer zu erkennen. Aufgrund dieser typischen Eigenheiten bezeichnete man sie auch nach der Region, aus der sie stammten: Bozener oder Tiroler Pfeife, Coburger Pfeife, Nürnberger Pfeifenrohr (auch „Faberrohr") usw.

Gesteckpfeife aus dem ausgehenden 19. Jahrhundert. Der hohe Kopf aus Bruyèreholz wurde zum Schutz vor der Glut mit Eisenblech ausgeschlagen. Abguss und Mundstück aus Horn, das flexible Rohr mit Rosshaar umflochten.

In den 20er Jahren waren bei uns noch Pfeifen aus besonders harten überseeischen

„Cutty"-Pfeife, aus dem fast schwarzen Edelholz Grenadill in einem Stück gefertigt. Die zwei Füßchen erlauben einen sicheren Stand. Im Holm der golden ausgelegte Stempel „Congo Wood".

Hölzern wie „Veilchenholz" oder „Eisenholz" auf dem Markt. Ihre Form erinnert an die althergebrachten schlanken „Cutties", und sie wurden als Ganzes aus einem Stück Holz gefertigt. Bei Seeleuten waren sie ganz besonders beliebt. Der hohe Gehalt dieser Hölzer an intensiv duftenden, oft auch aggressiven ätherischen Ölen weckt jedoch Zweifel an der Genießbarkeit dieser Pfeifen.

Zwar werden auch heute noch Pfeifen aus anderen Hölzern als Bruyère hergestellt, doch ist deren Bedeutung bei uns nur sehr gering. Hauptsächlich handelt es sich um Pfeifen, deren Kopf und Stiel aus dem Holz der Weichselkirsche gefertigt werden.

Aus dicken Ästen schneidet man die Köpfe, aus dünneren Zweigen die Stiele. Die bräunliche, meist leicht gesprenkelte Rinde wird nicht abgeschält, denn sie verleiht diesen Pfeifen ihr rustikales Flair. Das Holz stammt vorwiegend aus dem Burgenland in Österreich, wo man die Bäume kugelig beschneidet, so dass ihr Aussehen dem von Kopfweiden ähnelt. Auf diese Weise können die neu ausschießenden Zweige und Äste ohne starke Krümmung wachsen. Die französischen

Weichselholz-Pfeife mit Mundstück aus schwarzem Kunststoff. Diese typische Grundform finden wir immer wieder auch in den klassisch geprägten Modellpaletten vor allem der englischen Hersteller von Bruyèrepfeifen.

„Verwandten" dieser Pfeifen, die „pipes en mérisier", entstehen aus dem Holz der Wild- oder Vogelkirsche. Diese Pfeifen, im englischen Sprachraum „Cherrywood Pipes" genannt, sind meist recht preiswert, wegen des sehr weichen Holzes ist ihre Lebensdauer aber nur recht kurz. Zudem entwickelt das Holz einen gewissen Eigengeschmack, der erst nach langwierigem Einrauchen allmählich schwindet. Angeboten werden sie, nicht zuletzt wegen ihres rustikalen Äußeren, gern in Souvenierläden, vor allem in den Urlaubsregionen der Alpen und Mittelgebirge.

Bruyèrepfeifen „Made in Germany"

Lange Zeit blieb die Herstellung von Holzpfeifen und deren Vertrieb den spezialisierten Drechslerwerkstätten vorbehalten. Fachgeschäfte für Tabakwaren gab es kaum. Außerdem übernahm der Drechsler gleichzeitig die Reparaturen an den recht verschleißanfälligen Gesteckpfeifen. Nur wenige dieser Firmen haben sich bis auf den heutigen Tag erhalten können. Sie sind vor allem im süddeutschen Raum ansässig, wo sich die Gesteckpfeife bei der ländlichen Bevölkerung noch immer einer nostalgischen Beliebtheit erfreut. So wird es heute auch immer schwieriger, solche Gesteckpfeifen fachgerecht und originalgetreu restaurieren zu lassen. Eigentlich ist es verwunderlich, dass deutsche Pfeifen trotz der Erfahrung vieler Generationen von Pfeifendrechslern bis in die 80er Jahre hinein deutlich weniger Ansehen genossen als die dänischen, englischen, italienischen oder französischen Pfeifen. Der Prophet gilt nichts in seinem Lande - dieses geflügelte Wort scheint hier leider zuzutreffen. Tatsache ist, dass erst der Engländer Alfred Dunhill die Pfeife aus Holz, die „Briar", für den Gentleman akzeptabel machte und so ihre Attraktivität begründete. Die Dänen brachten sich in den fünfziger und sechziger Jahren mit ausgefallenem Design ins Gespräch und erlangten Weltruhm als „Pfeifennation". Zu dieser Zeit schlummerte die deutsche Pfeifenindustrie noch in ihrem Dornröschenschlaf. Sie erkannte sehr spät die Nachfrage nach extravaganten und hochwertigen Pfeifen und kam mit ihren zwar sehr sorgfältig gearbeiteten, aber bieder aussehenden Produkten über das Image der „Konsumpfeife des Kleinen Mannes" nicht hinaus. So wurden die Pfeifen von VAUEN wegen ihres weißen Punkts auf dem Mundstück gelegentlich als „Studenten-Dunhill" verulkt.

Ende der sechziger Jahre änderte sich das Geschehen. Man fand - um ein weiteres Bild aus der Märchenwelt zu zitieren - nach langem Schlaf die „Siebenmeilenstiefel" und hat verlorenes Terrain in recht kurzer

Bruyèrepfeifen aus den Häusern VAUEN und Oldenkott, 1985. Oben links und unten rechts: Oldenkott, in der Mitte: VAUEN

Original-„Corn Cobs" - Maiskolbenpfeifen der „Missouri Meerschaum Company" in Washington, Missouri/U.S.A. (1999). Im Vordergrund traditionelle mittelgroße Pfeifen, links oben die „General", benannt nach dem Kriegshelden General McArthur, rechts oben die turmhohen „Ambassadors".

Zeit wiedergewonnen. Die Firmen VAUEN, OLDENKOTT und später das Pfeifenstudio Hartmann mit der Marke DESIGN BERLIN fertigten bald sehr schöne, ausgewogen geformte Pfeifen von moderner Eleganz - und zu vernünftigen Preisen. Besonders in der Herstellung von Pfeifen mit großer Bohrung für 9 mm Filter wurden die deutschen Produzenten wegweisend und haben ihre ausländische Konkurrenz zeitweise sogar überholt. Heute können sich die Pfeifen aus den Häusern VAUEN und DESIGN BERLIN dank innovativer Modellpolitik und eines hohen handwerklichen Standards auch im internationalen Markt behaupten. Leider ist die Produktion von OLDENKOTT 1992 eingestellt worden. Ungezählte Tabakfreunde machten mit diesen formschönen und im besten Sinne des Wortes preiswerten Stücken die allerersten Schritte auf ihrem Weg zum begeisterten Pfeifenraucher.

Pfeifen Made in U.S.A.

„Missouri Meerschaums" sind eine amerikanische Spezialität. Wer allerdings daraus schließt, dass auch am Missouri River Meerschaum gefunden würde, der irrt gewaltig. Mit dieser Bezeichnung verspotteten deutsche Siedler ein typisch amerikanisches Rauchutensil: die Maiskolbenpfeife, dort „Corn Cob" genannt. Amerikanischer Pragmatismus, gepaart mit einer gehörigen Portion Patriotismus und Geschäftssinn sind dafür verantwortlich, dass aus dieser abfälligen Titulierung ein Markenname wurde.

Und so fing es an. Henrik Tibbe, ein Möbeltischler aus Enschede in Holland, versuchte im Jahre 1867 wie unzählige andere Europäer vor und nach ihm sein Glück in der Neuen Welt. Sein erlerntes Metier brachte ihm aber nicht den ersehnten Erfolg. Der stellte sich erst ein, und das gewissermaßen über Nacht, als er 1869 mit der Produktion von Maiskolbenpfeifen begann. Er hatte nämlich einen genial einfachen Weg gefunden, die eher mäßigen Raucheigenschaften dieser Pfeifen zu optimieren. Aus dem holzigen, aber äußerst saugfähigen Maiskolbenstrunken ließ sich nur sehr heiß und feucht rauchen, weshalb die Pfeife ständig erlosch. Tibbe kam auf die Idee, die abgedroschenen Kolben mit einem Gipsbrei zu tränken und so die Löcher in der struppigen Oberfläche auszufüllen. Sobald der Gips ausgehärtet und getrocknet war, konnte er die Kolben beschleifen und glätten. Nun musste er sie nur noch in geeignet lange Stücke schneiden, diese aushöhlen und seitlich ein Loch bohren, in das er ein hartes Schilfrohr als Stiel einfügte. Fertig war die Pfeife. Diese recht simplen Veränderungen müssen eine phantastische Genusssteigerung bewirkt haben, denn man riss ihm diese Pfeifen, die er in seiner kleinen Werkstatt eher beiläufig ausgestellt hatte, förmlich aus den Händen.

Noch heute erfolgt die Produktion der Maiskolbenpfeifen nach dem von Henrik Tibbe erdachten Verfahren. Man hat eigens für diese Pfeifen eine Maissorte gezüchtet, genannt „Collier Seed", deren Strunk beson-

ders holzig und daher haltbarer ist. Als Stiel leimt man heute ein Rohr aus weichem Holz ein, dessen Ende man abflacht, damit es als Bodenverstärkung ein allzu rasches Durchbrennen verhindert. Der Stiel wird am freien Ende mit einem Metallring versehen, um ein Aufplatzen zu verhindern. Zuguterletzt bekommen die Pfeifen ein Mundstück aus transparentem honiggelbem oder auch aus schwarzem Kunststoff.

Die „Corn Cobs“ haben einen leicht süßlichen Eigengeschmack, der sich aber auf angenehme Weise mit dem Tabakaroma verbindet, besonders bei hocharomatischen Mischungen der amerikanischen Richtung. Sie sind reine Konsumpfeifen von geringer Lebensdauer. Der Kolben saugt viel Feuchtigkeit auf, und bei sehr häufigem Gebrauch sind sie schon nach einigen Wochen kaum mehr mit Genuß zu rauchen. Für den Anfänger sind sie aber dennoch durchaus akzeptabel, und auch als „Gästepfeife“ sind sie bedenkenlos zu empfehlen. Bei Maiskolbenpfeifen darf man übrigens getrost einmal „sündigen“ - man muss die Tabakfüllung nicht restlos aufrauchen. In der Regel sind sie mit Filtern der amerikanischen Marke MEDICO ausgerüstet, ersatzweise können auch die (etwas kürzeren) deutschen 6 mm Kohlefilter verwendet werden.

Maiskolbenpfeifen werden auch heute noch in sehr großen Mengen produziert, und sie sind in den USA wegen ihres günstigen Preises sehr weit verbreitet. In der Regel kommen sie - im wahrsten Sinne - als Dutzendware in den Handel: 12 Pfeifen, von Metallklammern auf einer Schautafel aus bedruckter Pappe gehalten, davon 6 mit geradem und 6 mit leicht gebogenem Mundstück. Es werden aber auch „Edelversionen“ in gefütterten Etuis angeboten, deren Preis natürlich deutlich höher liegt. Bei uns waren die einfachen „Corn Cobs“ bis gegen Ende des 20. Jahrhunderts zu Preisen von knapp 5 EURO zu haben, weshalb ihnen der Ruch des „billigen Hansels“ anhaftete. In ihrer Heimat begegnet man ihnen gänzlich ohne Vorbehalte. Den legendären General MacArthur konnte man sich ohne seine hohe Maiskolbenpfeife ebensowenig vorstellen wie Winston Churchill ohne seine Zigarre. Diese originellen Pfeifen erinnern uns immer wieder mit einem Hauch wohliger Wehmut an Mark Twains Huckleberry Finn, der als liebenswertes Sinnbild müßiggängerischen Freiheitsdranges sicher auch vielen heutigen Pfeifenrauchern in ihrer Jugend ein heimlich beneidetes Vorbild gewesen ist. Mittlerweile ist der Preis der “Missouri Meerschaums” aufgrund hoher Transportkosten und Einfuhrzölle erheblich gestiegen, und sie sind im Tabakwarenhandel hierzulande nur noch recht selten zu finden.

„Hickory Pipes“ sind eine weitere typisch amerikanische Spezialität. Sie erinnern ein wenig an unsere europäischen Kirschholzpfeifen. Kopf und Stiel werden aus dem harten Hickoryholz gefertigt, das Mundstück besteht meist aus schwarzem Kunststoff. Das Innere des Kopfes ist mit Ahornsirup ausgestrichen - die Amis lieben es halt sehr süß...

Bruyèreholz oder Briar

Pfeifen aus Ton, Porzellan oder Meerschaum haben bekanntlich einen entscheidenden Nachteil: sie sind recht zerbrechlich. Und da die beiden letzteren auch noch recht teuer waren, suchten vor allem Raucher mit kleinerem Geldbeutel schon immer nach geeigneten Alternativen. Und so gab es auch früh schon Pfeifen aus allen möglichen Arten von Holz, die aber meist einen recht penetranten Eigengeschmack entwickelten und außerdem rasch durchbrannten. Teilnehmer eines „Ideenfindungskreises“ aus der Tabakindustrie fragten einmal, ob es nicht möglich sei, aus der recht holzigen Wurzel der Burley-Tabakstaude Pfeifenköpfe zu fertigen. Das wäre schon ein Versuch wert - denn sollte diese Pfeife einmal durchbrennen, so hätte man wenigstens die Gewissheit, Tabak zu rauchen.

Etwa um die Mitte des 19. Jahrhunderts stießen findige Köpfe auf der Suche nach geeigneteren Hölzern für die Pfeifenfertigung auf die Wurzelknolle des Bruyèrestrauches. Über die Entstehung der ersten Bruyèrepfeife gibt es verschiedene Versionen. So heißt es, ein spanischer Schäfer, der sich in der Einsamkeit der wilden Pyrenäenausläufer mit allerlei Werkelei die Zeit vertrieb, habe Ersatz für seine zerbrochene Pfeife gesucht und mit geschickten Händen aus einer gefundenen Bruyèrewurzelknolle eine neue geschnitzt. Sie mag aber auch auf folgende Weise das Licht der Welt erblickt haben: Im Zuge der Napoleonverehrung, die um 1850 viele Franzosen ergriffen hatte, reiste ein Holzschnitzer aus Saint Claude auf den Spuren des Kaisers nach Korsika. Von dort nahm er als Souvenir eine unscheinbare rundlich gewachsene Wurzelknolle mit nach Hause, die ihm prädestiniert schien, etwas daraus zu schnitzen oder zu drechseln. In Saint Claude, gelegen im französischen Jura, hatten sich bereits im frühen Mittelalter Edelsteinschleifer und Holzdrechsler angesiedelt, die das schnell fließende Wasser des Flüsschens Bienne als Antriebskraft für ihre Schleifsteine und Werkbänke nutzten, und bereits in der Mitte des 17. Jahrhunderts wurden von dort auch gedrechselte Pfeifenrohre nach Österreich und nach Deutschland exportiert. Unser pilgernder Holzschnitzer könnte also durchaus einen gewissen Bezug zur Pfeifenherstellung gehabt haben, denn er kam auf die Idee, aus der korsischen Wurzelknolle einen Pfeifenkopf zu fertigen, aus dem sich dann über alle Erwartungen gut rauchen ließ. So könnte der Grundstein zum Weltruhm dieser Stadt als Zentrum der Pfeifenindustrie gelegt worden sein. Ist diese Geschichte auch nicht verbürgt, so hat sie doch ihre Berechtigung im Sinne des italienischen Sprichworts *„Si non è vero, è ben trovato“ - „wenn es auch nicht wahr ist, so ist es doch gut erfunden“* (dem Philosophen Giordano Bruno zugeschrieben).

Bruyèreholz von verschiededem Zuschnitt (im Juteballen Plateaublöcke, davor Kanteln der Größe R 2³/₄) und als ganze Knollen.

Die Verwandtschaft mit dem Heidekraut

Heute ist die Bruyèrepfeife aus unserer Rauchkultur nicht mehr wegzudenken. Das Rohmaterial wird nicht etwa aus der Wurzel, sondern aus einer knollenförmigen Verdickung zwischen dem Stammansatz und der Wurzel der Baumheide (Erica arborea) gewonnen, die im gesamten Mittelmeerraum beheimatet ist. Das französische Bruyère bezeichnet allgemein das Heidekraut aus der Familie der Ericaceen, welches flächendeckend auf sandigem und steinigem Grund wächst und das Bild ganzer Landstriche prägt, wie das der „Landes" im Südwesten Frankreichs oder auch das unserer „Lüneburger Heide". Das Heidekraut unserer Breiten ist, wie auch die mediterrane Baumheide, ein Sekundärbewuchs. Im Mittelalter war Lüneburg größter Salzlieferant Europas. Dem „weißen Gold" opferte man nach und nach alle Wälder der Umgebung, denn die Salzsiederei war sehr energieaufwendig. Als Folge dieser Kahlschläge sank nach und nach der Grundwasserspiegel, das Land versteppte allmählich und bot nur noch dem anspruchlosen Heidekraut einen idealen Lebensraum.

Aus gleichen merkantilen Beweggründen wurde auch der gesamte Küstensaum des Mittelmeers über Jahrhunderte und sehr nachhaltig von Menschenhand verändert. Phönizier, Griechen, Römer, Venezianer, Türken, Spanier und Portugiesen rückten den einst mächtigen Wäldern zuleibe, denn sie benötigten enorme Mengen an Holz für den Bau von Handels- und Kriegsschiffen, um ihre Machtbereiche zu sichern und zu erweitern. So verwandelten sich einst üppige Waldlandschaften in karstig zerklüftete Küstengebirge und karge Steppengebiete. An Wiederaufforstung dachte man damals nicht. Es entstanden jene mittelmeertypischen urwaldartig dichten Buschwälder von etwa Mannshöhe, deren Gesicht wesentlich vom Bruyèrestrauch geprägt ist. Diese Vegetation nennt man Macchia (französisch Maquis), abgeleitet von „Mucci", dem korsischen Namen einer Wildrose. Übrigens bezeichnet im Englischen „briar" oder „brier" auch einen wilden Rosenstrauch. Eine wirtschaftliche Nutzung ergab sich über Jahrhunderte allenfalls für den Viehtrieb und die Gewinnung von Brennholz. Und oft diente die undurchdringliche Macchia auf Korsika, Sardinien und Sizilien (vermutliche Wortverwandtschaft mit „Mafia") als Rückzugsgebiet für die verfolgte Bevölkerung.

Wassermangel, rauhe Winterstürme und sengende Sommerhitze sorgen für ein langes Hungerwachstum, dem das Bruyère seine unvergleichlichen Eigenschaften zur Pfeifenherstellung verdankt: geringes Gewicht trotz ausreichender Härte, Luftdurchlässigkeit und relativ gute Hitzebeständigkeit. Das Wörtchen „relativ" möchten wir betont wissen, denn nur allzu oft entsteht in Publikationen zum Thema Pfeife der Eindruck, Bruyère sei quasi feuerfest. Das trifft absolut nicht zu, wir werden darauf im Zusammenhang mit Ratschlägen zum Einrauchen von Bruyèrepfeifen näher eingehen.

Bruyère wächst auf rötlichem Kleieboden an steilen, oft felsigen Hängen. Dort kann das Regenwasser schnell abfließen, so dass die Knollen kaum von Fäulnis befallen werden. Vor der sengenden Sonne sind sie durch das dichte Unterholz geschützt. Alle Versuche, den Bruyèrestrauch in Plantagen zu kultivieren, sind bisher gescheitert. Er wächst zwar und gedeiht, bildet aber, wenn überhaupt, nur ansatzweise Knollen aus.

Die Macchia in der Gallura im Nordwesten von Sardinien. Bruyère wird in den zerklüfteten Bergen im Hintergrund gegraben - eine wahre „Knochenarbeit".

Damit entfällt jegliche Nutzbarkeit für die Pfeifenherstellung. Man ist also auf die natürlichen Vorkommen angewiesen, und wir können nur hoffen, dass an den Beständen nicht wie in früheren Zeiten Raubbau betrieben wird. Man ist heute dazu übergegangen, während der „Saison" zwischen September und Mai nur in bestimmten, von einer Forstkommission ausgewiesenen Gebieten die Knollen zu roden. Danach bleiben diese Areale für mindestens 25 Jahre unangetastet, damit sich die Vegetation regenerieren kann. Die Nutzungsrechte liegen in der Regel seit Generationen in der Hand bestimmter Familien, die meist zugleich auch „Coupeurs" sind, Sägespezialisten für Bruyèreknollen. Im Interesse ihrer eigenen Zukunft sind nicht zuletzt auch sie der Garant für einen maßvollen Umgang mit den Bruyèrevorräten.

Die Kraft des Holzes liegt in den Knollen, den „burls", welche die Wurzel mit dem Stamm verbinden. Sie stellen eine Art Regenerationsspeicher dar, der dafür sorgt, dass die Pflanze allen Widrigkeiten von Wind und Wetter auch bei Sturmbruch oder nach Waldbränden trotzen kann. Aus gerodeten Bruyèreknollen, sogar aus bereits zugeschnittenen Kanteln, die vor dem Kochen längere Zeit feucht gelagert wurden, sprießt neues frischen Grün. Ein ähnliches Phänomen kann man an Zäunen beobachten, deren Pfähle aus dem Holz unserer heimischen Weiden geschnitten wurden. Sie schießen bei günstigen Witterungsbedingungen aus, und im Erdreich bilden sich neue Wurzeln. Wo man einen Pfahlzaun setzte, grünt nach einigen Jahren eine Hecke aus Weidensträuchern.

Die „burls" erreichen nach einem Wachstum von mindestens 30 Jahren etwa Fußballgröße und können während der Vegetationspause im Winter ausgegraben werden. An Ort und Stelle schlägt man verrottete oder beschädigte Partien ab, so dass am Ende von einer massiven Knolle nur etwa 2 - 3 kg übrigbleiben. Bis zum Abtransport in die Sägemühlen müssen sie an geeigneten Orten zwischengelagert werden: vor Licht geschützt, um ein erneutes Auskeimen zu vermeiden, und ständig feucht gehalten, um das Entstehen von Spannungsrissen zu verhindern - entweder in dunklen Kellern unter ständig nachgefeuchteten Jutesäcken oder, einfach mit Säcken bedeckt und mit Erde überhäuft, in tiefen Gruben.

Bruyèreknollen werden im Keller dunkel und feucht gelagert - einige einfallende Lichtstrahlen regen die „burls" an, neue blassgrüne Triebe auszubilden.

Wer sich einmal durch die korsische Macchia gekämpft hat, wird sich zeitlebens an diesen „Spaziergang“ erinnern. Manchmal braucht man für eine Strecke von 50 Metern mehr als eine halbe Stunde. So ist es nicht verwunderlich, dass mit steigendem Wohlstand - und auch gefördert durch den zunehmenden Tourismus - Arbeitskräfte immer knapper werden, die noch bereit sind, die Strapazen der Bruyèreernte auf sich zu nehmen - gegen gute Bezahlung, versteht sich. Die Kosten für gutes Bruyère sind daher stetig gestiegen. Für Kanteln bester, dicht gemaserter Qualität zahlen die Hersteller handgefertigter Pfeifen oft Preise, wie sie unser Fachhandel für fabrikproduzierte Pfeifen mittlerer Qualität verlangt. Auf Korsika scheint der geschilderte Arbeitskräftemangel durchaus positive Auswirkungen gehabt zu haben. Durch den reduzierten Bruyèreabbau konnten sich im Laufe der Jahre die Bestände in Ruhe erholen. Unter Pfeifenmachern hat sich herumgesprochen, dass heute auf Korsika wieder 50 und mehr Jahre alte Knollen von allerbester Qualität zu haben sind. Voraussetzung ist allerdings, dass man die richtigen Leute kennt und auch von ihnen gemocht wird - und das ist auf Korsika alles andere als selbstverständlich.

links:
Bruyèreknolle, die sich im Laufe ihres Wachstums einen Felsbrocken regelrecht einverleibt hat.

Dem Coupeur über die Schulter geschaut

Werfen wir einen Blick in die Sägemühle, den Arbeitsplatz der „Coupeurs“. Kreissägen mit Sägeblättern von riesigem Durchmesser, meist betagte Maschinen aus Großvaters Zeiten (für unsere Berufsgenossenschaften ein Alptraum), sind das einzige Werkzeug, mit dem die Bruyèreknollen in „Ebauchons“, d. h. Blöcke oder Kanteln zerteilt werden. An diesen Sägen werden die

Der Kapuzinerkäfer (Bostrychus capucinus), im Larvenstadium als „Blinder Passagier“ im Inneren einer Bruyèreknolle aus Sardinien eingereist und später in Deutschland geschlüpft. Foto: Dr. Uwe Noldt

Knollen zuerst mit einem Schnitt durch die Mitte aufgetrennt. Handelt es sich um ein fehlerfreies Stück, so können daraus die begehrten Plateaublöcke geschnitten werden, welche später die höchsten Preise erzielen. Oft aber heißt es: miese Qualität! Holzwürmer, Käferlarven, Brandschäden und eingeschlossene Steine haben das Holz in Mitleidenschaft gezogen. Aus diesen Stücken fallen dann zuweilen nur drei oder vier kleine Kanteln ab. In der Regel sind etwa 70 % des Holzes Ausschuss, der als Brennmaterial auf die Abfallhaufen rund um die Sägemühle wandert und im Winter verheizt wird.

Größe und Art des Zuschnitts entsprechen den später daraus gefertigten Pfeifenformen, sie sind in einer international gültigen Nomenklatur festgelegt. Die französi-

rechts:
Bruyèreknollen auf dem Abfallhaufen. Die rechte wurde wegen eines tiefen Risses aussortiert.

schen Bezeichnungen verdeutlichen übrigens die einstige Vormachtstellung der französischen Pfeifenindustrie in Saint Claude. Die Sortierung erfolgt nach Form des Zuschnitts und Größe, die Kennzeichnung mit Buchstaben und Zahlen. Die wichtigsten Zuschnittsarten sind „M“ für „Marseillaise“ (für gerade Pfeifenformen), „R“ für „Relevé“ (für gebogene Pfeifen) und „C“ für „Carré“ (für variierende Formen). Dazu gibt es die Zusätze „O“ für „ordinaire“ (kleiner) und „F“ für „fort“ (größer, länger). Mischsorten werden durch Kombination mehrerer Buchstaben gekennzeichnet, für die Abmessungen gibt es eine Skala von 1 bis 5. Außerdem gibt es die Bezeichnung „P“ für „Plateau“, die Blöcke mit natürlichem Borkenrand und gefächert aufstrebender Maserung. Der Versand der Kanteln erfolgt in Ballen, in der Regel in großen Jutesäcken mit einem Inhalt von 12, 18, 24 und mehr Dutzend je nach Größe und Art der Zuschnitte.

Zugeschnittene Bruyèrekanteln von links nach rechts und oben nach unten: „Relevé“, „Carré“, „Marseillaise FF“, „Marseillaise“, „Plateau“

Bruyèrekanteln werden gekocht

Draußen vor der Sägemühle stehen große Kupferkessel. Darin werden die zugeschnittenen Kanteln zehn bis zwölf Stunden gekocht und nehmen während dieser Prozedur ihre charakteristische rotbraune Färbung an. Bei den Brüdern des sardischen Pfeifenmachers Tommaso Spanu, die selbst Bruyèreknollen ausgraben und schneiden, konnten wir zwei solcher Kessel bestaunen. Einstmals zum Kochen des beliebten Ricotta-Käses verwendet, waren sie nach langjährigem Gebrauch ausgemustert worden und dienten nun als ideale Gefäße zum Kochen der Bruyèrekanteln. Was ist der Zweck dieser ungewöhnlichen Behandlung? Zum einen will man eventuell noch im Holz sitzendes Ungeziefer abtöten, vor allem aber muss das Wachstum des Holzes endgültig gestoppt werden, damit es nicht später zu „arbeiten“ und zu reißen beginnt. *„Das kommt von den Keimfasern“*, heißt es in einem Bericht von Uwe Decker über korsisches Bruyère, *„diese Fasern ziehen die Feuchtigkeit an und quellen schnell auf... Beim langen Kochen werden diese ‚Quellfasern‘ abgetötet und ausgelaugt“*. (DTZ [Die Tabak Zeitung] 32/1982).

Einer der riesigen Kupferkessel hinter der Bruyèresägerei der Familie Spanu in der Galura, Sardinien. Ursprünglich diente er zum Kochen des weißen Ricotta-Käses.

Durch Spuren von Kupfer werden zusätzlich die im Holz enthaltenen Gerbsäuren und mineralischen Bitterstoffe neutralisiert, und das Holz wird sozusagen imprägniert. Nach dem Kochen stapelt man die Kanteln in einem luftigen Trockenschuppen und lagert sie dort für einige Monate. In der heißen Jahreszeit bedeckt man sie mit wassergetränkten Jutesäcken, um ein zu rasches Trocknen und mögliches Reißen der Kanteln zu verhindern. Bei den Pfeifenherstellern lagern die Blöcke dann nochmals mehrere

Die Kochstelle in der Bruyèresägerei der Familie Spanu in der Gallura, Sardinien. Beheizt wird der Kessel mit den Stämmen der ausgegrabenen Bruyèreknollen und Abfallholz von der Säge.

Monate bis zur völligen Trocknung in luftdurchfluteten Schuppen oder werden, der Zeitersparnis wegen, in speziellen kontrolliert beheizten Öfen künstlich auf den gewünschten Trockengrad konditioniert.

diffizilen asymmetrischen Pfeifenkreationen von selten erreichter Perfektion verarbeitet haben. Exponenten dieser Stilrichtung sind z. B. Lars Ivarsson oder Jess Chonowitsch. „Bird's Eye" (zu deutsch Vogelauge) ist im

„Straight Grain" und „Bird's Eye" sind hier an beschliffenen Blöcken und in der Gestalt zweier formschöner Pfeifen eindrucksvoll zu sehen.

Besonders kostbare handgefertigte Pfeifen werden in der Regel aus „Plateau"-Kanteln hergestellt, bei denen die natürlich gewachsene, teils rundkornige, teils spitzig zerklüftete Oberfläche der Bruyèreknolle erhalten bleibt. Dafür schneidet der Coupeur die Knolle von der Mitte her, dem strahligen Maserungsverlauf folgend, in Scheiben, um möglichst viele Blöcke mit der begehrten „Straight Grain"-Maserung zu erhalten. Für weniger dichten und nicht gleichmäßig aufsteigenden Maserungsverlauf hat sich die Bezeichnung „Flame Grain" eingebürgert, ursprünglich der Name einer bestimmten Sortierung von Pfeifen des dänischen Herstellers STANWELL. Unter Kennern sind auch die „Bird's Eye"-Strukturen gefragt, vor allem die „Cross Grains", deren Wechsel von „Straight Grain"- und „Bird's Eye"-Maserung besonders einige dänische Pfeifenmacher zu originellen und teils recht

Grunde nichts anderes als ein quer geschnittenes „Straight Grain". Wenn Sie eine schöne „Straight Grain"-Pfeife in Händen halten, achten Sie einmal darauf: an der Unterseite des Pfeifenkopfes ist zu sehen, wie die senkrecht aufstrebende Maserung aus der Vogelaugenzeichnung hervorgeht.

Die Hersteller handgefertigter Pfeifen überlegen in der Regel gründlich, welche Form sie einer Pfeife geben, um die Struktur des Holzes möglichst vorteilhaft zur Geltung zu bringen. „Straight Grain" wird vorzugsweise zu tulpen- oder kelchförmigen Köpfen mit leicht geschwungenem Holm verarbeitet, während „Bird's Eye" eher für bauchig-rundliche, klassisch geprägte gerade Formen wie „Billiard" oder „Apple" geschätzt wird.

Die handgefertigten Pfeifen von Bang, Jess Chonowitsch, Tom Eltang, Poul Ilsted und Bo Nordh (†), in Deutschland auch von Rainer Barbi, erzielten Preise bis zu einigen tausend Euro, und besonders bei japanischen Pfeifensammlern mit ihrem Hang zu stilistischer Perfektion waren sie heiß begehrt. Wer nun daraus schließt, diese Pfeifenmacher müssten ein Leben im Luxus führen, der irrt. Die Launen der Natur lassen eventuelle Höhenflüge immer wieder auf dem Boden der Tatsachen enden. Der Weg zu einer traumhaft schönen Pfeife ist lang und dornig. Auch das beste Rohmaterial ist reine Natur und daher unberechenbar. Immer wieder wird das Werkstück an die Schleifscheibe gehalten und zur Überprüfung der Maserung leicht angefeuchtet. Manche Pfeifenmacher tun dies übrigens mit der Zunge - ist da vielleicht ein leichter Hauch von Erotik zu spüren zwischen dem Künstler und seinem Werk? Oder ein Rest von kindlicher Gewohnheit, aus Freude am Entdecken alles in den Mund zu nehmen? Auf jeden Fall ist es ein sympathischer Ausdruck engster Verbundenheit mit dem Objekt. Leider heißt es für einen Pfeifenmacher oft kurz vor der Vollendung seines Werks: alle Arbeit war vergebens - die Schleifscheibe hat erbarmungslos eine vorher nicht sichtbare Fehlerstelle freigelegt. Und für eine fehlerhafte Pfeife wird man ihm nur einen Bruchteil des Preises bezahlen, den er mit einem makellosen Stück hätte erzielen können.

Emil Chonowitsch (†) in seiner Werkstatt, der „Atterup Pibemageri", aufgenommen ca. 1977. Bei ihm erlernte sein Sohn Jess das Pfeifenmacherhandwerk „von der Pike auf". Mit den Autoren verband ihn eine langjährige Freundschaft.

Emil Chonowitsch (†), der Vater des oben erwähnten Jess, zeigte uns einmal eine wunderschöne, jedoch nicht fertiggestellte Pfeife. Er hielt sie für das schönste Stück, das je in seiner Werkstatt entstand. Mit wachsender Freude hatte er daran gearbeitet - bis dann ein großes Loch, ein Einschluss von Sand, der Erwartung ein jähes Ende setzte. Es kommt durchaus nicht selten vor, dass ein Pfeifenmacher am Ende eines arbeitsreichen Tages keine einzige Pfeife vollenden konnte, da sich die drei oder vier begonnenen Stücke am Ende doch als fehlerhaft erwiesen.

Diese sandgestrahlte Pfeife begeistert mit einem fein gezeichneten „Straight Grain"-Relief... solange man sie nicht umdreht. Derart krasse Narben können einen Pfeifenmacher manchmal in Verzweiflung stürzen.

„Helle Köpfe" meinen immer wieder einmal, es müsse doch möglich sein, mit Hilfe von Röntgenstrahlen oder Ultraschall die Bruyèreblöcke vor dem Bearbeiten zu „durchleuchten" und Fehlerstellen sichtbar zu machen. Ob Sie es glauben oder nicht - es wurden Experimente in dieser Richtung gemacht. Aus den zweidimensionalen Röntgenbildern war jedoch die exakte Position eventuell entdeckter Fehler im Bruyèreblock nicht zu ermitteln. Nicht zuletzt schreckten aber wohl eher die hohen Kosten solcher Untersuchungsmethoden, und so fand der Einzug der Wissenschaft in die Pfeifenfertigung nicht statt.

Gutes Bruyèreholz erkennt man an der dichten Struktur und einem relativ geringen Gewicht. Doch Vorsicht! Manchmal ist sehr dicht gemasertes Holz recht schwer, also eher hart und wenig aufnahmefähig für Kondensate, was einem trockenen Rauchen

Geographische Karte von 1883, zu Beginn der Blütezeit europäischer Bruyèrepfeifenproduktion. Das Verbreitungsgebiet der „Erica arborea“ reicht vom 45. Breitengrad südlich der Alpen bis nach Nordafrika und Kleinasien. Aus: Faksimiledruck des Diercke Schul-Atlas, S. 24 © Bildungshaus Schulbuchverlage Westermann Schroedel Diesterweg Schöningh Winklers GmbH, Braunschweig

nicht gerade förderlich ist. Manchmal dagegen ist es extrem leicht, also sehr porös und daher schwammig. Das wiederum mindert die Hitzebeständigkeit und könnte wegen schnellerer Kondensatsättigung eine eher geringe Lebensdauer bedeuten. Sehr gutes Bruyèreholz findet man auf Korsika, auf Sardinien, in Algerien, Marokko, Griechenland und in den italienischen Regionen Ligurien, der Maremma (Toskana) und in Kalabrien. Auch in anderen Ländern rund um das Mittelmeer bis hin zur Schwarzmeerküste wächst die Erica arborea, doch fehlen dort geschulte und erfahrene Fachkräfte, die mit der Aufbereitung der Hölzer nach internationalem Standard ausreichend vertraut sind. Dänische Pfeifenhersteller berichteten, sie hätten mit Bruyère aus diesen Ländern keine guten Erfahrungen gemacht, da beim Zuschnitt nicht auf bestmögliche Ausnutzung der Maserung geachtet worden war und darüber hinaus fast alle Blöcke gerissen waren, vermutlich wegen unsachgemäßer Lagerung.

Wer sich tagtäglich mit Bruyèreholz beschäftigt, lernt bald, die Herkunft der abgeschliffenen Blöcke nach den Nuancen der hellen Grundfarbe des Holzes zu unterscheiden. So haben korsische Ebauchons eine leicht rötliche Färbung und sind recht hart mit einer oft sehr dichten Maserungsstruktur. Italienische Blöcke sind ebenfalls leicht rötlich, aber etwas heller und auch weicher, die Maserung ist vielfach „offener“. Griechisches Bruyère hat eine eher weißliche Färbung und ist, ähnlich wie das italienische, etwas weicher als das korsische Holz. Spanien bringt dagegen eher weiches, leicht gelblich gefärbtes Holz hervor, das weniger dicht gemasert ist und auch recht weich. Die „alten Hasen“ beklagen oft mit einem Hauch von Nostalgie, dass für heute angebotene Pfeifen nicht mehr das gute harte Holz verwendet würde, vornehmlich aus Korsika und Algerien, sondern eher weiches aus Griechenland, Italien und Spanien. Nun kommt aber weicheres Holz der Tendenz, Pfeifen mit einer lebhaften Kontrastbeizung einzufärben, sehr entgegen, da es Beizen besser in sich aufnimmt als sehr hartes Holz. Und Pfeifen aus weicherem Bruyère müssen noch lange nicht schlechter schmecken. Ja, vielleicht ist sogar eher das Gegenteil der Fall, denn gerade aus den heute hauptsächlich gerauchten hochgradig aromatisierten Tabaken kann weiches Holz das anfallende Kondensat in größeren Mengen brav schlucken. Allerdings saugen sich Pfeifen aus weichem Holz auch schneller voll, so dass eine längere Regenerationsphase zwischen zwei Tabakfüllungen immer einzuhalten ist, um möglichst lange einen angenehmen und von den Geschmacksbeigaben abgestandenen Kondensats unbeeinflussten Genuss zu bieten. Unser Tipp: Vor dem Stopfen einer Pfeife immer den „Schnuppertest“ machen - der Pfeifenkopf muss neutral riechen.

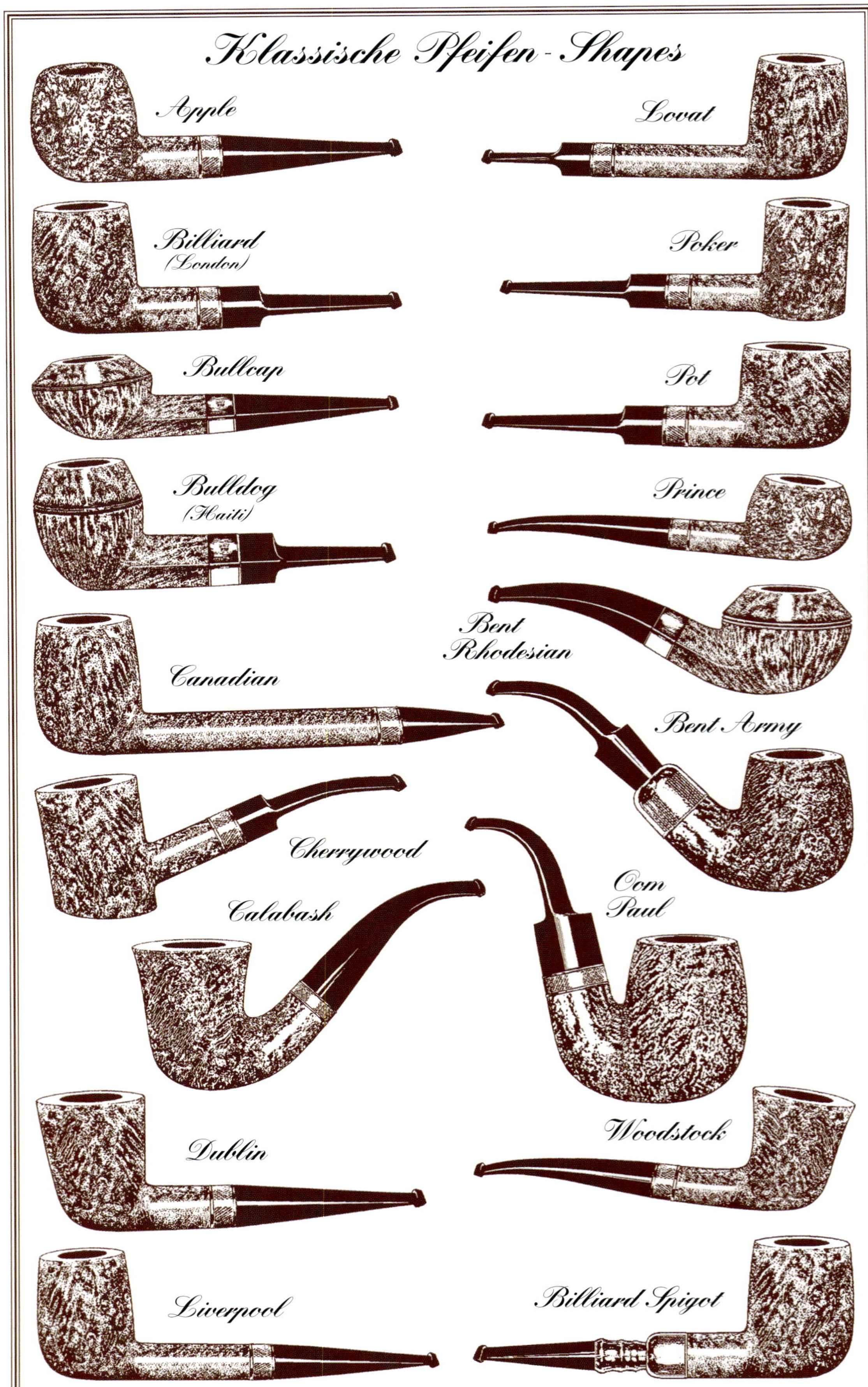

Die Modell-Klassiker, die seit Ende des 19. Jahrhunderts von allen Pfeifenfabriken und -manufakturen in mehr oder minder abgewandelter Form bis heute produziert werden.

Wo werden gute Bruyèrepfeifen hergestellt?

Wir wollen uns auf die wesentlichen Länder konzentrieren, was nicht heißen soll, dass nicht auch anderenorts gute Pfeifen produziert würden. Es handelt sich dann meist um weniger bekannte Firmen oder Marken von nur regionaler Bedeutung.

Nachfolgend finden Sie eine Aufstellung der wichtigsten Herstellerländer und die jeweils bekanntesten Markennamen. Mit dem weltweiten Rückgang des Rauchens und damit auch des Pfeiferauchens ist konsequenterweise auch die Zahl der Pfeifenproduzenten in Europa bis auf einen kleinen Kreis leistungsfähiger Fabrikanten zusammengeschrumpft. Viele einst berühmte Marken sind entweder ganz vom Markt verschwunden oder stammen mittlerweile aus

Frühe Version einer Kopierfräse für Pfeifen, Mitte 20. Jahrhundert, Deutschland. Aus dem Museumsschauraum der Manufaktur BREBBIA, Italien.

der Produktion anderer Hersteller. Der aufmerksame Pfeifenkäufer wird sich schon des öfteren beim Anblick einer Pfeife des Herstellers „A", Modell X gefragt haben: „Ist das nicht der Kopf der Marke „B", Modell Y, nur anders eingefärbt und mit anderem Mundstück versehen?" Das ist durchaus richtig beobachtet. Doch warum sollte, was in der Industrie allgemein schon seit langem Gang und Gäbe ist, nicht auch auf die Pfeife zutreffen? Größere Unternehmen kaufen kleinere auf, die den Anforderungen des Markts nicht mehr gewachsen waren. Dabei geht es vielfach auch, oft sogar vorrangig, um den Erwerb von Markenrechten. Ein Markenname mit gutem Ruf ist oft Gold wert. Doch der Name behält seinen Wert nicht von allein. Es bleibt also zu hoffen, dass die neuen Inhaber sich auch der Verpflichtung bewusst sind, die mit einer Marke verbundenen Qualitätsstandards aufrecht zu erhalten. Wir werden in unserer Aufstellung einige Marken auch von kleineren Manufakturbetrieben nennen, darüber hinaus ein wenig über die länderspezifisch wichtigen Merkmale berichten. Die handgefertigten Pfeifen werden wir später in einem gesonderten Kapitel behandeln.

Dänemark

Bari*, Nørding*, Stanwell, Svendborg, Torben Dansk, Bjarne

Dänische Pfeifen sind bei uns hauptsächlich wegen ihres typischen, oft unkonventionellen Designs, aber auch wegen der durchweg wirklich ausgezeichneten Verarbeitung gefragt. Bedingt durch ein hohes Lohnniveau sind dänische Pfeifen eher im gehobenen mittleren und höheren Preissegment angesiedelt. Bei den mit * gekennzeichneten Marken wurde die Serienproduktion im Laufe der letzten Jahre zugunsten der Fertigung im Manufakturstil mit Schwerpunkt auf individueller Formgebung und hohem Handarbeitsanteil verlagert. In einem späteren Kapitel werden wir die dänische Pfeife ausführlich würdigen.

Beispielhaft für dänisches Pfeifendesign ist dieses schwungvolle Modell von STANWELL aus dem Jahre 1999. Die Kopfform bringt die „Flame Grain"-Struktur des Plateauholzes optimal zur Geltung.

Grossbritannien/Irland

BBB, Ben Wade, Comoy, Dunhill, Falcon, GBD, Loewe, Orlik, Parker, Peterson, Dr. Plumb

England mit seiner einstmals blühenden Industrie - auch auf dem Sektor der Pfeifenproduktion - bietet uns Pfeifenrauchern heute ein klägliches Bild. Dies sagen wir ganz ohne Hochmut, sondern mit Trauer und Betroffenheit. Noch vor 25 Jahren war die englische Pfeife bei uns aus dem Angebot

CHARATAN-Pfeifen aus dem Jahre 1987. Ihr besonderes Merkmal waren die handgeschnittenen Ebonitmundstücke mit dem abgestuften, sehr flach ausgeformten Biß.

nicht wegzudenken und mit so berühmten Marken vertreten wie Charatan/Ben Wade, Parker/Masta, Comoy oder Orlik. Die zunehmende negative Bewertung des Rauchens von staatlicher Seite in der westlichen Welt setzte in den englischsprachigen Ländern und einigen Staaten Südostasiens viel früher ein als bei uns, und Restriktionen wurden unter wesentlich rigiderem Vorgehen durchgesetzt. Entsprechend deutlich fiel auch der Rückgang des Pfeifenrauchens in diesen Ländern aus, den traditionellen Exportmärkten englischer Pfeifenproduzenten. Die Verkaufs- und Produktionszahlen gingen rapide zurück, eine Fabrik nach der anderen schloss ihre Tore. Die Welle der Schließungen machte auch vor den Top-Marken wie Charatan und Parker Hardcastle nicht Halt. Wo zwischen den Weltkriegen in den Pfeifenfabriken noch Belegschaften von einigen Hundert fast die Regel waren, gibt es seit Ende der 80er Jahre nur noch wenige kleine Werkstätten mit einigen Dutzend Mitarbeitern. Dazu zählen die Cadogan-Gruppe mit Marken wie BBB, Civic, Comoy, GBD, Loewe, Orlik, die vormaligen Duncan Briars

Cadogan brachte 1982 unter der Marke CIVIC die Serie „Jubilee“ heraus, erstmals mit Handcut-Mundstücken aus Acryl.

mit Erzeugnissen für den heimischen Markt und Halbfabrikaten für andere Hersteller, seit kurzem als Ben Wade Ltd. mit den Marken Ben Wade und Hardcastle wieder im Geschäft - und natürlich Dunhill. Doch auch dort hat man, der Marktlage Rechnung tragend, die große Fabrik geschlossen und dafür eine kleine, aber feine Produktion mit Werkstattcharakter aufgebaut.

Dass es soweit kommen konnte, hat aber auch andere Gründe. In England ist man traditionsbewusst, was durchaus positive Aspekte hat. Im Bereich der Industrie aber hieß es leider allzu oft: „Wir haben das immer so gemacht, die Käufer haben es immer zu schätzen gewusst, warum also sollen wir es ändern?“ Und so haben die

Zierliche filterlose Pfeifen aus dem Hause PARKER, leichtgewichtig und mit durchweg kleinerem Füllvolumen. Als ideale Flakepfeifen waren sie „maßgeschneidert“ für englische Rauchgewohnheiten.

englischen Pfeifenproduzenten die Entwicklung auf dem Markt quasi verschlafen. Als sich in den 70er Jahren in Europa der Trend hin zum großen Filter (9 mm) abzeichnete, berief man sich zu lange auf den Vorrang der Märkte des Commenwealth, wo der Filter keine Rolle spielte, und blieb bei der gewohnten Modellpolitik. Auch die im Vergleich zu französischen, italienischen und vor allem dänischen Produkten eher nachlässige Endverarbeitung und Oberflächenbehandlung englischer Pfeifen hat ein übriges getan, dass zumindest in den wichtigen europäischen Pfeifenraucherländern modernerem Design und attraktivem Aussehen der Vorzug gegeben wurde. Was die Raucheigenschaften betraf, so konnten sich englische Pfeifen immer zu den Besten zählen lassen. Doch wie in vielen Bereichen der Konsumwirtschaft gelten auch hier nicht in erster Linie die „inneren Werte", sondern das attraktive Äußere, im Stil unbedingt auf dem neuesten Stand der Mode. Seit Ende der 90er Jahre hat sich die Situation in England scheinbar etwas erholt, denn der ebenfalls stark gebeutelte „Home Trade" (Inlandsmarkt) konnte in den vergangenen Jahren einen zaghaften Anstieg der Nachfrage nach Pfeifen und Zubehör verzeichnen.

Calabash-Spigot von Les Wood mit dem typischen Silberbesatz auf Holm und Mundstück. Der breite Kopfrand wurde zusätzlich noch mit einer flachen Silberkappe versehen.

Einige ehemalige Mitarbeiter von Dunhill und Charatan - damals auch zur Dunhill-Gruppe gehörig - konnten den Weg in die Selbständigkeit schaffen und verlegten sich auf die Herstellung von handgefertigten Pfeifen der gehobenen Preisklasse. Dazu zählt neben den „Ex-Dunhills" Les Wood mit seiner Marke „L. WOOD" (sprich „Elwood"), in den USA unter dem Namen „Ferndown" gehandelt, und Billy Taylor mit seinen „Ashton Briars" auch Barry Jones, vormals bei Charatan beschäftigt und dort für die handgefertigten Unikate zuständig. Er übernahm Ende der 70er Jahre die „Tilshead Pipe Company" mit dem Markennamen „James Upshall". Zwar musste er 1996 das Handtuch werfen - eine traurige Nachricht vor allem für Pfeifenfreunde in den U.S.A. Doch fand sich in Mordechai Ezrati schon bald ein finanzkräftiger „pfeifen-verrückter" Retter, und so fertigt Barry Jones nun wieder seine James Upshall Pipes, die im Hochpreissegment und vorrangig in den Vereinigten Staaten vermarktet werden.

Eine Auswahl von Klassik-Modellen aus der Werkstatt von Les Wood: Spigot-Pfeifen mit unterschiedlich gestalteten Mundstückmanschetten und zwei Pfeifen mit extra breitem Silberband nach alten Vorbildern.

Auch Les Wood denkt über einen Teilrückzug aus der Pfeifenfertigung nach. Nicht wegen zu geringer Nachfrage, ganz im Gegenteil, sondern weil er als gelernter Silberschmied mehr und mehr ausgelastet ist mit der Fertigung von Silberringen, Spigotmanschetten und anderem Silberschmuck für die Pfeifen auch anderer Hersteller. Er ist einer der wenigen, die das „ornamental turning" beherrschen, das für englische Silberarbeiten typische Ziselieren mit unterschiedlichen ornamentalen Linienmustern, eine sehr schweißtreibende und kräftezehrende Arbeit, die er auf seinen über 150 Jahre

Mit der Kleinserie „Antique Collection“ stellte Peterson 1996 vier originalgetreue Nachbauten von Pfeifenmodelle aus den Jahren 1903 bis 1910 vor, umgerüstet für 9mm Filter. Wie schon die Originale, ruhte jede dieser Pfeifen in ihrem eigenen „maßgeschneiderten“ Hartschalen-Etui.

alten Maschinen ausführt. Zu seinen Auftraggebern zählen Dunhill, der hier z. B. die Silberapplikationen für seine Jahrespfeifen fertigen lässt, Billy Taylor (Ashton) und auch ausländische Pfeifenhersteller. Und Les Wood fühlt sich gut dabei. „I am not a pipemaker“, pflegt er in englischem „understatement“ zu sagen, „ich bin kein Pfeifenmacher“. Wir wollen hoffen, dass er sich nicht ganz aus der Pfeifenfertigung zurückzieht, denn seine klassischen Pfeifen - darunter besonders seine eleganten Spigots - können bei uns in Deutschland und in den U.S.A. auf eine große Fan-Gemeinde zählen.

So sind also in Deutschland mittlerweile nur noch Dunhill und Peterson als Exponenten britischer Pfeifentradition geblieben - die Iren verzeihen uns hoffentlich, dass wir sie hier mit den Engländern „in einen Topf werfen“. Dunhill bietet seit 2004 unter dem Namen PARKER wieder eine kleinere Reihe klassisch englischer Pfeifen an. Übrigens stand auch die Peterson-Pfeifenfabrik in Dublin vor einigen Jahren kurz vor dem Ende, konnte aber durch den Verkauf an einen amerikanischen Investor gerettet werden. Ansonsten gibt es über Peterson wenig Neues zu berichten - und das im positiven Sinne. Zuweilen wird ein Mangel an Innovation in Petersons Modellpolitik beklagt. Doch das ist ungerecht - immerhin hat Peterson mit der „Antique Collection“ und den „Sherlock Holmes Collections“ Klassiker des Pfeifendesigns modernisiert und erfolgreich im Markt etabliert. Den größten Zuspruch finden aber weiterhin die „Army“-Steckerpfeifen aus der „PPP“-Serie mit traditionellen Lippenbiss-Mundstücken, darunter besonders die großen „Hänger“ - sie sind in aller Welt der Inbegriff der Peterson-Pfeife.

Frankreich

Butz-Choquin (mit Dr. Boston),
Chacom, Genod, Jean Lacroix

Noch immer wird in der „Pfeifenstadt“ Saint Claude ein großer Teil der weltweit vermarkteten Bruyèrepfeifen hergestellt, doch hat auch hier der Rückgang des Pfeifenrauchens deutliche Spuren hinterlassen. Neben den zwei großen Produzenten Butz-Choquin und Chacom/Cuty-Fort ist nur noch etwa ein Dutzend kleiner Betriebe übrig, die für andere in Lohnarbeit Pfeifenköpfe abdrehen oder die Endfertigung übernehmen. Pfeifen aus eigener Produktion, oft von ausgesucht guter Qualität, bieten diese kleinen Werkstätten den Schwärmen von Pfeifen-Touristen an, die jedes Jahr gern in

Mit der „Origine“ ließ Butz-Choquin in den 80er Jahren eine seiner ersten Erfolgskreationen aus dem Jahr 1858 wieder aufleben. Das Original besaß ein Hornmundstück und ein Rohr aus durablen Flügelknochen des Albatros, für den Nachbau mussten Gänseknochen und Acrylmundstück genügen.

Saint Claude Station machen und die Sammlung historischer Pfeifen im Museum der „Confrèrie des Maîtres Pipiers“ besuchen. Die lange Tradition der Pfeifenfertigung in Frankreich und das Festhalten daran mag viele Pfeifenliebhaber beglücken. Die Wirtschaftlichkeit der französischen Produktion hat aber, ähnlich wie in England, eher darunter gelitten. Mit den zu Beginn des 20. Jahrhunderts hochmodernen Fräsmaschinen konnten fast ausschließlich die klassischen Formen bearbeitet werden, und der Anteil aufwendiger Handarbeit blieb relativ hoch. Bei Graco wurden noch bis in die 80er Jahre schlanke, leichte filterlose Pfeifen produziert, deren Design stark an dänische Modelle aus den 70er Jahren, z. B. von Kriswill oder Jarl/Kolding erinnert. Die Dänen, technisch auf dem allerneuesten Stand, setzten seit den 60er Jahren Kopierfräsen ein, die eine bis dahin unvorstellbare Formenvielfalt auch in der Fabrikproduktion ermöglichten, und gaben dem Pfeifendesign gänzlich neue Impulse. Es entstand eine ernstzunehmende Konkurrenz für die traditionsverwurzelten Franzosen. Diesen Wettbewerbsnachteil konnten sie aber durch ihre angestammten Bezugsquellen für ausgezeichnete Bruyèrequalitäten ausgleichen, vorzugsweise aus Korsika, Algerien, und Marokko. Mittlerweile haben auch die verbliebenen großen Hersteller den Anschluss wieder geschafft und die Vorzüge moderner Kopierfräsen für ihre Produktion genutzt. So können französische Pfeifen heute erneut mit ansprechendem Design und attraktiven Finishes überzeugen, nicht nur im Bereich klassischer Formen, sondern auch bei gänzlich neuen, modisch-modernen Kreationen.

Oben links: Eine Auswahl schlanker filterloser Pfeifen von Graco, Saint Claude aus den frühen 80er Jahren.

Die legendäre „Cobra“ von Butz-Choquin aus dem Jahr 1986. Sie war um einiges größer als die heute angebotene Pfeife, und es gab sogar eine „Edel-Version“, bezogen mit echter Schlangenhaut.

CHACOM gewann in den vergangenen Jahren viele neue (und nicht nur jugendliche) Freunde mit seinen „Fancy“-Pfeifen, die alljährlich mit neuen Dessins überraschen. Sie werden in einem speziellen Verfahren mit farbenfroh gemustertem Textilmaterial beschichtet und abriebfest klarlackiert.

Niederlande

Elbert Gubbels (Big Ben, Hilson)

Holland verfügt nur über eine, dafür aber hochmoderne Bruyèrepfeifenfabrik. Der Name Big Ben wurde bei uns schon recht früh mit sehr schönen filterlosen Pfeifen der klassischen Linie bekannt. Bei Gubbels stieg

Die kleinen Taschenpfeifen „Ranger" und „Pipo" von BIG BEN sind mittlerweile Legende. Kurz, griffig, leicht, ideal für einen kleines Viertelstündchen Tabakgenuss. Das passende Etui wird gleich mitgeliefert.

man rechtzeitig um auf die Produktion von Filterpfeifen, und dank einer ausgesprochenen Innovationsfreude konnte man sich im Markt mit einer Vielzahl formschöner Serien im mittleren Preisbereich gut etablieren. Die Marke Hilson stammt ursprünglich aus Belgien und wird erst seit den späten 60er Jahren bei Gubbels produziert. In jüngster Zeit stellte Gubbels auch Pfeifen in höheren Preislagen vor, sehr schön gestaltete Modelle mit Einzelstückcharakter, mit ausgesucht lebhafter, dichter Maserung und attraktiven Holm- und Mundstückapplikationen.

Klassik und Moderne vereint in attraktiven Formen - HILSON aus dem Hause Gubbels. Zwei größere handliche Pfeifen mit Dreikantholm (oben und unten) und zwei leichte Modelle mit ungewöhnlich geformtem Lippenbissmundstück.

Italien

L'Anatra, Ardor, Barontini, Bartoli, Brebbia, Ermanno, Gasparini, Gigi, Lorenzetti, Lorenzo, Mastro de Paja, Molina, Radice, Savinelli, Ser Jacopo, Stefano Santambrogio, Luigi Viprati

Wenn man von italienischen Pfeifen spricht, fallen zuerst zwei Namen: Lorenzo und Savinelli. Lorenzo hat mit eigenwilligem modernem Design seinen Ruf begründet. Seine Spezialität waren große, dickwandige Pfeifen, oft mit sehr hohen Köpfen („Skyscraper"), die sich besonders bei den Filterrauchern in Deutschland sehr großen Zuspruchs erfreuen, zumal sie häufig recht preiswert sind (2. Sortierung „Spitfire").

LORENZO-Pfeifen sind immer schon Inbegriff für ungewöhnliches Design. In der Pfeifenablage zwei betont greiffreundlich aus geformte Modelle, davor die „Sila Grande" mit Kopf aus Olivenholz, ausgekleidet mit Bruyèreholz.

Auch Savinelli hat für seine Pfeifenkollektion einen typischen eigenen Stil entwickelt, der aber eher der klassischen Linie verpflichtet ist. Seine Pfeifen zeichnen sich durch gute Holzqualitäten aus, das Preisniveau liegt eher im gehobenen Bereich. Savinelli kann in Deutschland, vor allem in den südlichen Bundesländern, auf eine eingeschworene Gemeinde von Pfeifenfreunden zählen. Sozusagen als „crème" seiner Pfeifenfabrikation produziert Savinelli neben der klassischen Modellpalette ständig auch handgefertigte, individuell nach dem Wuchs des Bruyèreholzes geformte Pfeifen, die unter den Namen „Autograph" und „Artisan" angeboten werden.

Ein dritter namhafter italienischer Hersteller ist die Firma Brebbia, angesiedelt im gleichnamigen Ort in Varese. Gegründet wurde sie 1947 von dem Pfeifenliebhaber und -sammler Enea Buzzi, dessen Sohn Luciano heute die Produktion weiterführt. Die Pfeifen von Brebbia bieten eine gute handwerkliche Verarbeitung und attraktives Modelldesign, die Palette der Qualitäten reicht von der günstigen 2. Sortierung bis hin zur hochpreisigen kittfreien Sortierung „Pura". Neuerdings verwendet man auch bei Brebbia eine Maschine, mit der Rauchkanäle in einer Kurve gefräst werden können, so dass sich für gebogene Pfeifen eine neue Freiheit in der Formgebung erschließt.

Darüber hinaus finden wir in Nord- und Mittelitalien eine Reihe kleinerer, aber sehr leistungsstarker Betriebe, darunter Molina und Santambrogio in Gavirate, Barontini in Livorno oder Lorenzetti in Recanati. Sie fertigen z. T. in großen Stückzahlen Pfeifen für den inländischen Markt, vornehmlich aber für ausländische Importeure unter deren eigenen Markennamen. Die Abnehmer bekommen dort eine riesige Modellauswahl geboten, von klassischen Formen bis hin zu eher dänisch anmutendem Design, und eine schier unerschöpfliche Variationsbreite an Holmringen und Mundstückzierrat, der sich auch bei uns in den vergangenen Jahren immer größerer Beliebtheit erfreut.

Großen Zuspruch haben seit Mitte der 80er Jahre in Deutschland auch die vielen italienischen Hersteller handgefertigter Einzelstücke gefunden, die mit ihren Pfeifen,

Brebbias „Jubilee"-Serie, im Vorgriff auf das 50-jährige Firmenjubiläum entstanden. Jährlich kam ein neues Modell hinzu. Besonders gelungen ist die Calabash 1997 mit gekrümmt gebohrtem Rauchkanal.

was die Präsenz auf dem deutschen Markt betrifft, die dänischen „Pipemager" mittlerweile eingeholt wenn nicht sogar überflügelt haben. Gewiss spielen dabei auch die relativ niedrigen Preise der Italiener eine Rolle. Die Dänen (und auch manche unserer deutschen Pfeifenmacher) hatten sich, vom Boom der „Handmade Pipes" in den 70er und 80er Jahren beflügelt, an ein „leicht abgehobenes" Preisniveau gewöhnt. Die italienischen Pfeifenmacher hingegen boten bei durchaus vergleichbarer Qualität und Originalität ihre handgefertigten Pfeifen zu wesentlich niedrigeren Preisen an. Klangvolle Namen wie Ascorti, Castello, Il Ceppo,

Don Carlos, Mastro de Paja, Radice, Ser Jacopo oder Viprati sind heute aus dem Sortiment guter Fachgeschäfte nicht mehr wegzudenken. Nicht zuletzt hat auch die konsequente Verwendung von Acrylharzmundstücken den italienischen Fabrikanten

links:
Savinelli-Pfeifen in typischem Design: oben „Bruna" mit „Cumberland"-Ebonitmundstück, unten die handfüllenden „EX"-Modelle mit fein rusticierter Oberfläche.

rechts:
Zum 25jährigen Firmenjubiläum entwarf Luigi Radice diese Lovat. Holm und Mundstück sind spiralig geformt, eine fein ziselierte Silberkappe ziert den Kopf.

und Pfeifenmachern große Marktvorteile verschafft. Bezeichnenderweise sind die zwei wichtigsten europäischen Hersteller von Acrylharzmundstücken, Macchi und Limbiati, in Norditalien angesiedelt. Und da inzwischen auch die Pfeifenproduzenten der anderen europäischen Länder überwiegend Acrylmundstücke verwenden, sind die Auftragsbücher dieser italienischen Firmen bis auf weiteres gut gefüllt - Lieferzeiten von mehreren Monaten sind keine Seltenheit.

Zu den wirklich originellen Kreationen von VAUEN zählt gewiss die Reihe „Pipe Line“, nach Art der amerikanischen „Corn Cobs“ gestaltete leichte Filterpfeifen mit verschiedenem Motiv-Zierrat auf dem Holm. Hier die „Goal!“ und die schlichte „Silver“.

Tom Spanu, der sardische Pfeifenkünstler, verarbeitet gern allerlei natürliche Materialien seiner Heimat. Eine Spezialität sind seine mit junger Korkeichenrinde belegten Handmade-Pfeifen aus sardischem Bruyèreholz.

DEUTSCHLAND

Bentley Pipes, „Design Berlin“,
Holmer Knudsen Pipes,
VAUEN

Hier in Deutschland hat die Pfeifenherstellung eine lange Tradition, dennoch ist von den vielen Betrieben nurmehr VAUEN in Nürnberg geblieben. Diese im Revolutionsjahr 1848 gegründete Pfeifenfabrik hat bereits in den 1930er Jahren mit „Systempfeifen“ und der Produktion von Filterpatronen Erfolge erzielt und setzt seit den 1960er Jahren konsequent auf den 9 mm Filter. Die faire Preisgestaltung, ein attraktives Modelldesign und innovatives Denken der Firmenleitung mit Blick auf junge Raucher, unseren „Nachwuchs“, haben den Pfeifen von VAUEN zu großer Beliebtheit und einem ausgesprochen guten Renommé verholfen.

Seit den 80er Jahren hat das „Pfeifenstudio Hartmann“, das heute im thüringischen Schweina ansässig ist, mit der Marke „Design Berlin“ im deutschen Pfeifenangebot neue Akzente gesetzt. Mit dänischem Knowhow und erfahrenen deutschen Pfeifendrehern wurde eine attraktive Modellpalette entwickelt, auf der neben diversen Pfeifenserien auch interessante Kreationen im Handmade-Bereich vertreten sind. Besonderes Merkmal der Serienpfeifen sind die

Das strenge, von grafischen Prinzipien inspirierte Design dieser sehr modernen VAUEN Pfeifen von 1990 stammt von dem japanischen Künstler Ito, nach dem auch die Pfeifen benannt wurden. Ascher und Tabaktopf von Baldelli/Italien.

„Design Berlin". Das Modell „Skipper" von 2005, eine wirklich ungewöhnlich geformte Pfeife, die durch ausgesprochen gute Balance und Leichtigkeit besticht.

Acrylmundstücke mit doppeltem Rauchkanal, der den Rauch zweifach geteilt und damit kühler in den Mund strömen lassen soll. Dazu später mehr im Kapitel über Mundstücke. Heute sind die Pfeifen von „Design Berlin" ein fester Bestandteil im Angebot unserer Fachhändler geworden.

Modelle aus der Serienproduktion von „Design Berlin". Als besonders beliebt habensich die Pfeifen der Serie „Gotha" mit Silberbesatz erwiesen.

Im Jahre 1987 wurde auf dem Erbe des Schweizer Traditionsbetriebes BRUBU eine kleine, aber äußerst leistungsfähige Pfeifenmanufaktur gegründet: die Bentley Pipe Company. Der dänische Pfeifenmacher Hans J. Nielsen, genannt „Former", konnte als Werkstattmeister gewonnen werden, und mit seiner Erfahrung und Kreativität wurde in kurzer Zeit eine Palette klassischer Modelle mit typisch dänischem Flair entworfen. Produziert wurde mit hochmodernen Kopierfräsen, die Endfertigung übernahm der Meister höchstpersönlich. Die selbst gesteckten hohen Maßstäbe, der hohe Anspruch an ausgewogenes Design, bestes Material und höchste Verarbeitungsqualität bringen ein hohes Preisniveau mit sich - ein Hauch von Exklusivität dieser Pfeifen ist von Bentley wohl auch nicht ganz unbeabsichtigt. Diesem hohen Anspruch werden sie aber in jeder Hinsicht gerecht. Nach einigen Jahren hielt es Former in der Fremde nicht mehr aus, die Bentley Pipe Company zog von der Schweiz ins norddeutsche Lauenburg und 1998 schließlich in Formers Heimat Dänemark. Ende 2005 verabschiedete sich Former

Bentley stellt mit seinen Pfeifen und auch Tabaken ein Gesamtkonzept für den anspruchsvollen Raucher vor. Links ein Modell aus der Reihe „Former's Design", rechts zwei Modelle der neuen Reihe „Pipemaster".

aus der Bentley Pipe Company, um sich voll und ganz auf die Herstellung seiner handgefertigten Individualpfeifen zu konzentrieren, die er zugunsten der Manufaktur lange hatte hintanstellen müssen. Seit Anfang 2006 hat nun Holmer Knudsen in Lauenburg die Fertigung der Bentley Pfeifen übernommen. Diesen Neubeginn markiert auch die neu konzipierte Serie „Bentley Pipemaster", die auf der Herbstmesse 2006 erstmals vorgestellt wurde und mit ihren streng klassisch geformten schlanken und leichtgewichtigen Pfeifen sofort große Anerkennung fand.

Mit Holmer Knudsen ist seit 2004 ein neuer Name unter den deutschen Pfeifenproduzenten zu verzeichnen. Er kommt aus Husum, und dort hat die unmittelbare Nähe zu Dänemark seine Leidenschaft für die Pfeife geprägt. Aus dieser Passion ist eine Profession geworden. In Lauenburg an der Elbe hat Holmer Knudsen seine kleine, feine Pfeifenwerkstatt eingerichtet. Seine Pfeifen von angenehm unprätentiöser, harmonischer Formgebung sind geprägt von der klassischen Linie, und dänische Einflüsse sind dabei nicht zu übersehen. Die Form soll gefallen, sie darf auch gern individuelle Züge tragen, aber niemals auf Kosten einer optimalen Funktion. Dass Holmer Knudsen vor seinem Wechsel in die Pfeifenmanufaktur

Holmer Knudsen mit seinen Pfeifen. Oben die „Knubbel", handgefertigt mit griffigem Relief, unten zwei „Army Pipes" mit der klassischen Holmolive aus Silber.

viele Jahre als Ingenieur für Verfahrenstechnik tätig war, kommt nun der Qualität seiner Pfeifen zugute. Dank ihrer sehr sorgfältigen handwerklichen Verarbeitung bieten sie auf einem wirklich fairen Preisniveau denkbar gute Raucheigenschaften, weshalb sie bereits nach kurzer Zeit unter Pfeifenkennern im In- und Ausland viele bgeisterte Freunde gefunden haben.

Tschechien

Oldrich Jirsa, Pavel Háp

Vergleichbar den erzgebirgischen Regionen in Thüringen hat auch in Böhmen die Holzdrechslerei eine jahrhundertlange Tradition. Folgerichtig hat sich dort ab Mitte des 19. Jahrhunderts eine florierende Pfeifenindustrie entwickelt. Nach dem 2. Weltkrieg ging der größte Teil der Produktion in die anderen Ostblockstaaten, ein Teil wurde aber auch in den Westen geliefert: überwiegend preiswerte Feinschnittpfeifen klassischer Form und kleinen Formats, als „Buyère Garantie" gestempelt und versehen mit Mundstücken aus Horn, später hornfarbenem, ewig haltbarem Kunststoff. Mit Gummizug auf 12er-Displaykarten aufgezogen, waren sie auch in den kleinsten Tabakläden zu finden. Mit dem Dahinschwinden der Vorkriegsgenerationen, die ihre Raucherlaufbahn mit diesen Pfeifen begonnen und sie liebgewonnen hatten, und mit dem Siegeszug der Filterzigarette, die den kurzzeitigen Tabakgenuß noch einfacher machte, sank auch das Interesse an diesen kleinen Pfeifchen, deren Produktion am Ende des Jahrtausends kaum mehr nennenswerte Stückzahlen erreichte.

In Zeiten der sozialistischen Herrschaft war es schier unmöglich, dem Genuß von Pfeife und Tabak nach westlichem Vorbild mit seiner ungeahnten Angebotsvielfalt zu fröhnen. Ganz im Stillen hat sich dennoch in Tschechien wie auch Polen eine kleine eingeschworene „Gemeinde" von Pfeifenrauchern die liebevolle Pflege des Tabakgenusses bewahren können. Zu diesen Enthusiasten zählte auch Oldrich Jirsa, der sich mangels Angebot und aus Liebhaberei dem Hobby der Pfeifenmacherei zuwandte, über Freunde im Westen mit dem nötigen Material versorgt. Die historische Chance der Grenzöffnung zwischen Ost und West hat er genutzt, sich eine eigene Pfeifenproduktion aufzubauen, und er hat mittlerweile nicht nur bei uns in Deutschland mit seinen zum

Diese kleine Auswahl von Pfeifen zeigt die beeindruckende Kreativität von Oldrich Jirsa und sein Talent, auch diffizil geformte Modelle in die maschinelle Produktion einzubeziehen.

Teil klassisch geprägten, zum Teil sehr individuell gestalteten Pfeifen viele Freunde gefunden. Als ausgebildeter Techniker hat er für seine Produktion einen Weg gefunden, die Rohköpfe seiner Pfeifen auf computergesteuerten CNC-Fräsen drehen zu lassen, was eine ungeheure Modellvielfalt auch mit asymmetrischen Formen ermöglicht. Die Pfeifen von Oldrich Jirsa zeichnen sich durch sehr saubere handwerkliche Verarbeitung und, unabhängig von Form und Größe, durchweg gutmütige Raucheigenschaften aus und haben den jahrzehntelangen Vorsprung der westlichen Fabrikate in jeder Hinsicht wettmachen können.

Ein weiterer, durch seine Internet-Präsenz auch außerhalb Tschechiens bekannter Vertreter der tschechischen Pfeifenmacherei ist Pavel Háp. Er wartet mit einer recht breiten Palette von Kreationen auf, zum Teil eher klassisch orientierte Entwürfe, zum Teil von dänischen Handcuts inspirierte Formen und darüberhinaus auch einige sehr eigenwillig geformte und originelle Modelle, die sich oft durch ausgesprochene Handfreundlichkeit auszeichnen.

Eine großvolumige Handmade-Pfeife mit „Flame Grain"-Maserung von dem tschechischen Künstler Pavel Háp, davor ein kleiner „Handschmeichler" aus der Werkstatt von Ryszard Kulpinski aus Przemysl.

Polen

B. Antoniewski, Mr. Bróg, Ryszard Kulpinski, Celina & Tadeusz Polinscy

Pfeifenrauchen hat in Polen als sozialer Faktor eine weit größere Bedeutung als bei uns in Deutschland - die Mangelwirtschaft während der sozialistischen Ära ließ die Menschen näher zusammenrücken. So wird auch der gemeinschaftlich zelebrierte

Präsent-Box mit einer recht verspielten Handmade-Pfeife von Celina & Tadeusz Polinscy aus Przemysl in Polen.

Tabakgenuß dort mit großer Hingabe gepflegt, wozu diverse regionale Treffen mit Ausstellungen und Wettbewerben immer wieder Gelegenheit geben. Das Rauchen edler Bruyèrepfeifen war und ist in Polen zugleich ein Bekenntnis zur westlichen Kultur. Wenn man sich in Polen zum Pfeifenrauchen trifft, sind Anzug und Krawatte angesagt.

Das Zentrum polnischer Rauchkultur ist die Stadt Przemysl. Versuchen Sie bitte gar nicht erst, diesen Namen mit deutscher Zunge zu bändigen - daraus wird nichts. Lautierend geschrieben wird daraus nämlich *Pschemmesch*. Und, achten Sie darauf: der Name muss zischen! Die Autoren verbindet einiges mit dieser galizischen Stadt im Süd-

Zum Treffen polnischer Pfeifenfreunde in Przemysl erscheint man „in vollem Ornat".

osten Polens, direkt an der ukrainischen Grenze auf dem Weg nach Lemberg gelegen. Vor etwa 20 Jahren waren wir erstmals dort auf Einladung einiger Pfeifenmacher. Staunend stellten wir fest, dass dort 12 Betriebe von der Pfeifenfertigung leben. Der Schwerpunkt liegt auch heute noch auf Produktion

links:
Pfeifen von „Mr. Bróg", aus verschiedenen Weichhölzern gefertigt: rechts oben Eiche, in der Mitte Birnbaum, rot gebeizt, und vorn naturfarbenes Kirschholz.

rechts:
Dieses originelle Kunstobjekt ziert die Wand über dem Tor von Zbigniew Bednarczyks Werkstatt

und Vertrieb sehr preiswerter Pfeifen, die in die Ukraine und nach Weißrussland gehen. Als Material nimmt man heimische Hölzer wie Birke, Buche, Kirsche oder Eiche, die auf Pfeifenkopstärke zu Brettern zersägt einige Jahre luftig gelagert wurden. Daneben spielt aber auch Bruyère eine zusehends größere Rolle. Man ist nun nicht mehr nur auf albanische Lieferanten angewiesen, sondern versorgt sich auch in Griechenland, Italien oder Spanien. Wir haben Ende der 80er Jahre alle Pfeifenmacher aus Przemysl nach Hamburg eingeladen und ihnen einen Einblick geben können in den Stand der Pfeifenfertigung in Westeuropa. Seitdem verfolgen wir mit Interesse und großer Teilnahme das Geschehen in dieser Stadt der Tabakspfeife mit einem übrigens ansehnlichen Pfeifenmuseum. Erstaunlicherweise haben wir in unseren Fachzeitschriften bisher noch keinen Bericht über diese Pfeifenmacher lesen können.

Der bekannteste Pfeifendrechsler ist Zbigniew Bednarczyk, der seine Pfeifen unter dem Namen „Mr. Bróg" vermarktet. Sein Haus und sein Garten sind angefüllt mit zahlreichen Skulpturen, Gags und historischem Krimskrams, die den Ideenreichtum dieses Mannes widerspiegeln. Entsprechend groß ist auch seine Palette an Pfeifenformen, und wir werden von ihm sicherlich noch viel hören. Besonders in den U.S.A. bekannt geworden ist Bartolomiej Antoniewski, ein Schüler des Altmeisters Ryszard Filar. Er schnitzt aus dem schwierig zu bearbeitenden Bruyèreholz gekonnt und erfolgreich Pfeifen als Portraitbüsten, auch als Auftragsarbeit nach den Fotografien seiner Kunden.

links:
Marek Parol, Hersteller von Terracotta-Pfeifen, mit seinem Sohn auf einer Messe in Przemysl.

rechts:
Bartolomiej Antoniwewski mit einer seiner handgeschnitzten Skulpturpfeifen, einem Selbstbildnis aus dem Jahr 1995.

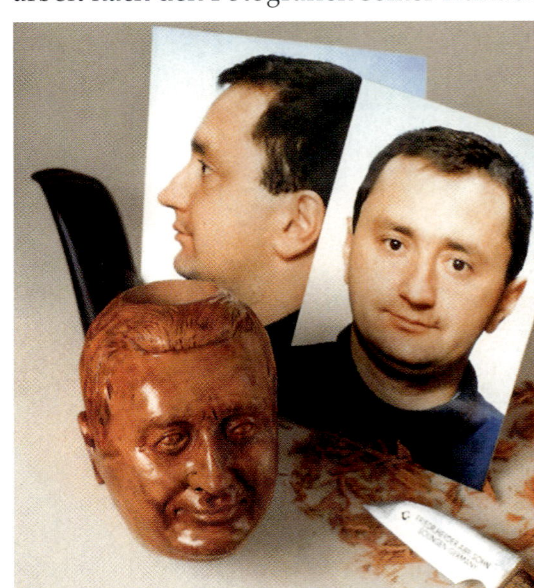

Japan

Tsuge

Was in Europa lange Zeit nur Branchenkenner wussten, ist mittlerweile allseits bekannt: Die Japaner sind begeisterte und sehr anspruchsvolle Pfeifenraucher. Nach langen Jahren der Importabhängigkeit haben sie eine eigene Pfeifenproduktion begonnen, deren Ergebnisse in der Gestalt der Pfeifen von Tsuge auch deutsche Raucher in den 70er und 80er Jahren eine Zeit lang kennen lernen konnten. Stilistisch irgendwo zwischen dänischem Design und der englischen Klassik angesiedelt und daher nicht allzu originell, gingen sie in der großen Vielfalt des internationalen Pfeifenangebots bei uns leider ein wenig unter. Ihr relativ hoher Preis infolge hoher Transportkosten und Einfuhrabgaben hat schließlich wohl ein übriges getan, dass ihnen hierzulande kein Erfolg beschieden war und sie nach kurzem „Gastspiel“ wieder aus den Auslagen der deutschen Fachhändler verschwunden sind. Übrigens hat Japan auch einige künstlerische Pfeifenmacher hervorgebracht, die in den 70er und 80er Jahren bei den dänischen „Pibemagern“ Sixten Ivarsson oder Emil und Jess Chonowitsch ihr Handwerk erlernten.

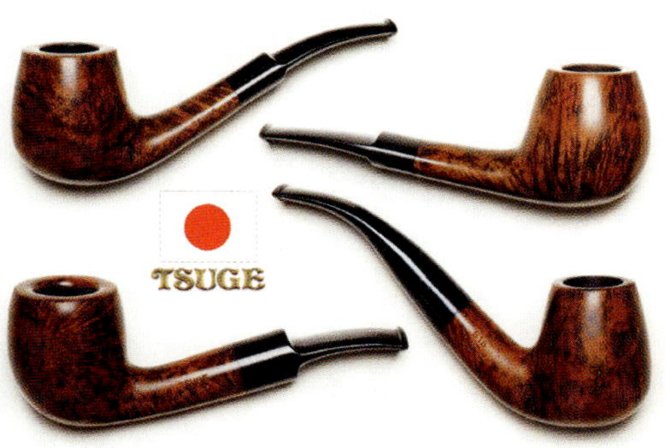

links:
Eine kleine Auswahl von Tsuge Pfeifen aus den 80er Jahren, deren Design deutlich dänische Anklänge erkennen lässt.

rechts:
Zwei Handmade-Pfeifen, aus den 80er Jahren von dem japanischen Künstler Asari: links ein asymmetrischer Kopf mit wunderschönem „Cross Grain“, rechts eine „Flame Grain“ Pfeife dänischen Stils.

links:
Eine Lesepfeife von Tsuge mit kleinem Kopf und langem Perlbambusrohr. Sie reflektiert am ehesten japanische Traditionen, wie der Holzschnitt von Utamaro (1754-1806) im Hintergrund zeigt.

Die ungeliebten Kittstellen

Wie alle natürlichen Werkstoffe unterliegt auch Bruyèreholz Schwankungen in der Beschaffenheit. Da die Knollen sich in Bodennähe ausbilden, sind Einschlüsse von Sand und Steinen recht häufig, ebenso Narben von Bränden im Unterholz, die mit der Zeit von der Knolle eingekapselt wurden und später als krustige Risse den Maserungsverlauf unterbrechen. Größere Fehlerstellen werden bereits beim Zuschnitt der Blöcke entdeckt und entfernt, doch bleiben immer noch größere oder kleinere Unreinheiten im Holz bestehen, die oft erst beim Ausformen der Pfeifenköpfe zu Tage treten.

Bei der überwiegenden Zahl aller Pfeifen zeigen sich während der Fertigung solche Holzfehler. Nach Einschätzung des Pfeifenexperten Michael Horn (†) liegt der Anteil kittfreier Stücke bei Pfeifen mittlerer Kopfgröße im Bereich von etwa 2,7 % (DTZ [Die Tabak Zeitung] 18/1977). Das heißt aber noch lange nicht, dass diese Pfeifen auch wirklich fehlerfrei sind - bei vielen von ihnen

Auch das schönste „Straight Grain" bringt keine Freude, wenn sich im Spiegel die Wahrheit in Gestalt einer hässlichen Narbe offenbart.

rechts: Pfeifen der Marke Ascot von 1989 in der Sortierung „Nature", kittfrei, aber mit kleinen Spots, im Naturfarbton mit geölter Oberfläche.

sind immer noch „Spots" vorhanden, winzig kleine dunkle Pünktchen von nur wenigen Zehntelmillimetern Größe. Da solche Stücke bei der Fertigung nicht in vorhersehbaren Mengen anfallen und sich daher nicht für den Verkauf als Serienware eignen, kommen sie gelegentlich als Sondereditionen in den Handel und finden stets ihre Liebhaber. Meistens wird das Holz solcher Pfeifen nicht eingefärbt, sondern im Naturton belassen und zur Belebung der Maserung allenfalls durch Einstreichen mit Öl mattiert oder mit Wachs poliert.

Der Löwenanteil aller Pfeifen muss also gekittet werden. Manche Schlaumeier fragen im Fachhandel nach Pfeifen mittlerer Preislage, heute bei 70 bis 120 EURO, und beäugen die ihnen vorgelegten Exemplare mit kritischem Blick - womöglich verlangen sie auch noch nach einer Lupe - und zeigen dann triumphierend auf die Kittstelle(n), die sie entdeckt haben. Damit sind Pfeifen dieser Preisstufe einfach überfordert, denn kittfreie Pfeifen sind heute kaum mehr zu Preisen unter 150 bis 200 EURO zu haben.

Bis in die 80er Jahre hinein verwendeten Pfeifenproduzenten, vor allem in Frankreich und Italien, als Kitt noch den traditionellen „Mastic", eine Mischung aus Bruyère- und Alabastermehl mit verschiedenen Farbpigmenten und Gummi Arabicum als Bindemittel. Leider ist dieses Naturharz, das wir als Papierkleber aus Amtsstuben oder aus dem Bastelunterricht kennen, nicht wasserbeständig. Und so löste sich dieser Kitt unter Einwirkung von Handschweiß mit der Zeit auf und wurde stetig aus den Fehlerstellen herausgerieben, so dass mancher Pfeifenkopf allmählich fast einer Kraterlandschaft ähnelte. Derartige Erfahrungen haben bei vielen, vor allem den älteren Pfeifenrauchern, zu einem berechtigten Argwohn vor gekitteten Pfeifen geführt. Ebenso hat das Abweichen mancher Hersteller von der ungeschriebenen Regel, nur dunkleren Kitt zu verwenden und dann die Pfeifen entsprechend dunkler einzufärben, verbreitet berechtigte Skepsis erzeugt: der Käufer konnte sich auf die Faustregel „je heller die Pfeife, desto reiner das Holz" nicht mehr verlassen. Heller Kitt vollzieht den Prozess des Nachdunkelns, dem das umgebende Holz unterliegt, nicht mit. Als Folge entwickeln sich helle gekittete Pfeifen mit der Zeit zu hässlich gesprenkelten Monstern. Auf diese Weise die Unwissenheit des Käufers auszunutzen, ist wirklich nicht fair, auch wenn diese Pfeifen meist billiger angeboten werden, als es ihr Farbton erwarten ließ.

Wir wollen indes gekittete Pfeifen nicht generell als minderwertig abtun - sonst wäre das Pfeifenrauchen ein Privileg der Reichen. Auf die Raucheigenschaften einer Pfeife haben diese Schönheitsfehler ohnehin keinen Einfluss. Es hat sich in den vergangenen Jahren auf diesem Gebiet auch viel Positives getan. Die Hersteller haben sich große Mühe gegeben, das Kitten zu vervollkommnen, so dass heute die Scheu vor gekitteten Pfeifen weitgehend unbegründet ist. Ausgehend von Dänemark hat sich seit den 70er Jahren die Kontrastbeizung überall durchgesetzt. In einer mit dunklen Farben hervorgehobenen lebhaften Maserung fallen sauber verarbeitete Kittstellen oft auch bei akribischer Suche kaum noch auf. Die Kittmasse selbst wird in der Regel unter Verwendung moderner Kunstharzkleber angemischt, die sich durch hohe Haftkraft und Formbeständigkeit auszeichnen. Die Zeiten zerklüfteter oder pickliger „Knösel" gehören damit endlich der Vergangenheit an.

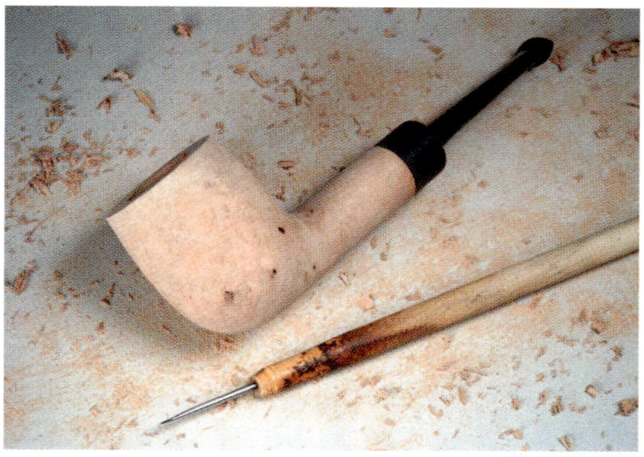

Mit einer spitzen Stahlnadel, manchmal auch mit einem feinen Rundkopffräser, wie ihn Zahntechniker nutzen, werden die Löcher von Borkeresten befreit.

Nicht zuletzt hat auch die steigende Beliebtheit und Verbreitung von rusticierten Pfeifen dazu beigetragen, dass extrem stark gekittete Pfeifen kaum mehr angeboten werden. Die Arbeit des Kittens ist mühsam und zeitaufwendig, d. h. kostenintensiv, und daher für Pfeifen unterer Preislagen nicht mehr rentabel. Beim Rusticieren wird die Oberfläche des Pfeifenkopfes künstlich genarbt. Auf diese Weise lassen sich viele kleinere Fehlerstellen sogar restlos entfernen. Zumindest aber lassen sie sich, nachdem man sie mit Kitt aufgefüllt und später den Pfeifenkopf gefärbt und mit Firnis oder Lack abriebfest versiegelt hat, in dem griffigen Relief besser verstecken.

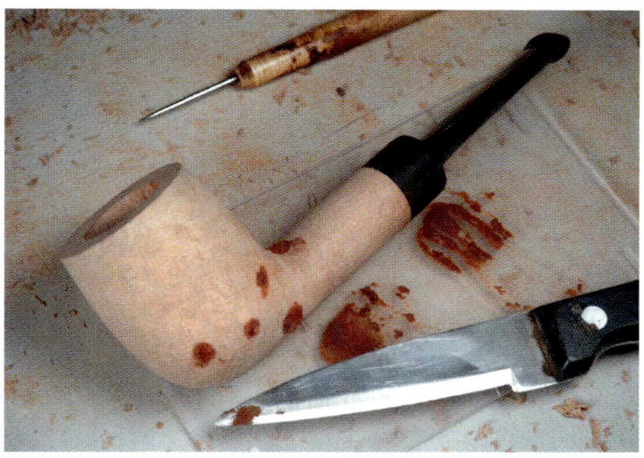

Mit einem lanzettförmigen Spatel wird die Kittmasse angerührt und mit Druck in die Löcher gefüllt. Der Überschuss bleibt bis zum Aushärten des Kitts stehen.

An den hochwertigen handgefertigten Pfeifen werden Fehlerstellen zuweilen auch gepfropft oder ausgepflockt. Am besten gelingt dies bei Fehlerstellen in einer dicht gezeichneten „Bird's Eye"-Struktur. Voraussetzung ist, dass die Fehler nicht allzu groß und möglichst von rundlicher Gestalt sind. Man muss schon ein sehr geübtes Auge haben, um später diese kleinen „Implantate" und die umgebende feine Leimfuge im Gewirr der Maserung noch zu erkennen.

Der Kittüberschuss wurde abgetragen, anschließend der Pfeifenkopf zusammen mit dem Mundstück fein geschliffen und geglättet.

Bei Pfeifen seriöser Marken können Sie getrost ein wenig Kitt in Kauf nehmen. Er wird die Schönheit der Pfeife nur unwesentlich beeinträchtigen, und nicht zuletzt liegt der Preis einer solchen Pfeife wesentlich unter dem ihrer makellosen Geschwister. Aus der guten alten Zeit, als die Produktionszahlen noch in Millionen gemessen wurden und entsprechend auch eine nicht unerhebliche Menge fehlerfreier Pfeifen anfiel, stammt die Graduierung „lupenrein" als höchste Qualitätsstufe ohne jegliche oberflächliche Verunreinigung im Holz. Dieser aus der Welt der Edelsteine und Diamanten entlehnte Begriff wird aber der Eigenart unseres geliebten Pfeifenholzes in keiner Weise gerecht. Lassen wir noch einmal

Der Pfeifenkopf wurde mit tiefdunkler Beize gefärbt und anschließend mit sehr feinem Korn erneut abgeschliffen, um den Kontrast der Maserung zu heben.

Nach einem zweiten Farbauftrag in dunklem Mahagonirot wurde der Kopf mit Carnaubawachs poliert. Die Kittstellen sind nun kaum mehr zu entdecken.

Michael Horn zu Wort kommen: „Bruyère ist ein Naturprodukt, ein Wurzelholz, und deshalb ist diese Materie lebendig und kann nicht die mathematische Präzision eines Industriematerials haben". Im Verkaufsgespräch auf fehlerfreie Pfeifen angesprochen, verweisen wir gern auf die menschliche Natur: Sind wir denn „fehlerfrei"? Urteilen wir also nicht allzu vorschnell und hart.

Sandgestrahlte und rusticierte Pfeifen

Ein bekannter Pfeifenhersteller warb für seine sandgestrahlten Pfeifen einmal mit dem Slogan „Eine Maserung, die man fühlen kann". Sandgestrahlte Pfeifen haben Profil, in jeglicher Hinsicht. Und dennoch haben in Deutschland noch immer nahezu alle Anbieter Probleme, ihre sandgestrahlten Pfeifen zu verkaufen - trotz oftmals erheblicher Preisnachlässe gegenüber glatten Qualitäten. Das ist jammerschade, denn die noch immer bestehenden Vorurteile gegenüber sandgestrahlten Pfeifen sind vollends unbegründet.

Von folgendem, sich in unregelmäßigen Abständen immer wieder einmal zutragenden Dialog erzählte uns ein Fachhändler. Kunde: *„Ich möchte mir gern Ihre Pfeifen ansehen. Können Sie mir etwas empfehlen?"* Händler: *„Selbstverständlich! Wie wäre es zum*

Sandgestrahlte Handmade-Pfeife von „Former" Hans J. Nielsen mit sehr fein gezeichnetem Relief, an dem deutlich die „Straight Grain"-Maserung erkennbar ist.

Beispiel mit einem Stück aus dieser Serie sandgestrahlter Pfeifen?"
Kunde: *„Ach nein, wissen Sie, diese Art Pfeifen mag ich nicht. Man kann ja die Maserung nicht sehen. Damit sollen doch nur die vielen Kittstellen versteckt werden. Und warum sind sie billiger als die glatten? Das kann doch wohl nur mit minderer Qualität zusammenhängen..."*
Ab und zu heißt es sogar: *„Ist denn das überhaupt eine echte Bruyèrepfeife?"* So etwas anhören zu müssen, tut weh.

Dabei war es kein Geringerer als Alfred Dunhill, der sich die „Shell Briar" 1917 patentieren ließ. Damit sind jene Pfeifen gemeint, bei denen mit einem scharfen Sandstrahlgebläse die weicheren Partien aus dem Holz gelöst werden. Die härteren Anteile bleiben erhaben stehen, so dass ein interessant gemustertes Relief entsteht. Die meisten von uns haben bei Strandspaziergängen an Meer, großen Seen oder Flüssen gewiss schon einmal Stücke von Treibholz gefunden und mit Interesse die zerklüfteten, gewundenen Formen bewundert. Was hier Wellen, Strömung, Geröll und Sand in Jahren oder Jahrzehnten hervorbringen, erledigt bei der Pfeife der Sandstrahl in wenigen Sekunden. Gleichzeitig wird die Oberfläche des Pfeifenkopfes auf nahezu das Doppelte vergrößert, daher kann der Pfeifenkopf (wie die Rippen eines Heizkörpers) erheblich mehr Hitze abgeben und raucht sich deutlich kühler. Und noch einen Pluspunkt können sandgestrahlte Pfeifen für sich verbuchen: sie sind leichter als glatte Pfeifen gleicher Größe. Das entlastet Zähne und Kaumuskulatur. Sandgestrahlte Pfeifen sind also ideal für die vielfältigen Situationen des Alltags. Im Garten, in der Hobbywerkstatt oder im Urlaub bewähren sie sich bestens, denn ihre griffige Oberfläche ist wesentlich unempfindlicher gegen Kratzer und Druckstellen als die ihrer glatten Geschwister.

Wie kommt es nun zu den Vorurteilen gegenüber sandgestrahlten Pfeifen? In erster Linie ist wohl die Unkenntnis vieler Pfeifenraucher der Grund. Auch das auf den ersten Blick für viele Betrachter „unscheinbare" Äußere dieser Pfeifen wird eine Rolle spielen. Doch erweist sich auch hier die „Liebe auf den zweiten Blick" in der Regel als die beständigere. Wer sich erst einmal für sandgestrahlte Pfeifen interessiert, findet schnell heraus, dass sie sehr wohl ihre Reize haben. Eine „Bird's Eye"-Struktur offenbart sich in einer noppenartig gekräuselten Oberfläche, ein „Straight Grain" dagegen in fast waagerecht um den Pfeifenkopf ziehenden Wellen. Bei näherem Hinsehen ist auch der aufstrebende Wuchs des „Straight Grains" deutlich in den Wellentälern zu erkennen.

Das Sandstrahlgebläse in Aktion. Deutlich ist der harte Strahl zu erkennen, der unter heftiger Staubentwicklung dem Pfeifenkopf sein Relief entlockt.

Die Pfeifenhersteller haben durch ihre langjährige Verkaufspolitik, Sandgestrahlte als „billigen Hansel" anzubieten, wesentlich dazu beigetragen, sich selbst das Wasser abzugraben. Auch der Fachhandel trägt eine gewisse Mitschuld an der Fehleinschätzung der Sandgestrahlten, denn er hat lange Zeit versäumt, stärker auf ihre Vorzüge hinzuweisen. Es war natürlich einfacher, sich auf die Schönheit und Attraktivität der glatten Pfeifen zu verlassen, die sich, anders als Sandgestrahlte, „fast von selbst" verkaufen ließen. Im Vergleich mit den glatten Pfeifen schneiden die sandgestrahlten, wie wir bereits erwähnt haben, wegen ihrer ausgezeichneten Raucheigenschaften im Grunde jedoch besser ab. Daher setzt uns immer wieder in Erstaunen, dass auch heute noch vielfach selbst stark gekittete, sehr dunkel

Die Sandstrahlbox bei Ser Jacopo in Pesaro, Italien. Kräftige Gummihandschuhe, fest mit der Tür verbunden, schützen die Hände vor dem scharfen Sandstrahlpulver.

eingefärbte glatte Pfeifen den sandgestrahlten vorgezogen werden. Kittstellen sind auch hier vorhanden und zu erkennen, man muss nur genauer hinsehen. Auch die Holzstruktur und -dichte ist an der Ausprägung des Sandstrahlreliefs deutlich zu sehen und oft sogar besser zu überprüfen als bei glatten Pfeifen, und darauf kommt es doch an.

Pfeifen von Ser Jacopo nach dem Sandstrahlen. Verbliebene kleine Löcher oder Ritzen sind bereits gekittet worden. An einigen Pfeifen ist noch das Klebeband zu sehen, mit dem der Übergang vom Holm auf das Mundstück geschützt und Flächen abgedeckt wurden, die für die spätere Logo-Prägung glatt bleiben sollen.

Gerechterweise wollen wir zur Entlastung der Hersteller noch einmal darauf hinweisen, dass der überwiegende Teil einer Pfeifenproduktion mit Fehlern behaftet ist und gekittet werden muss. Es ist also nötig, Qualitätsabstufungen vorzunehmen und diese durch unterschiedliche Endfertigung kenntlich zu machen. Eine von vielen Möglichkeiten ist das Sandstrahlen, wozu man gewöhnlich möglichst Stücke mit sehr ausgeprägter, lebhafter und dichter Maserungsstruktur auswählt, denn nur sie läßt als Ergebnis ein interesannt genarbtes, lebendiges Oberflächenrelief entstehen.

Sandgestrahlte Stanwell mit ausgeprägtem Relief. Das deutlich erkennbare „Straight Grain" geht vom „Kinn" des Pfeifenkopfes aus und erstreckt sich dann als Rillenmuster über den Pfeifenholm.

Das Sandstrahlen geht nun nicht so einfach vonstatten, wie man vielleicht annehmen möchte. Das Gebläse muss mit optimalem Druck arbeiten, der „Sand", in der Regel Aluminiumoxyd, muss die richtige Korngröße und -schärfe haben, und der Sandstrahler braucht ein geübtes Auge und viel, viel Erfahrung, um auch im Nebel aus Staub und Sand in der Strahlkammer in Sekundenschnelle das zu strahlende Holz einzuschätzen. Je nach Maserung ist das Holz von einem Zentimeter zum nächsten unterschiedlich hart. Der Sandstrahler muss also vorausschauend jederzeit das entstehende Relief beobachten und bei Erreichen des Optimums den Strahl absetzen bzw. auf andere Partien des Holzes lenken. Trifft der Sandstrahl eine halbe Sekunde zu lange auf eine weichere Stelle, kann er das schönste Relief zerstören. Auch gilt es, stets die Form der Pfeife zu erhalten. Nur allzu leicht entstehen entstellende Mulden, werden Kanten oder Kurven abgeflacht, und die Pfeife ist reif für den Sonderangebotskorb. Da eine effektive Sandstrahlanlage auch eine nicht unerhebliche Investition bedeutet, sind viele Hersteller dazu übergegangen, ihre Pfeifen zum Sandstrahlen außer Haus zu geben. In der

Pfeifen von Jarl/Kolding, in den frühen 80er Jahren produziert. Mit dem Kopf nach links liegend zwei mit Schraffuren rusticierte Modelle, wie sie damals in Dänemark sehr beliebt waren.

Regel sind es Sandstrahlbetriebe, die neben den üblichen Aufträgen (wie dem Reinigen von Metallgussteilen) auch Pfeifen bearbeiten, oft aber auch große Pfeifenproduzenten, z. B. Stanwell in Dänemark, die für kleinere Hersteller oder Pfeifenmacher in Lohnarbeit das Sandstrahlen übernehmen.

Schon sehr früh in der Geschichte der Bruyèrepfeife sind Hersteller auf die Idee gekommen, Pfeifen mit fehlerhaftem oder nur schwach gemasertem Holz durch Beschnitzen ein attraktives Aussehen zu geben und sie als preiswertere Alternative in den Handel zu bringen. Je nach Anzahl und Ausprägung der Fehlerstellen wurde der Pfeifenkopf nur stellenweise oder auch im Ganzen mit geeignetem Werkzeug beschnitzt oder gefräst. Man brachte „Schraffuren" an oder umlaufende Rillen, und man versuchte, die Struktur der Borke an den Bruyèreknollen nachzuahmen. Sehr eindrucksvolle Ergebnisse erzielten hier Savinelli und VAUEN. Einige dänische Produzenten ließen die Pfeifen nur an den mit Fehlern behafteten Stellen mit einem Relief beschnitzen, was ihnen eine zusätzliche individuelle Note verlieh. Diese Art der Oberflächenbehandlung, genannt „Rusticieren", hat in den vergangenen Jahren eine Renaissance erlebt. Und es waren italienische Produzenten, die - vielleicht auch wegen fehlender Gelegenheit zum Sandstrahlen - diese Technik wiederbelebten. Auf diese Weise hatten die weniger reinen Pfeifenköpfe doch noch eine Verkaufschance. Auch die Pfeifenkünstler von Ascorti, Caminetto, Mastro de Paja oder Ser Jacopo nutzten die Methode des Rusticierens für ihre Kreationen und eröffneten damit so manchem Pfeifenliebhaber mit weniger gutem Finanzpolster den Weg zu seiner ersten handgefertigten Pfeife in preiswerterer Sortierung. Einige sehr geschickte Pfeifenmacher haben ihre Rusticiertechnik so perfektioniert, dass sogar Experten die Ergebnisse bei erstem Augenschein für einen ausgeprägt guten Sandstrahl halten. Die heute allen Modellbauern und Hobbybastlern geläufige handliche „Dremel"-Handbohrmaschine erlaubt mit ihren kleineren und größeren Fräsern ein sehr filigranes Skulptieren der Pfeifenköpfe. Hinzu kommen Bürsten aus Stahl oder aus harten Kunstfasern, um zusätzliche Strukturen anzubringen oder scharfkantige Ränder zu glätten. Ein Faktor, der sich vor allem bei sehr kunstvollen Rusticierungen nur schwer in eine realistische Preiskalkulation einbeziehen lässt, ist der recht hohe Arbeitsaufwand. Das Sandstrahlen geschieht fast im Minutentakt, das Rusticieren erfordert ein vielfaches der Zeit und ist, auch bei Zuhilfenahme der erwähnten Maschinen eine kräftezehrende, Hand- und Fingergelenke stark belastende Angelegenheit. Das bringt einen Pfeifenmacher nicht selten in Gewissensnöte, denn letztlich bleibt auch das aufwendigste Rusticieren nichts anderes als das Kaschieren von Fehlern - und nicht ganz einwandfreie Pfeifen lassen sich eben nur zu reduzierten Preisen verkaufen.

Rusticierte Pfeifen. Hinten, mit einem kleinen Rundkopffräser graviert und noch im Rohzustand, eine Pfeife von Holmer Knudsen, davor eine Pfeife aus der Hand von Holger Frickert, die mit „Straight Grain"-Relief versehen wurde.

Fazit: Sandgestrahlte und rusticierte Pfeifen sind weit besser als ihr Ruf. Sie sind leicht und robust, und sie lassen sich kühl rauchen - Eigenschaften, die längst nicht jede glatte Pfeife bieten kann. Rusticierte Pfeifen besitzen alle Vorzüge der Sandgestrahlten, sie sind darüber hinaus in der Regel sogar noch preiswerter. Wir können also nur dazu raten, guten Mutes den Versuch mit einer sandgestrahlten oder rusticierten Pfeife zu wagen. Sie werden ihn mit Sicherheit nicht zu bereuen haben.

Die Alfred Dunhill Story

Es begann 1907. In No. 31a Duke Street, gelegen im eleganten Bezirk zwischen Piccadilly und dem St. James Palace, wurde ein kleiner „Tobacco Shop" eröffnet. Der Handel mit Pfeifen genoss im England Edwards VII. noch kein hohes Ansehen. Man zahlte nur einige Pence je Unze Tabak, und eine „Briar" bekam man schon für einen Shilling. Obwohl in den Rauchersalons der Clubs manche opulent verzierte Meerschaumpfeife zu bewundern war, schien das Bewusstsein für Rauchkultur nur schwach entwickelt. Auch Alfred Dunhill wusste in diesem Anfangsstadium nur recht wenig über Tabak und Pfeifen. Ihn wunderte, dass der Gentleman zwar mit viel Bedacht seinen Wein auswählte und auch anderen Gaumenfreuden höchste Aufmerksamkeit widmete, seinem Tabak und Rauchgerät aber wenig Achtung zollte. Die „Briar" war hauptsächlich in Arbeiterhänden zu finden und galt daher als unfein.

Auszüge aus Dunhills Katalog „About Smoke", erschienen ca. 1938. Oben rechts verschiedene Bulldog-Modelle, unten links vier Ansichten des Londoner Geschäfts, unten rechts die weltberühmte „My Mixture No. 965".

Das sollte sich ändern. Bald sprach es sich in London herum: In No. 31a Duke Street werden Tabakprovenienzen nach persönlichem Wunsch ganz speziell gemischt. Jeder Kunde erhielt seine persönliche Beratung. Fand er dann eine Mischung nach seinem Geschmack, so trug Alfred Dunhill diese Komposition als Privatrezept unter dem Namen des Kunden als „My Mixture No. ..." in das eigens hierfür angelegte Buch ein. Bei Nachbestellungen reichte dann die Angabe

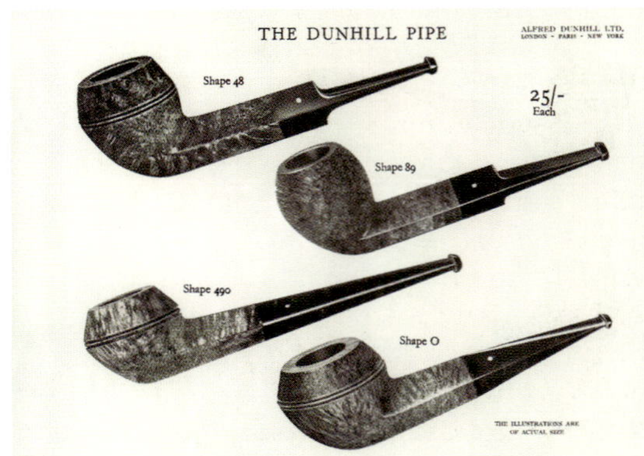

des Namens oder der Nummer, um jederzeit die gleiche Mischung wieder zu erhalten. Mit solch individueller Betreuung baute Alfred Dunhill in kurzer Zeit einen treuen Kundenkreis auf. Nach diesem Muster gelangte übrigens in den 60er Jahren auch die Firma Poul Olsen in Kopenhagen mit der Reihe „My Own Blend" zu großem Ansehen.

1910 begann dann für die Bruyèrepfeife eine neue Zeitrechnung. Die erste

Dunhill-Pfeife kam auf den Markt. Das Holz war nach neuartigen, von Alfred Dunhill entwickelten Verfahren konditioniert. Außerdem erkannte Dunhill als erster die große Bedeutung eines gut gearbeiteten Mundstücks, vor allem des Bisses, für den vollkommenen Rauchgenuss. Mit 7 Shilling und Sixpence war jene Pfeife für die damalige Zeit sündhaft teuer. Und so mancher Mitbewerber lächelte über diesen Versuch, die „Briar" aus den Niederungen „primitiver" Zweckgebundenheit emporzuheben. Doch der Erfolg gab Dunhill Recht, die Spötter hatten das Nachsehen. Der weiße Punkt wurde bald zum Statussymbol. Der Legende zufolge wurde er ursprünglich ersonnen, damit die Arbeiter in Dunhills Werkstatt eindeutig wussten, welche Seite der handgeschnittenen Mundstücke nach oben gehörte. Mit diesem weißen Punkt sollte es später noch Ärger geben. Denn die Pfeifenfabrik VAUEN in Nürnberg konnte nachweisen, schon einige Jahre früher als Dunhill ihre Pfeifen mit einem weißen Punkt versehen und dieses Gütezeichen auch beim Reichspatentamt angemeldet zu haben. In einem Prozess vor dem Leipziger Reichsgericht wurde salomonisch beiden Firmen das Anrecht auf den weißen Punkt zuerkannt. Da die Firma VAUEN jedoch seinerzeit die Anmeldung für den internationalen Markt versäumt hatte, darf sie bis heute den weißen Punkt ausschließlich im Inland verwenden.

Beispielhafte Pfeifen in „Weißpunkt-Qualität" von der Modellpalette 2006/07 aus dem Hause VAUEN in Nürnberg.

Inzwischen wies die Umsatzkurve des Hauses Dunhill steil nach oben. Zahlreiche Patente zeugen vom Ideenreichtum Alfred Dunhills. 1917 erfand er das Sandstrahlverfahren für Pfeifen, seine „Shell Briar" wurde zum Inbegriff gehobener Rauchkultur. 1924 stellte er sein erstes Dunhill-Feuerzeug vor, damals wegweisend für die gesamte sich entwickelnde Feuerzeugindustrie. Ein Nachfolgemodell, das Feuerzeug „Unique", wird auch heute noch, natürlich auf aktuellem technischem Stand, angeboten (von Dunhill

Eine kleine Auswahl klassischer Pfeifen von Alfred Dunhill, dazu das nach Vorbildern aus den 30er Jahren entworfene Feuerzeug „Unique".

selbst, sowie - geringfügig abgewandelt - von einem japanischen Hersteller). Als sich Alfred Dunhill 1928 ins Privatleben zurückzog, bestanden bereits dei ersten internationalen Dunhill-Filialen in Paris und New York.

Heute hat sich das Familienunternehmen in Anlehnung an einen großen Tabakkonzern zu einer internationalen Firmengruppe entwickelt. Der Rückgang des Pfeifenrauchens hinterließ auch bei Dunhill Spuren. Die Londoner Pfeifenfabriken Parker Hardcastle und Charatan/Ben Wade, in den 60er und 70er Jahren zum Konzern gekommen, wurden geschlossen. Heute betreibt das Haus Alfred Dunhill eine leistungfähige kleine Manufaktur in London, von wo aus die Pfeifenraucher in aller Welt mit den begehrten Schönheiten aus Bruyère versorgt werden. Der eigentliche Schwerpunkt des Dunhillschen Imperiums liegt heute im Bereich hochwertiger Accessoirs für den Herrn (und die Dame) von Welt. Dunhill-Filialen in den westlichen Metropolen versorgen zahlungskräftige Kunden mit allem, was zur „feinen Lebensart" gehört. Der Bereich Pfeife und Tabak geriet dabei stark in den Hintergrund, wozu wohl die deutlich ablehnende Haltung der britischen Regierung und des Königshauses dem Rauchen gegenüber das ihre beigetragen haben. Der pfeifenbegeisterte Tourist, der voller Erwartung das Londoner Stammhaus betritt, wird enttäuscht feststellen müssen, daß von der einstigen, in so vielen Büchern ehrfurchtsvoll bewundernd beschriebenen Tabak- und Pfeifenherrlichkeit kaum mehr etwas geblieben ist.

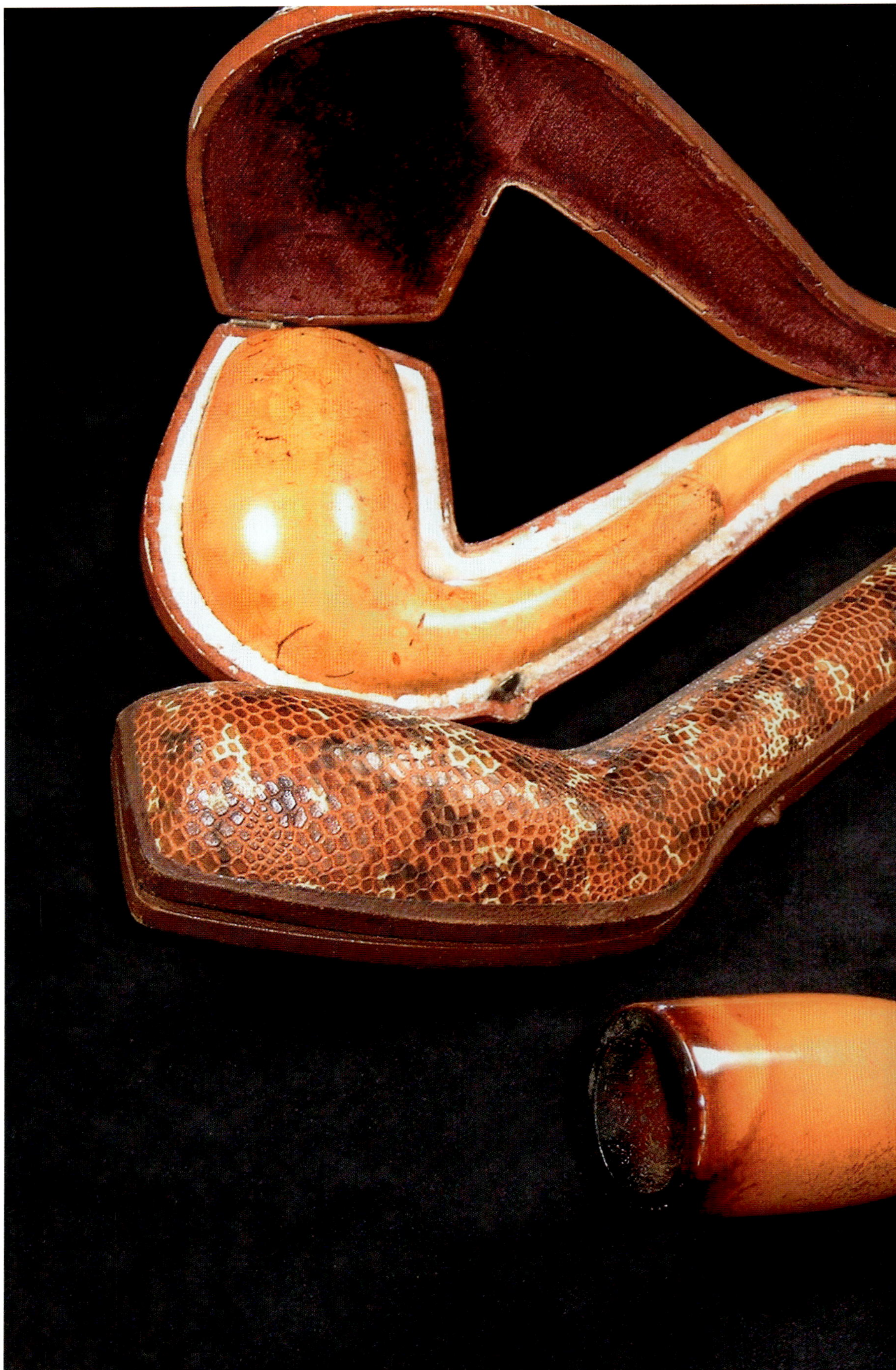

Die Meerschaumpfeife

Zierlich geschnitzter Meerschaumkopf mit Silberbesatz, ausgehendes 19. Jahrhundert. Rohr und Mundstück wurden nachträglich aus Kunstbernstein angefertigt.

Meerschaum - welch romantischer Name! Denkt man doch als erstes an Sturm, Gischt, an tosende Naturgewalten. Nichts dergleichen hat für dieses Material ursächliche Bedeutung, auch wenn die leichten Meerschaumknollen gelegentlich auf dem Schwarzen Meer treibend entdeckt wurden. Es gibt verschiedene Erklärungsversuche für die Herkunft des Namens. Das lateinische „spuma maris", Schaum aus dem Meer, ist seit dem 15. Jahrhundert als Bezeichnung für „Koralle" bezeugt und könnte später auf das weiße Mineral übertragen worden sein. Andere Deutungsversuche besagen, der Name leite sich von der alten levantinischen Handelsbezeichnung „mertschcavon" ab, die von österreichischen oder deutschen Händlern zu „Meerschaum" verballhornt wurde. Die Levantiner, an der kleinasischen Küste ansässige Kaufleute mit gemischt orientalischen und europäischen Vorfahren, bedienten sich vermutlich vielsprachiger Fachausdrücke. „Mertschcavon" könnte z. B. französischen Ursprungs sein: *émerger = aus der Tiefe emporsteigen, cave = Höhle*. Dies trifft genau die wirkliche Herkunft des Meerschaums, der nämlich aus der Tiefe der Erde im Tagebau gefördert wird.

Die Entstehung des Meerschaums ist auch aus geologischer Sicht nicht restlos geklärt. Es handelt sich um ein Magnesiumsilikat, zusammengesetzt aus 63,3 % Kieselerde, 27,4 % Bittererde und 9,3 % Wasser, ein Mineralaggregat mit der chemischen Formel $Mg_4[(OH)_2 | Si_6O_{15}] \cdot 2\ H_20 + 4\ H_2O$. Ein deutscher Mineraloge glaubte in der Mitte des 19. Jahrhunderts nachweisen zu können, dass Meerschaum aus Ablagerungen fossiler Muscheln und Fische herrühre und gab ihm den Namen „Sepiolith" (Sepia = Tintenfisch mit kalkigem Rückenschulp, lithos = Stein), bis heute die wissenschaftliche Bezeichnung.

Zwei Meerschaumpfeifen klassischer Form mit Mundstücken aus echtem Bernstein, um 1900 im thüringischen Ruhla gefertigt.

Türkische Geologen haben heute eine sehr plausible Erklärung für die Entstehung des Meerschaums: In den zerklüfteten Bergen rund um die anatolische Stadt Eskişehir gibt es große Magnesiumvorkommen, und Meerschaum findet man immer am Ende eines Magnesiumflözes. So liegt der Schluss nahe, dass sich im Verlaufe der Entstehung dieser Flöze herausgelöstes Magnesium mit anderen Mineralien verbunden und als Knollen an tiefergelegenen Stellen abgelagert hat. In Jahrmillionen wurden diese Ablagerungen von Erdmassen überdeckt und härteten allmählich bis zur heutigen Konsistenz aus.

Ein Meerschaumgräber an seiner Mine. Die aus Ästen roh gezimmerte Seilwinde fördert die Ausbeute aus der Tiefe der Grube zutage.

In der drückenden Sommerhitze Anatoliens treiben die Meerschaumgräber ihre Stollen bis zu 100 Meter tief meist senkrecht in das harte Erdreich. Oft nur mit einer Spitzhacke und Schaufeln ausgerüstet arbeiten sie sich beim Schein vorsintflutlicher Karbidlampen Handbreit um Handbreit in die Tiefe. Die Grubenschächte sind oft gerade nur so weit, dass ein Mann hinabsteigen und mit leicht gespreizten Beinen eingezwängt seine Hauertätigkeit verrichten kann. Mit Hilfe primitiver, aus Stämmen und Ästen von den benachbarten Bäumen zusammengefügter Seilwinden lassen sich die Hauer in den Schacht hinunter und fördern mit ihnen auch den Abraum in Körben zutage. Man fühlt sich in die Frühzeit des Bergbaus zurückversetzt. Unfälle, auch mit tödlichem Ausgang, sind leider keine Seltenheit. Berufsgenossenschaften und ihre Segnungen für die Sicherheit am Arbeitsplatz sind hier unbekannt. Den Tagesfund an Meerschaum - sofern er denn anfällt - liefern die Meerschaumgräber bei den Aufkäufern in Eskişehir ab, die dann die Knollen reinigen und sortiert nach Größe und Qualität weiterverkaufen. Abnehmer sind die vielen kleinen Familienbetriebe in Eskişehir, die seit Generationen die unscheinbaren Knollen in kunstvoll geschnitzte Pfeifen verwandeln. Für die Pfeifenherstellung ausreichend große Meerschaumknollen findet man erstaunlich selten. Daraus erklärt sich auch der relativ hohe Preis für größere und sehr große Pfeifen, wie sie bei uns in Deutschland vorrangig verlangt werden. In den letzten Jahren hat sich leider eine traurige Tatsache immer deutlicher abgezeichnet: die Meerschaumvorkommen sind nahezu erschöpft, die Quelle beginnt zu versiegen. So ist es wohl nur eine Frage der Zeit, bis Meerschaumpfeifen allmählich aus den Auslagen der Fachhändler verschwinden.

Der frisch ausgegrabene Meerschaum ist wachsweich, er fühlt sich fettig an und schäumt bei Berührung mit Wasser wie Seife. Die alten Griechen sollen diese skurrilen Knollen gern für Reinigungszwecke genutzt haben. Sobald der Meerschaum aus der feuchten Erde ans Tageslicht gebracht wird, beginnt das enthaltene Wasser zu verdunsten. Er härtet aus, kann aber im Wasserbad jederzeit wieder aufgeweicht werden. Zur Pfeifenherstellung ist er ausgezeichnet geeignet, da er leicht zu bearbeiten und wegen seiner porösen Struktur enorm saugfähig ist.

Begutachtung der zutage geförderten Knollen. Im Hintergrund die Seilwindenkonstruktion über der Meerschaummine.

Guter Meerschaum kann mehr als sein Eigengewicht an Wasser aufnehmen. Der türkische Meerschaum ist extrem leicht. Man nennt ihn dort „Lületaşı" (von lüle = Locke, taş = Stein), was Rückschlüsse erlaubt auf eine seit Jahrhunderten gepflegte ornamentale Schnitztradition. Meerschaum wurde und wird auch heute noch gern zu allerlei Schmuck verarbeitet. Übrigens besteht eine mineralogische Verwandtschaft zwischen Meerschaum und Speckstein (Steatit), der in vielen Gegenden des Nahen Ostens, Asiens und Afrikas als Material für die Skulpturschnitzerei genutzt wird.

Andrassy und Kovacs - die „Väter der Meerschaumpfeife"

Nun sind wir der Zeit schon weit vorausgeeilt, denn bevor die Meerschaumpfeife in den Wiener Salons Aufsehen erregen konnte, musste sie erst einmal erfunden werden. Der ungarische Graf Andrassy soll 1723 einen großen Block Meerschaum als Souvenir in die Hauptstadt Budapest mitgebracht haben. Dort lebte ein Schuster mit Namen Karl Kovacs, der für seine kunstvollen Schnitzereien berühmt war. Ihm gab Andrassy diesen Block aus Meerschaum, um daraus etwas zu schnitzen. Wer von beiden den Einfall hatte, eine Pfeife zu gestalten, ist ungewiss. Kovacs jedenfalls soll gleich zwei daraus hergestellt haben - eine davon für sich, denn er selbst war dem Pfeifenrauchen sehr zugetan. Graf Andrassy sorgte mit seiner seltsamen Pfeife für interessiertes Staunen in der Budapester und Wiener Adelsgesellschaft, der Schuster wohl weniger. Dafür rauchte er nun täglich mit großem Genuss daraus. Eines Tages jedoch passierte ihm ein Missgeschick: auf seine schöne, einzigartige Pfeife fiel ein Tropfen heißes Kerzenwachs.

Meerschaumkopf aus Wien, Mitte 19. Jahrhundert, mit kunstvoll ausgearbeitetem Silberbesatz. Ein neugieriges Äffchen umklammert den hohen Pfeifenkopf, um zu erforschen, was sich wohl unter dem Blattwerk auf dem Deckel vergirgt. Sammlung Rösch.

Die Szene auf dieser Meerschaumpfeife zeigt die Proklamation der Verfassung während des Wiener Aufstands von 1848. Der reich verzierte Silberdeckel ist auf das Jahr 1855 datiert. Sammlung Osskó.

Wie ärgerlich! Als er nun emsig bemüht war, das Malheur durch kräftiges Polieren zu beseitigen, stellte er fest, dass seine Meerschaumpfeife an der betroffenen Stelle in seinem satten, leicht gelblichen Glanz von eigenartiger Transparenz erstrahlte. Schnell wurde nun die ganze Pfeife rundherum mit heißem Wachs behandelt und poliert. Jetzt sah sie nicht nur viel schöner aus, nein, sie schmeckte auch noch köstlicher. So bestimmt oft der Zufall den Lauf der Welt. Schon bald sprach sich die Geschicklichkeit des findigen Schusters unter Graf Andrassys Freunden herum. Sie wussten sich jene seltsamen „Türkenknollen" zu beschaffen und überhäuften den Schuster Kovacs mit Aufträgen für neue Meerschaumpfeifen.

Ob diese Begebenheiten wirklich einst den Grundstein für die europäische Meerschaumschnitzerei gelegt haben, wollen wir dahingestellt lassen. Sie ist auf jeden Fall nett zu lesen und anzuhören. Fest steht, dass die Türken schon im 17. Jahrhundert die Meerschaumpfeife kannten und auch die Behandlung mit Wachs oder Öl praktizierten. So ist es sehr wahrscheinlich, dass sie schon im Verlauf der Türkenkriege über den Balkan auch nach Ungarn und Österreich gelangte und dort möglicherweise schon weit vor Andrassys Zeiten als hervorragendes Rauchgerät bekannt gewesen ist.

Um 1750 hatte die gestiegene Nachfrage nach Meerschaum die Preise enorm in die Höhe getrieben, die Meerschaumpfeife wurde zum Statussymbol. Der Mann von

Eine originelle Schnitzarbeit: wer mag das sein, der uns vom Boden dieses silberbesetzten Pfeifenkopfes anlacht? Sammlung Osskó.

Pfeifenkopf von Adler u. Sohn, Budapest, mit aufwendiger Silberschmiedearbeit und Schnitzerei. Mitte 19. Jahrhundert. Sammlung Osskó.

Welt musste mindestens eine davon besitzen. Die Freude auf den Tabakgenuss war gewiss nicht immer der alleinige Grund für den Kauf einer Meerschaumpfeife. Viele dieser Stücke wurden nicht einmal geraucht, sondern dienten mit ihren heute oft überladen anmutenden Schnitzereien einzig der Repräsentation. Was für die Damen der Schmuck, war für die Herren der Gesellschaft die Meerschaumpfeife. Je kunstvoller und kostbarer der Zierrat, mit dem er aufwarten konnte, desto größere Reputation war ihm sicher.

Etwa um 1800 entstanden die ersten Manufakturbetriebe zur Herstellung von Meerschaumpfeifen. Im thüringischen Ruhla bestanden Anfang des 19. Jahrhunderts 27 „Fabriken" für Meerschaumpfeifen, die zusammen etwa 150 Personen beschäftigten. Allmählich sanken die Preise - und damit auch die gesellschaftlichen Schranken. Ab 1850 verließen Zigtausende der nun auch für das Bürgertum erschwinglichen Pfeifen die Manufakturen in Wien, Paris und anderen Ländern und erschlossen der Meerschaumpfeife neue Märkte. Erst die handlich, robuste und preiswertere Bruyèrepfeife setzte dieser Entwicklung Grenzen.

Bis heute lebt die Meerschaumpfeife von ihrem Ruf, das wohlschmeckendste Rauchgerät zu sein. Man verstieg sich sogar zu der Titulierung „Königin der Pfeifen". Wir beurteilen sie mit etwas mehr Zurückhaltung. Unbestritten ist die Faszination, die von dem leichten, rein weißen oder, ganz dezent unter der glänzenden Wachspolitur hervorscheinend, wolkig-flockig strukturierten Material ausgeht. Letzteres wird übrigens als die beste Meerschaumqualität besonders geschätzt. Ebenso sind wir von den kunstvollen Schnitzereien, den ausdrucksvollen Gesichtern der d'Artagnans, Sultane oder auch Tierköpfe gefesselt. Den Rauchgenuss und den Tabakgeschmack betreffend gehen die Meinungen jedoch auseinander. Für die heute allseits bevorzugten hocharomatischen Mixturen sind die Meerschaumpfeifen eigentlich bestens geeignet. Diese Tabake produzieren vermehrt Kondensate von recht hoher Feuchtigkeit, die der Meerschaum brav und in Mengen schluckt. So ist zwar ein sehr trockenes Rauchen möglich, doch da bereits beim Verbrennen dem Tabak ein Großteil der entstehenden Feuchtigkeit

„Der Sailor und die Lady". Merschaumpfeifen aus zwei Jahrhunderten: der Matrosenkopf vom Ende des 19. Jahrhunderts, die Dame mit Blumenhut aus der Manufaktur Altinay in Eskişehir von 1988.

wieder entzogen wird, glimmt der Tabak in Meerschaumpfeifen schneller und heißer als in Bruyèrepfeifen. So aber können sich die Tabakaromen weniger gut entwickeln, und mancher Raucher vermisst den sonst gewohnten und geschätzten vollen Tabakgeschmack. Mit anderen Worten: Ihr Lieblingstabak schmeckt in einer Meerschaumpfeife leichter. Nicht selten hören wir, dass sich beim Anrauchen einer neuen Meerschaumpfeife ein irritierender, eigentümlicher Geruch bemerkbar macht. Er rührt von dem Wachs her, mit denen der Meerschaum „eingelassen" wurde, und es erfordert oft einige Geduld, bis sich die Pfeife „ausgedunstet" und den gewohnten Geschmack des bevorzugten Tabaks angenommen hat. Ein besonders faszinierendes Erlebnis ist die stetig zunehmende Verfärbung des Meerschaums, die durch das Aufsaugen der Kondensate entsteht. Sie wandern langsam von innen an die Oberfläche von Pfeifenkopf und -holm und ergeben interessante Tönungen von zartem chamois oder rosa bis hin zu leuchtendem goldbraun oder kirschrot. Dazu später mehr. Meerschaum hat also viel zu bieten, und mögliche kleine Defizite sollten Sie nicht abhalten, sich eine solche Pfeife zuzulegen. Und schauen Sie nicht allzu sehr aufs Geld - eine gute Meerschaumpfeife wird immer in sehr aufwendiger Handarbeit hergestellt, und die hat nun einmal ihren Preis.

Meerschaumpfeifen werden in Handarbeit gefertigt

Eine automatisierte Produktion, wie sie zumindest in Teilen für Bruyèrepfeifen die Regel ist, lässt das empfindliche Material nicht zu. Vor der Bearbeitung werden die Knollen oder Blöcke rund 30 Minuten gewässert und danach etwa zwei Tage zum Trocknen gelagert. In diesem halbfeuchten Zustand lassen sie sich problemlos schneiden. Der richtige Feuchtigkeitsgehalt ist entscheidend. Verbleibt der Block zu lange im Wasser, zerfällt er in kleine Stücke. Wird er zu lange getrocknet, ist ein sauberes glattes Schneiden nicht mehr möglich. An einer Bandsäge wird die gewünschte Form grob herausgeschnitten, anschließend werden die Rohformen mit speziellen Messern bearbeitet. Allzu fehlerhafte Stücke werden aussortiert oder an Fabriken verkauft, die sich auf die Herstellung von Pfeifen aus „Massa-Meerschaum" spezialisiert haben. Darüber wird später noch zu berichten sein. Mit größter Vorsicht werden nun die Rauchkammer und der Rauchkanal gebohrt. Das Ausformen von Kopf und Holm klassischer Modelle geschieht wie bei Bruyèrepfeifen an einer Drehbank. Allerdings muss für den Meerschaum die Drehzahl niedrig sein, um optimal abspanen zu können. Die Überstände an Kopfboden und Holmansatz werden mit einem Schnitzmesser abgetragen. Vor dem Feinschliff und dem Einsetzen der Steckverbindung für das Mundstück müssen die Pfeifenköpfe nun ca. 24 Stunden bei Raumtemperatur trocknen und durchhärten.

Bis in die 50er Jahre hinein wurden für die Verbindung von Kopf und Mundstück Gewinderöhrchen aus Bein oder Horn verwendet. Heute ist man auf der Höhe der Zeit und setzt Steckverbindungen aus Kunststoff ein. Wegen seiner guten Hitzebeständigkeit hat man eine Zeit lang Teflon für Zapfen und

Gegenüberliegende Seite: Mit Rattan umflochtene Meerschaumköpfe waren um 1900 sehr beliebt, weil robuster und preiswerter als die glatten (unschöne Fehlerstellen konnten hier gut kaschiert werden).

Emir mit Fez und der legendäre d'Artagnan - zwei Skulptur-Pfeifen von 1988 aus der Manufaktur Altinay/Eskişehir.

Auch Zigarrenraucher schätzten Meerschaum als Material für Zigarrenspitzen und -pfeifchen. Die Bandbreite dieser mit Ornamenten oder Figuren beschnitzen „Kleinodien" des ausgehenden 19. Jahrhunderts war schier grenzenlos - wie auch die produzierten Stückzahlen.

Die historische „Cutty" erfreute sich am Ende des 19. Jahrhunderts nicht nur als Meerschaumpfeife wieder großer Beliebtheit, wie hier zu sehen, sondern wurde in vielen Varianten auch aus Bruyèreholz gefertigt.

und Hülsen verwendet, das sich jedoch als zu weich und flexibel herausstellte. Heute hat sich auch hier das sehr formstabile farblose „Delrin" durchgesetzt, dessen schwarze Variante wir als Zapfenhülsen an den Acrylmundstücken der meisten Bruyèrepfeifen mittlerweile schätzen gelernt haben. In den Holm der Meerschaumpfeife wird ein Gewinde gebohrt und eine Kunststoffhülse mit entsprechendem Außengewinde hineingeschraubt. Sie nimmt später den ebenfalls aus Kunststoff gefertigten Mundstückzapfen auf. In die Pfeifen mit der 9 mm Filterbohrung werden längere Hülsen geschraubt, deren freies Ende glattgedreht wurde und als Zapfen für das entsprechend ausgebohrte Mundstück dient. Wie bei allen Pfeifen gilt auch bei Meerschaumpfeifen der Grundsatz: Mundstücke immer nur rechts herum drehen, egal ob sie aufgesteckt oder abgezogen werden. Die Gewinde im Holm der Meerschaumpfeifen sind sehr empfindlich, deshalb sollte man die Kunststoffhülsen möglichst nicht aus dem Holm schrauben, schon gar nicht sofort nach Ende einer Pfeifenfüllung, wenn der Meerschaum Feuchtigkeit aufgenommen hat und dadurch auch im Holm weich und verletzlich geworden ist.

Zu Andrassys Zeiten versah man Meerschaumpfeifen mit Mundstücken aus Bernstein, weniger kostbare Exemplare erhielten Mundstücke aus Horn. Der Mode entsprechend wurden damals die Meerschaumpfeifen auch mit langen Holzrohren versehen, oft mit flexiblem Verbindungsrohr zum Mundstück, denn echter Bernstein lässt sich nur sehr schwer biegen. Das Einsetzen der industriellen Revolution brachte eine enorm schnelle technische Entwicklung mit sich, und man fand bald ein Verfahren, den ausschließlich aus natürlichen Funden stammenden Bernstein effizienter zu nutzen und damit auch für die Käufer preisgünstiger zu machen. Zu kleine Bernsteinbröckchen und beim Beschleifen anfallender Grus wurden zermahlen und unter Hitzeeinwirkung in speziellen Maschinen unter hydraulischem Druck von etwa 3000 kg/cm^2 zu Stangen oder Platten verbacken. Aus diesem neuartigen „Ambroid" konnte man nun auch längere Mundstücke anfertigen und war nicht mehr von den seltenen Funden großer Bernsteinstücke abhängig. Später begann man auch, aus geschickt eingefärbten Kunstharzen, z. B. gehärtetem Kopalharz oder Phenolharzen, Imitationen herzustellen. Diese Werkstoffe ließen sich zwar gut drechseln, schleifen und bei Erwärmen auch biegen. Sie waren aber nur eingeschränkt haltbar: sie verfärbten sich unter Sonnenlicht oder wurden nach einiger Zeit des Gebrauchs rissig. Heute verwendet man als Mundstückmaterial für die Meerschaumpfeifen hochwertige Kunstharze, die seit den 60er Jahren auch dänische Pfeifenmacher gern für ihre handgefertigten Pfeifen verwendeten. Der Name

„Kultur Rav" oder auch „Cultured Amber" (dänisch bzw. englisch für „Zuchtbernstein") ist im Grunde irreführend, denn mit dem natürlichen Wuchs von Zuchtperlen hat die Entstehung dieses Materials absolut nichts gemein. Doch damit fürs erste genug über Mundstücke.

Die fertig geformten Meerschaumköpfe werden nach dem Trocknen geglättet. Lange Zeit hat man als Schleifmittel Haifischhaut verwendet, da sich in ihr der Schleifstaub nicht so schnell festsetzte. Für den abschließenden Feinschliff nahm man Büschel eines exotischen Grases oder vom Schachtelhalm. Heute benutzt man moderne Schleifmittel, z. B. Korundköper verschiedener Graduierung. Zu guter letzt erhalten die Pfeifenköpfe ein 10- bis 15-minütiges Bad in 100 Grad heißem gereinigtem und gebleichtem Bienenwachs. Diese Behandlung geschieht nicht nur aus Gründen der Schönheit. Das Wachs zieht in den Meerschaum ein, es härtet die empfindliche Oberfläche, es verbindet sich beim Rauchen mit den entstehenden Kondensaten und es fördert die Bildung einer Kruste - und damit auch den Geschmack. In früheren Zeiten wurden Meerschaumköpfe in gereinigtem Rindertalg, zuweilen auch gemischt mit gebleichtem Bienenwachs, ausgiebig „gesotten", wobei das heiße Fett auch von innen in den Kopf eindrang. Es fungierte später als „Trägersubstanz" für die im Tabakrauch enthaltenen Teerstoffe und sorgte relativ rasch für eine sich gleichmäßig ausbreitende Verfärbung auf der Oberfläche von Kopf und Holm. Eventuell auftretende Geschmacksirritationen während des Einrauchens nahm man wohl oder übel in Kauf. An Meerschaumpfeifen aus heutiger Produktion geht man anders vor. Damit kein Wachs in die Kopfbohrung gelangt, wird sie zuvor mit einem Stopfen aus möglichst feinporigem Kork verschlossen. Im heißen Wachsbad verdampft die Restfeuchtigkeit des Meerschaums, der entstehende Überdruck in der Kopfbohrung lässt den Dampf unter vernehmlichem Blubbern durch den Rauchkanal austreten und verhindert so, dass vom Holm her Wachs eindringen kann. Nach dem langsamen Auskühlen werden die Köpfe dann mit einem weichen Wolltuch poliert. Zum Abschluss wird die Kunststoffhülse in die vorbereitete Holmbohrung geschraubt und das mittlerweile ebenfalls polierte Mundstück aufgesteckt. Beim Einrauchen dieser modernen Meerschaumpfeifen kann sich - je nach Intensität des Tabakaromas mehr oder minder deutlich - ein leicht kalkiger Eigengeschmack bemerkbar machen, der aber von Füllung zu Füllung abnimmt und später gänzlich verschwindet. Die bereits geschilderten Verfärbungen setzen allerdings bei modernen Pfeifen eher verzögert ein und beschränken sich oft auf jene Partien des Pfeifenkopfes, die am intensivsten mit dem Rauchkondensat in Kontakt kommen: den Kopfrand, den Bodenbereich und den Holm.

Aus anatolischem Blockmeerschaum gefertigte Pfeifen kommen vorrangig in un-

Drei beispielhafte Modelle der Altinay Meerschaummanufaktur in Eskişehir: die seit Generationen beliebte „Adlerklaue", hier mit floral beschnitztem Ei, darunter eine klassische Army-Billiard mit Olive und Kopfkappe aus Silber, unten die „Danske" in der beschnitzten Version mit typischen „Pfauenaugen".

Wunderschön eingefärbte Meerschaumpfeife mit Löwenkopf aus dem späten 19. Jahrhundert. Sammlung Osskó.

Eine kleine Kuriosität im doppelten Sinne ist diese Meerschaum-Cutty aus der Zeit um 1925. Der zarte Stiel, vermutlich aus schwarzem Bakelit, ist mit einem kräftigen Gewindezapfen versehen, auf den Köpfe wechselnder Form aus Meerschaum (oder auch Bruyère ?) geschraubt wurden.

Drei sehr ausgewogen geformte Klassikmodelle aus Blockmeerschaum mit calciniertem Finish von SIYAHI in Eskişehir aus dem Jahre 1991.

gefärbter Ausführung in den Handel, sie sind also natürlich weiß. Beim Kauf sollten sie unbedingt Wert auf die Bezeichnung „Blockmeerschaum" legen. Fehlt dieser Hinweis, so ist bei einer teuren Pfeife vom Kauf abzuraten - es könnte sich um „Massa-Meerschaum" handeln, ein eher minderwertiges Regenerat. Meistbegehrt sind die glatten Stücke, und ihr Preis ist dementsprechend eher hoch. Bei diesen hochwertigen Pfeifen überwiegen die klassischen Formen, wie wir sie auch von Bruyèrepfeifen kennen. Mehr als 70 Prozent des Meerschaums stellen sich am Ende der Bearbeitung allerdings als ungenügend rein für glatte Pfeifen heraus. Fehlerstellen zeigen sich in der Regel erst nach der Wachsbehandlung, also erst wenn die Pfeife eigentlich fertig ist, als kleine Löcher, Risse oder auch Verfärbungen. Da sich Meerschaum nicht wie Holz kitten lässt, werden solche Pfeifen gern nachträglich kunstvoll mit filigranen Schnitzereien versehen. So ist uns, wenn auch eher ungewollt, die traditionelle Kunst der Meerschaumschnitzerei erhalten geblieben. Schön sind diese Stücke in der Tat, und federleicht. Geringes Gewicht ist bei Meerschaum immer ein Zeichen von höchster Qualität. Je leichter die Pfeife, desto mehr Kondensat kann sie aufnehmen, desto besser sind also ihre Raucheigenschaften. Dass der Preis für beschnitzte Meerschaumpfeifen - wie auch der sandgestrahlter oder rusticierter Bruyèrepfeifen - in der Regel unter dem der glatten liegt, hat allein marktwirtschaftliche Gründe. Die Hersteller geben ihre Pfeifen in der Regel nur „im Paket" ab: ein Anteil glatt, ein - oft höherer - Anteil beschnitzt. Da bevorzugt glatte Pfeifen verlangt werden, der Importeur aber auf den beschnitzten Pfeifen nicht „sitzen bleiben" möchte, wird der Preis der glatten Stücke angehoben, um im Gegenzug den Preis der beschnitzten auf ein attraktives Niveau senken zu können. Für die erste Bekanntschaft sind diese Pfeifen aber ganz vorzüglich geeignet und uneingeschränkt zu empfehlen.

In den 90er Jahren wurden auch gefärbte Pfeifen aus anatolischem Blockmeerschaum als preiswertere Version im Handel angeboten. Sie hatten außerdem noch den Vorteil, dass ihre Oberfläche in einem speziellen Verfahren „calziniert", d. h. abriebfest gemacht wurde, weshalb sie sich auch als Pfeifen für den täglichen Gebrauch sehr gut eigneten. Unseres Wissens sind sie aber heute leider nicht mehr zu haben.

Amboseli - Meerschaumpfeifen

Amboseli-Meerschaum stammt aus Tanzania in Ostafrika und ist erdgeschichtlich um einige Millionen Jahre jünger als der anatolische Meerschaum. Er ist gröber strukturiert, er ist schwerer, und seine mehr oder minder gesprenkelte weißgraue Farbe lässt ihn recht unattraktiv erscheinen, weshalb Amboseli-Pfeifen überwiegend als kolorierte Version in den Handel kommen. Diese Einfärbung ist, wie auch links zu sehen, der von gerauchten Pfeife nachempfunden, d. h.

gelblich-bräunlich mit einem geschwärztem Kopfrand. Auch diese Pfeifen werden in der Regel „calziniert“ und sind daher recht unempfindlich. In den 80er Jahren waren Amboseli-Pfeifen aus Blockmeerschaum bei uns recht häufig im Handel zu finden und erfreuten sich, besonders in ihrer griffig rusticierten Version, großer Beliebtheit als preiswerte Alternative zu den teureren Verwandten aus der Türkei oder Österreich. Am bekanntesten und verbreitetsten waren die Klassik-Pfeifen der Manufaktur Laxey Pipes von der Isle of Man, die bei uns unter den Namen Peterson und Barling in den Handel kamen. Auch Erik Nørding ließ dort Pfeifen nach eigenen Designs produzieren. Heute ist es um diese Pfeifen still geworden. Es hat recht häufig Probleme bei der Materialbeschaffung und daher immer wieder Lieferengpässe gegeben, und die direkt aus Afrika importierten Pfeifen entsprachen in Design und Verarbeitung kaum unseren Standards. Es bleibt aber zu hoffen, dass diesen Pfeifen noch einmal eine Renaissance blüht, wenn sich ein mutiger Importeur ihrer annimmt.

„Wiener Meerschaum“

Hinter diesem klangvollen Namen verbirgt sich der minderwertige Pressmeerschaum, auch „Massa-Meerschaum“ genannt. Er besteht aus gemahlenen Resten der Blockmeerschaumbearbeitung, die man in einem recht komplizierten Verfahren unter Zusatz von allerlei Bindemitteln zu einer breiigen Masse verkocht und zu Blöcken formt. Diese werden dann, ähnlich wie der natürliche Blockmeerschaum, in halbfeuchtem Zustand zu Pfeifen verarbeitet. Es steht außer Zweifel, dass diese Regenerat-Pfeifen niemals die Eigenschaften zeigen können, die wir an echten Blockmeerschaumpfeifen schätzen. Pressmeerschaum ist in der Regel erheblich schwerer als natürlicher Blockmeerschaum, er ist kaum porös und kann daher auch weniger Kondensate aufnehmen, was sich in recht feuchtem Rauch bemerkbar macht. „Wiener Meerschaum“ hat also nichts zu tun mit den hervorragenden Blockmeerschaumpfeifen aus Wiener Fabrikation. Er lebt sozusagen als Trittbrettfahrer vom guten Ruf, den sich die Meerschaumpfeife in Jahrhunderten erworben hat. Und er schadet ihm zugleich, indem er, die Unkenntnis des Käufers ausnutzend, einen Rauchgenuss verspricht, den er nie wird bieten können.

NØRDING-Pfeifen aus Amboseli-Meerschaum mit rusticiertem Finish, oben schwarz mit weißen, nachgeglätteten Spitzen, unten in kräftig getöntem „Antik-Finish“ mit dunklem Schmauchrand. Sie wurden in den 80er und 90er Jahren von Laxey Pipes Ltd. auf der Isle of Man produziert.

In den 60er und 70er Jahren kamen Bruyèrepfeifen in Mode, deren Köpfe mit Meerschaum ausgefüttert waren. Oft handelte es sich um Pfeifen unterer Sortierungen, die z. B. in der Wandung der Kopfbohrung Holzfehler aufwiesen. Mit einem Einsatz aus Pressmeerschaum versehen, konnten sie zwar jeden Hitzeansturm überstehen, waren aber sonst „weder Fisch noch Fleisch“. Leider war dieses Material häufig empfindlich gegen Nässe. Man hat immer wieder von Meerschaumeinsätzen gehört, die nach häufiger Benutzung der Pfeife, begünstigt noch durch den meist sehr geringen Bohrungsquerschnitt, allmählich weich und flexibel wurden wie Gummi und sich dann als Ganzes aus dem Pfeifenkopf lösten. Manche dieser „Meerholzpfeifen“ wurden für „gehobene Ansprüche“ auch mit dekorativ abgestepptem Leder überzogen. Heute sind diese Zwitterwesen fast völlig aus dem Angebot des Fachhandels verschwunden - ein Verlust, der nach unserer Erfahrung durchaus leicht zu verschmerzen sein dürfte.

Bruyèrepfeifen der Marke „Lord“ aus italienischer Produktion, die Köpfe mit Massameerschaumfutter ausgekleidet, ca. 1990.

Eine Auswahl von Handmade-Pfeifen aus dem Jahr 1990, im Uhrzeigersinn, in 9 Uhr Position beginnend: Rainer Barbi, Poul Winsløw, Holger Frickert (2 x), Poul Winsløw, Rainer Barbi

Alles rund um die Pfeife

Konstruktionsmerkmale von Pfeifen

Das Wichtigste über Mundstücke

Filtersysteme für Pfeifen und Systempfeifen

Ratschläge für den Kauf einer Pfeife

Über das richtige Einrauchen der Pfeife

Die Pflege der Pfeife und das nötige Zubehör

„Exotische Pfeifen"

Konstruktionsmerkmale von Pfeifen

„Wie eine Pfeife aussieht und wie die einzelnen Teile heißen, weiß doch ein jeder Pfeifenraucher“, werden Sie vielleicht denken. Leider ist das, wie die Erfahrung immer wieder zeigt, ganz und gar nicht selbstverständlich. Damit Sie wissen, wovon wir reden, wenn es um Holm, Zapfenloch oder Rauchkammer geht, wollen wir diese Begriffe mit Hilfe einiger Abbildungen erklären.

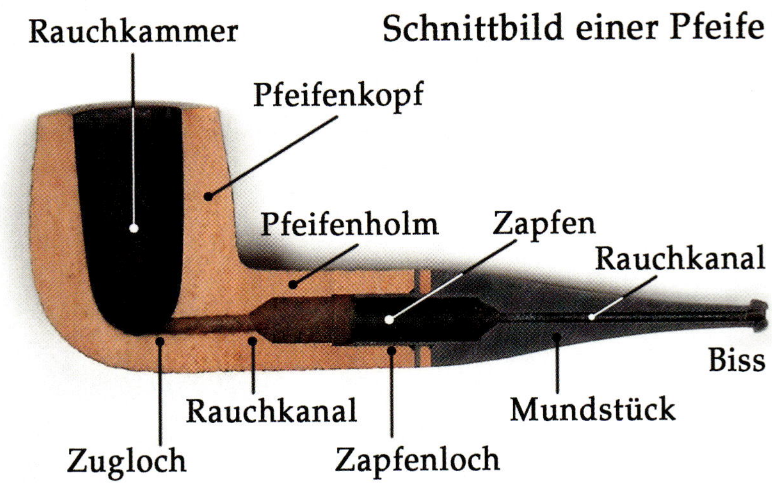

Abbildung 1: Die Teile einer Pfeife und ihre Bezeichnungen.

Eine Pfeife besteht im Prinzip aus zwei Teilen, dem Pfeifenkopf und dem Mundstück (Abb. 1). Der Pfeifenkopf selbst besteht aus dem eigentlichen Kopf mit Kopfbohrung oder Rauchkammer und dem Holm mit Rauchkanal und Holmbohrung oder Zapfenloch. Die Mündung des Rauchkanals in die Rauchkammer nennen wir Zugloch.

Bei geraden und ganz leicht gebogenen Pfeifen verlaufen Holm, Zapfenloch und Rauchkanal auf einer Linie (Abb. 2, 3). Auch bei gebogenen Pfeifen verlaufen Holm und Zapfenloch auf einer Achse (Abb. 2, 2 u. 4), der Rauchkanal jedoch verläuft im spitzen Winkel dazu und trifft, mehr oder minder nach oben versetzt, auf den Boden des Zapfenlochs oder schneidet sogar dessen Wandung an. Eine interessante Ausnahme bilden einige der gebogenen Pfeifenmodelle von italienischen Herstellern wie Brebbia oder Ser Jacopo, die zum Bohren spezielle aus der Sparte Maschinenbau entlehnte Vorrichtungen einsetzen, mit denen sich bei gebogenen Modellen der Rauchkanal der Krümmung des Holms folgend in einer Kurve fräsen lässt (Abb. 2, 1).

Aus Abb. 2, 3 wird ersichtlich, dass man bei einer geraden Pfeife bequem mit einem Reiniger vom Mundstück her bis in die Rauchkammer gelangt, während dies bei der gebogenen Pfeife wegen der verwinkelten Bohrungen im Holm nicht gelingen kann (Abb. 2, 2 und 4). Ebenso wird klar, dass bei gebogenen Filterpfeifen das vordere Ende des Filters sehr oft tiefer zu liegen kommt als der Eintritt des Rauchkanals in die Filterkammer, was nicht selten den freien Zug der Pfeife mehr oder minder stark behindern kann. Mit der in Abb. 2, 1 gezeigten Variante, den Rauchkanal in einer Kurve zu bohren, lässt sich dieses Problem umgehen. Viele Hersteller handgefertigter Pfeifen haben sich angewöhnt, in ihren gebogenen Kreationen den Boden des Zapfenloches am Austrittsloch des Rauchkanals auszukehlen. Auf diese Weise erhält der Reiniger in filterlosen Pfeifen, bei denen der Mundstückzapfen das Zapfenloch in ganzer Tiefe ausfüllt, eine Führung und lässt sich leicht bis in den Pfeifenkopf schieben. Bei Filterpfeifen bewirkt eine solche Auskehlung, dass der Rauch ohne verschlungene Umwege direkt auf die Stirnseite des Filters strömen kann. Gelegentlich findet man verwinkelte Bohrungen mit nach oben versetztem Rauchkanal auch in geraden oder nur

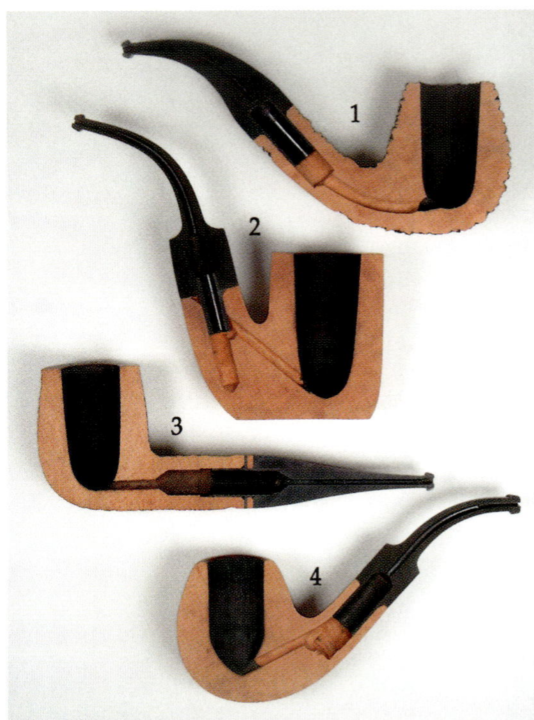

Abbildung 2: Schnittbilder der verschiedenen Pfeifentypen zur Illustration der Lage der Bohrungen.

sehr dezent gebogenenPfeifen, um auf diese Weise die Wandstärke des Kopfes im Bereich des Bodens zu erhöhen, z. B. bei Canadians mit ihrem flachen Holm, bei Bulldog- und Rhodesianmodellen mit Spießkant-Holm und korrespondierend kielartig schrägen Bodenflächen und bei Modellen, deren vordere Kopfunterseite in einer rasch ansteigenden Kurve verläuft.

Schnittbild einer Bulldog-Pfeife, bei der zur Gewinnung einer größeren Wandstärke im Bereich des Bodens und der flach geschliffenen „Wangen" der Rauchkanal schräg nach oben versetzt worden ist.

Wir wollen hier noch auf einen weiteren Punkt eingehen, der immer wieder für Irritationen sorgt: die Lage des Zuglochs in der Rauchkammer. Richtig ist: der Rauchkanal soll an der tiefsten Stelle der Kopfbohrung einmünden. Liegt das Zugloch zu hoch, kann der Tabak nicht restlos verglimmen. Bei geraden oder leicht gebogenen Pfeifen ist diese Anforderung in der Regel erfüllt. Bei gebogenen und stark gebogenen Pfeifen (S. 70, Abb. 2, 2 und 4) sind die Verhältnisse anders. Die Mündung des Rauchkanals an die tiefste Stelle der Kopfbohrung zu bringen, ist bei gebogenen Pfeifen aus traditioneller Hand- oder Fabrikfertigung - und das trifft nun einmal auf den größten Teil aller Pfeifen zu - technisch nicht möglich. Hier wird der Rauchkanal in gerader Linie gebohrt und trifft tangential auf die Bodenrundung der Rauchkammer. Die Mündungsöffnung bildet daher ein mehr oder minder längliches Oval, dessen gedachte Mitte zwangsläufig immer ein Stück oberhalb des Rauchkammerbodens zu liegen kommt.

Das Wichtigste über Mundstücke

Angenommen, wir stünden vor der Schaufensterauslage eines gut sortierten Pfeifengeschäfts. Wir nehmen uns Zeit und lassen die Fülle ausgesuchter Raucherfreuden auf uns einwirken. Unser Blick gleitet über die dort ausgebreiteten Schätze, und wir sehen uns erst einmal satt. Insgeheim haben wir bereits einen oder zwei Favoriten ausgemacht, und das Auge sucht Halt. Es mag eine rundliche Bent sein mit vollendeter „Bird's Eye"-Maserung, durch tiefes Burgunderrot eindrucksvoll hervorgehoben. Vielleicht ist es auch das dichte „Straight Grain" einer dänischen Handcut-Pfeife, deren wunderschöne orange-schwarze Kontrastbeizung uns fasziniert. Immer aber ist es der Pfeifenkopf, der unser Interesse weckt und den entscheidenden Eindruck hinterlässt. Das Mundstück wird, wenn es nicht mit Zierapplikationen versehen oder besonders kunstvoll und individuell ausgeformt ist, allenfalls beiläufig registriert.

Verschiedene Pfeifenmundstücke, drapiert auf einer Schütte mit Ebonitrohlingen, von links: „Cumberland"-Ebonit, marmoriertes Acrylharz, schwarzes Ebonit und Kunstbernstein.

Es war - wieder einmal - Alfred Dunhill, der den Wert eines guten Mundstücks erkannte. Er ließ für seine Pfeifen daher Mundstücke in Handarbeit herstellen und festigte nicht zuletzt auch dadurch den inzwischen legendären Ruf seines Hauses. Diesem Beispiel folgten später viele andere Firmen wie Charatan oder, seit den 60er Jahren, auch dänische Pfeifenmacher und Manufakturen. Wer in der Lage ist, etwas tiefer in die Tasche zu greifen, erhält eben auch dort Qualität, wo sie nicht sofort ins Auge sticht.

Mundstücke aus Horn

Bis zum Beginn des 20. Jahrhunderts waren Mundstücke aus Horn marktbeherrschend. Sie wurden noch einige Jahrzehnte parallel mit den neuartigen Hartgummimundstücken verwendet, wenn auch zunehmend für preiswertere Pfeifen wie die kleinen Shagpfeifen. Als Anfang der 20er Jahre die Mundstück-Presslinge aus Hartgummi ihren Siegeszug antraten, wurden Hornmundstücke allmählich zu teuer, denn sie mussten - wie auch die ersten Mundstücke aus Hartgummi - aus vollem Material geschnitten werden, was mit viel Handarbeit verbunden war. Außerdem brachten die ausschließlich nach den Bedürfnissen der Fleischproduktion gezüchteten Rinder Südamerikas längst nicht mehr die benötigten Hornqualitäten. Heute sind Mundstücke aus Horn allenfalls noch an den nostalgisch angehauchten Gesteckpfeifen zu finden, nicht aber an den klassischen Bruyèrepfeifen. Im Grunde ist das kein Verlust, denn die heute gebräuchlichen Mundstückwerkstoffe Hartgummi, auch Ebonit genannt, und Acrylharz sind dem Horn in puncto Haltbarkeit und vor allem Hygiene weit überlegen. Durch den ständigen Einfluss von feuchtem Kondensat und Speichel sowie durch das stetige Beißen wird Horn stark in Mitleidenschaft gezogen: es weicht auf, es zerfasert allmählich und erweist sich damit als ideale Brutstätte für Bakterien und als Quelle von Infektionen.

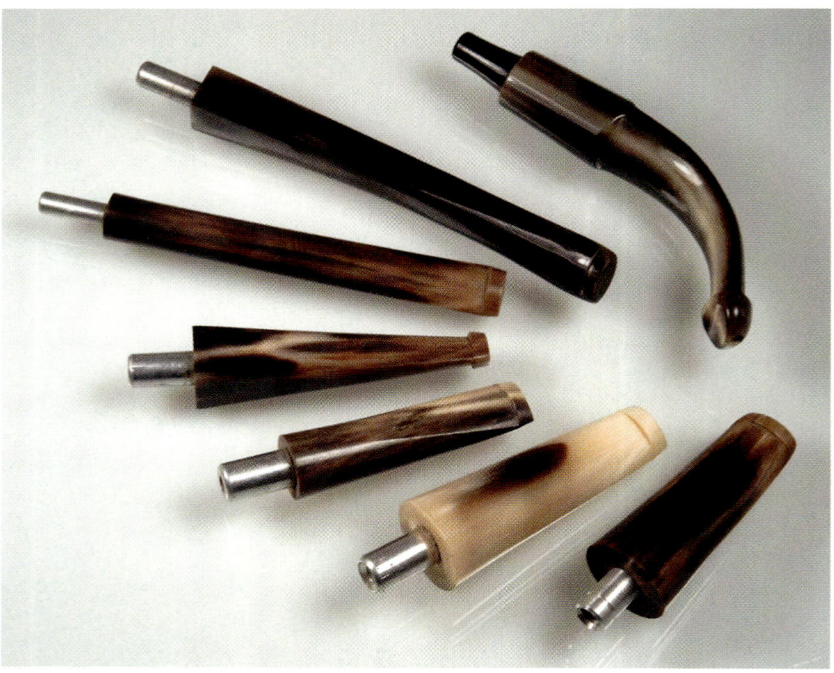

Verschiedene Mundstücke aus Brasilhorn mit lebhaft geflämmter Zeichnung. Eingeschraubte Zapfen aus Aluminium.

Mundstücke aus Hartgummi, auch Ebonit oder Para-Kautschuk

Ebonit ist die traditionelle Bezeichnung für Hartgummi. Sie leitet sich ab vom englischen Wort „ebony" = Ebenholz. Eine andere Bezeichnung ist „Para-Kautschuk". „Para" hat nichts zu tun mit der in vielen Fremdwörtern enthaltenen Vorsilbe „para" aus dem Griechischen, sondern bezeichnet den Ursprung des Rohgummis, die brasilianische Provinz Para südlich des Amazonas (vergl. auch Para-Nuss). Der Rohgummi wird mit einem Anteil fein gemahlenen Schwefels zu einer zähen Masse geknetet und

rechts oben:
Heller Naturkautschuk, feinster Ebonitstaub aus bereits vulkanisiertem Hartgummi und reiner Schwefel sind die Zutaten für die Herstellung des Mundstückebonits in der „SEM Schönberger Ebonite Manufaktur".

zu Platten ausgewalzt. Durch das nachfolgende Vulkanisieren in einem speziellen Ofen unter hohem Druck und Hitze werden die Gummimoleküle miteinander vernetzt. Die Höhe des Schwefelanteils bestimmt die Härte des Endprodukts. Je nach Verwendungszweck wird der Rohmasse auch bereits vulkanisiertes, fein ausgemahlenes Ebonit zugesetzt. Die flexible Rohmasse lässt sich in Formen pressen, was eine schier un-

rechts unten:
Die zu einer homogenen Masse verkneteten Zutaten werden im Extruder unter Druck und Hitze verdichtet. Der austretende, noch flexible Strang wird auf die benötigte Länge zugeschnitten.

begrenzte Vielfalt an Modellen ermöglicht, die jederzeit in jeder gewünschten Menge reproduzierbar sind. Ebonit lässt sich auf der Drehbank drehen, man kann es beschleifen und auf Hochglanz polieren. Es ist sehr beständig gegen Laugen und Säuren, also auch gegen Speichel, und es ist weitestgehend geschmacksneutral (noch bis Ende der 1960er Jahre mussten übrigens Zahnmedizinstudenten in den Technikkursen Hartgummi-

Zahnprothesen aus rot und rosaeingefärbtem Material fertigen). Ebonit ist nach Erwärmen auf ca. 80 bis 100 Grad jederzeit verformbar und erstarrt nach dem Abkühlen in der neu gegebenen Form.

Einen nicht ganz unwichtigen Nachteil hat das Ebonit allerdings: es ist nicht beständig gegen die UV-Strahlung aus Sonnenlicht und künstlichen Lichtquellen. Der zugesetzte Schwefel wird durch längere Einwirkung von Sonnenlicht oberflächlich freigesetzt. Jeder Pfeifenraucher kennt das Problem aus eigener Erfahrung, sei es, dass sich die Mundstücke seiner im Bücherregal auf einem Ständer ruhenden Pfeifen ganz allmählich verfärbt haben, oder sei es, dass er eine Pfeife gekauft hat, die beim Fachhändler längere Zeit im hell erleuchteten Schaufenster gelegen hat und deren Mundstück nur notdürftig von Hand ein wenig nachpoliert wurde. Grünlich-graue Verfärbungen und schwindender Glanz sind das sichtbare Zeichen für die genannte chemische Veränderung - und das vorläufige Ende der Rauchfreuden. Denn das Mundstück schmeckt nun genauso, wie es aussieht, nämlich ekelhaft gallig-bitter. Da hilft nur eine Radikalkur: es muss mit Schleif- und Polierwachs an einer

geeigneten Maschine kräftig poliert werden. Viele gute Fachhändler haben in ihrer Hinterstube oder kleinen Werkstatt eine solche Maschine bereitstehen, um die Pfeifen aus ihren Verkaufsräumen und Schaufenstern von Zeit zu Zeit wieder „aufzufrischen". Mit etwas Geschick und der nötigen Ausrüstung können Sie es zuhause auch selbst versuchen. Sie brauchen dazu eine handelsübliche elektrische Bohrmaschine, die Sie mit einem schwenkbaren Tischstativ waagerecht auf einer festen Unterlage fixieren, und zwei Polierscheiben aus Leinen (eine zum Vorpolieren, eine zum Hochglanzpolieren). Auf die mit höchster Drehzahl rotierende Scheibe wird zuerst Polierwachs satt aufgetragen und dann das Mundstück unter ständigem Drehen gegen die Scheibe gedrückt. In nicht zu langen Abständen muss immer wieder erneut Polierwachs auf die Scheibe gebracht

Zweiteilige Metallpressform für ein flach-ovales Lippenbissmundstück. Auf die Stahlstäbe links im Bild werden durchbohrte Abschnitte der weichen Ebonitrohmasse gesteckt - so entsteht auch der spätere Rauchkanal. Danach wird die Form geschlossen und zum Vorvulkanisieren in die beheizte Hochdruckpresse verbracht.

links:
Nach gut einer Stunde in der Presse werden die noch immer flexiblen Rohlinge aus der Form gelöst. Nach Entfernen der Pressfahnen werden die Rohlinge, einzeln auf Drähte gesteckt und in einem Stahlgerüst hängend, in speziellen Öfen erneut vulkanisiert.

rechts:
Mundstück-Rohlinge aus Ebonit, eine Auswahl aus dem Sortiment der Firma Giudici in Varese, Italien.

In diesen großen Öfen der „SEM Schönberger Ebonite Manufaktur" wird die Hartgummirohmasse unter hohem Druck und Hitze durch Zufuhr von Dampf zu endgültiger Härte vulkanisiert. Die Stahlröhren im geöffneten Ofen sind für das Vulkanisieren von Ebonitstangen vorgesehen, aus denen später auch die handgeschnittenen Pfeifenmundstücke entstehen.

werden - die Stoffscheibe selbst poliert nicht, sondern nur das schleifmittelhaltige Wachs. Außerdem erzeugt Reibung bekanntlich Wärme, die hier bereits ausreichen kann, das Mundstück anschmoren zu lassen.

Ein Poliermotor mit zwei Aufnahmespindeln für Polierscheiben, wie ihn viele Fachhändler zur Selbsthilfe nutzen.

Ein komplettes Set zum Polieren von Pfeifen und Mundstücken mit Hilfe einer Bohrmaschine haben wir im Angebot der Firma DAN PIPE in Lauenburg entdeckt. Es enthält zwei Polierscheiben, einen speziellen Spanndorn zum Wechseln der Scheiben, zwei unterschiedliche Polierwachse und dazu eine ausführliche Anleitung. Wenn Sie jedoch auf die geschilderte Art Beläge oder Verfärbungen nicht mehr entfernen können, bitten Sie Ihren Fachhändler um Hilfe. Er wird die Mundstücke in einer professionell ausgestatteten Werkstatt auffrischen oder notfalls auch erneuern lassen.

Auch mit der Bohrmaschine in einem Tischstativ und Polierscheiben lassen sich zuhause die Mundstücke auffrischen.

Auch bei normaler Beanspruchung sind an Ebonitmundstücken früher oder später jene graugrünen Verfärbungen festzustellen. Durch regelmäßige gründliche Reinigung des Mundstücks und gelegentliche Handpolitur mit einer Mundstückpaste können Sie dem aber vorbeugen. Vermeiden Sie unbedingt, dass sich auf dem Mundstückbiss Beläge bilden und dort festsetzen. Nicht nur, weil sie den Geschmack beeinträchtigen, sondern auch weil sie einen idealen Nährboden bilden für allerlei Bakterien, die sich dort gern einnisten. Hautreizungen oder gar Entzündungen der Mundwinkel sind oft die Folge und sollten in ihrer Gefährlichkeit nicht unterschätzt werden.

Die gängigsten Mundstücktypen in Draufsicht und Schnittbild

Fischschwanzmundstück (Fishtail-Mundstück), mit geschweifter Linie.

Tapered-Mundstück mit streng geometrischer Linie (englisch „to taper" = zum Ende hin verjüngen).

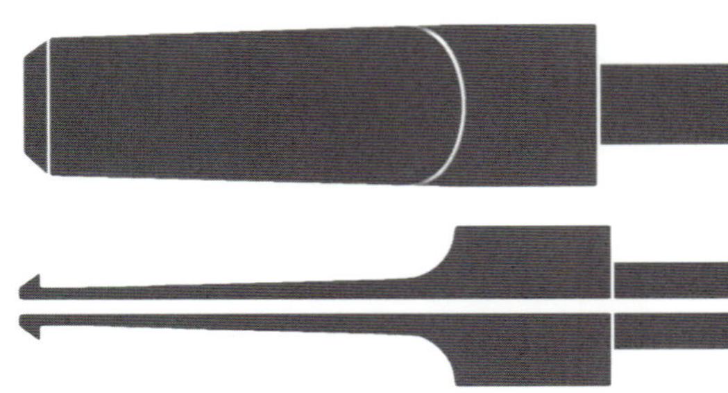

Sattelmundstück

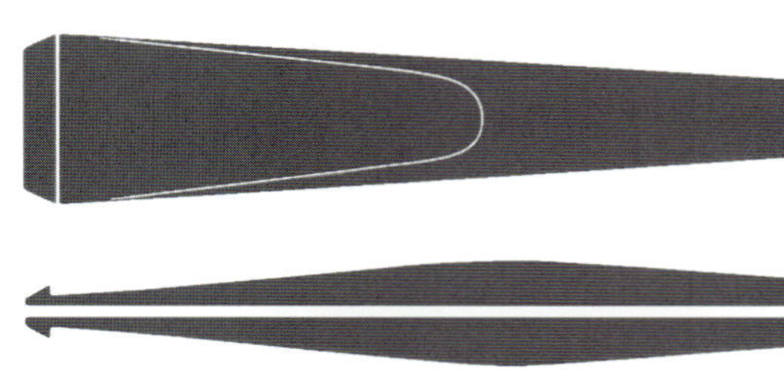

Army-Steckermundstück, konisch, für Pfeifen mit Metallkappe auf dem Holm.

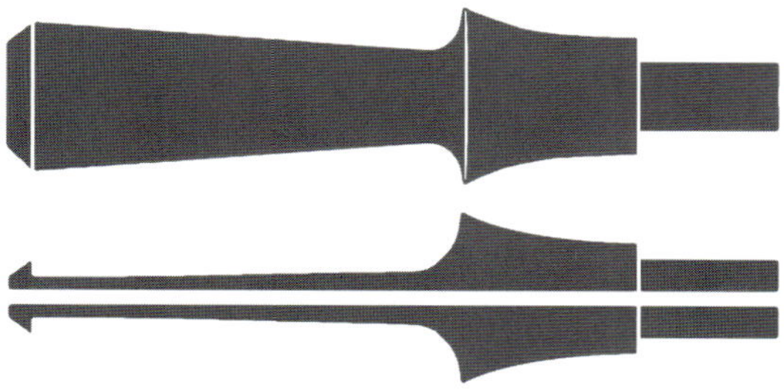

Stecker-Sattelmundstück mit Zapfen, kein bündiger Holmübergang.

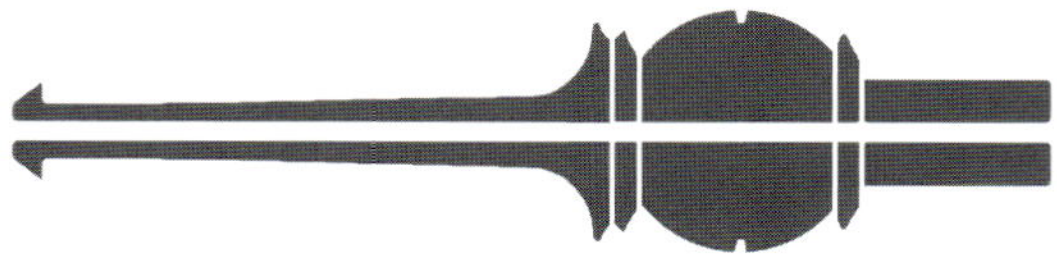

Fancy-Steckermundstück, gedrechselt, vor allem an Pfeifen dänischen Stils mit weit ausgestelltem Holm.

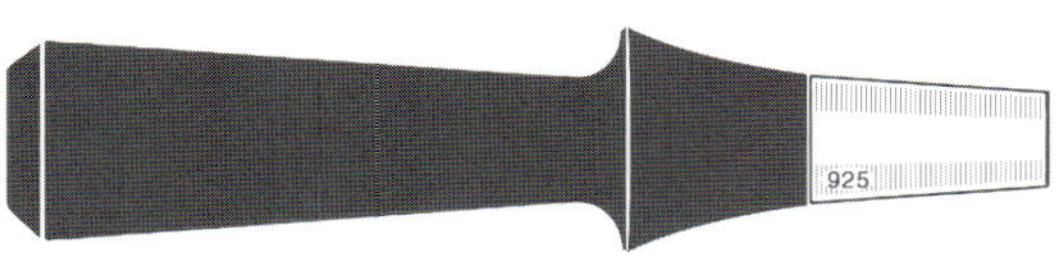

Spigot-Steckermundstück, konisch, mit Metallmanschette, an Pfeifen mit Metallkappe auf dem Holm (englisch „spigot" = Muffenverbindung von zwei Rohren).

Lippenbiss-Fischschwanzmundstück mit gerundetem

Biss und nach oben gerichtetem Zugloch.

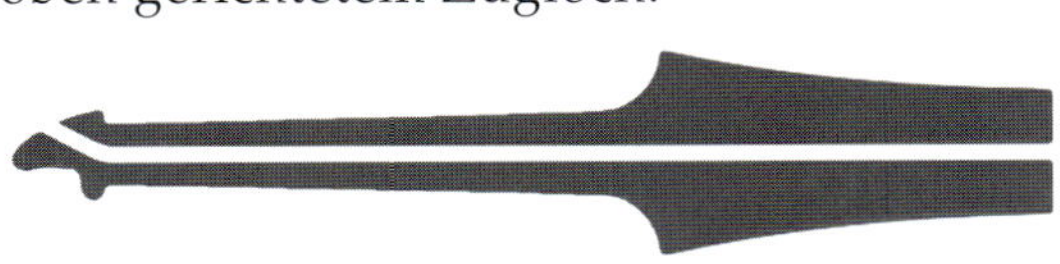

Lippenbiss-Steckermundstück für Peterson-Pfeifen der legendären Serie „PPP".

„Twin Bore" mit doppeltem Rauchkanal.

„Twin Bore" mit Y-förmigem Rauchkanal.

Der „ideale Biss"

Die Frage nach dem „idealen Biss" lässt sich nur schwer - und vor allem nicht objektiv - beantworten. Entscheidend ist vor allem die individuelle Zahnstellung eines jeden Pfeifenrauchers. Ein flacher Biss kann dem einen aus langjähriger Erfahrung im Vergleich mit mit anderen Bisstypen als das Optimum erscheinen, ein anderer hat gerade mit flachen Bissen Probleme, weil er seine Mundstücke stark beansprucht und sie dann häufig durchbeißt. Wichtig ist, dass ein Mundstück bequem zwischen den Zähnen zu halten ist, ohne mit Kraft zubeißen zu müssen. Hohe Bisskanten mögen vielleicht ein wenig klobig aussehen, sie bieten aber einen großen Vorteil: sie wirken wie ein Anker und verhindern auch bei nur lockerem Beißen, dass ein Mundstück zwischen den Zähnen hindurch und aus dem Mund rutscht. Dabei braucht die Bissfläche selbst gar nicht so stark dimensioniert zu sein, und es besteht dennoch wenig Anlass zur Furcht vor frühzeitigem Durchbeißen. Stärke und Breite des Bisses sollten immer auf die Größe und das Gewicht einer Pfeife abgestimmt sein. Eine kleine Pfeife braucht keinen kräftigen Biss, sie liegt ohnehin federleicht im Mund. Ein großes Billiard-Modell hingegen ist mit einem schmalen und eigentlich herrlich flach gearbeiteten Biss wirklich fehlversorgt. Der schwere Pfeifenkopf übt eine starke Hebelkraft aus, wenn die Zähne die Pfeife frei halten sollen - ein zarter Biss wäre hier überfordert. Allerdings soll der Biss auch

Excellent ausgearbeitete Mundstückbisse an drei Handmade-Pfeifen von Hasan Gezer, Kaj Nielsen und Ser Jacopo (v. l. n. r.).

nicht zu stark dimensioniert sein. Wenn ein Mundstück wie ein Fremdkörper zwischen den Zähnen wirkt und nur unsicheren Halt findet, entsteht sehr leicht das berüchtigte „Schmurgeln", das durch zuviel Feuchtigkeit im Mundstück erzeugt wird. Je mehr man kraftvoll zubeißend die Kaumuskeln anspannt, desto mehr „melkt" man dabei die Speicheldrüsen und sorgt somit für erhöhten Speichelfluss. Abgesehen von der Stärke des Bisses kommt es auch auf seine zahnfreundliche Ausformung an. Am besten bewährt haben sich Bisse von linsenförmig-flachem, nicht zu stark gerundetem Querschnitt mit einer Breite von etwa 18 mm und einer Dicke von etwa 4,5 mm.

Hier ist es angebracht, etwas über die grundlegenden Merkmale der Mundstückbisse zu sagen. Wir unterscheiden zwischen zwei Arten von Bissen, dem „Normalbiss"

Die zwei Grundarten des Mundstückbisses, Schlitzbiss (links, hohl geschliffen, und rechts, bauchig geschliffen) und Lippenbiss (in der Mitte).

(Schlitzbiss) und dem „Lippenbiss". Der Normalbiss ist eher flach, der Rauchkanal endet als fächerförmig oder im Halbkreis ausgefräster flacher Trichter (Abb. S. 78, rechts). So wird der Rauch in breitem Strom auf die Zunge geleitet. Beim Lippenbiss ist das Ende des Mundstücks oben hinter der Bisskante kugelig gerundet, dort sitzt auch die Rauchkanalöffnung. Der Rauchkanal führt kurz vor dem Biss schräg nach oben und leitet so den Rauch aufwärts an das Gaumendach (Abb. S. 75, links). Dass damit, wie oft zu lesen ist, ein reizfreieres Rauchen möglich wird, wagen wir zu bezweifeln, denn die Schleimhaut des Gaumens ist nicht weniger empfindlich als die Zunge. Mit dem schmalen Bisssteg auf der Unterseite findet der Lippenbiss zwischen den Zähnen guten Halt. Konstruktionsbedingt lässt er sich allerdings nicht allzu flach gestalten, er zeigt einen eher rundlichen Querschnitt und erinnert damit an das Pfeifenrohr, den Vorläufer heutiger Mundstücke. Es bleibt am Ende Ihnen selbst überlassen, im Vergleich den für Sie angenehmsten Mundstücktyp herauszufinden. Einen gravierenden Nachteil von Lippenbissmundstücken wollen wir allerdings nicht verschweigen. Der stark ausgeprägte Knick des Rauchkanals im Bissbereich erschwert das Einschieben eines Pfeifenreinigers vom Biss her (was man ja zuweilen während des Rauchens gern tut, um Kondensfeuchtigkeit aus dem Mundstück aufzunehmen). Doch damit nicht genug. Zwar findet, nach einigen vergeblichen Versuchen, jeder Pfeifenraucher irgendwann heraus, dass sich mit einem leicht vorgeknickten Ende der Reiniger leichter in den Lippenbiss einführen lässt - womit aber ein weiteres Malheur schon fast vorprogrammiert ist: das scharfkantige Ende des Reinigers ritzt, besonders bei gebogenen Pfeifen, das Mundstück an der Oberseite von innen her bei jedem Reinigen an und schlitzt es allmählich auf. Es erfordert schon einige Fingerfertigkeit, um durch sehr behutsames Einführen und gleichzeitiges Zwirbeln des Reinigers, auch beim weiteren Vorschieben ins Mundstück, die Entstehung derartiger unnötiger Schäden zu vermeiden.

Achten Sie beim Kauf einer Pfeife immer auch auf den Mundstückbiss. Vergleichen Sie die Bisse an verschiedenen Pfeifen, um einen Blick für deren unterschiedliche Stärke zu bekommen. Vergleichen Sie auch mit den Bissen Ihrer eigenen Pfeifen, die Sie besonders gern rauchen und im Mund halten. So finden Sie am ehesten den für Sie geeigneten Biss heraus. Wenn Sie nicht zu den „Beißern" gehören, die jedes Mundstück in kurzer Zeit durchknabbern, sollten Sie auf einen möglichst flachen Biss achten. Riskieren Sie lieber einmal eine Reparatur, sie kostet nicht die Welt. Den Schlitz des Mundstückbisses sollten Sie ebenfalls prüfen. Nicht selten ist er so flach, dass sich ein konischer Reiniger nur schwer vom Biss her einschieben lässt - schon gar nicht mit dem dicken Ende voran. Oft reiben auch die scharfen Kanten im Innern des Bisses die Fasern aus der gezwirbelten Drahtseele des Reinigers, die sich, mit Kondesat verbacken, im Rauchkanal ablagern und den freien Zug behindern können. Auch bei hochwertigen handgefertigten Pfeifen sollte ein genauer Blick auf den Biss riskiert werden - Ehrfurcht vor dem Schöpfer der Pfeife oder dem Preis ist hier fehl am Platze. Bei diesen Pfeifen wird ein guter Fachhändler übrigens gern, sofern er über eine kleine Werkstatt und ein gewisses handwerkliches Geschick verfügt, nach Ihrem Wunsch Änderungen am Mundstück vornehmen oder von seinem Reparateur ausführen lassen (mit etwas Wartezeit, versteht sich).

Eine Besonderheit im Reigen der verschiedenen Mundstücktypen bilden die „Twin Bore"-Mundstücke (englisch für Zwillingsbohrung). Sie haben entweder zwei parallel zueinander gebohrte Rauchkanäle oder einen einzelnen Kanal, der sich kurz vor dem Biss Y-förmig verzweigt. Diese Zweiteilung des Rauchstroms soll für größere Milde und Kühle des Rauchs sorgen.

„Design Berlin"-Pfeife mit „Twin Bore"- Mundstück aus kristallklarem Acrylharz, in dem man die - aus stilistischen Gründen geschwärzten - zwei Rauchkanäle deutlich erkennen kann.

Das Prinzip stammt aus England und war dort u. a. an Pfeifen der Marke „Prince of Wales" aus dem einstmals großen Cadogan-Konzern (Comoy, GBD etc.) zu finden. Bis in die 80er Jahre wurden diese Pfeifen auch im deutschen Fachhandel angeboten, allerdings mit nur geringem Erfolg. Eng verbunden mit dem früheren Importeur jener englischen Pfeifen ist das Pfeifenstudio Hartmann mit seiner Marke „Design Berlin". Dort hat man dieses Konstruktionsprinzip wiederentdeckt und montiert nun seit vielen Jahren auf fast alle Pfeifen der mittleren und gehobenen Preislagen Acrylmundstücke mit dem Doppelrauchkanal.

Ein Zahnarzt und Pfeifenraucher entwickelte Mitte der 80er Jahre nach vielen Versuchen ein neuartiges Mundstück, dessen Biss flossenartig verlängert war, unterwärts hohl ausgeformt und mit drei Führungsrillen versehen für den vorbeiströmenden Rauch. Auf diese Weise sollte der Rauch aufgefächert und dadurch abgekühlt werden, wovon sich der Erfinder eine Entlastung vor allem für den Gaumen versprach. Mit diesem Mundstück ausgerüstete Filterpfeifen kamen als „LORD plus" in den Handel. Mangels Nachfrage - und wohl auch wegen des recht gewöhnungsbedürftigen Anblicks, den diese Mundstücke boten - verschwanden sie aber schon bald wieder von der Bildfläche.

Zwei Pfeifen der Marke „LORD Plus" mit dem speziellen konstruierten, den Gaumen schonenden Rauchverteiler-Biss.

Qualitätsunterschiede bei Mundstücken

Mit der wachsenden Verbreitung der aus Plattenmaterial auf Kopiermaschinen gefrästen Acrylharzmundstücke, die sich mittlerweile sogar bei der Ausrüstung von Pfeifen der preiswerteren Sortierungen immer mehr durchgesetzt haben, sind die Produzenten von Ebonitmundstücken arg ins Abseits geraten. In Europa gibt es eigentlich nur noch einen Hersteller, die Firma Giudici in Varese/Italien. Giudici bietet noch immer eine breit gefächerte Palette von Mundstückrohlingen an, vielfach ursprünglich Entwürfe von Pfeifenfabriken, die sie dort in großen Stückzahlen exclusiv für ihre Modellserien produzieren ließen. Für die meisten Mundstücke sind diese Reservierungen allerdings heute aufgehoben, und sie sind frei verkäuflich. Die stark gesunkene Nachfrage seitens der Pfeifenfabrikanten, deren Zahl ohnehin allmählich schwindet, hat dazu geführt, daß auch bei Giudici die Formenpalette leider von Jahr zu Jahr etwas kleiner geworden ist.

Verglichen mit diesen Pressrohlingen weisen Ebonitmundstücke aus Stangen- oder Plattenmaterial, von Hand oder auf Kopierfräsen gefertigt, eine deutlich höhere Materialdichte auf. Sie zeichnen sich daher auch durch eine größere Festigkeit und Haltbarkeit aus. Die Hartgummistangen oder -platten werden mit speziellen Maschinen (Extrudern) hergestellt. Für die Mundstückfertigung verwendet man gewöhnlich etwa 1 Meter lange Stangen, die in verschiedenen

„Cumberland"-Ebonit. Die rohe Stange links links wurde schräg angeschnitten, um das Innere des längsgestreiften Materials zu zeigen. Oben ein ausgearbeitetes und poliertes Mundstück.

Durchmessern erhältlich sind. Neben dem klassischen Schwarz ist auch das rot-braun marmorierte Material sehr beliebt (nach einer Dunhill-Pfeifenserie „Cumberland" genannt). Hierfür wird rote und dunkelbraune oder schwarze Gummirohmasse durch speziell angeordnete Düsen zu einem Strang zusammengeführt und gepresst (in etwa vergleichbar der Zahnpasta mit den roten Streifen). Heute werden die meisten der im Handel als „Handcut" bezeichneten Ebonitmundstücke - dies gilt im übrigen auch für Acrylmundstücke - auf Kopiermaschinen nach Modellvorgabe gefräst. Allenfalls der eine oder andere künstlerisch tätige Pfeifenmacher lässt es sich nicht nehmen, die Mundstücke seiner Pfeifen in Handarbeit aus Stangenmaterial zu fertigen. Wenn es die Form der Pfeife gestattet, greifen aber auch sie gern und immer öfter auf vorgefräste Rohlinge zurück, deren Materialqualität der eines echten handgefertigten Mundstücks in nichts nachsteht. Und diese Arbeitserleichterung sollten wir ihnen wirklich gönnen - sie mindert in keiner Weise die Einzigartigkeit ihrer Pfeifenkreationen. Stangenebonit bietet also allerbeste Voraussetzungen für die Mundstückherstellung. Der Biss lässt sich noch flacher ausarbeiten, als wir es von Pressrohlingen gewohnt sind. Er bleibt federnd elastisch, weder zu hart noch zu weich, und erweist sich damit als sehr zahnfreundlich. Nicht zuletzt ist Stangenebonit dank seiner höheren Dichte und reineren Gummimischung auch weniger anfällig gegen die ungeliebten Verfärbungen. So beschaffene Mundstücke garantieren bei normaler Beanspruchung und der gebotenen Pflege eine sehr lange Lebensdauer. Mundstücke aus Stangenmaterial finden sich an allen Pfeifen aus dem Hause Dunhill. Man nutzt hier vorgefräste Rohlinge, die nach Bedarf der jeweilige Pfeifenform in Länge und Durchmesser angepasst werden.

Nun neigen, besonders in Situationen innerer Anspannung, nicht wenige Pfeifenraucher dazu, das Mundstück ihrer Pfeife, ohne es eigentlich zu wollen, über Gebühr zu traktieren und sehr kräftig zuzubeißen. Ernst Benda, ehemals Präsident des Bundesverfassungsgerichts, bekannte in seiner Dankesrede für die Verleihung des Titels „Pfeifenraucher des Jahres 1978", er führe speziell für die Arbeitssitzungen immer zwei arg geschändete „Senatsknösel" mit sich: *„die Bissstellen ergeben sich aus der stummen Verzweiflung, die einen gelegentlich überkommt und die man dann eben irgendwie mechanisch umsetzen muss, weil man sie nicht verbal ausdrücken kann."* Mundstücke sind also gewissermaßen auch eine Art Indikator für das Wesen eines Pfeifenrauchers. In jedem Falle ist es besser, ab und zu einmal ein Mundstück durchzubeißen. Über zu hartes und bissfestes Material würde sich am Ende nur unser Zahnarzt freuen können.

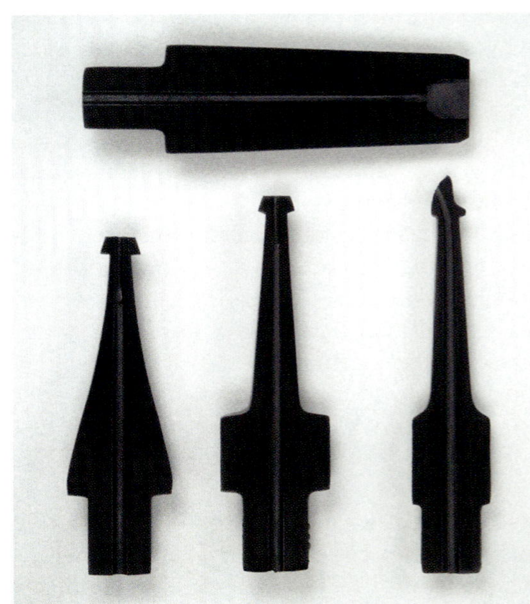

Mundstück-Rohlinge aus Ebonit, aufgeschnitten zur Demonstration der Rauchkanäle und des gefächerten flachen Schlitzes im Biss. Oben, links und Mitte Schlitzbiss, rechts Lippenbiss.

Es versteht sich von selbst, dass man für die Herstellung von Pfeifenmundstücken alle verfügbaren und geeigneten Materialien verwendet, die der Markt zu bieten hat. So hat man bereits zu Beginn des 20. Jahrhunderts Mundstücke aus Phenolharzen hergestellt, z.B. aus bernsteinähnlichem „Juwelit“, das für die Mundstücke preiswerter Meerschaumpfeifen, Zigarren- oder Zigarettenspitzen verwendet wurde. Mitte der 70er Jahre tauchten aus England und Italien die ersten Pfeifen mit Acrylharzmundstücken bei uns auf, die ursprünglich für die U.S.A. bestimmt waren. Die Amerikaner haben eine fast kindliche Freude an bunten Dingen, was bei uns zuweilen Kopfschütteln erzeugt. Die Farbskala jener Mundstücke reichte nämlich von Babyblau über Flieder und Pink bis hin zu Zitronengelb - für den gestandenen deutschen Pfeifenraucher eine Zumutung. Doch die Vorzüge dieses Materials überzeugten, und so war es nur eine Frage der Zeit, dass sich Acrylharzmundstücke auch bei uns durchsetzten. Der entscheidende Pluspunkt von Acrylharz ist neben guter Bissfestigkeit und Geschmacksneutralität seine Farbechtheit. Die vom Ebonit bekannten, gefürchteten Verfärbungen mit ihren unangenehmen Begleiterscheinungen können hier nicht auftreten. Und so finden wir heute Acrylmundstücke - überwiegend schwarz, zuweilen aber auch farbig marmoriert - an den Pfeifen der meisten namhaften Hersteller.

Wie die meisten Dinge hat aber auch Acryl seine Nachteile. Es ist härter und weniger elastisch als Ebonit, d. h. es ist bruchanfälliger. Dieser Umstand ist in zweierlei Hinsicht wichtig. Zum einen müssen, zumindest bei Mundstücken für Filterpfeifen, Zapfen aus anderem bruchfestem Material eingeleimt werden. Zum anderen muss der Biss von Acrylmundstücken etwas kräftiger ausgelegt werden, als wir es von Ebonitmundstücken gewohnt sind. Der Schlitz im Biss wird überwiegend gerade so tief ausgefräst, dass er nicht zu weit unter die Bissfläche reicht. Für den bei Ebonitmundstücken üblichen flachen Trichterschlitz ist Acrylharz nicht elastisch genug, und das Mundstück würde in kürzester Zeit durchgebissen.

Auch die Verarbeitung von Acrylharz zu Mundstücken ist nicht ganz so einfach. Bisher wurde kein gangbarer (und finanziell vertretbarer) Weg gefunden, Rohlinge wie jene aus Ebonit zu pressen oder vielleicht zu gießen. Diese Mundstücke müssen aus Vollmaterial gedreht und gefräst werden. Dazu sägt man aus großen Acrylharzplatten von 20 - 25 mm Dicke Stangen quadratischen Querschnitts. Diese Stäbe werden auf die benötigte Länge geschnitten und auf Automatenbänken mit Kopiereinrichtung nach Modellvorgabe gefräst. Nach dem Bohren des Rauchkanals und Fräsen des Schlitzes in den Biss werden die fertigen Rohlinge oft noch vorpoliert, wozu sie unter Zugabe von Schleifmehl und Wasser oder Öl zusammen

Mundstück-Rohlinge aus schwarzem Acryl, links roh gefräst, rechts trommelpoliert. Beide wurden bereits mit einer Zapfenhülse versehen.

Diese farbenfrohe Palette von Mundstück-Rohlingen des gleichen Modells aus Acryl zeigt die Vielfalt der Gestaltungsmöglichkeiten, die Pfeifenproduzenten heute zur Verfügung steht.

mit einigen Handvoll kleiner rautenförmiger Holzklötzchen mehrere Stunden in einer langsam rotierenden Metalltrommel (einem Zementmischer vergleichbar) umherwirbeln. Das Acrylmaterial, im Prinzip eine Variante des Plexiglases, aber von größerer Härte, beziehen die Mundstückhersteller in der Regel von Lieferanten, die unter anderem auch die Produzenten von Knöpfen für die Textilindustrie versorgen.

Zwei Handmade-Pfeifen von Luigi Viprati mit lebhaft gemasertem, den echten Bernstein recht gut imitierendem Acryl.

Acrylharzmundstücke lassen sich, wie die aus Ebonit, durch Erwärmen erweichen und flexibel machen, man kann sie also in jede gewünschte Form biegen. Allerdings ist Acryl, anders als das aus mehreren Komponenten zusammengebackene Ebonit, eine Art Gelee in erstarrter Form, und ihm fehlt im erweichten Zustand die vom Kautschuk herrührende elastische Sprungkraft und das „Formgedächtnis“ des Ebonits. Einmal gebogene Ebonitmundstücke strecken sich nach Wiedererwärmen fast von selbst in die ursprüngliche gerade Form zurück, was bei Acrylmundstücken nur in sehr geringem Maße geschieht. Acryl neigt beim Beschleifen, Fräsen oder Bohren durch die entstehende Hitze zum „Schmieren“, der Abrieb verklebt zu Klümpchen. Wenn beim Ausbohren eines Rauchkanals von ca. 2,5 mm Weite nicht ausgiebig mit Wasser gekühlt wird, bleibt der schlanke Bohrer leicht auf halbem Wege stecken und zerbricht.

Der Bedarf an Acrylharzmundstücken ist in den vergangenen Jahren sprunghaft angestiegen, seit immer mehr Pfeifenhersteller auch für die Fertigung großer Stückzahlen ihre Produktion darauf umgestellt haben. Trotzdem haben sich nur drei Firmen auf die Herstellung von Acrylmundstücken verlegt, zwei in Varese/Norditalien, die dritte in Saint Claude/Frankreich, und von ihnen beziehen alle europäischen Pfeifenproduzenten ihre Rohlinge. Daher kommt es zu recht langen Lieferzeiten von manchmal zwei bis drei Monaten, was nicht selten dann auch sie in Terminschwierigkeiten bringt. Die Hersteller von Acrylmundstücken produzieren nur auf Bestellung - eine Standardauswahl von Formen, die wie bei Ebonitrohlingen jederzeit abrufbereit wäre, ist hier nicht üblich. Da die Produktionskosten für Acrylmundstücke recht hoch sind, wäre eine größere Lagerhaltung zu teuer. Das nehmen Pfeifenhersteller aber gern in Kauf, denn Acrylmundstücke können sie in fast jeder beliebigen Form nach ihrem eigenen Entwurf jederzeit auch in kleinerer Stückzahl ordern, was ihnen zusätzliche Freiheit für das Modelldesign ihrer Pfeifen beschert. Für solche Mundstücksonderformen wäre bei Ebonitrohlingen eine Abnahme von vielen Tausend Stück je Modell auf lange Zeit Voraussetzung, um überhaupt in die Produktion zu gehen, denn dazu müssten zuerst die sehr kostspieligen Pressformen angefertigt werden. Mit Acrylharzmundstücken fällt es den Pfeifenherstellern auch sehr viel leichter, recht kurzfristig auf Modeströmungen im Markt zu reagieren und damit ihre Absatzchancen deutlich zu verbessern.

In jünster Zeit hat der tschechische Pfeifenhersteller Oldrich Jirsa mit einer neuartigen Mischung von lebensmittelechten Polyesterharzen für die Produktion von Mundstücken im Gußverfahren experimentiert. Das Material läßt sich auf die übliche Art bearbeiten, beschleifen, durch Erwärmen biegen und auf Hochglanz polieren. Seine Bisseigenschaften ähneln am ehesten denen von Acrylmundstücken, d. h. sie beißen sich härter als Ebonit. Anfangs waren die Bisse dieser Mundstücke, besonders wenn sie sehr flach ausgeformt waren, sehr spröde und hielten auch sanfterem Zubeißen oft nicht lange stand. Jirsa arbeitet aber daran, durch geeignete Variation der Harzmischung eine weichere, zahnschonendere und Bissqualität zu erzielen - mit Erfolg, wie die neuesten Ergebnisse gezeigt haben. Das Gewicht dieser neuen Mundstücke ist spürbar geringer als das von Acryl- oder Ebonitmundstücken. Die Vielfalt herstellbarer Formen betreffend, sind diesem Produktionsverfahren eigentlich kaum Grenzen gesetzt. Der Preis soll etwa in der Mitte zwischen Ebonit- und Acrylmundstücken liegen, und ähnlich wie bei Acrylrohlingen wird es auch möglich sein, kleinere Auflagen zu fertigen.

Mundstücke aus Polyesterharzen sind etwa seit den 70er Jahren im Handel anzutreffen. Besonders Meerschaumpfeifen, die vorher mit Mundstücken aus echtem Bernstein, Pressbernstein oder Juwelit versehen wurden, sind heute allgemein mit diesen Mundstücken ausgerüstet. Aber auch an hochwertigen handgefertigten Bruyèrepfeifen, vor allem von dänischen Künstlern, finden wir seither des öfteren diese bernsteinähnlichen Mundstücke aus „Cultured Amber". Das meist honiggelbe oder goldbraune Material, mehr oder weniger transparent und durchzogen von verschiedenfarbigen Pigmentwolken, harmoniert auf eindrucksvolle Weise mit den warmen Holztönen. Aber auch eine schwarze sandgestrahlte Pfeife erhält mit einem Mundstück aus „Cultured Amber" eine ganz besondere Note. Bis vor kurzem war es nicht möglich, aus Acrylharz Mundstücke zu fertigen, die in Färbung und „Maserung" dem echten Bernstein wirklich nahe kamen. Mittlerweile sind die Hersteller der Acrylmundstücke aber doch fündig geworden und bieten nun Rohlinge an, deren Aussehen dem von Bernstein recht gut angeglichen werden konnte.

Abgesehen von türkischer Produktion für die Fertigung anatolischer Meerschaumpfeifen, wird „Cultured Amber" nur noch von wenigen kleinen Betrieben im Handgussverfahren gefertigt. Geeignete Harze werden unter Zusatz von Härtern und verschiedenen Farbpigmenten angerührt und in flachen Schalen zu Barren von ungefähr der Größe einer Videokassette gegossen. Das optimale Mischungsverhältnis von Harz, Härter und Pigmenten herauszufinden, erfordert langjährige Erfahrung und ein enormes Fingerspitzengefühl. Wird der Härter zu hoch dosiert, erfolgt die Aushärtung so schnell und mit so großer Hitzeentwicklung, dass der Barren förmlich zerplatzen kann. Bei zu niedriger Dosierung hingegen bleibt das Harz am Ende weich und oft klebrig und ist damit unbrauchbar. Die Zugabe von Farbpigmenten ist ein Kunst für sich, denn sie sinken meist unterschiedlich schnell in das Harz ein und müssen daher zum richtigen Zeitpunkt zugesetzt werden. Vor Einsetzen der Aushärtung muss das Harz mit einem Stab oder einer mehrzinkigen Gabel behutsam „durchgekämmt" werden, damit die Pigmente sich nicht als kompakte Masse am Boden der Gußform ansammeln. Während des Mischens und Aushärtens muss eine bestimmte Raumtemperatur herrschen und konstant eingehalten werden. Eine zusätzliche Erschwernis bei der Verarbeitung dieser Harze sind ihre aggressiven Dämpfe, was aufwendige Schutzmaßnahmen erforderlich macht. Alle Versuche, auf Kopiermaschinen vorgeformte Rohlinge aus Polyesterharz zu fräsen, waren bisher erfolglos. Die

Pfeifen mit handgefertigten Mundstücken aus „Cultured Amber": die „BakerStreet" aus Petersons „Sherlock Holmes Collection" (nachgerüstet) und eine sandgestrahlte Handcut Pipe von Former.

Verschieden gefärbte und gemusterte Platten von „Cultured Amber".

Laufgeschwindigkeit und die Frästiefe der Maschinen sind in der Regel zu hoch und lassen das Material zu leicht splittern. Hinzu kommt der recht hohe Preis für diese Harzplatten, der eine Verwendung bei Pfeifen in Konsumpreislagen kaum zulässt. Mundstücke aus „Cultured Amber" sind daher eigentlich immer handgefertigt.

Die Verarbeitung des Polyesterharzmaterials ähnelt der von Acrylharz, allerdings ist es wesentlich spröder und bruchanfälliger, wie man beim Drehen und Fräsen an der Neigung zum Splittern und am fast mehlartigen Abtrag erkennen kann. Bei der Fertigung von Mundstücken aus Polyesterharzen muss besonders auf eine ausreichende Stärke des Bisses geachtet werden. Der Schlitz des Bisses darf - wie auch bei Acrylmundstücken - nicht zu weit unter die Bissfläche reichen. Ebenso müssen immer Zapfen aus anderen Kunststoffen eingefügt werden. Bei Filterhülsen genügt ein haftstarker Kleber, filterlose Zapfen erhalten in der Regel zusätzlich ein Schraubgewinde.

„Bantams", eine Reihe kompakter, kurzer Handmade-Pfeifen von Holger Frickert, 1994, mit Mundstücken aus „Cultured Amber".

Das Biegen dieser Mundstücke stellt den Pfeifenmacher oft vor Probleme und hat schon manchen fast verzweifeln lassen. Das Erwärmen, am besten über einer Heißluftpistole, muss hier äußerst behutsam und langsam erfolgen, und das Biegen selbst erfordert ein Höchstmaß an Fingerspitzengefühl. Bei zu starkem Krümmen reißt das Material plötzlich einfach ein wie ein steifer Wackelpudding, dessen Oberfläche man zwischen zwei Löffeln spannt - alle bisher geleistete Form- und Schleifarbeit war dann umsonst. Besonders anfällig sind hier die dickleibigeren Fischschwanzmundstücke. Das gleiche passiert zuweilen auch, wenn bereits gebogene Mundstücke durch erneutes Erwärmen nachgebogen oder gar wieder begradigt werden sollen, z. B. um einen eingeklemmten Pfeifenreiniger zu entfernen.

Filtersysteme für Pfeifen und Filterpfeifen

Anfang der 50er Jahre wurde mit dem amerikanischen „Smoking and Health Report", auch „Terry-Report" genannt, ein wissenschaftlich fundierter Bericht vorgelegt, der Auswirkungen von enormer Tragweite auf die Rauchgewohnheiten haben sollte. Für Filterzigaretten waren die Absatzchancen bis dahin nur sehr bescheiden gewesen. Zum einen mag das an dem hohen Preis für diese Glimmstängel gelegen haben, die damals noch in Handarbeit gefertigt wurden. Zum anderen sah die Tabakindustrie keinen Markt dafür. Der Raucher, hieß es, wolle den Tabak an den Lippen spüren und nicht Zellulose, *„so gut wie ein Liebender im Kuss die Lippen des anderen zu spüren begehrt und nichts dazwischen"*, schreibt Martin Beheim-Schwarzbach. Nur ein Unternehmer setzte, von der Branche anfangs noch mit Spott bedacht, auf die Zukunft der Filterzigarette und begründete damit den Weltruf seiner Firma: Kurt A. Körber, der 1995 verstorbene Chef der HAUNI-Werke in Hamburg-Bergedorf. Trotz aller Unkenrufe sollte er Recht behalten. Der „Terry-Report" löste eine beispiellose Umwälzung dieses gigantischen Marktes aus. Von Amerika ausgehend setzte sich die Filterzigarette in aller Welt durch. Heute noch wird ein Großteil aller Filterzigaretten in der ganzen Welt auf HAUNI-Maschinen produziert.

Dieser Trend zeigte natürlich auch seine Auswirkungen im Bereich von Pfeife und Tabak. Zwar gab es bereits zu Beginn des 20. Jahrhunderts diverse Patentfilter für die Pfeife, darunter auch solche mit Kondensat aufsaugendem Füllmaterial (z. B. mit gehäckseltem Rosshaar - ja, wirklich!), doch war die Nachfrage eher unerheblich. Der in den späten 50er Jahren schnell anwachsende Kreis der Filterzigarettenraucher erforderte aber neue Anstrengungen auf Seiten der Pfeifenindustrie, um möglichst viele von ihnen bei der Pfeife zu halten oder sie zu ihr zu bekehren. Schließlich steht der Pfeifenraucher ja nicht ganz zu Unrecht in dem Ruf, „gesünder" dem Tabakgenuss zu huldigen.

Der „9 mm Filter"

Als erstes eine Richtigstellung: der Pfeifenfilter, wie ihn die meisten Pfeifenraucher kennen, hat einen Durchmesser von 8,0 bis 8,2 mm, die Bohrung im Mundstückzapfen hat eine Weite von 8,5 bis 8,7 mm. Dennoch spricht man nur vom „9 mm Filter". Woher diese irreführende Bezeichnung stammt und warum sie sich durchgesetzt hat, war nicht zu ergründen. Wozu also daran rühren?

Der 9 mm Filter erwies sich als das „Ei des Kolumbus". Er besteht aus einer an beiden Enden mit siebartig durchbohrten Kapseln verschlossene Röhre, die als Einlage stark filternde und adsorbierende mineralische Granulate enthält. Im Laufe der Jahre haben sich drei Filterstoffe als die effektivsten herausgestellt: Aktivkohle, Naturmeerschaum und Silikagel. Die Filterhülsen werden entweder aus hochsaugfähigem Zellulose-Filtrierpapier hergestellt und mit Kohle- oder Meerschaumgranulat gefüllt, oder aus transparentem Kunststoff mit einer Füllung aus Silikagelkristallen. Mit Stolz können die Hersteller nun vermelden, dass ihre Filter mehr als 70 Prozent der im Rauch enthaltenen Schadstoffe zurückhalten.

Mit diesem Produkt schlug die Industrie zumindest fünf Fliegen mit einer Klappe:

- Das Bedürfnis nach weniger gesundheitsschädlichem Rauchen konnte befriedigt werden.

- Die von der Filterzigarette zur Pfeife wechselnden Raucher sind an den Zugwiderstand eines Filters gewöhnt. Sie würden filterlose Pfeifen zu fest stopfen, zu hastig und zu heiß rauchen und damit die Pfeife gefährden, von einem sanften Rauchgenuss ganz zu schweigen.

- Durch den Filter schmeckt der Tabak milder und traktiert die Zunge weniger hart, wodurch Anfangsschwierigkeiten leichter überbrückt werden.

- Die heute überwiegend konsumierten aromatisierten (und nicht unerheblich gesoßten) Tabake, nicht zuletzt wegen des Flairs ihrer guten Raumnote hoch geschätzt, haben nun einmal den Nachteil, dass beim Verglimmen des Tabaks eben diese Soßen verstärkt wieder abgesondert werden. Der Filter bewahrt den Raucher vor allzu direktem oralem Kontakt mit deren teerigen Rückständen.

Eine Auswahl der heute erhältlichen Pfeifenfilter verschiewdener Marken.

- Und schließlich der wohl wichtigste Aspekt: der Filter hat sich, ganz im Trend des gestiegenen Gesundheitsbewusstseins, zu einem bedeutenden Umsatzträger entwickelt. Der Gesundheit einen Dienst zu erweisen aus reiner Nächstenliebe - das von der Industrie zu verlangen, wäre auch Illusion.

So eröffnet uns der Filter den Weg zu einem unbeschwerteren Rauchgenuss. Zieht man ihn nach einer Pfeifenfüllung - denn mehr als eine sollte man ihm wirklich nicht zumuten - heraus, so zeigt er, was er geleistet hat: das zuvor unschuldige Weiß des Zellulosepapiers hat sich in ein schmutziges Braun verwandelt. Noch eindrucksvoller ist der Anblick eines benutzten Silikagelfilters, dessen weißliches kristallines Granulat nun mit einem feucht glänzenden braunen Film überzogen ist. Erleichtert und im tugendhaften Bewusstsein, seinem Organismus diese „stinkende Schweinerei" erspart zu haben, atmet man tief durch. Sündigen mit Rückversicherung: das ist Balsam für das schlechte Gewissen. Der Laie sieht übrigens oft in den Kondensatrückständen irrtümlich nur „Nikotin". Das aber ist im Rauch in farbloser Gasform enthalten und wird vom Filter nur in geringem Maße zurückgehalten.

Mag der Filter auch noch so vorteilhaft sein - jede Medaille hat auch ihre Kehrseite. Der Lieblingstabak schmeckt anders und gleichsam in die Ferne gerückt, wenn man vom filterlosen auf gefiltertes Rauchen umsteigt. Dies ist auch einer der Gründe, warum die Tabakindustrie ihre Mixturen immer stärker aromatisiert, um den Geschmacksverlust auszugleichen, den der Einsatz des Filters mit sich bringt. Außerdem ist der Verbrennungsprozess in Filterpfeifen weniger exakt. Man raucht tendenziell heißer und feuchter. Hier liegt doch wohl ein kleiner Widerspruch vor? Keineswegs, denn Heiß- und Feuchtrauchen hängen bei der Pfeife eng miteinander zusammen. Tabakrauch enthält auch Wasserdampf, der zum Teil von der Feuchtigkeit im Tabak selbst herrührt und zum Teil der eingesogenen Luft entstammt. Er reichert sich im noch nicht glimmenden Tabak an, lässt ihn aufquellen und sich verdichten, wodurch auch seine Brennfähigkeit vermindert wird. Als Reaktion darauf verstärkt der Raucher den Zug, womit

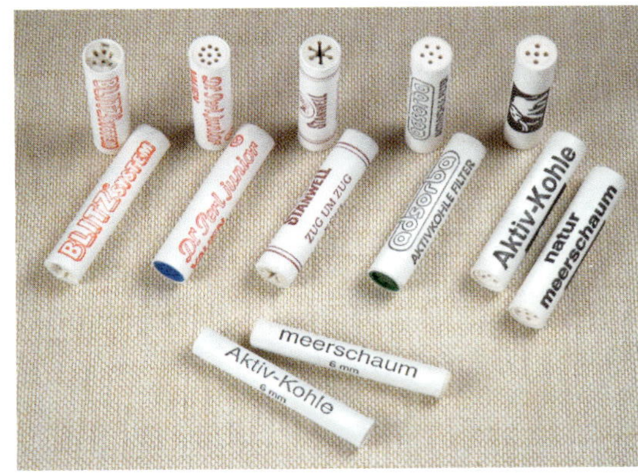

Eine Auswahl handelsüblicher 9 mm Filter mit Aktivkohlegranulat- oder Meerschaumfüllung. Im Vordergrund die schlanken 6 mm Filter.

Filterpfeifen der dänischen Manufaktur Svendborg, Mitte der 80er Jahre, deren Design trotz der stämmig ausgelegten Holme eine erstaunliche Eleganz ausstrahlt.

er wiederum die Glut anfacht und für noch größere Hitze sorgt. Dieses Phänomen wird durch den Filter, der ja selbst bereits ein „Hindernis" mit spürbarem Zugwiderstand darstellt, noch verstärkt. Und das um so mehr, als auch die Papierhülse der überwiegend eingesetzten Kohlefilter während des Rauchens durch Aufnahme von Feuchtigkeit quillt und den Zug noch einmal erschwert. Auch in der Umgebung des Filters, also im Pfeifenholm, reichern sich Teer und Feuchtigkeit vermehrt an, so dass auch hier das Holz aufquillt. Nicht selten vergrößert sich auf diese Weise sogar der Holmdurchmesser, so dass das Mundstück nicht mehr bündig passt. Das ist wohl der Tribut an die notwendige weite Ausbohrung des Pfeifenholms. Eine gründliche Säuberung dieser Bohrung mit den normalen Pfeifenreinigern erweist sich als ziemlich mühselig - weshalb die Reinigung dann auch gern „auf die lange Bank geschoben" wird oder ganz unterbleibt. Erstaunlich viele Pfeifenraucher glauben nämlich, mit dem Einsetzen des Filters sei eine Reinigung der Pfeife eigentlich überflüssig. Im Gegenteil! Gerade Filterpfeifen verlangen eine regelmäßige gründliche Reinigung und lange Ruhepausen, in denen das Holz trocknen und die aufgesogenen Kondensate ausdünsten können. Doch darüber später mehr.

Sehr interessant ist übrigens, dass die „Filterbewegung", die seit den 70er Jahren voll zum Zuge gekommen ist, eine ausgesprochen deutsche Erscheinung ist. Pfeifenhersteller in Dänemark, England, Frankreich und Italien, die in hohem Maße auch für den internationalen Markt produzierten, standen damals vor erheblichen Problemen und mussten sich über die Zukunft ihrer Modellpolitik ernsthaft Gedanken machen. Es ist wohl jedem einleuchtend, dass Pfeifen mit Filterbohrung ein entsprechendes Design erfordern. Sie müssen zwangsläufig einen stärker dimensionierten Holm haben. Ein zierlicher Kopf wirkt dann aber mickrig, wie aufgepfropft. Also gehört an den dicken Holm ein dicker Kopf. Und so sind wir Deutschen das Volk der großen Pfeifenköpfe geworden, und die waren (und sind) in anderen Ländern längst nicht so beliebt wie hier bei uns. Bis Mitte der 80er Jahre, als Acrylmundstücke noch kaum anzutreffen waren, wurden die Zapfen der Ebonitmundstücke aus dem vollen Material gedreht. Im Interesse ausreichender Stabilität mußten sie für Filterpfeifen recht dickwandig ausgelegt werden. Zapfendurchmesser von 12 mm und mehr waren keine Seltenheit, und entsprechend klobig gerieten dann auch die Pfeifenholme. Erst die zunehmende Umstellung auf Acrylharzmundstücke kehrte diese Tendenz um: wie bereits erwähnt, ist Acryl bei zu geringer Materialstärke bruchgefährdet, weshalb in diese Mundstücke Zapfenhülsen aus anderen Kunststoffen eingesetzt werden, die wesentlich geringere Wandstärken zulassen. Die heute gebräuchlichen Zapfendurchmesser liegen, von Hersteller zu Hersteller verschieden, bei etwa 10 bis 10,5 mm, so daß mittlerweile die Formgebung der Pfeifen wieder in erfreulichem Umfang an Leichtigkeit und Eleganz gewonnen hat.

Die filterlosen Modelle der Serie „Featherweight" (Federgewicht) von STANWELL verkörpern typisch dänisches Pfeifendesign. Diese Leichtigkeit der Form werden Filterpfeifen niemals erreichen.

Der überwiegende Teil aller Pfeifen für den deutschen Markt wird heute mit Filterbohrung produziert. Man schätzt, dass 80 bis 90 % aller bei uns verkauften Pfeifen für Filter vorgesehen sind, was nun aber nicht heißt, dass alle Käufer auch mit Filter rauchen. Die „Pur-Raucher", deren Zahl übrigens wieder zunimmt, haben sich notgedrungen mit dem - aus ihrer Sicht - eingeschränkten Angebot abgefunden. Allenfalls für Länder, in denen das Filterrauchen sich nicht hat durchsetzen können, werden noch filterlose Pfeifen gefertigt, so bei Gubbels in Holland oder STANWELL in Dänemark (vor allem auch für den heimischen Markt).

Verschiedene Adapter für filterloses Rauchen aus 9 mm Filterpfeifen, wie sie von einigen Pfeifenherstellern angeboten werden.

Leider sehen wir diese Pfeifen im deutschen Fachhandel nur noch recht selten. Einige engagierte Tabakhändler, die für die „eingeschworenen" Filterlos-Raucher unter ihren Kunden immer eine Auswahl filterloser Pfeifen bereit halten, bilden hier die löbliche Ausnahme. Zum Glück gibt es aber immer noch die Möglichkeit, die weite Zapfenbohrung im Mundstück mit Hilfe eines Adapters auszufüllen und auf diese Weise das Rauchen ohne Filter zu optimieren. Die weite Bohrung fördert das Abkondensieren von Feuchtigkeit im Mundstück und zwingt zu häufigerer Benutzung von Reinigern auch während des Rauchens, um den Rauchkanal trocken zu legen. Mit einem Adapter lässt sich dieses Problem recht effektiv umgehen.

Der optimale Filtersitz

Soll der Filter stramm im Mundstück stecken oder besser locker sitzen und „Spiel haben"? Ein kontrovers diskutiertes Thema. Der wichtigste deutsche Filter- und Pfeifenhersteller, die Firma VAUEN in Nürnberg, hat für ihre Pfeifen und Filter eigens das „Konex-System" erfunden: das Lumen des Mundstückzapfens verjüngt sich am Boden, so dass sich der Filter dort einklemmt. So soll der Rauch ohne Nebenstrom ausschließlich durch den Filter fließen, um eine größtmögliche Schadstoffreduktion zu erreichen. Wir stellen jedoch immer wieder fest, dass damit der Zug erheblich behindert und so die Kontrolle über den Tabakabbrand erschwert wird. Den erhöhten Widerstand versucht der Raucher nämlich instinktiv durch kräftigeres Ziehen zu überwinden, mit dem Ergebnis stärkerer Hitzeentwicklung im Pfeifenkopf.

Als weitere Folge entsteht vermehrt Feuchtigkeit, und das Geschmackserlebnis wird getrübt (von der Gefahr des Durchbrennens ganz zu schweigen). In Einklang mit anderen Pfeifenherstellern sehen wir daher in einem lockeren Filtersitz nach dem „Rohrpost-Prinzip" die optimale Voraussetzung für den optimalen Rauchgenuss aus Filterpfeifen. Zwar wird, am ehesten in gebogenen Pfeifen, der Filter während der ersten Züge mit hörbarem „Klick-Klack" im Pfeifenholm vor- und zurückrutschen, doch die Feuchtigkeit des Rauchs lässt das Papier der Filterhülse schnell quellen, so dass es bald an der Innenwand des Mundstücks haftet und der Filter „zur Ruhe kommt". Nach unserer Erfahrung ist das Zugverhalten hier wesentlich besser als bei einem verkeilten Filter, eine Überhitzung im Pfeifenkopf und Geschmacksveränderungen lassen sich so eher vermeiden.

Der Kampf mit der Feuchtigkeit

Zwei weitere Arten von Filtern haben in letzter Zeit (wieder) vermehrt Interesse gefunden: die Papierfilter und die Balsaholzfilter. Papierfilter sind seit vielen Jahrzehnten bekannt, sie werden aus hochsaugfähigem Zellulose-Filtrierpapier gerollt und

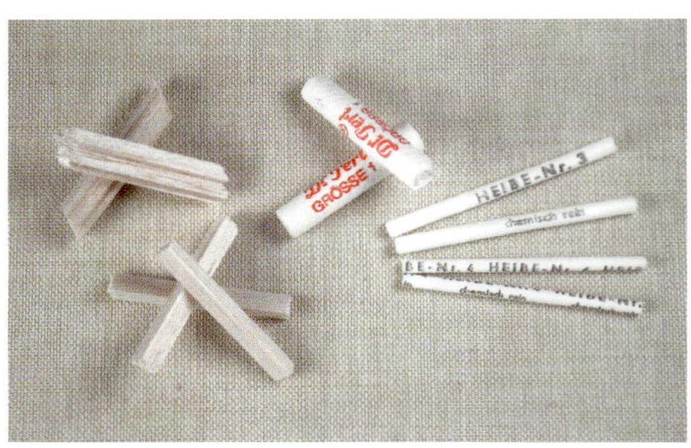

Links Balsaholzfilter der Größen 6 und 9 mm, in der Mitte die dicken Papierfilter Größe 1 (= 9 mm), rechts die schlanken Papierfilter der Größen 3 und 4 zum Einsatz in „filterlosen" Pfeifen.

sind in den handelsüblichen Größen 1 bis 5 erhältlich (1 entspricht dem Durchmesser und der Länge der 9 mm Filter). Sie leisten vor allem Feuchtrauchern gute Dienste und lassen sich (Größe 3, 4 und 5) auch in filterlosen Pfeifen verwenden. Ihr größter Vorteil ist, dass sie störende Flüssigkeit, die sich beim Rauchen ja vor allem im relativ kühlen Rauchkanal des Mundstücks niederschlägt, aufnehmen, ohne dabei den vollen Tabakgeschmack zu verfälschen oder zu reduzieren. Bei den extra dünnen Filtern der Größe 5 ist allerdings Vorsicht geboten. Oft rutschen sie tief ins Mundstück hinein und können später, von Feuchtigkeit aufgequollen, zu erheblichen Zugproblemen führen. Gelegentlich klemmen sie sogar derart fest im Mundstück, dass sie nach dem Rauchen nur mit größter Mühe zu entfernen sind.

In jüngster Zeit konnten wir beobachten, dass immer mehr Filterraucher, um ihr Geschmackserlebnis zu steigern und trotzdem einen trockenen Rauch zu genießen, von den sonst üblichen aromadämpfenden 9 mm Kohle- oder Meerschaumfiltern umsteigen auf Papierfilter gleichen Kalibers. Aus eben diesem Grunde greifen viele Raucher vermehrt auch zu den Filtern aus dem extrem porösen, durchlässigen Balsaholz, dessen Faserstruktur mit seinen großlumigen Kapillaren recht gute Filtereigenschaften besitzt. Sie werden von SAVINELLI für Pfeifen mit 9 mm und 6 mm Bohrung angeboten. Der leicht süßliche Eigengeschmack des Balsaholzes verbindet sich auf angenehme Weise mit dem Tabakaroma, ohne es jedoch nennenswert zu verfälschen. Einen entscheidenden Vorzug bieten beide Varianten, der Papierfilter und der Balsaholzfilter gleichermaßen: sie erlauben einen ungehinderten Zug und eine bessere Kontrolle über den Abbrand des Tabaks in der Pfeife.

Auch wenn sie keine Filter im eigentlichen Sinne sind, wollen wir die „Trockenrauch-Granulate" nicht vergessen. Man legt sie vor dem Befüllen mit Tabak in die Bodenmulde der Rauchkammer und hebt damit das Niveau des Tabaks ein wenig an. Vor allem in gebogenen Pfeifen verbessern sie den Zug und helfen, gerade wenn die Mündung des Rauchkanals zu hoch liegt, dennoch den Tabak trocken und ganz zu Ende zu rauchen. Im Handel sind solche Granulate aus Meerschaum oder Silikagel erhältlich. Den gleichen Effekt erzielen die „Philt Pads", etwas größere Halbkugeln aus gepresstem Kaolin. Ihre erhabenen Rippen auf der Wölbung sorgen für ausreichenden Abstand vom Boden

Trockenrauch-Einsätze für den Pfeifenboden. Links oben „Philt Pads", darunter „denicool", Kristalle aus Silikagel, rechts Granulat aus Natur-Meerschaum.

der Rauchkammer und damit für freien Zug. Am Ende der Pfeifenfüllung haben diese kleinen Helfer ausgedient und werden mit der Asche ausgeräumt.

Kühlschlangen und Tropfenfänger

Eigentlich haben wir „das Pferd von der falschen Seite aufgezäumt". Statt die Darstellung älterer Systeme an den Anfang zu stellen, haben wir mit den jüngsten Entwicklungen begonnen. Da diese „Zeugen großen Erfindergeists" aber heute eigentlich nur noch äußerst selten auftauchen, haben wir sie „auf die hinteren Plätze verbannt". Wir wollen sie aber als Wegbereiter der modernen Filterpfeifen nicht unerwähnt lassen. Im Zusammenhang mit den Porzellanpfeifen haben wir bereits über eine Konstruktion berichtet, die den beim Rauchen anfallenden Tabaksud auffangen und dem Raucher den Kontakt mit jenen Rückständen weitgehend ersparen sollten: den „Wassersack". Dieses Prinzip übertrug man auch auf die Bruyèrepfeife, in der Regel bei gebogenen Modellen. Man verlängerte, wenn nötig, den Pfeifenholm nach unten und bohrte ihn unter dem Kopf hindurch in ganzer Länge auf. Das freistehende Ende wurde mit einer Gewindekappe aus Horn verschlossen. So konnte der Raucher ab und zu das Holmrohr öffnen und den angesammelten Tabaksaft ausgießen. Solche Pfeifen, in Frankreich „Cavalière" genannt, wurden bis vor gar nicht langer Zeit auch bei uns noch angeboten, doch waren sie wohl eher für den Sammler von Interesse.

Diese „Cavalière", eine Handmade-Pfeife von Ser Jacopo/Pesaro, wurde Jugenstilformen nachempfunden. Holmrohr und eingeschraubter Verschlußstopfen aus Horn gedrechselt.

Die klassischen Bruyèrepfeifen wie Billiard, Bulldog usw. erforderten eine andere Vorgehensweise. Um die Flüssigkeit in der Pfeife zu halten, wurden kleine Metallröhrchen in den Mundstückzapfen gesetzt, die frei im tief und weit ausgebohrten Holm endeten. Verwinkelt angebrachte Löcher und Schlitze sollten den Rauch über diverse Umleitungen das kühle Metall umströmen und dabei die Feuchtigkeit abtropfen lassen. Ob allerdings die so erzeugte ständige Konzentration von Kondensat im Pfeifenholm dem Geschmack sehr zuträglich war, möchten wir doch bezweifeln. Etwas anders verhält es sich mit den langen Metallkanülen, die in filterlosen Pfeifen von Dunhill zu finden sind. Sie reichen bis in den Kopf hinein, um für exakte Kaminwirkung zu sorgen und zu verhindern, dass die Stufen in der Holmbohrung den Rauch verwirbeln. Ein Nachteil wurde dabei nicht bedacht oder aber einfach in Kauf genommen: das Holz des Pfeifenholms kann dem Rauch nun keine Feuchtigkeit mehr entziehen. Das kühle Metallrohr führt zu verstärktem Kondesatniederschlag und fördert daher das berüchtigte „Schmurgeln". „Alte Hasen" entfernen daher solche Fremdkörper meist aus ihrer neuen Pfeife, bevor sie zum ersten Mal aus ihr rauchen.

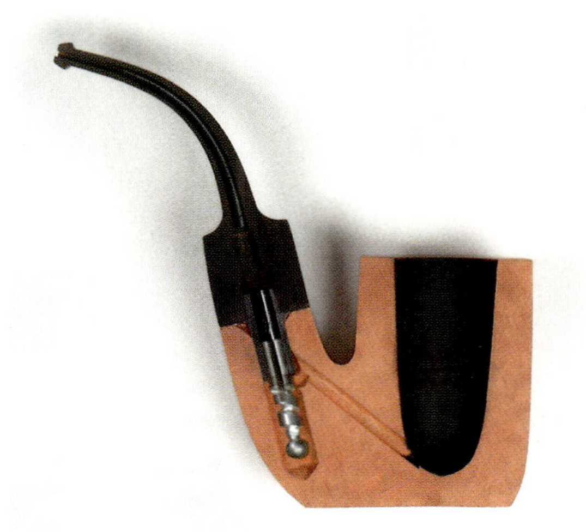

Schnitt durch eine Fullbent-Pfeife mit eingesetztem Kühlsystem aus Aluminium.

Ein kleiner Reigen von Kühlsystemen aus Aluminium, wie sie in den 70er und 80er Jahren noch oft in filterlosen Pfeifen zu finden waren.

In diesem Zusammenhang gebührt auch einer andere Spielart der „Rauchenthärtung" eine kurze Erwähnung: Pfeifen, die den Rauch durch Frischluftzufuhr auf dem Wege vom Pfeifenkopf zum Mundstück kühlen und entschärfen sollten. In den 60er und 70er Jahren brachten der französische Hersteller Chacom und auch die englische Gruppe um Comoy Serienpfeifen auf den Markt, in deren Boden ein kurzes Metallröhrchen mit einem Lumen von ca. 2 mm eingelassen

Pfeifen aus der Serie „New Steel" von Chacom, für Frischluftzufuhr sorgte ein in den Boden eingelassenes Röhrchen.

war, das etwa 3 - 4 mm aus dem Boden in die Kopfbohrung hineinragte. Hier sollte also „an der Quelle" bereits kühle Luft von außen in den Rauchstrom geleitet werden.

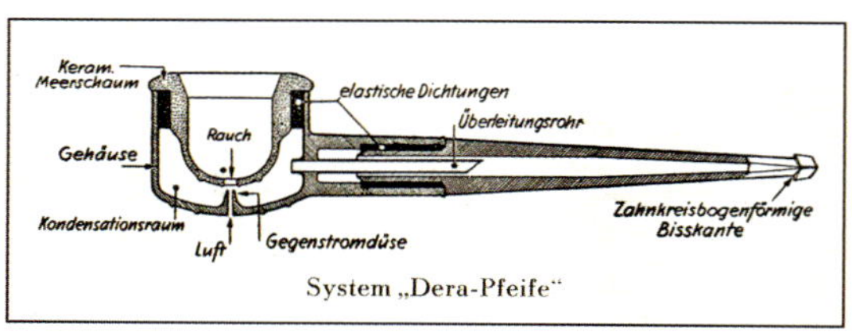

Die „Dera-Pfeife", ebenfalls mit Frischluftzufuhr durch den Boden.

Das Prinzip ist allerdings einige Jahrzehnte älter - so versprach in Deutschland bereits um 1930 die „Dera-Pfeife" den absolut kühlen und trockenen Rauchgenuss. In der 80er Jahren, als sich erstmals ein Rückgang des Pfeifenrauchens abzuzeichnen begann, tauchte die „Lindström-Pfeife" auf. Verkauft wurde sie per Versand über ganzseitige, plakativ aufgemachte Anzeigen, vor allem auf den Rückseiten von Rundfunkzeitschriften. Ihr Mundstück trug einen massiven, beweglichen Messingring mit mehreren Löchlein verschiedener Größe. Unter diesem Stellring führte auf der Oberseite des Mundstücks eine ca. 2 mm große Bohrung direkt in den Rauchkanal. Durch Verdrehen des Stellrings konnte man - je nach Lochgröße - dem Rauch mehr oder weniger Frischuft zuführen. Dieses Funktionsprinzip erinnert an die Austria-Filterzigaretten „Milde Sorte" mit „Klimazone", deren Papier kurz vor dem Filter kaum sichtbar perforiert war. Als Verkaufshilfe hatten sich die Lindström-Leute eine ganz besonders schlagende Werbeaussage einfallen lassen: „Sind Sie mit dem Kühlerfolg dieser Pfeife nicht zufrieden, nehmen Sie einen Hammer, zerschlagen Sie die Pfeife! Senden Sie die Bruchstücke an uns zurück. Der Kaufpreis wird voll erstattet!" Von diesen, vermutlich in Albanien aus recht billigem, weichem Bruyère gefertigten Pfeifen wurden tatsächlich enorme Stückzahlen verkauft, und so mancher „Abtrünnige", der zugunsten der Zigarette irgendwann die Pfeife beiseitegelegt hatte, fand auf diesem Wege wieder zurück zum Genussrauchen. Einen weiterer Versuch, mit „Klimazonen-Pfeifen" dem Pfeifenrauchen neuen Auftrieb zu geben, wagten die Holländer 1987 unter dem bekannten Tabaknamen AMPHORA. Diese auf hohem Qualitätsniveau in modernem Design gefertigten Pfeifen aus dem Hause Gubbels waren mit speziell konstruierten Mundstücken versehen, aus deren Oberseite ein kleiner Hebel herausragte. Mit ihm konnte man einen Schieber zum Regulieren der Frischluftzufuhr betätigen. Diesen Pfeifen war aber bei uns in Deutschland nur ein kurzes Gastspiel gegönnt.

Systempfeifen

Der Kampf mit dem Tabaksaft durchzieht wie ein roter Faden die ganze Historie des Pfeifenrauchens. Und da es auch unter Rauchern schon immer findige Köpfe gegeben hat, wurden im Lauf der Jahrhunderte die verschiedensten Systeme ausgetüftelt, um den verhassten Tabaksud vom Mund des Rauchers fernzuhalten. Das Prinzip des „Wassersacks" hat sich bis in unsere Zeit gehalten, es lebt in den Steckerpfeifen der „PPP"-Serie von Peterson fort, in deren Holm eine tiefreichende Blindbohrung die vom Mundstück abtropfende Flüssigkeit aufnehmen soll. In den 20er Jahren kamen die ersten Systempfeifen mit abnehmbaren Köpfen in den Handel. Das pfannenartig geformte Unterteil war aus dem neuartigen Kunststoff Bakelit hergestellt, eine Kork- oder Gummidichtung sorgte für den strammen Sitz der Köpfe aus gebranntem Ton oder Porzellan, später auch aus Bruyèreholz. Die kondensierte Feuchtigkeit sammelte sich in

Systempfeife ähnlich der „Dera-Pfeife", vermutlich aus den 30er Jahren. Kopf und Mundstück aus Bakelit, Kopfeinsatz aus Porzellan, von einem Gummiring gehalten.

der Pfanne des Unterteils, die man nach dem Rauchen auf einfachste Weise durch Auswischen oder Ausspülen reinigen konnte. Hierin ist wohl der Vorläufer der FALCON Pfeifen zu sehen, die uns in den 60er Jahren ausgerechnet das altehrwürdige England bescherte. Ihre Herkunft ist jedoch durchaus nachvollziehbar, denn sie entstand als Reaktion auf die dortigen Rauchgewohnheiten und die Vorliebe für eher fein geschnittene helle und dunkle Virginiatabake, häufig druck- und hitzefermentiert und in Flake-Manier zubereitet, die nicht selten auch recht kräftig soßiert und darüber hinaus auch recht feucht verpackt werden. In der Pfeife verhalten sie sich entsprechend: ist die Glut erst einmal in Gang gebracht, brennen sie ziemlich heiß und produzieren einen feuchten, kondensathaltigen Rauch. Man schätzt in England daher die kleineren Pfeifen, aus denen man für ein gutes Viertelstündchen seinen Shag genießen kann. Aus den bei uns bevorzugten Pfeifen mit großen Köpfen und entsprechend großem Füllvolumen wären diese Tabake kaum zu genießen.

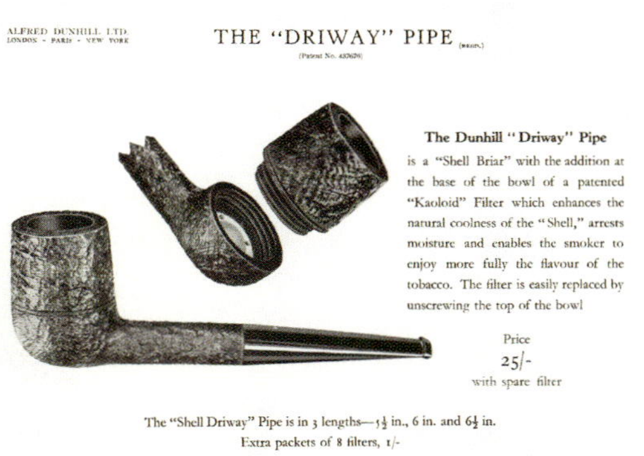

Bereits in den 30er Jahren brachte Dunhill mit der „Dryway" eine „Trockenrauch-Pfeife" mit abschraubbarem Kopf heraus. Zusätzlich gab es Filterkugeln aus porösem Kaolin.

Die Systempfeifen mit Ganzmetallstiel sind eine wirklich optimale Antwort auf dieses Problem. Die bekannteste Marke ist wohl FALCON, die auch im internationalen Markt gut etabliert ist. Daneben gibt es in England noch eine Variante der Metallstielpfeifen, die „Peacemaker" von „Dr. Plumb", die sich aber hier bei uns nie hat durchsetzen können. Eine amerikanische Spezialität wurde in den 90er Jahren von dem dänischen Importeur Bjarne Nielsen erstmals in Deutschland vorgestellt: die „Kirsten Pipes" mit ihren wuchtigen Aluminiumstielen, deren Design an die Stahlarchitektur amerikanischer Wolkenkratzer der 30er Jahre erinnert. Nicht von ungefähr, denn genau zu dieser Zeit wurde sie von dem dänischstämmigen Frederick Kirsten erfunden. Ihr Funktionsprinzip erinnert noch am ehesten an die gute, alte „Cavalière", denn auch sie hat am Ende des Holms eine Verschlusskappe zum

Die „Kirsten Pipe" aus den U.S.A., zur besseren Anschauung in ihre Teile zerlegt. Der Kopf wird mit Gewinde in den Holm geschraubt, das Mundstück mit Kühlrohr sowie der Abflussstopfen werden, mit Fiberringen abgedichtet, einfach aufgesteckt.

Ablassen der kondensierten Flüssigkeit. Bei der FALCON besteht das Unterteil aus einer Pfanne mit langem, durchbrochenem Stiel,

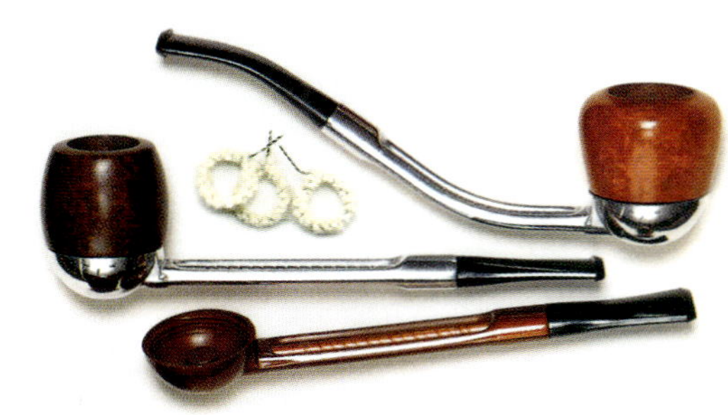

FALCON-Pfeifen in montiertem und zerlegtem Zustand, dazu die originalen Filterringe aus Draht und Baumwolle.

der in einem Stück aus Aluminium gegossen wird. Durch den Stiel verläuft mittig ein freiliegendes gewendeltes Aluminiumrohr bis in die Pfanne hinein. Es mündet ungefähr 5 mm über dem Boden, um zu verhindern, dass Kondensat in das Holmrohr läuft. Mittels Gewinde können Bruyèreköpfe unterschiedlicher Form auf die Pfanne geschraubt werden. Der größte Teil des Tabaksuds wird in der Pfanne aufgefangen, der freiliegende gewendelte Rauchkanal sorgt für eine weitere Kühlung des Rauchs. Das Mundstück aus sehr bissfestem Nylon ist fest mit dem Stiel verbunden. In England halten diese Systempfeifen, was die verkauften Stückzahlen betrifft, wohl noch immer den Rekord vor allen anderen Pfeifen.

Wir haben die FALCON Pfeifen getestet, auch wenn es uns vom ästhetischen Standpunkt schwer fiel, sie als „vollwertige" Pfeifen zu akzeptieren. Schließlich sind wir wie die meisten Pfeifenraucher geprägt vom Umgang mit der „konventionellen" Bruyèrepfeife und der Bewunderung künstlerischer Gestaltung mit exzellenter handwerklicher Verarbeitung. Wir mussten unser Vorurteil revidieren und haben an diesen modernen Systempfeifen manchen Vorteil gefunden, den sie „normalen" Pfeifen voraus haben. Vollwertig sind sie also allemal. Ihr Füllvolumen ist in der Regel eher klein, doch ausreichend für 20 bis 30 Minuten Rauchzeit. In Zeiten chronischen Zeitmangels, wo Hektik schon fast der Normalzustand ist, durchaus eine angemessene Frist für eine Pfeifenpause. Der Rauch aus diesen Pfeifen ist wirklich angenehm kühl und trocken, die Pfanne hält das meiste an Kondesat zurück, was die Probe mit einem in den Rauchkanal geschobenen weißen Reiniger beweist. Die Pfeifen selbst sind äußerst leicht und daher bequem im Mund zu halten. Eine gewisse Formenvariation ist auch möglich, indem man zwischen geraden und gebogenen Stielen wählen und verschieden geformte Köpfe aufschrauben kann. Ein Stiel mit drei oder vier Köpfen nimmt nicht mehr Platz ein als eine herkömmliche Pfeife mittlerer Größe. Man

Spezial-Etui aus Leder für FALCON-Pfeifen mit Platz für zwei montierte Pfeifen und vier zusätzliche Köpfe zum Wechseln.

kann also bequem und auf kleinstem Raum gleich vier Pfeifen in der Jackentasche verstauen. Für die FALCON gibt es übrigens auch ein passendes Lederetui mit Platz für zwei komplette Pfeifen und weitere vier Köpfe - es ist nur so groß (oder so klein) wie ein übliches Zweier-Etui. Die Reinigung der Pfeifen ist recht unproblematisch, und es gibt sogar spezielle Filtereinsätze aus mit Draht verzwirbelter Baumwollfaser, die in die Pfanne gelegt werden können, um noch mehr Kondensat zurückzuhalten.

1996 stellte VAUEN anlässlich der Eröffnung des Zeppelin-Museums in Friedrichshafen am Bodensee seine „Zeppelin-Pfeife" vor, den einzig authorisierten Nachbau des Originals aus der Zeit der großen Luftschiffe. An Bord der großen Zeppeline

Die „Zeppelin-Pfeife" von VAUEN mit dem dazugehörigen Stopfer.

herrschte wegen des hochgradig feuergefährlichen Wasserstoffgases in den Auftriebszellen absolutes Rauchverbot. Allerdings gab es in der geräumigen Passagierkabine einen Rauchsalon, doch dort herrschten strenge Regeln. Die „Zeppelin-Pfeife" war da wohl die sicherste Art, die Flugreise

Plakat für einen Zeppelin-Schauflug, Heinrich Hönich, 1913.

„in vollen Zügen" zu genießen. Die Form dieser aus Bruyèreholz gefertigten Pfeife ist der einer Zigarre nachempfunden. Die vordere Hälfte der Pfeife ist als Kappe ausgehöhlt und vorn mit einer durchbohrten Spitze aus Metall besetzt. Diese Kappe läßt sich unter Drehen vom Rumpf der Pfeife abziehen, um hier den Tabak einzufüllen. Wieder zusammengefügt, ist die Pfeife betriebsbereit: der Tabak wird durch die Metallspitze entzündet, so daß er eingekapselt und ohne die Gefahr des Funkenflugs verglimmen kann. Zwei kleine Zuglöcher an den Seiten der Kappe sollen für zusätzliche Luftzufuhr sorgen. Die „Zeppelin-Pfeife" ist natürlich für 9 mm Filter vorgesehen. Wir selbst haben beim Rauchen dieser Pfeife nicht die gewohnte Freude gehabt - doch die Zahlen sprechen für sich: Seit ihrer Vorstellung hat sich diese Pfeife, zu der auch ein mit Bruyère ummanteltes Besteck in gleichem Design gehört, unter Pfeifenfreunden - wenn auch wegen ihres recht hohen Preises nicht in allzu großen Stückzahlen - zu einem echten „Dauerbrenner" entwickelt.

Rund 50 Jahre vor der neu gestalteten „Zeppelin-Pfeife" von VAUEN gab es bereits eine ähnlich konstruierte „Zigarrenpfeife", vermutlich aus englischer oder auch amerikanischer Produktion. Der Korpus dieser „Sparkless Cigar Pipe" („spark" = englisch für Funke - „sparkless" = funkenfrei) war ebenfalls aus Bruyèreholz gefertigt und mit einer Spitze aus Metall versehen. Die Tabak-

Die „Sparkless Cigar Pipe" in zerlegtem und montiertem Zustand.

kappe wurde jedoch auf ein Metallgewinde geschraubt, das gleichzeitig als „Bodenrost" diente und aus dem rückwärtigen Teil der Pfeife herausragte. Kurios anzusehen ist sie wirklich, die „Sparkless". Mit ihrer bauchigen, fast eiförmigen Gestalt reicht sie allerdings an die glatte, ausgewogene Eleganz der modernen Version nicht heran.

Tipps für den Kauf einer Pfeife

Die nun folgenden Kapitel sind hauptsächlich für Neulinge unserer Zunft gedacht, die sich entschlossen haben, es einmal mit dem Pfeifenrauchen zu versuchen. Vielleicht ist es bereits der zweite oder dritte Anlauf. Oft genug verschwindet die Pfeife nach kurzer Erprobungsphase in irgendeiner Schublade. Enttäuschung - und der Griff zur „versöhnenden" Zigarette - sind leider ebenso oft die Folge. Doch so muss es nicht sein. Schuld am Scheitern so vieler Versuche ist in der Mehrzahl der Fälle das Fehlen fachkundiger Beratung. Zum einen ist für den Laien die Auswahl der richtigen Pfeife für den Anfang

Ausführliche und individuelle Beratung und ein gut sortiertes Angebot an Pfeifen und Tabaken bei einem Fachhändler sind die besten Voraussetzungen für einen erfolgreichen Start als Pfeifenraucher.

nur schwer zu treffen. So mancher Fachhändler denkt vorrangig an seinen Umsatz und „empfiehlt" also unter Umständen nur mit Blick auf die Kasse oder sein Pfeifenlager, in dem sicherlich das eine oder andere „Mauerblümchen" schon zu lange auf seinen „Prinzen" gewartet hat. Zum anderen mangelt es leider auch bei Fachhändlern zuweilen noch immer an fundierter Kenntnis der Materie, und so bleibt nach dem Kauf mancher Anfänger mit seiner ersten Pfeife allein und hilflos sich selbst überlassen.

Drei Dinge gilt es zu beherzigen:

- die Wahl einer guten, auf die individuellen Bedürfnisse abgestimmten Pfeife,
- den sachgerechten Umgang mit der Pfeife, d. h. auch ihre richtige Pflege und Sauberhaltung, und schließlich
- die Wahl des richtigen Tabaks. Über diesen Punkt wird in einem späteren Kapitel ausführlich zu sprechen sein.

Die Wahl der ersten Pfeife

Suchen Sie sich ein gutes Fachgeschäft, in dem Sie in ruhiger Atmosphäre eine ausführliche Beratung geboten bekommen. Fragen Sie Pfeifenraucher in Ihrem Bekanntenkreis nach einem Geschäft Ihres Vertrauens. Es ist wichtig, dass Sie dort das beruhigende Gefühl haben, nicht zu voreiligen Kaufentscheidungen gedrängt zu werden. Verlassen Sie sich bei der Auswahl einer Pfeife vorerst nicht so sehr auf das Auge, sondern beherzigen Sie die Ratschläge des Händlers. Es sollte schon eine Bruyèrepfeife sein. Gewiss sind auch andere Pfeifen, wie Maiskolben- oder Meerschaumpfeifen, für Ihre ersten Rauchversuche geeignet, doch ist die eine für unser ernsthaftes Anliegen zu primitiv, die andere zu teuer. Gutes Bruyèreholz ist an der dichten Maserungsstruktur zu erkennen, wir haben bereits davon berichtet. Wenn wir von gutem Holz sprechen, heißt das noch lange nicht, dass Sie tief in Ihre Brieftasche greifen müssten. Ein paar Kittstellen sollten Sie ruhig in Kauf nehmen, und auch die Maserung muss nicht ausnehmend schön sein. In den späteren Stadien Ihrer Raucherfreuden, nachdem die ersten Schritte erfolgreich und mit zunehmendem Genuss getan sind, wird dann auch das Auge zu seinem Recht kommen. Lassen Sie also zu Anfang die Schönheitsaspekte ruhig ein wenig beiseite. Wichtig ist zuerst einmal die Funktionalität der Pfeife. Prosaisch, gewiss! Doch sollten wir stets daran denken, dass Pfeifen eben Gebrauchsgegenstände sind und als solche auch nach objektiv überprüfbaren Kriterien beurteilt werden müssen. Dazu zählen Merkmale wie ein guter Zug, eine gut dimensionierte Rauchkammer (auch in Abhängigkeit von Tabakschnittbreiten), eine ausreichende Wandstärke des Pfeifenkopfes und schließlich auch ein bissfreundliches Mundstück. Anfänger lassen sich oft zu sehr nur von der Form oder Maserung einer Pfeife beeindrucken und neigen daher zu Fehlkäufen, die ihnen den Einstieg in die Freuden des Pfeifenrauchens nicht gerade erleichtern (übrigens sind auch manche „alten Hasen" vor solchen Missgriffen nicht immer gefeit). Scheuen Sie sich also nicht, sich dem Fachhändler als Anfänger zu erkennen zu geben. Vertrauen Sie auf sein Interesse, Sie durch zuvorkommende und gute Beratung als Kunden zu gewinnen - und für lange Zeit zu halten.

Klassische „Billiards" mit geradem Holm, die unkompliziertesten Pfeifen der unerschöpflichen Formenpalette, sowie leicht gebogene Modelle sind für den Anfänger die erste Wahl.

Wählen Sie am besten eine einfache klassische gerade „Billiard" - diese Form hat sich seit Generationen bewährt und ist problemlos zu rauchen. Es kann auch eine leicht geschwungene „Halfbent" sein, wie sie im Sortiment dänischer Hersteller häufig zu finden ist. Von stark gebogenen „Hängern" als Erstpfeife möchten wir dringend abraten, selbst wenn sie dem verbreiteten Pfeifenraucherattribut „gemütlich" am ehesten entsprechen, denn mit ihnen hat auch mancher Eingeweihte immer noch Probleme. Bei jedem Neuling stellt sich anfangs durch die ungewohnte Reizwirkung des Rauchs auf die Mundschleimhaut eine vermehrte Speichelsekretion ein. Bei gebogenen Pfeifen dringt der Speichel besonders leicht über das Mundstück in den Pfeifenholm, wo er sich gluckernd sammelt und, mit Tabaksaft angereichert, wieder in den Mund gesogen wird.

Eine einfache Pfeife für unseren Zweck muss nicht allzu teuer sein. Wir empfehlen ohne Bedenken, mit einer Pfeife aus der „zweiten Sortierung" zu beginnen. Die Hersteller müssen ihre Pfeifen mit Schönheitsfehlern ja auch verkaufen und bringen diese mit dunklerer Einfärbung oder auch mit sandgestrahlter oder rusticierter Oberfläche zu günstigen Preisen in den Handel. Sandgestrahlte und rusticierte Pfeifen eignen sich für Anfänger besonders gut. Sie sind nicht nur leichter und weniger empfindlich als glatte Pfeifen, sie lassen sich wegen ihrer größeren Oberfläche auch kühler rauchen. Der verhältnismäßig niedrige Preis bedeutet keineswegs, dass diese Pfeifen minderwertig seien. Da die Sortierung in unterschiedliche Qualitäten nach Maßgabe von Holzreinheit und Maserungsdichte erst kurz vor der Endfertigung stattfindet, unterscheiden sich die Raucheigenschaften von Pfeifen zweiter Sortierung in keiner Weise von denen der teureren Stücke des gleichen Herstellers. Sie erfüllen also vollauf ihren Zweck, wenn sie sorgfältig ausgewählt werden:

Sie sollten möglichst gerade sein oder nur leicht gebogen.

Die Kopfbohrung sollte einen Durchmesser von etwa 20 mm haben und eine Tiefe von 35 bis 45 mm. Dies ist gegeben, wenn Ihr Zeigefinger mit leichtem Kontakt zur Wandung bequem bis auf den Boden der Kopfbohrung reicht.

Da Anfänger erfahrungsgemäß häufig zum Heißrauchen neigen, sollte die erste Pfeife möglichst „viel Fleisch" haben, also einigermaßen dickwandig sein, besonders im unteren Drittel des Pfeifenkopfes. Die Pfeife darf dadurch jedoch nicht zu schwer werden und soll sich noch bequem mit den Zähnen halten lassen, wozu ein gut gearbeiteter Mundstückbiss entscheidend beiträgt. Achten Sie also auch darauf. Über Mundstücke und Bisse haben wir in einem der vorangehenden Kapitel berichtet.

Die Pfeife sollte einen leichten Zug haben. Wenn Sie sich für eine Filterpfeife entscheiden, soll nach dem Einsetzen des Filters der Zug nicht wesentlich eingeschränkt sein. Mundstück und Holm sollten ohne Probleme für einen Pfeifenreiniger durchgängig sein.

Schließlich ist auch die Griffigkeit einer Pfeife ein beachtenswertes Kriterium: die Pfeife sollte also nicht nur gut aussehen, sondern auch gut in der Hand liegen.

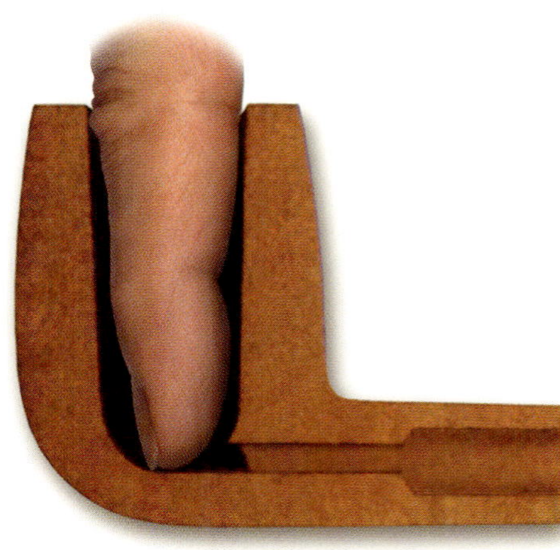

Für den erfahrenen Pfeifenfreund eine Selbstverständlichkeit bei der Betrachtung von Pfeifen: der Zeigefinger prüft die Weite und Tiefe der Kopfbohrung.

Die Prüfung einer Pfeife

Jeder Pfeifenraucher entwickelt hier im Laufe der Jahre mit wachsender Erfahrung seine eigenen Maßstäbe. Daher wollen wir die folgenden Kriterien nicht als der Weisheit letzten Schluss verstanden wissen. Sie sollen vielmehr den weniger Erfahrenen helfen, Fehlkäufe zu vermeiden. Pfeifen nur nach ihrer Herkunft (Fabrikat, Ursprungsland) zu beurteilen, ist kaum möglich. Auch sollte man niemals eine Pfeife allein aufgrund eines Markennamens auswählen. Es ist immer besser, sie vor dem Kauf zu prüfen.

Kriterien für die Prüfung der Kopfbohrung haben wir auf dieser Seite bereits genannt. Als eine Art Faustregel kann gelten: je größer (und höher) die Rauchkammer, desto mehr Holz sollte ein Pfeifenkopf haben. Das betrifft auch den Boden der Pfeife, besonders wenn es sich um Modelle mit abgeflachter Unterseite handelt, wie die „Pfanne" oder Standpfeifen mit plangeschliffenem Boden, die bei zu geringer Materialstärke leicht durchbrennen. Das gleiche gilt auch für „Rhodesians" und „Bulldogs" mit ihrer kielförmigen Unterseite. Pfeifen mit zu enger Kopfbohrung (18 mm und weniger) lassen sich nur schlecht stopfen, außerdem kann der Tabak in so kleinen Köpfen nicht „atmen". Er neigt beim Verglimmen zum „Schwitzen" und lässt die Pfeife heiß und feucht werden. Pfeifenköpfe mit dickerer Wandung haben einen weiteren Vorteil: das Holz muss Kondensate aufnehmen können, um einen möglichst trockenen Tabakabbrand zu gewährleisten. Eine dünnwandige Pfeife wird sich also vor allem deswegen eher feucht rauchen lassen, weil sie einfach weniger Material für die Aufnahme von Kondensat bietet und schneller gesättigt ist.

„Pfanne", „Bulldog" und „Rhodesian", die beliebten Klasssiker, sind wegen ihrer eher geringen Wandstärke im Bodenbereich eher für den erfahrenen Raucher geeignet.

Wir wollen allerdings nicht verschweigen, dass sehr dickwandige Pfeifen auch Nachteile mit sich bringen. Das größere Gewicht macht sich bei längerem Halten der Pfeife mit den Zähnen doch unangenehm bemerkbar, auch wird das Mundstück durch kräftigeres Zubeißen stärker in Mitleidenschaft gezogen. Ein eher versteckter „Pferdefuß" zeigt sich, wenn eine sehr dickwandige Pfeife zu heiß geraucht wird: die kompakte Wandung leitet die Hitze mit Verzögerung nach außen, so dass sich unter Umständen der Pfeifenkopf in der Hand noch „angenehm warm" anfühlt, während sich innen die Tabakglut bereits tief ins Holz gefressen hat. Dieses Phänomen tritt gehäuft bei Filterpfeifen auf, da der Filter mit den Schadstoffen auch das bittere Aroma brennenden Holzes abfängt. Der Raucher erhält also weder über den Handkontakt noch den Geschmack einen Warnhinweis auf die wirklichen Zustände im Innenraum seiner Pfeife.

Das Zugloch, die Eintrittsöffnung des Rauchkanals, sollte exakt auf die Mitte des Rauchkammerbodens gerichtet sein und nicht zu hoch über dem Boden liegen. Wenn der Augenschein nicht reicht, kann die Position des Zuglochs durch Einführen eines Pfeifenreinigers überprüft werden. Wir wollen hier allerdings nicht den pedantischen „Millimeterfüchsen" das Wort reden, die dem Fachhändler mit ihrer Besserwisserei oft genug das Leben schwer machen. Toleranzen von etwa 1 mm sind durchaus kein Grund zur Beanstandung, sie beeinträchtigen die Funktion der Pfeife überhaupt nicht. Das leichte Einbrennen und der Krustenbelag verändern die Lage des Zuglochs später ohnehin. Bei stärker gebogenen Pfeifen lässt sich wegen der schräg einfallenden Rauchkanalbohrung ein genaues Auftreffen auf die Bodenmitte nicht erreichen - wir haben darüber im Kapitel „Konstruktionsmerkmale von Pfeifen" (S. 70/71) bereits berichtet. Bei allzu hohem Sitz des Zuglochs müssen wir aber doch zur Vorsicht raten. Hier ist es unmöglich, den Tabak ganz zu Ende zu rauchen. Die im Tabakrest angereicherte Feuchtigkeit sickert stetig ins Holz, die Pfeife „versumpft" und entwickelt allmählich einen unangenehmen, jauchigen Geruch, der nicht nur das blumigste Tabakaroma vergällt, sondern mit seiner „speziellen Duftnote" auch die Umgebung irritiert.

An geraden Pfeifen kann durch Einführen eines Reinigers vom Mundstück her geprüft werden, ob die Rauchkanäle in Mundstück und Holm exakt aufeinander gerichtet sind. Der Reiniger soll also nicht verhaken oder stecken bleiben (bei Filterpfeifen natürlich den Filter vorher entnehmen). Bei gebogenen Pfeifen sind die Verhältnisse natürlich anders (s. o.). Bei filterlosen geraden Pfeifen sollte es jederzeit möglich sein, während des Rauchens mit dem Reiniger Kondensflüssigkeit aus Holm und Mundstück aufzunehmen, ohne dazu das Mundstück von der Pfeife abdrehen zu müssen. Und genau das soll unbedingt vermieden werden, da das von Feuchtigkeit aufgequollene Holz des Holms sich fest um den Mundstückzapfen geschlossen hat.

Holmrisse oder Zapfenbrüche sind oft die Folge, wenn das Mundstück während des Rauchens aus der warmen Pfeife gedreht wird. Da sich die Feuchtigkeit aber vor allem im unporösen und relativ kalten Mundstück niederschlägt, reicht es bei gebogenen Pfeifen und bei Filterpfeifen auch, einen Reiniger bis zum Anstoßen hineinzuschieben, um die Feuchtigkeit aufzusaugen.

Der Mundstückzapfen soll stramm im Pfeifenholm sitzen und sich ebenmäßig ohne Ruckeln drehen lassen. Wenn es beim Drehen holpert, ist meistens die Holmbohrung unrund. In der Regel ist das ein nicht zu behebender Mangel, Sie sollten hier also lieber verzichten. Der Zapfen sollte beim Einstecken in den Holm von Anfang an fassen. Wenn das erst im letzten Drittel geschieht, besteht die Gefahr, dass er auch später nie richtig stramm sitzt. Doch ist ein lockerer Zapfensitz nicht unbedingt ein Grund zur Besorgnis. Während der winterlichen Heizperiode ist die Luft sehr trocken, und Holz „arbeitet", wie jeder weiß, in Abhängigkeit von der Luftfeuchtigkeit. Ist die Luft sehr trocken, so schrumpft das Holz geringfügig in sich zusammen. Die Zapfenbohrung im Pfeifenholm kann dadurch um wenige Hundertstelmillimeter weiter werden, genug, um dem Zapfen keinen strammen Halt mehr zu bieten. Drehen Sie das Mundstück ab und blasen oder hauchen Sie einfach mehrmals kräftig in den Holm hinein. Sitzt der Zapfen, wenn Sie dann nach einigen Minuten Wartezeit das Mundstück aufstecken, wieder stramm, so können Sie davon ausgehen, dass es später keine Probleme geben wird. Die Feuchtigkeit des Rauchs tut das ihre, einen strammen Zapfensitz zu gewähren.

Wenn Sie Mühe haben, das Mundstück von der Pfeife zu drehen, sollten Sie lieber vom Kauf Abstand nehmen. Ein zu fester Zapfensitz kann bei Pfeifen mit schlankem oder eher dünnwandigem Holm später zu Problemen führen. Entweder bricht der Zapfen, was durch eine Reparatur noch leicht zu beheben wäre. Schlimmer wäre ein Holmriss, der sich dauerhaft nur durch Aufziehen eines Metallrings als Stützmanschette reparieren lässt. In dieser Hinsicht sind übrigens Pfeifen mit ovalem oder vierkantigem Holm besonders gefährdet. Die unterschiedliche Materialstärke führt zu ungleichmäßigem Quellen des Holzes bei Feuchtigkeitseinwirkung, daher sind Unrundheiten des Zapfenlochs und Holmrisse nach einiger Zeit des Gebrauchs gerade bei Filterpfeifen mit ovalem und vierkantigem Holm keine Seltenheit.

Achten Sie bei der Prüfung des Mundstücks auch auf eine gute Ausarbeitung des Bisses. Der Bissschlitz soll waagerecht und mittig verlaufen, sonst könnte die Bissfläche zu dünnwandig oder ungleichmäßig dick sein. Ein konischer Pfeifenreiniger sollte sich - mit dem dickeren Ende voran und auch vom Biss her - ohne Mühe durch das Mundstück führen lassen. Achten Sie darauf, dass das Mundstück wirklich tiefschwarz glänzt. Wenn Pfeifen längere Zeit im Schaufenster verbracht haben, sind ihre Ebonitmundstücke manchmal von der Sonne angegriffen. Sie glänzen nicht mehr und zeigen Ansätze zu bräunlichen oder grünlichen Verfärbungen, die den Geschmack erheblich beeinträchtigen. Wenn der Fachhändler diesen Mangel an Ort und Stelle mit Hilfe einer Poliermaschine beheben kann, steht einem Kauf der Pfeife nichts im Wege. Ist er dazu aber nicht in der Lage, sollten Sie vom Kauf einer solchen Pfeife lieber absehen. Bei den heute überwiegenden Acrylmundstücken gibt es solche Probleme glücklicherweise nicht mehr. Näheres dazu erfahren Sie im Kapitel „Das Wichtigste über Mundstücke" (ab S. 71).

Mundstücke sollen tiefschwarz glänzen, so wie hier am Beispiel der Tsuge „Kaga" zu sehen.

Ein „Testbeißen" zum Prüfen der Bissqualität eines Mundstücks ist leider aus Gründen der Hygiene nicht möglich und auch nicht ratsam. Da helfen auch die von manchen Händlern bereitgehaltenen kleinen „Überzieher" aus farbloser Plastikfolie nicht, die man zum Probieren über das Mundstück streifen kann. Aus Gründen der Haltbarkeit sind sie recht kräftig und fest ausgelegt, sie tragen also auf und verfälschen damit das

Bissgefühl. Sie sind allenfalls geeignet, eitlen Rauchern im Spiegel die Wirkung ihrer neuen Pfeife vorzuführen.

Manchmal färbt eine neue Pfeife beim Einrauchen ab. Darin liegt aber kein Grund zur Besorgnis. Betroffen sind in erster Linie wachspolierte Pfeifen, und darunter besonders die dunkelrot oder kraftvoll orange eingefärbten Varianten. Möglicherweise wurde bei der Fertigung zuviel Beize aufgetragen bzw. versäumt, den Überschuß gründlich abzuwischen. Es mag auch an der Aufnahmefähigkeit des Holzes für die Beize liegen, die bei jedem Stück Bruyèreholz anders ausgeprägt sein kann. Schließlich kann der Grund auch in einer ungenügenden konservierenden Vorbereitungung der Oberfläche mit Firnis für die Politur liegen, so dass die Beize vom Handschweiß des Rauchers angelöst wird. Wir konnten übrigens beobachten, dass hier die individuelle Zusammensetzung des Handschweißes eine wichtige Rolle spielt. In Testreihen mit Pfeifen verschiedener Fabrikate ließen wir jeweils ein und dieselbe Pfeife von mehreren Personen rauchen und möglichst oft fest mit der Hand halten und abreiben. Wenn ein Abfärben zu beobachten war, so war stets dieselbe Person betroffen, die anderen Tester blieben davon verschont. Vielleicht wäre dieses Phänomen einmal ein Feld für wissenschaftliche Untersuchungen (Doktoranden - aufgehorcht!).

Sollten Sie einmal Probleme mit einer abfärbenden Pfeife haben, reiben Sie den warmen Pfeifenkopf während des Rauchens mehrfach mit einem Papiertaschentuch oder einem sauberen Lappen ab. Oft ist die Sache damit erledigt. Erweist sich das Abfärben als hartnäckig und haben Sie auch bei Zuhilfenahme eines geeigneten Pfeifenpflegewachses keinen Erfolg, oder haben Sie einfach keine Lust, selbst Hand anzulegen, bitten Sie Ihren Fachhändler um Hilfe. Er kann an seiner Poliermaschine, wenn vorhanden, den Pfeifenkopf gründlich nachpolieren oder er wird die Pfeife zur Prüfung und fachgerechten Nacharbeitung an Hersteller oder Importeur weiterleiten.

Drei Pfeifen sind das Minimum

Auf längere Sicht reicht eine Pfeife auch für den Anfänger natürlich nicht aus. Wenn Sie mehrmals täglich daraus rauchen, werden Sie feststellen, dass sie selbst bei pfleglicher Behandlung bald einen recht penetranten Eigengeruch entwickelt, den auch die Umwelt sehr wohl wahrnimmt - und das oft, bevor es Ihnen selbst auffällt! Pfeifen müssen regenerieren, sie brauchen nach jeder Füllung unbedingt eine Pause, um aufgesogene Kondensate wieder ausdünsten zu können. Außerdem haben Sie ja auch bei Ihren Mitmenschen eine Ruf zu verlieren - welcher Pfeifenraucher möchte schon als „Stinker" tituliert werden?!

Drei Pfeifen sind eine gute Grundausstattung für den Anfänger. Und in einem Pfeifenascher von schlichter Eleganz macht sich ein solches Trio doch sehr nett!

Nun heißt es also wieder den Geldbeutel zücken. Um ihn nicht allzu sehr zu strapazieren, suchen Sie sich lieber noch zwei weitere Pfeifen aus „zweiter Sortierung" aus. Für einen Erfolg versprechenden Anfang empfehlen wir drei Pfeifen als Minimalausstattung - zwei für den wechselnden Gebrauch, eine zum Ruhen. Bei weiteren Käufen wird auch das Auge mehr zu seinem Recht kommen. Jetzt wäre die Zeit, es einmal mit einer „Bent", einer gebogenen Pfeife zu versuchen. Und wenn dann erst die Sammelleidenschaft in Ihnen erwacht ist, werden Sie einen Blick bekommen für das Zusammenspiel von Formen und eindrucksvollen Maserungsstrukturen. So ist es nur eine Frage der Zeit, bis auch die ausgewogenen und oft eigenwilligen Kreationen der künstlerischen Pfeifenmacher Ihr Interesse wecken und das Verlangen, einmal mit einer solchen kostbaren Schönheit „anzubändeln".

Ein nicht zu unterschätzender Grundstein für Ihre „Karriere" als Pfeifenraucher ist ein gutes, vertrauensvolles Verhältnis zu einem Fachhändler, der sich ausreichend Zeit nimmt und Ihnen mit fundiertem Rat bei der Wahl Ihrer Pfeife und mit Hilfestellung bei auftauchenden Problemen unvoreingenommene Unterstützung gewährt. Im Sinne der Kundenanbindung sollte ein solches Verhältnis auch jedem Fachhändler am Herzen liegen, denn es kann sich auf längere Sicht für beide Seiten nur positiv auswirken. „Wohlfühlatmosphäre" - damit wird heute gern potentiellen Kunden Aufmerksamkeit und Kompetenz suggeriert. Wird ein solcher Begriff nicht mit Leben erfüllt, so bleibt er, wie viele Schlagworte unserer Zeit, nichts als eine hohle Worthülse.

Viele Pfeifenraucher haben dieses Gefühl des „Gut-aufgehoben-seins" bei ihrem Fachhändler kennen und schätzen gelernt, wie die nachfolgend zitierten Zeilen aus dem Brief eines Kunden an das Versandhaus DAN PIPE eindrucksvoll illustrieren:

„Danke für die Zusendung der Bent-Pfeife [...]. Sie haben mir eine sehr große Freude bereitet!!! [...] Diese Pfeife ist einfach ein Traum, denn das Auge raucht mit! Immer wenn ich sie neu stopfe, muss ich an Sie denken, dass Sie mir eine so schöne Bent ausgesucht haben!

Im nächsten Jahr werden es 50 Jahre, daß ich zum Pfeifenraucher wurde! Ich trat im Jahre 1956 einem Hanauer „Männer-Chor" als aktiver Sänger bei. Nach einigen Monaten sprach mich mein „Sängervater" [...] an: "Bub, willste aach nach de Singstund emal mit am Sängerstamtisch sitze, da lernste all die scheene aale Lieder!" Ich blieb also nach der Chorprobe da und setzte mich neben meinen alten „Sängervater". Genüsslich stopfte er seine Pfeife, setzte sie in Brand, der Duft war sehr anregend. Ich rauchte zu dieser Zeit kleine, helle Zigarillos. Der alte [...] meinte:""Bub, laß doch die Stengel-Raacherei! Morje, gehste zum Peife Fuchs in de Hammergass und saachst, der alle [...] tät dich schicke, er soll dir emal e anständig Peif verkaafe." Ich erstand eine sandgestrahlte schwarze Bent von Orlik für DM 23,00 [...]. Mein erster Tabak war: ein englischer, heller Virginia-Mixture mit Honig Flavour mit Namen „Legation".

*Soweit meine Pfeifenraucher-Geschichte. Kunde bei Dan Pipe bin ich seit 1973! Nun haben Sie die Geschichte eines alten Pfeifenrauchers und Kunden gelesen. Ich würde mich sehr freuen, Ihnen nochmals DANKE sagen zu dürfen.
Mit herzlichem Gruß und „GUT DAMPF"...*

Pfeife, Tabak und Musik - das ist Genuss für alle unsere fünf Sinne. Handmade-Pfeife von Poul Winsløw vor einer antiken, als Lilienstiel mit Blüte geschnitzten „Cutty-Variation".

Lange Zeit waren die handgefertigten Pfeifen im deutschen Fachhandel fast ausschließlich die Domäne dänischer Pfeifenmacher. Die „Großen der Zunft", Sixten Ivarsson, H. J. Nielsen, genannt „Former", Emil Chonowitsch, Poul Rasmussen, Poul Ilsted oder Svend Bang setzten Ende der 60er Jahre Maßstäbe für künstlerisches Pfeifendesign und prägten den Ruf der dänischen Pfeife im Allgemeinen. Es gab auch in England, Frankreich oder Italien den einen oder anderen Pfeifenmacher, oft übrigens kreative Mitarbeiter der großen Pfeifenfabriken. Die individuell gestalteten großen Freehandpfeifen von Charatan sind ein gutes Beispiel. Sie fanden aber ihre Abnehmer hauptsächlich in den U.S.A., bei uns erlangten sie keine Bedeutung. Am Anfang der 70er Jahre traten auch in Deutschland junge Pfeifenmacher an die Öffentlichkeit. Dazu zählen Rainer Barbi, Ingo Garbe, Karl-Heinz Joura oder Reiner Klein, um nur einige zu nennen. Ihre Schöpfungen aus herrlich gemaserten, ausgesucht schönen Hölzern fanden bald begeisterte Abnehmer. Auch Holger Frickert, Mitautor dieses Buches, hatte sich seit Mitte der 80er Jahre mit seinen vorwiegend an der Klassik orientierten Handcut-Pfeifen einen treuen Freundeskreis aufgebaut und auch amerikanische Pfeifenfreunde als Kunden gewonnen. Organisatorische Veränderungen im Versandunternehmen DAN PIPE, mit dessen Kataloggestaltung und Präsenz im Internet er mittlerweile fast ganzjährig ausgelastet ist, fehlt ihm jetzt allerdings leider die Zeit, sich weiterhin als professioneller Pfeifenmacher zu betätigen. Als drittes wichtiges Herkunftsland für handgefertigte Pfeifen von besonders ansprechendem Design darf natürlich Italien in unserer Aufzählung nicht fehlen. Ascorti, Caminetto, Il Ceppo, Mastro de Paja, Radice oder Ser Jacopo sind die klangvollen Namen, die das Herz vieler Pfeifenliebhaber und -sammler höher schlagen lassen. Natürlich sind unsere Aufzählungen bei weitem nicht vollständig und erheben absolut keinen Anspruch auf Aktualität. Namen in der Pfeifenmacherei kommen und gehen. In den vergangenen 10 bis 15 Jahren haben sich in vielen Ländern der Erde und natürlich auch bei uns in Deutschland begeisterte Pfeifenraucher in ihrer Freizeit als Hobby-Pfeifenmacher versucht. Und manche unter ihnen konnten nach mehr oder minder langer Zeit des Übens und Lernens so interessante und attraktive Ergebnisse vorweisen, dass sie - oft unterstützt von einem regionalen Tabakhändler - den Weg in die Professionalität wagen konnten. Wer sich hier eingehender informieren möchte, sei auf das Buch „Pipes - Artisans and Trademarks" des portugiesischen Autors José Manuel Lopes verwiesen (erschienen 2005), ein wirklich eindrucksvolles "Who-Is-Who" der Pfeifenmacher in aller Welt. Es ist allerdings nur in englischer Sprache erhältlich.

Zwar macht auch in der fabrikmäßigen Pfeifenproduktion die Handarbeit noch immer den überwiegenden Anteil aus, die grundlegenden Arbeiten aber, wie das Formen der Köpfe und das Anbringen der Bohrungen, werden heute von hochentwickelten und weitestgehend automatisierten Maschinen übernommen. Handgefertigte Pfeifen entstehen durch individuelles Formen an der Drehbank, an der Schleifscheibe oder dem Bandschleifer. Jeder Pfeifenmacher hat im Laufe seines Werdegangs seine ganz persönliche Vorgehensweise entwickelt, wir werden später darauf eingehen. Ihre künstlerisch gestalteten Einzelstücke zeichnen sich durch besonders interessante Formgebung und ausgesucht schöne Maserungen

aus. Oft entsteht die entgültige Form, dem Verlauf der Maserung folgend, erst während des Schleifens - das ist Individualität in allerhöchster Vollendung. Am weitesten verbreitet und am begehrtesten sind Pfeifen mit rundherum aufstrebender „Flame Grain"-Maserung, gesteigert in der noch dichteren „Straight Grain"-Maserung, deren manchmal fast parallel verlaufende Zeichnung uns immer wieder begeistert. Sie werden aus Plateauholz gefertigt, und da diese Maserung sich fächerförmig ausbreitet, sind solche Pfeifen meist von leicht gebogener Form. Weitaus interessanter, weil lebhafter und abwechslungsreicher in der Zeichnung, sind im Grunde die „Cross Grain"-Pfeifen. Hier findet man auf der einen Seite des Pfeifenkopfes dicht gefächertes „Straight Grain", das durch einen umlaufenden Grat begrenzt wird und auf der anderen Seite in ein fein strukturiertes „Bird's Eye" wechselt. Dem Spiel der Maserung folgend, ergeben sich oft auch asymmetrische Formen. Der Wert dieser Pfeifen wird leider allzu oft unterschätzt, denn ihre Fertigung stellt wirklich sehr hohe Ansprüche an das handwerkliche Geschick, an die Erfahrung und das Formempfinden eines Pfeifenmachers. Die dänischen Künstler Sixten Ivarsson und sein Sohn Lars haben diese Art Pfeifen zu beispielhafter Vollendung gebracht.

Natürlich haben diese hochwertigen Pfeifen ihren Preis. Es mag bei flüchtiger Betrachtung unverständlich scheinen, dass ein kleines, wenn auch meisterhaft bearbeitetes Stück Holz einige hundert bis zu einigen tausend Euro kosten soll. Seltsamerweise wird einem Diamantring, einem goldenen Armreif, der Skulptur oder dem Gemälde eines namhaften Künstlers ein weit höherer Wert oft bedenkenlos zugestanden. Einem Kunsthandwerker, der Pfeifen von zeitloser Schönheit mit der Hand formt und dazu noch mit der Tücke eines unberechenbaren Materials fertig werden muss, wird der hohe Preis für seine Kreationen dagegen oft vorgeworfen. Da wir viele Pfeifenmacher kennen und mit vielen befreundet sind, können wir hier feststellen: Reich geworden ist noch keiner von ihnen.

Oft genug taucht die Frage auf: lässt sich eine solche Pfeife aus Künstlerhand besser rauchen, schmeckt sie besser als eine Pfeife aus der Serienproduktion? Dem Pragmatiker fällt die Antwort leicht - sie lautet schlicht und einfach: Nein! Wer aber einmal Gefallen am Linienspiel natürlich gewachsenen Holzes gefunden hat, wer sich am Betrachten elegant verlaufender Kurven und am Erfühlen von schmiegsamen Rundungen begeistern kann, wird aus dem Zusammen-

Ein Reigen von handgefertigten Einzelstücken vom Beginn der 1990er Jahre, dekoriert in einem stilvollen Ensemble von Pfeifenaccesoirs aus Zinn. Im Ständer, von links: W. Ø. Larsen und Holger Frickert. Vor dem Tabaktopf: Poul Winsløw, Im Ascher, von links: Rainer Barbi und Svend Bang.

wirken dieser Sinneseindrücke mit dem Duft und Geschmack des Tabakrauchs einen Lustgewinn ziehen, der mit Geld einfach nicht zu messen ist. Ja, der Umgang mit Pfeifen hat unverkennbar auch eine erotische Komponente. Kein Grund zur Beunruhigung für Ehefrauen oder Freundinnen - es ist doch nur der jungenhafte Spieltrieb, der hier zutage tritt, ein harmloser und liebenswerter Ausdruck von Lebensfreude.

Zwei Handmade-Pfeifen von Rainer Barbi. Links eine zierlich-leichte „Cross Grain"-Pfeife mit sandgestrahlter Vorder- und Rückseite, rechts eine groß ausgelegte, handfreundlich geformte „Flame Grain"- Pfeife mit hohem Kopf.

Zurück zu den Tatsachen. Weder die Ehrfurcht vor der Kunst (und ihrem Preis) noch die beeindruckende Schönheit einer handgefertigten Pfeife darf uns davon abhalten, sie eingehend zu prüfen. Sie ist und bleibt ein Rauchgerät wie jede andere Pfeife auch. Ein wirklich guter Pfeifenmacher muss, bei allem Respekt vor seiner Kreativität und Kunstfertigkeit, nicht allein die grundlegenden Funktionsprinzipien einer Pfeife in seinen Schöpfungen berücksichtigen, er sollte auch mit den Feinheiten vertraut sein, die einer Pfeife erst die optimalen Raucheigenschaften verleihen.

Die erste Meerschaumpfeife

Gewöhnlich macht der Pfeifenraucher zuerst Bekanntschaft mit dem Bruyère, der Rauchgenuss und die Rauchgewohnheiten entwickeln sich entsprechend. Verglichen mit Bruyère ist Meerschaum im Gebrauch einfacher und zugleich auch komplizierter. Eine Meerschaumpfeife muss man eigentlich nicht einrauchen, denn es besteht absolut keine Gefahr des Ein- oder Durchbrennens. Der Tabak glimmt fast wie von selbst restlos durch, für den bruyèregeschulten Raucher ungewohnt schnell. Das liegt an der enormen Porosität und Saugfähigkeit des Meerschaums, welcher einen Großteil der beim Rauchen entstehenden Feuchtigkeit noch im Pfeifenkopf aufnimmt und so den Tabak trocken hält. Im Prinzip könnte man eine Meerschaumpfeife sogar nach Herzenslust heißrauchen - wären da nicht die Kunststoffröhrchen und -zapfen, die Kopf und Mundstück miteinander verbinden. Ihrer Hitzebeständigkeit sind nämlich Grenzen gesetzt, und wenn sie an der zum Pfeifenkopf gerichteten Seite anschmoren, ist das einem genussvollen Geschmackserlebnis nicht gerade zuträglich.

Zuweilen lässt sich bei einer neuen Meerschaumpfeife ein leicht seifiger, kalkiger Beigeschmack feststellen, der aber nach einigen Tabakfüllungen verschwindet, wenn sich eine Kohlekruste aufzubauen beginnt. Meerschaumpfeifen, heute fast ausschließlich aus türkischer Herstellung, werden in traditioneller Weise handgefertigt. Das Material erfordert ein äußerst sanftes, behutsames Vorgehen. Diese Handarbeit lässt nun einmal eine Exaktheit, wie sie uns technikverwöhnten Westeuropäern selbstverständlich geworden ist, nur bedingt zu. Daher finden wir bei Meerschaumpfeifen häufiger als bei Bruyèrepfeifen geringfügige Ungenauigkeiten, z. B. am Übergang vom Holm auf das Mundstück oder an den Bohrungen wie der Einmündung des Rauchkanals in den Pfeifenkopf. Letzteres ist bei Meerschaumpfeifen jedoch unproblematisch, es wird den guten Abbrand des Tabaks nicht nennenswert beeinträchtigen. Ein Problem stellen allerdings bei gebogenen Filterpfeifen aus Meerschaum gelegentlich die in den

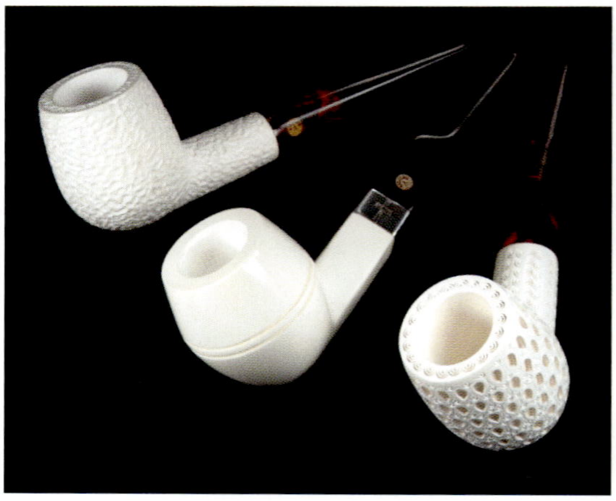

Türkische Meerschaumpfeifen mit verschieden behandelter Oberfläche: links fein rusticiert, in der Mitte glatt, rechts mit Pfauenaugen-Ornamentschnitzerei.

Holm geschraubten Zapfenhülsen dar. Sie reichen oft so tief in den Pfeifenholm hinein, dass sie im Boden der Holmbohrung die Eintrittsöffnung des Rauchkanals mehr oder minder verdecken, was den Zug und auch die Reinigung erschwert. Meistens ist dieser Versatz der Bohrungen jedoch durch Nachkehlen des Rauchkanals ausgeglichen worden. Vor dem Kauf einer Meerschaumpfeife für 9 mm Filter sollte man also unbedingt das Mundstück abziehen, den Filter entnehmen und prüfen, ob sich ein Pfeifenreiniger ungehindert durch die kleine Öffnung im Boden der Zapfenhülse bis ganz in die Kopfbohrung schieben lässt.

Überhaupt erweist sich die hohe Saugfähigkeit als die bedeutendste Eigenschaft des Meerschaums. Im Grunde könnte man hier auf den Einsatz von Filtern getrost verzichten, dem deutschen Raucher zuliebe rüsten die türkischen Hersteller mittlerweile aber doch einen Großteil ihrer Pfeifen mit Filterbohrungen aus. Mancher an Bruyère gewöhnte Raucher wird die hohe Saugfähigkeit des Meerschaums allerdings als Nachteil empfinden, denn mit den Kondensaten schluckt er auch einen erheblichen Teil der Geschmacksstoffe. Eine tabakechte oder dezent aromatisierte Mixture schmeckt aus einer Meerschaumpfeife oft erstaunlich fade. Die heute so geschätzten hocharomatischen Tabakmischungen bieten aber „genügend Stoff", und die vom Meerschaum bewirkte Geschmacksmilderung wird bei ihnen als sehr angenehm empfunden.

Auch die allmähliche Verfärbung, die wir an Meerschaumpfeifen voller Spannung erwarten, ist auf die Porosität des Materials zurückzuführen. Die Kondensate dringen langsam durch die Wandung des Pfeifenkopfes nach außen, gefördert vom eingelassenen Bienenwachs, und erzeugen dort ein beeindruckendes Farbenspiel. Um diesen Prozess nicht durch Flecken von Schweiß und Schmutz zu stören, sollte man den Pfeifenkopf in den ersten Wochen der Benutzung möglichst nur im kalten Zustand berühren und die erwärmte Pfeife während des Rauchens nur am Mundstück anfassen. Die anfängliche leichte Klebrigkeit des warmen Pfeifenkopfes lässt nach, je mehr das Wachs von der Oberfläche tiefer in den Meerschaum eingezogen ist. Trotz gewisser Gewöhnungsbedürftigkeit möchten wir Ihnen auf jeden Fall zum Kauf einer guten Meerschaumpfeife raten. In aller Ruhe zuhause genossen, wird sie Ihnen viele Stunden von höchstem Genuss bereiten.

Diese Meerschaumpfeifen aus den späten 80er Jahren, für Pfeifen türkischer Herkunft eher von ungewöhnlicher Form, entstanden nach dem Vorbild dänischer Handmade-Pfeifen.

Folgende Hinweise sollten Sie beim Kauf einer Meerschaumpfeife beachten:

- Aus der Bezeichnung muss hervorgehen, dass es sich um echten Blockmeerschaum handelt.
- Die Pfeife sollte - ihrer Größe entsprechend - möglichst leicht sein.
- Achten Sie auf Kratzer oder Dellen in der Oberfläche - sie könnten später störend auffallen, wenn sich die Pfeife einzufärben beginnt.
- Achten Sie auch eine saubere Verarbeitung des Mundstücks und prüfen Sie es auf seine Gängigkeit für den Pfeifenreiniger.
- Die Bohrungen sollten einigermaßen exakt verlaufen und ausreichend dimensioniert sein (Kopf nicht zu eng).
- Prüfen Sie bei gebogenen Pfeifen, vor allem bei gebogenen Filterpfeifen, ob sich ein Reiniger ohne Hakeln vom Holm bis in den Kopf führen lässt.
- Zu jeder guten Meerschaumpfeife gehört immer das „maßgeschneiderte" feste Etui (ohne Aufpreis), es ist für die sichere Lagerung unentbehrlich.

Wie wir schon erwähnt haben, braucht eine Meerschaumpfeife nicht wie eine Bruyèrepfeife eingeraucht zu werden. Sie können sie also gleich zu Beginn möglichst locker bis zum Rand füllen. Wie die Bruyèrepfeife benötigt aber auch die Meerschaumpfeife nach jedem Rauchen eine Pause, um auszudünsten. Warten Sie lieber eine Weile, bis Sie die Pfeife mit einigen Pfeifenputzern trockenlegen. Wenn der Meerschaum vom Rauchen noch feucht ist, gräbt sich der spitzige Draht des Reinigers - besonders bei gebogenen Pfeifen - manchmal eine neue Röhre, die später an der Unterseite des Pfeifenkopfes einen eigenen Ausgang findet und die Pfeife unrettbar zerstört. Sollte der Reiniger nicht leichtgängig einzuführen sein, knicken Sie ihn einfach 5 - 10 mm vom Ende ein wenig an. Mit dieser Kurve rutscht er meist wie von selbst in den Rauchkanal bis in den Kopf. Tabak- und Aschereste entfernen Sie am besten mit dem stumpfen Löffel des Pfeifenbestecks. Verwenden Sie niemals spitze oder scharfkantige Werkzeuge zum Ausräumen der Rauchkammer. Klopfen Sie die Pfeife niemals aus, auch nicht auf dem Handballen! Meerschaum ist ein empfindliches Material, und wenn der Holm einmal zerbrochen ist, gibt es ein langes Gesicht - und leider keine Rettung.

Selbst ist der Mann... Problemlösungsversuche ohne Kenntnis der Sachlage können durchaus originelle Ergebnisse hervorbringen...

Das Problem bestand in der Schwierigkeit, den Pfeifenreiniger in den Rauchkanal zu führen. Beim versuchten Nachbohren in der Flucht der Holmbohrung wurde die Lage des Rauchkanals nicht bedacht - und daher der Boden durchstoßen.

Drehen Sie das Mundstück immer im Uhrzeigersinn rechts herum, das gilt für das Abnehmen ebenso wie für das Aufstecken. Reinigen Sie nach dem Rauchen auch die Zapfenhülse und die weite Bohrung im Mundstück mit einem zusammengerollten Papiertaschentuch. Drehen Sie niemals die Gewindehülse aus dem Pfeifenholm, denn das feine Innengewinde im Holm ist sehr delikat und könnte durch häufiges Ein- und Ausschrauben leicht unbrauchbar werden. Gehen Sie, falls doch einmal ein Malheur passiert, keinesfalls selbst zuwerke, um einen Schaden zu beheben. Wenden Sie sich mit Ihrer Pfeife an den Fachhändler, er wird Rat wissen und die Pfeife an einen fachkundigen Reparateur weiterleiten.

Von Zeit zu Zeit muss auch eine Meerschaumpfeife sehr behutsam von der Kohlekruste befreit werden, die sich im Kopf gebildet hat. Eine zu stark angewachsene Kruste erzeugt, wie auch bei Bruyèrepfeifen, Spannungen im Pfeifenkopf, die den empfindlichen Meerschaum unter Umständen reißen lassen. Zum Ausräumen der Karbonschicht aus Pfeifenköpfen gibt es spezielle Geräte, über die wir später noch berichten werden. Wenn Ihnen diese Arbeit an Ihrer Meerschaumpfeife zu heikel erscheint, bitten Sie ihren Fachhändler um Hilfe.

In ihrem eigenen Etui ist eine Meerschaumpfeife gut geschützt vor Stoß und Kratzern bestens aufgehoben.

Verwahren Sie Ihre Meerschaumpfeife immer in dem mitgelieferten, mit flauschigem Textil ausgepolsterten hartschaligen Etui, das der Hersteller für jede seiner Pfeifen individuell hat anfertigen lassen. Doch denken Sie bitte daran, ihr nach dem Rauchen ausreichend Zeit zur Regeneration im geöffneten Etui geben, bevor Sie Ihre Pfeife im geschlossenen Köfferchen wieder an ihren Stammplatz legen.

Über das richtige Einrauchen der Pfeife

Über das Einrauchen von Pfeifen kursieren noch immer die abenteuerlichsten Vorstellungen. Und obwohl es im Grunde überhaupt nicht schwierig ist, eine Pfeife richtig einzurauchen, halten wir es für wichtig, diesem Thema ein Kapitel zu widmen. Gerade hier hat sich aus vielerlei Ursachen ein kurioses Gemisch aus Halbwissen, längst überholten Techniken und auch gezielter Fehlinformation gebildet, das sich von Generation zu Generation übertragen hat und zum Schrecken der Pfeifenhersteller noch immer fest im Bewusstsein vieler Pfeifenraucher verankert ist. Dazu wollen wir kurz in die Tiefen der historischen Entwicklung des Pfeifenrauchens hinabsteigen, um die Ursachen jeder Fehler zu verstehen.

Wilhelm Busch hat diese Skizze in anderem Kontext gezeichnet - sie könnte aber sehr wohl die damals notgedrungen erduldeten „Freuden des Einrauchens" darstellen.

Althergebrachte Techniken oder: wie man es nicht machen soll

Bevor die Bruyèrepfeife ihren Siegeszug als alltägliches Rauchgerät antrat, wurden zur Pfeifenherstellung oft weit weniger geeignete Materialien genutzt. Mineralische und keramische Stoffe wie Meerschaum, Ton oder Porzellan müssen wir hier natürlich ausnehmen, denn bei ihnen ist wegen der materialbedingten Hitzebeständigkeit das Einrauchen nicht nötig. Da aber diese Pfeifen recht zerbrechlich waren und sich kaum für den täglichen Gebrauch eigneten - Pfeifen aus Meerschaum waren im übrigen schon damals recht teuer - griff man für die Pfeifenherstellung auch auf die verschiedensten heimischen Hölzer zurück. Sie hatten allerdings einen gravierenden Nachteil: die Glut des Tabaks verbrannte das weiche Holz, was diese Pfeifen mit einem unangenehmen, beißenden Eigengeschmack befrachtete. Linderung war nur durch eine möglichst rasch wachsende neutralisierende Kruste, die Karbon- oder Kohleschicht, zu erreichen, die sich aus Asche, unvollständig verbrannten Tabakkrumen und Teerstoffen zusammensetzt. Da die Pfeifenköpfe jener Zeit mit Rücksicht auf den üblichen groben Tabakschnitt auch noch recht groß waren, musste die rettende Karbonschicht sorgsam von unten her aufgebaut werden. Dazu wurde die Pfeife zuerst nur zu einem Drittel, später dann zur Hälfte und endlich ganz mit Tabak gefüllte. Oh ja, Lust und Leid liegen oft eng beieinander. „Vor den Erfolg haben die Götter den Schweiß gesetzt", heißt es im Sprichwort. Vor dem „Raucherparadies" lag eine langwierige und zungenmarternde Phase bitterster Geschmackserlebnisse. So ist es nur zu verständlich, dass man auf jede noch so abwegige Art versuchte, diese Tortur zu verkürzen oder zumindest zu mildern. Man bestrich das Innere der Pfeife mit Honig, mit Sirup, mit Konfitüren oder auch mit süßem Likör, um wenigstens den Hauch eines erträglichen Geschmacks zu erhaschen und mit diesen süßen „Klebern" das Anhaften von Asche und Tabakgrus zu befördern. „Per aspera ad astra" - auf beschwerlichen Wegen zu den Sternen, sagten schon die Römer. Nach einer beträchtlichen Anzahl von widerwillig erduldeten Pfeifenfüllungen war es endlich soweit: die Pfeife schmeckte köstlich, zumindest nach damaligen Vorstellungen, und man konnte sich voll und ganz dem Tabakgenuss hingeben. Die reicheren Herren überließen die im wahrsten Sinne reizvolle „Arbeit" des Einrauchens in selbstloser Güte nur allzu gern ihren Bediensteten, die sich freuten, kostenlos - wenn auch nicht ohne Plage - Tabak rauchen zu dürfen.

Sie fragen sich vielleicht, warum wir diese alten Bräuche hier schildern? Nun, wie vieles andere aus Urgroßvaters Zeiten haben sich auch diese Gewohnheiten hartnäckig gehalten - und so mancher Raucher verdirbt leider auch heute noch seine schöne neue Bruyèrepfeife durch falsches Einrauchen.

Was heisst das: Einrauchen?

Eine Bruyèrepfeife einzurauchen bedeutet im Grunde nichts anderes, als das Holz schonend an die Gluthitze des Tabaks zu gewöhnen und dabei die Innenwand der Rauchkammer oberflächlich zu verkohlen. Heute wird dieser Vorgang in der Regel mit Hilfe einer „Einrauchpaste“ erleichtert. Mit dieser Beschichtung sind mittlerweile fast alle Pfeifen versehen, egal ob sie fabrikmäßig oder in Handarbeit gefertigt wurde. Dabei handelt es sich meist um eine Mischung von fein gemahlener Kohle und einem geeigneten Bindemittel, vorzugsweise „Wasserglas“ (chemisch: Kalium- oder Natriumsilikat, traditionell auch als Flammschutz-Imprägnierung für Bauholz verwendet). Diese klare Flüssigkeit ist nach dem Aushärten (kristallisieren) völlig geschmacksneutral. Einige wenige Pfeifenmacher verzichten bei ihren hochwertigen Stücken gern auf diese Einrauchbeschichtung, um auf diese Weise zu dokumentieren, dass ihre Pfeifen auch innerlich fehlerfrei sind. Doch ganz gleich, ob die Rauchkammer einer Pfeife beschichtet ist oder nicht, das Einrauchen muss behutsam erfolgen. Die Tabakglut verkohlt das Holz etwa 1 mm tief, gleichzeitig setzt sich Schicht für Schicht ein Belag aus Kondensat und Asche auf dem Holz ab, und es entsteht die „Karbonschicht“, die das Holz später ausreichend vor der Gluthitze schützt.

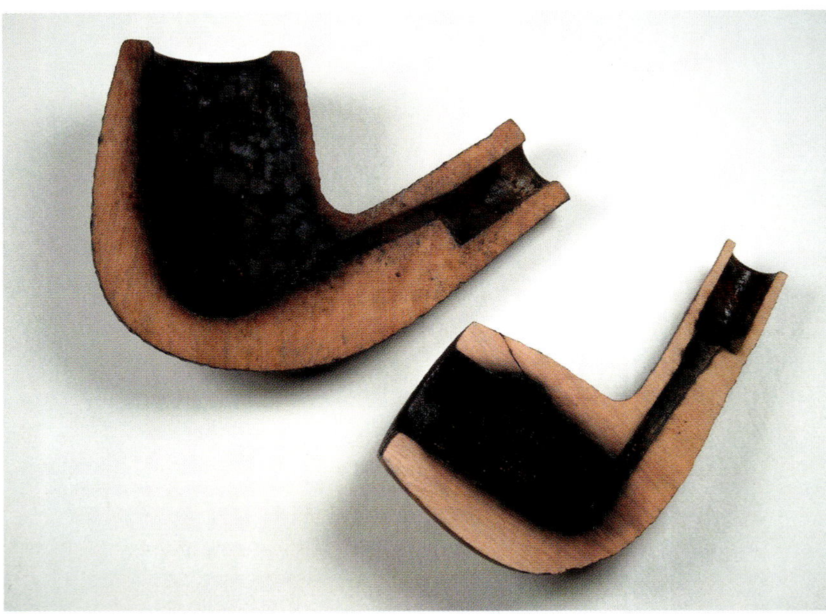

Diese zwei stark eingebrannten Pfeifen wurden zur Feststellung der Ursache aufgeschniten. Die obere mit ihren großflächigen, extrem tiefen Brandnarben wurde Opfer zu heißen Rauchens. Die untere ist zwar auch recht heiß geraucht worden, das tiefere Einbrennen wurde aber durch einen Riss im Holz ausgelöst und begünstigt.

Das Holz darf jedoch auf keinen Fall richtig Feuer fangen, denn sonst brennt sich die Glut zu tief hinein. Brennendes oder verglühendes Bruyèreholz erzeugt einen sehr unangenehmen, bittersüß-stechenden Geschmack und Geruch. Sein Auftreten ist ein deutliches Warnsignal für eine Überhitzung der Pfeife, für ein beginnendes Einbrennen. Bisher lasen wir stets, man solle in solchem Falle die Pfeife sofort ausgehen lassen, um sie nach dem Erkalten behutsam weiterzurauchen. Die eingebrannten Partien würden während der folgenden Tabakfüllungen allmählich von Asche- und Kondensatablagerungen wieder bedeckt und quasi versiegelt. Solange die Brandnarben nicht zu groß und zu tief geworden sind, mag das noch angehen. Doch woher kennen wir das wirkliche Ausmaß des Schadens?

Unser langjähriger Freund, der dänische Pfeifenmacher „Former“ H. J. Nielsen, hat bei einem kleinen Experiment zur Untersuchung des Brandverhaltens von Bruyèreholz festgestellt, dass es, einmal zum Glühen gebracht, oft mehrere Minuten lang (!) leise vor sich hin glimmt, bevor die Glut dann von selbst erlischt. Sein guter Rat für den Brandfall lautet folgerichtig: Löschen! Den Tabak behutsam mit dem Löffel des Pfeifenbestecks ausräumen und mit einem gewässerten Pfeifenreiniger die Rauchkammer auswischen. Nachdem dann die Pfeife einige Stunden geruht hat und ausgetrocknet ist, lässt sich der Schaden begutachten. Meistens reichen die Brandnarben noch nicht allzu tief ins Holz, und man kann die Pfeife ohne Bedenken weiter rauchen. Man sollte nun aber nicht darangehen, die Brandstellen auszukratzen - das würde nur noch tiefere Löcher erzeugen, die später nicht mehr dauerhaft zu schließen wären.

Wir empfehlen, Brandnarben in der Rauchkammer weiträumig mit grobem Sandpapier (Korn 100) leicht anzuschleifen, um sie dann mit einer Einrauchpaste neu zu beschichten. Man kann sich solche Paste, falls man sie nicht sogar bei seinem Fachhändler bekommt, leicht selbst herstellen. Man verrührt Wasserglas und Kohlepuder (in der Apotheke erhältlich) zu einer cremigflüssigen Masse und streicht diese mit einem in der Mitte umgeknickten Reiniger in die Rauchkammer des Pfeifenkopfes. Zusätzlich kann man die Paste mit dem Finger kräftig einmassieren, damit sie gut haftet und auch in kleine Ritzen dringt. Der Finger wird danach recht schlimm aussehen - doch keine Angst, die Paste lässt sich mit Wasser und

Seife leicht abwaschen. Eventuell muss die Beschichtung noch ein- oder zweimal wiederholt werden. Auf diese Weise präpariert, kann die Pfeife nach ein bis zwei Tagen Trockenzeit wieder in Betrieb genommen werden. Ganz behutsam, versteht sich!

Eine Seite aus dem Katalog „About Smoke" von Alfred Dunhill von ca. 1938/39. Garantie: Man bekommt eine neue Pfeife, wenn sich innerhalb von 12 Monaten irgendwelche Fehler zeigen sollten. Zusatz: Eine so erhaltene Pfeife kann nicht erneut ausgetauscht werden.

Garantien gegen Durchbrennen

Im Zuge der industriellen Entwicklung und der zunehmenden Produktion von Konsumgütern ist irgendwann einmal ein „kluger Kopf" auf die Idee gekommen, mit einer Garantie für die Qualität seiner Produkte zu werben. „Garantirt unzerbrechlich" (man schrieb es damals ohne „e") stand auf den neuen Hartgummikämmen der Jahrhundertwende. „Garantie: Geld zurück bei ausbleibendem Erfolge" versprach ein Bartwuchsmittel. Um dieser Flut vager Versprechungen Einhalt zu gebieten und den Käufer vor Schund weitgehend zu schützen, wurden juristisch fundierte Bestimmungen ins Handelsrecht aufgenommen und den Verkäufern eine befristete Gewährleistungspflicht im Falle von Produktmängeln auferlegt. Hinzu kamen die Bestimmungen der DIN-Normierung, der bei uns alle technischen Geräte unterliegen (Pfeifen sind in der Normenliste allerdings nicht zu finden). Viele Hersteller gewähren sogar Garantien, deren Dauer weit über die gesetzliche Gewährleistungspflicht hinausreicht. Daran haben wir uns gewöhnt. Eine unscheinbare Formulierung in den Garantiebestimmungen wird dabei aber oft übersehen: „...bei sachgemäßem Gebrauch...".

Wann genau zum ersten Male auch Pfeifenhersteller eine Garantie auf ihre Produkte aussprachen, ist nicht festzustellen. „Guaranteed against cracks or burns" - Garantie gegen Risse und Durchbrennen, so hieß es in den 30er Jahren auf den Begleitbriefchen englischer Pfeifen. Welch eine Vermessenheit! Bruyère ist ein naturgewachsenes Material und als solches nicht normierbar. Ein Hersteller kann sich allenfalls bereiterklären, eine Pfeife im Schadensfalle kulant zu ersetzen, ein Durchbrennen per Garantie ausschließen kann er natürlich nicht.

Das Wurzelholz Bruyère ist in seiner Dichte und Porosität von einem Millimeter zum nächsten unterschiedlich. Es ist kreuz und quer von feinen Kapillaren durchzogen, denen wir seine relative Leichtigkeit und die Aufnahmefähigkeit für Kondensate verdanken. An poröseren, weicheren Stellen kann sich auch die Tabakglut leichter einnisten als in härteren Holzpartien. Doch damit ist noch lange kein Durchbrenner vorprogrammiert. Dazu gehört auch ein uninformierter und wenig sensibler Raucher, der Warnsignale wie spürbar überhöhte Hitze und brenzligen Geschmack nicht wahrnimmt oder ignoriert. Bei behutsam-sensiblem Vorgehen während und nach der Einrauchphase bleibt, das hat die langjährige Erfahrung der Autoren und unzähliger Pfeifenfreunde gezeigt, die Anzahl der „Durchbrenner" auf den Promillebereich begrenzt.

Um möglicherweise aufkommende falsche Eindrücke zu zerstreuen, halten wir folgende Klarstellung für angebracht: Es ist beileibe nicht unser Anliegen, den Pfeifenproduzenten das Wort zu reden und die Schuld an Ein- und Durchbrennern allein den Rauchern „in die Schuhe zu schieben". Wir möchten Sie, den Pfeifenraucher, umfassend informieren und Ihnen auf diese Weise helfen, solche Missgeschicke zu vermeiden. Leider stehen dem rechtzeitigen Wahrnehmen von Einbrennern über den Geschmackssinn einige Faktoren entgegen. Zum einen überdecken die so sehr geschätzten hocharomatischen Flavourzusätze im Tabak den bitteren Geschmack brennenden Holzes. Zum anderen halten, wie wir in Tests feststellen konnten, die hochgradig adsorbierenden Filter gerade die bitteren, beißenden

Geschmacksnuancen des Rauchs zurück. Ein weiterer, eher kurioser Umstand trägt nicht unwesentlich dazu bei, dass immer wieder Pfeifen während der Einrauchphase zugrundegerichtet werden: Der unsinnige „alte Zopf“, dass eine Pfeife erst nach vielen Füllungen richtig gut schmecke, verleitet zu dem Umkehrschluss, eine neue Pfeife könne noch gar nicht gut schmecken. So wird der bittere Brandgeschmack aus einer neuen Pfeife als selbstverständlich hingenommen nach dem Motto „Das gibt sich schon, da muss man eben durch!“. Nicht zuletzt führt auch die oft gehörte und gelesene Aussage, Bruyère sei in höchtem Maße hitzebeständig, zu der irrigen Annahme, es sei quasi feuerfest. Nichts dergleichen! Bruyère brennt genauso gut wie andere Hölzer, wenn erst einmal die richtige Glut herrscht. Das gilt besonders für bestens abgelagertes und getrocknetes Holz, wie es für die Fertigung von Pfeifen verwendet wird. Trockene Bruyèrekanteln sollen übrigens, wie wir von vielen Pfeifenmachern erfuhren, ein vorzügliches Kaminholz abgeben...

Eine segensreiche Erfindung für uns Pfeifenraucher ist gewiss das Gasfeuerzeug, dessen geruchloser Flamme wir uns gern bedienen. Die spitze, mit einigem Druck austretende Flamme birgt aber auch Gefahren in sich. Viele Raucher richten sie gewohnheitsmäßig immer nur von einer Seite und schräg nach unten in den Pfeifenkopf, um den Tabak in Brand zu setzen oder in Brand

Für viele Pfeifenraucher ist das gute, alte Zündholz noch immer erste Wahl, wenn sie mit Bedacht den Tabak in ihrer Pfeife in Brand setzen.

Die spitze, etwa 1000° heiße Flamme von Feuerzeugen wie diesem hat schon mancher Pfeife den Todesstoß versetzt. Also: Finger weg!

zu halten. Damit wird ein bestimmter Bereich der Rauchkammerwand immer wieder über die Maßen stark erhitzt und ausgetrocknet, so dass hier die Tabakglut leichter „Futter“ findet und am Ende die Pfeife zerstören kann. Eine große Gefahr geht von den seit einiger Zeit unter Zigarrenrauchern sehr beliebten „Jet Flame“- oder „Torch“-Feuerzeugen (engl. „torch“ = Lötbrenner) aus, deren schlanke, spitze Gebläseflamme Temperaturen von ca. 1000 Grad erzeugt und in der Tat, z. B. von Juwelieren, auch zum Hartlöten kleinerer Teile genutzt wird. Viele Modelle brennen auch mit zwei oder gar drei Turbo-Düsen, deren schon furchterregendes Fauchen als „Begleitmusik“ uns eigentlich zur Vorsicht mahnen sollte. Wer diese Lötbrenner-Feuerzeuge zum An- und Nachzünden des Tabaks in seiner Pfeife verwendet, der muss sich den Vorwurf gefallen lassen, seine Pfeife mutwillig zu zerstören.

Unsere Einrauchtipps
für Ihre neue Pfeife

Füllen Sie die Pfeife von Anfang an voll, ganz gleich, ob die Rauchkammer mit einer Paste beschichtet wurde oder nicht. Füllen Sie den Tabak locker ein - der Zug soll leicht sein. Filterpfeifen füllen Sie - dieser Rat gilt besonders für unerfahrene Einsteiger - am besten vor dem Einsetzen des Filters, so haben Sie bessere Kontrolle über Zug und Fülldichte.

Setzen Sie die ganze Fläche des Tabaks in Brand, drücken Sie mit dem Pfeifenstopfer die aufquellenden Tabakfasern sanft nach, und achten Sie darauf, dass stets die ganze Tabakfläche am Glimmen gehalten bleibt. Das Wort „Stopfen" entbehrt nicht eines gewissen Anflugs von Brutalität - man denke nur an das Mästen von Gänsen und das Dichterwort „und bist du nicht willig, so brauch' ich Gewalt". Der landläufig gebrauchte Ausdruck „seine Pfeife stopfen" ist daher nicht die glücklichste Wahl im Zusammenhang mit einer so sanften Form des Genusses. Wenden Sie beim Einfüllen des Tabaks und später beim Nachstopfen während des Rauchens nicht zu hohen Druck an. „Streicheln" Sie die Asche sanft nach unten, sobald ein Teil des Tabaks verbrannt ist und der Zug etwas leichter wird. Lassen Sie die Asche über der Glut stehen, klopfen oder kratzen Sie sie nicht zwischendurch ab.

Ziehen Sie ruhig und regelmäßig. Sollte die Glut irgendwann zwischendurch erlöschen, so ist das kein „Beinbruch". Drücken Sie nur sanft die Asche nach und zünden Sie dann den Tabak erneut an. Lassen Sie sich nicht von Schauermärchen irritieren wie: „wenn eine Pfeife beim Einrauchen ausgeht, wird sie später immer wieder an gleicher Stelle erlöschen". Das klingt wie die Drohung an ein Fratzen schneidendes Kind: „Hör auf damit! Wenn die Uhr schlägt, bleibt dein Gesicht für immer so stehen!" und enthält soviel Wahrheit wie der Spruch von der Nase eines Mannes...

Ziehen Sie nicht mit Kraft - paffen Sie sanft und lieber öfter. Wird der Zug zu schwer, dann haben Sie zu fest gestopft und es besteht die Gefahr der Überhitzung in der Pfeife. Versuchen Sie, mit dem Dorn des Bestecks den Tabak etwas aufzulockern, um ihn dann wieder anzuzünden. Manchmal hat sich auch nur ein größerer Tabakkrumen am Boden der Rauchkammer vor den Rauchkanal gesetzt und blockiert den Zug. Lassen Sie die Pfeife erst einmal abkühlen und stecken Sie dann einen Pfeifenreiniger unter leichtem Zwirbeln vom Holm her in den Rauchkanal, um den Übeltäter beseite zu schieben. Hilft das alles nicht, räumen Sie lieber den Tabak ganz aus und reinigen Sie die Pfeife, um sie am nächsten Tag erneut in Betrieb zu nehmen.

Rauchen Sie den Tabak weitestgehend auf, um auch am Boden der Rauchkammer allmählich eine Kruste aufzubauen. Doch quälen Sie die Pfeife nicht, um „auf Deubel, komm raus!" auch den allerletzten

Krumen Tabak zu verbrennen. Der letzte Rest ist vom Kondensat feucht, besonders bei hocharomatischen Tabaken, und oft durch das Nachstopfen so sehr komprimiert, dass er nur mit Mühe und letztlich verstärkter Hitze glimmt. Räumen Sie lieber den Tabakrest aus und versuchen Sie, beim nächsten Mal die Pfeife lockerer zu füllen.

Bedenken Sie, dass Hitze immer nach oben steigt. Es gehört wohl zu den Angewohnheiten eines jeden Pfeifenrauchers, die Pfeife lässig im Mundwinkel hängen zu lassen. Damit kommt, gerade bei gebogenen Pfeifen, die rückwärtige Wand der Rauchkammer in fast waagerechte Position.

Die Abendsonne und ein laues Lüftchen laden zu einer entspannten Radpartie auf der Uferpromenade: Balsam für die Seele, für die Pfeife jedoch vielleicht der Anfang vom Ende... Anonymes Plakat, Deutschland, ca. 1910

Aus diesem Umstand ist zu erklären, dass die hintere Wand des Pfeifenkopfes über dem Zugloch der Gluthitze am stärksten ausgesetzt ist, die immerhin bis 600° Celsius erreichen kann, und weshalb sich Einbrennschäden und Durchbrenner dort am häufigsten zeigen. Aus diesem Grunde sollten Sie, solange sich keine ausreichende Kohleschicht gebildet hat, den Pfeifenkopf möglichst aufrecht und gerade halten.

Umfassen Sie möglichst oft den Pfeifenkopf mit festem Griff und mit besonderer Aufmerksamkeit für die Rückseite des Kopfes (s. o.). Wird die Berührung als unangenehm oder gar schmerzhaft empfunden, ist die Pfeife zu heiß geworden und es besteht die Gefahr zu starken Einbrennens. Rauchen Sie jetzt auf keinen Fall weiter, es könnte der Anfang vom Ende Ihrer Pfeife sein. Am besten lassen Sie die Pfeife erkalten und räumen den Tabak aus, um prüfen zu können, ob eventuell Brandschäden entstanden sind. Wenn nicht, können Sie die Pfeife am nächsten Tag wieder in Betrieb nehmen. Sollten Sie Schäden feststellen, können Sie diese mit ein wenig Geschick in vielen Fällen selbst beheben (wie auf S. 104 beschrieben). Ansonsten wenden Sie sich vertrauensvoll an Ihren Fachhändler.

Verwenden Sie für die ersten Füllungen beim Einrauchen einen möglichst wenig aromatisierten Tabak. Zum einen glimmt er sauberer und trockener als die hocharomatischen Sorten, zum anderen ist sein Aroma so dezent, dass Sie auch von Veränderungen im Geschmack auf eventuell entstehende Brandschäden schließen und rechtzeitig darauf reagieren können.

Rauchen Sie Ihre neue Pfeife nie im Freien ein. Ein leichter Windhauch genügt oft, die Glut um gerade das Quäntchen zuviel anzuheizen, das zum Einbrennen führt. Und, so schön das „feeling" auch sein mag - rauchen Sie sie niemals während der Fahrt im Auto bei geöffnetem Fenster oder Verdeck. Diesem Vergnügen sind schon viele Pfeifen zum Opfer gefallen, übrigens auch nach der Einrauchphase (diese Warnung gilt natürlich auch für Radler). Die Bezeichnung „Autofahrerpfeife" für einseitig und auf ganzer Höhe oder Breite durchgebrannte Pfeifenköpfe, die während der Sommermonate gehäuft auftreten, ist in der Pfeifenbranche ein stehender Begriff.

Rühren Sie nach Beenden des Rauchens die Asche sanft mit dem Pfeifenbesteck um und belassen Sie sie eine Zeit lang im Pfeifenkopf, bevor Sie sie entfernen. So kann sie dem Holz einen Teil der aufgenommenen Feuchtigkeit wieder entziehen. Kratzen Sie nicht die Wandungen der Rauchkammer sauber, schon gar nicht mit einem spitzigen oder scharfkantigen Instrument wie z. B. einem Taschenmesser. Sie riskieren sonst, der gerade frisch verkohlten und noch nicht verfestigten Oberfläche Narben beizubringen, in die sich beim nächsten Rauchen womöglich die Glut hineinfrisst.

In seltenen Fällen erweist sich eine Pfeife auch nach längerer Zeit behutsamen Einrauchens als renitent - sie will und will nicht schmecken, sondern „impft“ den schönsten Tabak mit einem unbeschreiblich muffigen, gallig-bitteren Eigengeschmack. Die Ursache dieses Phänomens liegt vielfach in den Verfahrensweisen bei der Aufbereitung des Rohmaterials. Wie Sie bereits erfahren haben, werden Bruyèrekanteln gekocht, um Keimfasern abzutöten und Bitterstoffe im Holz auszulaugen. Dabei kann es kann vorkommen, dass trotz gelegentlichen Umrührens der eine oder andere Block immer am Rand des riesigen Kessels obenauf schwimmt und so dem richtigen Auskochen entgeht. Während der nachfolgenden Zeit der feuchten Lagerung kommt es zuweilen vor, dass einzelne Blöcke in besonders feuchten Ecken des Lagers spakig werden und dabei den typischen, äußerst hartnäckigen Geruch quasi „verinnerlichen“ - wir kennen ihn von feuchten, unbeheizten Kellern oder Dachböden bzw. den dort länger gelagerten Gegenständen oder Kleidern. Gelangt ein solcher Block später in die Verarbeitung, so ist ihm seine „tückische Fracht“ nicht anzumerken. Allenfalls ein erfahrener Pfeifendreher wird am Geruch des vom Fräsen erhitzten Holzes erkennen, was ihm da untergekommen ist, und den Block alsbald zum Feuerholz werfen.

Dem russischen Schriftsteller Ilja Ehrenburg, einem passionierten Pfeifenraucher, verdanken wir eine kleine Sammlung von Geschichten rund um Tabak und Pfeife („13 Pfeifen“, Suhrkamp Verlag, Frankfurt 1978). Die Geschichte „Die Pfeife des Lords“ erzählt auf amüsant-ironische Weise vom „perfekten“ Einrauchen einer Dunhill-Pfeife. Ja, das kann nicht jeder! Es ist auch keineswegs erlernbar - das muss einem schon in die Wiege gelegt sein: *„Wer sich einbildet, eine neue Pfeife einzurauchen sei nicht schwerer als etwa ein neues Haus trocken zu wohnen, der irrt sich. Das letztere kann jeder, abgesehen vielleicht von einem Rheumatiker. Eine Pfeife einrauchen zu können, das ist nur wenigen gegeben. Keinerlei gedruckte Traktate, keine geistreichen Anweisungen seitens der Herren Tabakhändler sind hier imstande, fehlende Begabung zu ersetzen. Wenn der Säugling in der Wiege ruhig mit dem Rasselchen spielt, dann ist er prädestiniert. Wenn er jedoch grundlos weint, lacht, in die Händchen patscht, Fliegen zu fangen versucht und dabei aus der Wiege purzelt, kurz, wenn er sich als ein noch unentfaltetes Bündel menschlicher Leidenschaften gebärdet, so sollte man ihn besser von vornherein davor bewahren, ein echter Pfeifenraucher werden zu wollen. Man lässt die Versuchung gar nicht erst an ihn herankommen“ […] „Denn wer eine Pfeife zwischen die Zähne nehmen will, der muss über die höchsten Tugenden verfügen: Die Leidenschaftslosigkeit eines Heerführers, die Schweigsamkeit eines Diplomaten und die Kaltblütigkeit eines Falschspielers.“*

Natürlich brachte der Lord alle erforderlichen Voraussetzungen mit. Und doch ging die Sache am Ende schief. Mehr wollen wir hier aber nicht verraten.

Nie mehr Einrauchen! Nie mehr Durchbrennen! So könnte die Werbung für diese Pfeife aus dem frühen 20. Jahrhundert geklungen haben. Der Weisheit letzter Schluss? Mit Sicherheit nicht! Der schwarze Kopf bestand nämlich, wie aus dem goldenen Stempel hervorgeht, aus Asbest!

Die Pflege der Pfeife und das nötige Zubehör

Es gibt gewiss angenehmere Beschäftigungen als das Reinigen einer Pfeife, doch ein vollkommener Rauchgenuss ist nicht zu erreichen ohne die regelmäßige Säuberung und Pflege der Pfeifen. Wie man das macht, sei eigentlich nicht der Rede wert, meinen Sie? Im Gegenteil! Denn was gelegentlich aus den Pfeifenetuis hervorlugt oder was dem Fachhändler zuweilen anlässlich von Pfeifenreparaturen - manchmal noch verschämt, machmal aber auch gänzlich unbekümmert - auf dem Tresen ausgebreitet wird, spricht eine andere Sprache...

Beginnen wir mit dem Ende einer in Ruhe genossenen Pfeifenfüllung. Die Glut ist erloschen, die letzten Tabakkrumen haben sich in Asche verwandelt. Die Pfeife wird erst einmal beiseite gelegt und kühlt langsam ab. Es folgt der Griff zum Pfeifenbesteck, um den Ascherest auszuräumen. Der stumpfe Löffel ist dafür das beste Werkzeug. Halt! Belassen Sie es vorerst nur beim behutsamen Umrühren der Asche. Sie hat noch eine Aufgabe zu erfüllen, nämlich dem Holz des Pfeifenkopfes einen Teil der Feuchtigkeit wieder zu entziehen, die es während des Rauchens aufgenommen hat. Warten Sie ein halbes Stündchen, bevor Sie dann die Pfeife endgültig ausleeren.

Es entspricht nicht der feinen Art, seine Mitmenschen an der ausgiebigen Reinigung seiner Pfeifen teilhaben zu lassen. Das erledigt man am besten in seinen vier Wänden. Eine eben ausgerauchte und geleerte Pfeife verströmt nun einmal keinen Rosenduft, deshalb sollten wir sie schnellstmöglich in unserem Etui verschwinden lassen. Unterwegs reicht es aus, nach dem Rauchen mit zwei oder drei Reinigern den Rauchkanal im Mundstück und im Pfeifenholm auszuwischen. Auch den benutzten Filter entfernen Sie am besten gleich, damit seine teerige Fracht nicht zu lange in der Pfeife verbleibt. Oft beobachtet man, dass Pfeifenraucher nach Beendigung einer Tabakfüllung einen Reiniger in die ausgeräumte Pfeife schieben, ihn dort mit umgeknickten Ende stecken lassen und die Pfeife in ihr Etui zurücklegen. Das ist auch gut so - wenn der

Die Pfeife pflegen? - Ach, woher!!

...doch sieh: die Gute schmeckt nicht mehr!

Drum sei kein Esel - halt sie rein,

so wirst du mit ihr glücklich sein!

Wilhelm Busch könnte sich dieses Themas vielleicht mit ähnlichen Bildern und Worten angenommen haben... Bilder aus „Der Partikularist", in „Fliegende Blätter", 1870

Reiniger dann zuhause umgehend wieder herausgezogen wird. Der saugfähige Flaum der Baumwollfasern kann zwar durchaus helfen, die Pfeife von innen her auszutrocknen. Wird sie aber auf diese Weise über längere Zeit verstopft, so kann sie nicht ausreichend regenerieren. Sie braucht Frischluftzufuhr, um feuchte Kondensatrückstände zu verdunsten. Wer seine Pfeifen ständig mit eingestecktem Reiniger verwahrt, riskiert eine Übersättigung des Holzes mit Kondensaten - und verwandelt seine Pfeifen allmählich in stinkende Knösel.

Für die gründliche Reinigung sollte man sich am Abend ein Viertelstündchen reservieren. Die am Tage benutzten Pfeifen legt man auf ein Tuch, dreht die Mundstücke ab und zieht ggf. die verschmutzten Reiniger heraus. Mit einem Papiertaschentuch reibt man die Bisse sauber und wischt auch die Mundstückzapfen ab. Mit einem einfach oder mehrfach geknickten Reiniger wischt

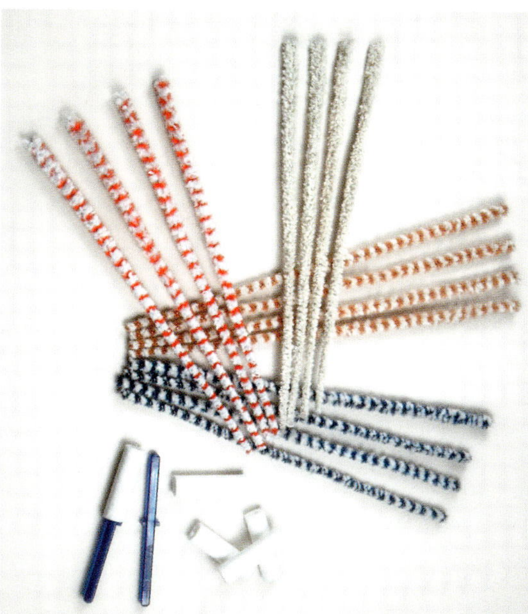

man ggf. die Filterbohrung im Mundstück aus und verfährt auf gleiche Weise mit der weiten und oft recht tiefen Holmbohrung. Wenn hier Pfeifenreiniger allein nicht ausreichen, kann man auch das Papiertaschentuch, ein Blatt von der Küchenrolle oder ein, zwei Blatt mehrlagiges Toilettenpapier (keine falsche Scham, bitte!) zusammenrollen und damit den Holm auswischen. VAUEN stellte vor einigen Jahren spezielle Reiniger für Filterpfeifen vor: dicke, lange Walzen aus komprimierter Zellulosewatte, die auf ein beiligendes vierkantiges Kunststoffstäbchen als Griff gesteckt wurden und ein effektives Säubern der weiten Bohrungen ermöglichten. Leider wird dieser Reiniger seit Frühjahr 2007 nicht mehr produziert. Zuguterletzt zieht man noch einmal einen frischen Reiniger durch das Mundstück (bitte dabei die Ecken des Bissschlitzes nicht vergessen) und ebenso durch den Rauchkanal im Pfeifenholm. Damit ist alles erledigt, die Mundstücke können wieder aufgesteckt und die Pfeifen zum Ausruhen in den Ständer oder Schrank gebettet werden.

Wer mit Pfeifenreinigern geizt, spart am falschen Ende und bekommt die „Rache" der Pfeife bei der nächsten Tabakfüllung zu spüren. Dabei kosten diese Putzer wirklich nicht die Welt. Konische Reiniger, deren eines Ende dicker ist als das andere, haben sich als die besten erwiesen. Ihre flauschigen Fasern bestehen in der Regel aus reiner Baumwolle (Chenille), die sich durch gute Saugfähigkeit auszeichnet. Gelegentlich findet man auch Reiniger aus Fernostimporten, die zwar recht billig sind, dafür aber dünner, im Draht weicher und oft nicht einmal aus Baumwolle. Da sie häufig in bunten Farben sortiert abgepackt werden, sind sie bei Kindern zum Basteln sehr beliebt. Bestens bewährt haben sich die heute weit verbreiteten „Bürstenreiniger". An ihnen wechseln alle 5 mm weiße Baumwollbüschel mit farbigen Kunststoffbürstchen ab (je nach Hersteller rot, blau oder hellbraun). Ihr relativ fester Kerndraht macht sie etwas weniger knickanfällig. Da sie auch noch etwas dicker sind als die gewöhnlichen konischen Reiniger, gibt es gelegentlich Schwierigkeiten, sie mit dem dicken Ende voran vom Biss her ins Mundstück einzuführen. Ihre guten Reinigungseigenschaften wiegen diesen kleinen Nachteil aber allemal auf.

Handelsübliche Pfeifenreiniger, in aller Regel konisch verjüngt, mit Fasern von reiner heller Baumwolle oder, in den letzten Jahren verstärkt nachgefragt, mit farbigen, festeren Bürstenfasern aus Kunststoff. Unten links die speziellen VAUEN-Reiniger für Pfeifen mit 9 mm Filter.

Filterpfeifen verlangen nun einmal aufwendigere Pflege als die filterlosen. Die Wichtigkeit des regelmäßigen Auswischens der relativ weiten Bohrungen, vor allem im Pfeifenholm, kann nicht oft genug betont werden. Und wer glaubt, mit dem Einsetzen des Filters schon alles für die Sauberkeit seiner Pfeifen getan zu haben, der ist gewaltig auf dem Holzweg! Der Filter fördert im Gegenteil das Ansammeln von Feuchtigkeit im Pfeifenholm, ebenso die nach unten gerichteten Blindbohrungen in gebogenen Pfeifen. Sie nach jedem Rauchen trocken zu legen, sollte eine Selbstverständlichkeit sein, denn ein kondensatgeschwängertes Holz verliert recht bald seine Regenerationskraft. Derart vernachlässigt, beginnt die Pfeife allmählich mies zu schmecken und - auch in den Nasen der Mitmenschen - unangenehm zu riechen.

Riechen - das gibt uns das Stichwort für eine Methode, nach der Sie prüfen können, ob Ihre Pfeife für eine neue Tabakfüllung bereit ist. Schnuppern Sie einfach in den Pfeifenkopf. Solange Sie einen säuerlich-muffigen, dumpfen Geruch spüren, sollten Sie warten, da sich im Holz noch zuviel Feuchtigkeit befindet. Eine wirklich ausgeruhte Pfeife ist dagegen fast geruchsneutral. Auch der Grad der Kondensatsättigung älterer Pfeifen lässt sich am Geruch feststellen. Reiben Sie den Pfeifenkopf auf einem Lappen in der hohlen Hand (oder auf Pullover- oder Jackenärmel) mit schneller Bewegung hin und her, so dass er sich erwärmt, und schnuppern Sie von außen am Pfeifenkopf: ein teerig-muffiger Geruch ist ein untrügliches Zeichen, dass die Kondensate mittlerweile das Holz gänzlich durchdrungen haben. Sie sollten dann ernsthaft daran denken, sich von dieser Pfeife zu trennen oder, wenn Ihnen das schwer fällt, sie zumindest nicht mehr in Betrieb zu nehmen.

Einen Beutel Pfeifenputzer sollten Sie unterwegs immer bei sich haben. Nicht jeder hat in der Not das Glück, einen „praktischen Helfer" zu finden, wie Heiko Behrens, einer der Autoren, vor Jahren auf der Reise durch Dänemark: *„Als ich Erik Nørding in seiner Pfeifenfabrik besuchte, hatte ich dummerweise meine Pfeifenreiniger vergessen. Nørding hatte keine im Hause und schien sie auch nicht zu vermissen. Amüsiert nahm er mir die Pfeife aus der Hand, zog den Druckluftschlauch von einer seiner Maschinen ab und legte das ‚Baby' mit Pressluft trocken. Als ich später wieder einmal zu ihm kam, begrüßte er mich mit den Worten: ‚Sie brauchen doch immer so viele Pfeifenputzer'. Mit einem verschmitzten Grinsen schenkte er mir eine Packung".* Auf die Dänen mögen unsere „Allüren" im Umgang mit der Pfeife übertrieben und etwas spleenig wirken. In ihren Augen scheint es nichts einfacheres auf der Welt zu geben als das Pfeifenrauchen. Auch die Engländer machen nicht so viel Aufhebens davon, wie wir gern zu glauben geneigt sind. Man sagt uns Deutschen ja ein gewisses Streben nach Perfektion nach. Sei's drum! Wir halten dennoch eine intensive, regelmäßige Pfeifenpflege für unerlässlich.

Die Generalüberholung von Pfeifen

Zur wirklich gründlichen Reinigung und Überholung unserer Pfeifen brauchen wir noch einiges Zubehör. Da sind zunächst die Lösungsflüssigkeiten, meist auf alkoholischer Basis, mit denen man Pfeifenputzer tränkt, um aus dem Rauchkanal von Mundstück und Holm angetrocknete Kondensatreste zu entfernen. Sie werden staunen, wie problemlos damit die Pfeifen zu reinigen sind. Anschließend wird einfach mit zwei oder drei trockenen Reinigern nachgewischt. Vor der nächsten Füllung sollten Sie den Pfeifen allerdings noch einen Tag Ruhe gönnen. Diese Prozedur ist je nach Nutzungshäufigkeit der Pfeifen nötig, im Durchschnitt sollte etwa alle 4 Wochen eine solche Grundreinigung vorgenommen werden.

Wir werden als Fachhändler immer wieder auf Bohrer für den Rauchkanal im Pfeifenholm angesprochen. Manche kaufen sich allein aus diesem Grunde den „Senior Pipe Reamer". Er enthält in seinem Handgriff einen langen Bohrer, der allerdings für seine eigentliche Aufgabe zu weich und zu stumpf ist. Wenn also diese Frage aufkommt, stellen wir die Gegenfrage, wann denn zuletzt eine Reinigungsflüssigkeit benutzt wurde? Meist folgt dann betretenes Schweigen. Soviel zum Thema „bohrende Fragen".

Ein Polier-Set mit zwei Tuchscheiben, einem Spanndorn und zwei verschiedenen Wachsen, konzipiert für den Betrieb mit der Bohrmaschine. Daneben Reinigungsflüssigkeit und der „Senior Pipe Reamer" mit integriertem Bohrer.

Mit der Zeit werden glatte Pfeifenköpfe stumpf und verlieren ihren Glanz. Gelegentliches Nachpolieren mit speziellen Pfeifenpolituren oder -wachsen schafft Abhilfe. Einen Hochglanz wie zur Zeit des Kaufes wird man auf diese Weise allerdings kaum erzielen, da müssen schon spezielle Wachse an der Poliermaschine aufgetragen werden - und auch deren Glanz ist nicht von Dauer. Viele Fachhändler haben eine kleine Werkstatt und entsprechende Maschinen, fragen Sie also ruhig danach. Aus älteren unscheinbaren Stücken werden dann wieder wahre Perlen. Das Auge raucht ja bekanntlich mit, und aus einer gut gepflegten Pfeife schmeckt der Tabak einfach besser.

Für die Wachspolitur bestimmte Pfeifen versieht der Hersteller in der Regel nach dem Einfärben mit einem hauchfeinen Firnisüberzug (z. B. Leinölfirnis, Schellack oder andere Grundierungen), um zu verhindern, dass durch die Reibung beim Polieren die Beize in zu hohem Maße wieder abgetragen wird. Diese Grundierung greift sich nach Inbetriebnahme der Pfeife allmählich ab oder zieht teilweise ins Holz ein, so dass der Pfeifenkopf langsam matt wird. Da dies selten gleichmäßig geschieht, zeigen sich nach einigen Tagen oder Wochen abwechselnd noch glänzende und bereits duff gewordene Flächen. Rauchen Sie die Pfeife ruhig noch eine Weile, bis das Holz gänzlich matt geworden ist. Erst dann sollten Sie es mit einem Pfeifenwachs behandeln und diese Prozedur von Zeit zu Zeit wiederholen. So bleibt der Maserungskontrast erhalten, und die Pfeife bekommt eine dauerhaft seidig glänzende Oberfläche. Der Fachhandel bietet verschiedene Pflegemittel an, mit denen Sie entweder per Hand oder auch mit Hilfe rotierender Stoffscheiben an einer Hobby-Bohrmaschine Ihre Pfeifen polieren können.

Da die allgemeine Lohnentwicklung auch an der Pfeifenfertigung nicht spurlos vorübergegangen ist, versucht man, wo es nur geht, Kosten zu reduzieren. Und so ist die Wachspolitur, die in Handarbeit und - im wahrsten Sinne - mit viel Fingerspitzengefühl erfolgen muss, für die Preiskalkulation zum Problem geworden. Französische, italienische und deutsche Hersteller sind heute dazu übergegangen, für die Oberflächenbehandlung ihrer Pfeifen zeitgemäße und kostengünstige Verfahren anzuwenden. Mit Ausnahme von sehr hochwertigen Serien werden die meisten Pfeifen der unteren, mittleren, seltener auch der gehobenen Preiskategorien im Spritzverfahren lackiert. Man mag es bedauerlich finden, dass auf diese Weise dem Produkt „Pfeife" ein Teil seiner „Natürlichkeit" verloren geht und

Erst das kristallklare Hartlack-Finish auf dieser VAUEN-Pfeife bringt das kräftige Rot und den Maserungskontrast voll zum Leuchten.

dass die Atmungsfähigkeit des Bruyèreholzes durch die Lackierung eingeschränkt oder blockiert wird. Der Fachhandel aber - und natürlich auch eine große Zahl von Pfeifenrauchern - freut sich über die verbesserte Farbbeständigkeit und längere Haltbarkeit des leuchtenden Glanzes an ihren Pfeifen. Dies gilt ganz besonders für die Farben Rot und Orange, die ohnehin zu den am wenigsten lichtbeständigen Tönen unter den Pfeifenbeizen zählen. Eine wachspolierte Pfeife, häufig präsentiert und von vielen Kunden mit beherzt prüfendem Griff immer wieder in die Hand genommen, verliert schnell an Attraktivität. Auch die Pfeifen, die uns aus dem Schaufenster dekorativ anlachen, leiden unter dem Sonnenlicht oder dem grellen Schein der Spotlights. Der Fachhändler muss durch wiederholtes Nachpolieren versuchen, dem entgegenzuwirken - sofern er denn dazu in der Lage ist. Und irgendwann reicht auch das nicht mehr - man sieht der Pfeife an, was sie bereits hinter sich hat. Sie wandert schließlich als „Mauerblümchen" ins Sonderangebot. Wir halten daher das Lackieren von Pfeifen für einen durchaus akzeptablen Kompromiss. Denn wer würde schon gern seine Pfeife bei einem Händler kaufen, bei welchem es heißt: „Das Berühren der Figüren mit den Pfoten ist verboten!"?

Doch auch der Glanz lackierter Oberflächen ist nicht unbegrenzt haltbar, wobei natürlich die Art des Umgangs mit den Pfeifen eine große Rolle spielt. Bei pfleglicher Behandlung und schonender Nutzung - jedes Stück hat stets genügend Zeit zu regenerieren und kommt nur alle paar Tage einmal an die Reihe - wird sich das attraktive Aussehen lackierter Pfeifen lange erhalten und dem Besitzer über viele Jahre Freude bereiten. Bei häufiger Benutzung zeigen sich am Pfeifenkopf früher oder später dumpfe, matte Stellen, vornehmlich dort, wo Daumen und Zeigefinger gewohnheitsgemäß am häufigsten und am kraftvollsten zugreifen. Da kann nur noch eine „harte Politur“ mit grobkörnigen Schleifwachsen, wie sie sonst zum Vorpolieren von Mundstücken verwendet werden, Abhilfe schaffen: der Lack muss vom ganzen Pfeifenkopf entfernt werden.

„In des Vaters Pfeifenkopf setzt sich oft ein fester Pfropf, ja, was schlimmer, die bewusste alte, harte, schwarze Kruste; und der Raucher sieht es gerne, dass man sie daraus entferne...“

... was natürlich nur mit den geeigneten Mitteln geschehen sollte!

Aus Wilhelm Buschs Trilogie „Tobias Knopp“, 1875 - 1877

Da die Pfeife inzwischen meist auch einiges an Kondensat aufgenommen hat und das Holz dadurch gedunkelt ist, erhält sie nach einer solchen Politur ein durchaus attraktives Aussehen in dunkelbraunem Holzfarbton, wie wir es von ursprünglich wachspolierten Pfeifen kennen, die schon ein paar Jährchen „auf dem Buckel haben“. Man kann auch den Kopf, wenn er durch etwas unsanften Umgang Kratzer und Dellen bekommen hat, gänzlich abschleifen, neu beizen und polieren lassen. Fragen Sie Ihren Fachhändler, ob er oder sein Reparateur diese Arbeiten ausführen können. So wie am ersten Tage wird die Pfeife allerdings nie mehr aussehen, denn das nachgedunkelte Holz nimmt die Beizen nicht mehr so gut an wie frisches Holz, sie leuchten nicht mehr so intensiv. Das Abschleifen birgt ein weiteres Risiko: bisher nicht entdeckte Kittstellen könnten freigelegt und dadurch aufwendige Restaurierungsarbeiten nötig werden. Eine Neulackierung kommt im übrigen nicht in Frage, da der Lack auf dem mehr oder minder kondensatdurchsetzten Holz nicht mehr ausreichend haftet. Natürlich ist diese Bearbeitung aufwendig und nicht ganz billig, Ihr Fachhändler wird Ihnen aber sagen, ob der Zustand der in Frage kommenden Pfeifen den nötigen Aufwand lohnt.

Die Pflege der Kohleschicht

Auch die stetig anwachsende Kohlekruste im Pfeifenkopf sollte von Zeit zu Zeit bearbeitet werden. Sie schützt das Holz vor der Gluthitze des glimmenden Tabaks. Eine Stärke von etwa 1 - 2 mm gilt allgemein als idealer Wert. Wird die Kohlekruste aber stärker, so kann das Holz kaum mehr Feuchtigkeit aufnehmen. Zudem erzeugt die Kruste Druck auf das Holz und kann es sogar zum Platzen bringen. Hin und wieder bekomen Fachhändler Pfeifen zur Reparatur vorgelegt, in deren Kopfbohrung sich gerade noch ein Bleistift stecken lässt, so sehr ist der Pfeifenkopf zugewachsen. An wirklichen Rauchgenuss ist da kaum noch zu denken. Und doch ist es vorgekommen, dass Besitzer solcher „Schätze“ sich voll Ärger über die „Schändung“ ihrer Pfeife beschwerten, nachdem sich ein Reparateur ihrer erbarmt

Diese zwei Knösel ließen sich wohl nur noch mit der Pinzette füllen...

und die Kruste auf ein optimales Maß reduziert hatte - im guten Glauben, dem Raucher einen Dienst zu erweisen. „Diese Kruste aufzubauen, hat mich Jahre gekostet - und jetzt ist alles hin!“ Oh, du lieber Augustin...

Eine zu stark angewachsene Kohlekruste kann erhebliche Spannungen erzeugen - die Folgen sind hier eindrucksvoll zu sehen.

Zum Abtragen der Kohlekruste gibt es verschiedene Geräte. Alte Küchen- oder Taschenmesser lassen Sie lieber beiseite, mit ihnen ist exaktes Arbeiten nicht möglich. Die einfachen und preiswerten Räumer, entweder mit federnd gelagerten oder zwei gegeneinander verstellbaren Schneidkanten, eignen sich im Grunde eher zum gelegentlichen Glätten der Rauchkammerwand, für einen wirklich kraftvollen Einsatz sind sie einfach zu wackelig gebaut. Da war der robuste, wie ein Sicherheitsschlüssel geformte Räumer von VAUEN mit seinen zwei geschärften Schneiden schon besser geeignet. Leider hat VAUEN diesen kleinen Helfer mittlerweile aus seinem Sortiment genommen.

Als „schweres“ Gerät stehen zwei Räumer zur Wahl. Der „Senior Pipe Reamer“ (Abb. S. 112) beeindruckt durch seine stufenlos verstellbaren, geschärften Schneiden. Außerdem ist ein - wenn auch recht weicher und nicht sehr scharfer - Spiralbohrer integriert, der zum Ausbohren von Kondensatresten aus dem Rauchkanal des Pfeifenholms gedacht ist. Einen Nachteil hat der „Senior Pipe Reamer“ jedoch: die Schneidblätter sind in sich leicht abgeknickt, so dass sie vorn spitz aufeinander zulaufen. Daher schneiden sie sich zwar gut in die Kruste hinein, sie finden aber, wenn man größere und vor allem höhere Bohrungen ausschält, hinter diesem Knick keine Führung mehr an der Rauchkammerwand, so dass ein gleichmäßig glattes Abtragen der Kohle eigentlich kaum gelingen kann.

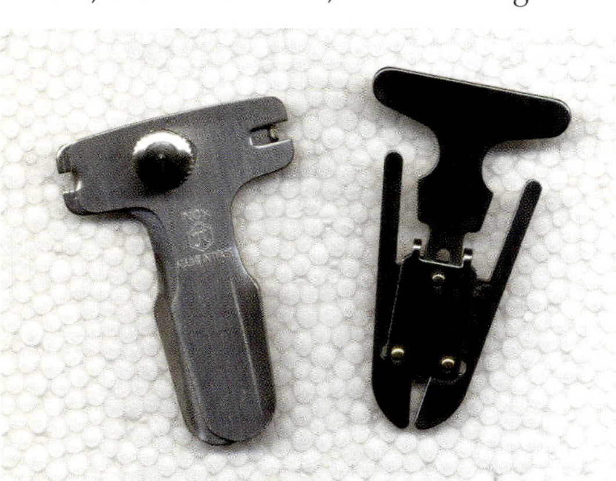

Einfache Pfeifenräumer. links: mit justier- und feststellbaren Schneiden, rechts: mit locker montierten Schneiden, die sich der Weite anpassen.

Als sehr gut geeignet hat sich ein Schweizer Fabrikat mit Namen “PIP NET” erwiesen, entwickelt von dem Inhaber einer Fabrik für industrielle Kunststoffspritzteile, einem begeisterten Pfeifenraucher, der aber mit den damals üblichen Räumern nie zufrieden war. Sein Gerät bestand aus vier verschieden großen Schneidköpfen aus massivem Kunststoff, in die jeweils vier scharfe Stahlschneiden eingelassen waren. Dazu gehörte ein handlicher Knebelgriff, auf dessen Vierkantöffnung die Schneidköpfe im Wechsel aufgesteckt wurden. In jahrelangem und häufigem Werkstattgebrauch hat sich der “PIP NET” Räumer bestens bewährt. Die Schneidköpfe von 17, 19, 21 und 23 mm Durchmesser eigneten sich für alle gängigen Pfeifengrößen und erreichten mit den vorn gerundeten Schneiden auch den Boden der Rauchkammer. Mit dem kleinsten Schneidkopf beginnend, dann mit dem nächstgrößeren usw. ließ sich die Kohlekruste leicht und gleichmäßig abtragen. Die sehr gute Funktion tröstete über das etwas umständliche Wechseln der Schneidköpfe schnell

Das Nachfolgegerät des Schweizer „PIP NET“ mit vier Fräsköpfen, im Wechsel auf den kräftigen Knebelgriff zu stecken.

hinweg. Leider gab es in den letzten Jahren wiedrholt Lieferprobleme, und der PIP NET verschwand vom Markt. Als Reaktion hat ein deutscher Importeur kurzerhand in Fernost eine Kopie jenes Räumers in Auftrag gegeben. Anfängliche Materialprobleme der ersten Auflage sind mittlerweile abgestellt worden, so dass wir diese neue (und wesentlich preiswertere) Version mit Fräsköpfen von 16, 18, 20 und 22 mm Durchmesser nach ausgiebigen Tests als durchaus ebenbürtigen Nachfolger des Originals empfehlen können.

Das preiswerte Nachfolgegerät des Schweizer „PIP NET", mit vier Fräsköpfen von 16, 18, 20 und 22 mm Durchmesser, im Wechsel auf den kräftigen Knebelgriff zu stecken.

Die Konsistenz der Kohlekruste variiert in Abhängigkeit von den gewöhnlich gerauchten Tabaken. Die heute allgemein bevorzugten hocharomatischen Mixturen erzeugen wegen ihres höheren Gehalts an Soßen eine eher weiche Kohlekruste, die sich in der Regel auch dann noch leicht ausräumen lässt, wenn sie schon eine beträchtliche Dicke erreicht hat. Naturbelassene Tabake, produzieren weniger feuchte Kondensate und ergeben eine festere Kruste, die sich in dünnen Schichten sehr langsam und oft zu enormer Härte aufbaut. Sie abzutragen, bereitet manchmal richtig Mühe, besonders wenn sie bereits auf mehrere Millimeter angewachsen ist. Bevor Sie sich nun verrenken und Ihre Hände womöglich Blasen bekommen, bitten Sie lieber Ihren Fachhändler um Hilfe. Er kann in seiner Werkstatt oder von seinem Reparateur Ihre Pfeifen mit geeigneteren Werkzeugen sauber ausräumen lassen.

Die Lagerung der Pfeifen

Wie zu vielen anderen Themen um die Pfeife sind auch hier die Meinungen nicht einheitlich. Meistens wird empfohlen, die Pfeifen in schräger Lage mit dem Kopf nach unten zu verwahren. In dieser Position soll eine Pfeife am besten auslüften und regenerieren können. Entsprechend sind auch die meisten Pfeifenständer und - schränke konstruiert. Es gibt aber auch Ständer oder Wandbehänge mit Schlaufen, in denen die Pfeifen mit dem Kopf nach oben lagern. Wir halten es da mit dem „alten Fritzen": jeder soll nach seiner Façon selig werden. Wie eine Pfeife steht, liegt oder hängt, ist relativ belanglos. Wichtig ist vor allem, dass sie genügend Luft bekommt, um sich nach dem Rauchen zu erholen und wirklich gut auszudünsten. Im geschlossenen Etui sollten Sie Ihre Pfeifen also auf keinen Fall verstecken. Letztlich ist die regelmäßige und sorgfältige Pflege der beste Garant, dass Sie aus einwandfreien Pfeifen Ihren Tabak mit unver-

Ein Wandregal aus Walnussholz, daneben zwei Wandbehänge aus Leder, als dekorative Ablagen für die Pfeifensammlung.

Ein englischer „Tankard", ein Bierkrug aus Zinn mit Pfeife als Griff, als „Vase" für einen Strauß Pfeifen bestens geeignet und sehr dekorativ.

fälschtem Geschmack genießen können. Es hängt natürlich auch vom Einrichtungsstil eines jeden Rauchers ab, wie er seine Pfeifen unterbringt. In ein klares, schlicht-funktionales Ambiente passt vielleicht ein „Strauß" Pfeifen in einem zylindrischen Gefäß aus Glas oder Keramik mit gerundetem Rand, es ist im Gebrauch auch äußerst praktisch (in einem undurchsichtigen Gefäß sind die Ebonitmundstücke sogar vor Verfärbungen durch Sonnenlicht gut geschützt).

Wer sein Zuhause mit Stilmöbeln eingerichtet hat, findet vielleicht mit einem Schrank italienischer Fertigung einen repräsentativen Platz für seine „guten Stücke". Der Handel bietet immer noch eine recht große Auswahl von Pfeifenständern mit Ablagen für 2 oder 3, bis zu 18 oder sogar 24 Pfeifen an. Bei Pfeifenschränken dagegen hat sich die Auswahl mittlerweile doch arg reduziert. Die Anzahl von Rauchern, die so viele Pfeifen besitzen, dass die Anschaffung eines Pfeifenschranks (oder gar mehrerer Schränke) in Betracht kommt, ist allmählich stark zurückgegangen. Für einen Möbelfabrikanten ist wegen des gesunkenen Bedarfs die Herstellung von so spezialisierten Artikeln wie Pfeifenschränken kaum noch lukrativ - je niedriger die Stückzahl, desto höher die Produktionskosten. Damit sind wir beim Preis angelangt, den ein Kunde zu zahlen bereit ist. Bedenkt man, dass ein Schrank für 40 bis 50 Pfeifen kaum für weniger als 500 EURO zu haben ist, dass man für das gleiche Geld aber mit Leichtigkeit einen großen Kleiderschrank oder Elemente einer Schrankwand kaufen kann, wird die Zurückhaltung auf Seiten der Pfeifenraucher verständlich. Nicht zuletzt soll der Pfeifenschrank als Möbelstück dann auch noch zur vorhandenen Einrichtung passen. Sie sehen, das alles ist gar nicht so einfach. Mit etwas Bereitschaft zu Kompromissen ist es aber dennoch möglich, ein geeignetes Möbel für Ihre Pfeifen zu finden. Das Fassungsvermögen der im Handel angebotenen Schränke reicht von 12 bis zu 100 Pfeifen. Pfeifenschränke haben den großen Vorteil, dass sie Pfeifen auch vor Staub schützen. Für einen ausreichenden Luftaustausch sorgen in der Regel seitlich angebrachte Schlitze oder auch Lochrosetten. Oft ist auch noch Platz vorhanden für diverses Zubehör wie Filter, Reiniger oder auch Tabakdosen. Wer im Fachhandel partout nicht fündig wird, sollte sich an einen Tischler aus seiner Region wenden, der ihm nach dem Bauprinzip von handelsüblichen Schränken, ggf. mit individuellen Abwandlungen, einen Schrank bauen kann. Allerdings wird man, wie bei Einzelanfertigungen nun einmal üblich, mit einem deutlich höheren Preis rechnen müssen.

Großer Pfeifenschrank für bis zu 90 Pfeifen, ein Entwurf von H. Frickert, gefertigt aus dunkel gebeiztem Eichenholz.

Pfeifenschränke aus italienischer Fertigung, für 40 bzw. 60 Pfeifen. Korpus mit Nussbaum, Tür und Schubfach mit Wurzelholz furniert.

Pfeifen im Bücherregal zwischen Goethe, Schiller, Grass und Ecco, im Küchenbord zwischen Kaffeebechern, im Zahnputzglas, eben dort, wo Sie abgelegt wurden, als die Tabakfüllung sich dem Ende zuneigte - so etwa könnte man sich eine Junggesellenbude vorstellen. Schließlich gelten ja Pfeifenraucher als ein wenig unorthodox und freizügig, gepaart mit einem Schuss liebenswerter Genialität. Meist ist der Haushalt aber geprägt vom Charme und den Ansprüchen weiblichen Ordnungssinns. Und dort stoßen überall umherliegende Pfeifen nicht eben auf Gegenliebe. Im Grunde hat „Mann" aber auch viel mehr Freude an seinen Pfeifen, wenn sie ihm gut sichtbar aus einem dekorativen Ständer entgegenlächeln, der sich zudem noch harmonisch in eine behagliche Wohnlandschaft einfügt.

Großer, drehbarer Rundständer aus Buchenholz, für 24 Pfeifen, aus den thüringischen Werkstätten von Design Berlin. Daneben einfach und klar gestaltete Ständer im maritimen Stil aus mahagoniähnlichem Holz.

Hier bietet der Handel die verschiedensten Arten und Formen an, wenn auch originelle und wirklich funktionsorientierte Konzepte eher die Ausnahme sind. Wie bei anderen Accessoirs und - ja!! - sogar den Pfeifen selbst, drängt sich manchmal die Frage auf: hat der Hersteller je eine Pfeife in der Hand gehalten oder gar geraucht? Es wird auf diesem Sektor leider immer wieder einfach nur ungeprüft übernommen, was einmal vorgestellt wurde. Der Gerechtigkeit halber muß aber gesagt werden, daß die unerschöpfliche Vielfalt von Pfeifenformen niemals in einem einzigen „idealen" Pfeifenständer zu berücksichtigen wäre. Als Materialien verwenden die Hersteller verschiedene Hölzer, Keramik, Glas, Naturstein, Leder oder auch Metalle. Die Auswahl richtet sich weitgehend nach dem Geschmack des einzelnen Pfeifenrauchers und wird stets den Stil der Wohnungseinrichtung berücksichtigen. Am besten nehmen Sie einige Ihrer Pfeifen mit, wenn Sie sich einen Pfeifenständer kaufen wollen, um mit ihrer Hilfe das für Sie bestgeeignete Modell herauszufinden. Guten Halt bieten im allgemeinen Ständer mit einer Lochleiste, in der die Mundstücke allseitig umschlossen sind, so dass die Pfeifen kaum umfallen können. Das Fassungsvermögen eines Ständers sollte immer großzügig bemessen sein, denn eine Pfeifensammlung bekommt oft schneller Zuwachs, als man glaubt.

Häufig werden Pfeifenständer zusammen mit Tabaktöpfen und Pfeifenaschern als Ensemble von einheitlichem Stil konzipiert. Ein Pfeifenascher zeichnet sich als solcher durch das Korkkissen aus, welches meist in der Mitte der Aschenmulde angebracht ist. Auf ihm soll man die Pfeife schonend ausklopfen. Oft finden sich daneben auch noch eine oder mehr Mulden als Ablage für die Pfeife(n). Auf den Kork könnte man getrost verzichten, es ist immer besser, die Pfeife mit Hilfe des Löffels am Pfeifenbesteck zu entleeren. Außerdem zielen Gäste, die auf der Suche nach einem Platz zum Ausdrücken ihrer Zigarette den irgendwie fremdartig wirkenden Pfeifenascher entdeckt haben, aus unerklärlichen Gründen wie magisch angezogen immer genau auf diesen Korken, der bald von schwarzen Brandlöchern geradezu übersät ist. Und passender Ersatz ist im Fachhandel nicht so leicht zu bekommen.

links:
Pfeifenascher aus mattschwarz glasierter Keramik mit Pfeifenablagen, davor von links nach rechts: der „Car Pipe Stand", der „Pipe Jack" und der „Pfeifensessel".

Drei äußerst nützliche Helfer wollen wir zum Schluss dieses Kapitels noch kurz vorstellen. „Pipe Jack" oder „Pfeifenknecht" heißt ein kleiner mobiler Pfeifenständer aus leichtem Kunststoff oder poliertem Metall, der sich wie ein Liegestuhl zusammenklappen und bequem in der Westentasche verstauen lässt. Jeder kennt wohl die Peinlichkeit, wenn er in Gesellschaft seine Pfeife zwischendurch ablegt und die sich einfach weigert, aufrecht zu liegen: Asche überall... So muss es am Platz eines Pfeifenrauchers nicht aussehen - mit „Pipe Jack" wäre das nicht passiert. Er bietet den meisten gängigen Pfeifen einen sicheren und dekorativen Ruhesitz.

Wer im Auto Pfeife rauchen möchte (oder meint, zu müssen), weiß oftmals nicht recht, wo er die vom Rauchen noch warme Pfeife ablegen soll. Für ihn wurde der „Car Pipe Stand" entwickelt, ein Pfeifenhalter aus federnd-elastischem Kunststoff. Mit seinen Klemmbacken hält er die Pfeife in sicherem Griff fest. Seine Bodenfläche ist selbstklebend beschichtet, so dass man ihn leicht auf der Fensterbank unter der Frontscheibe oder auch auf der Mittelkonsole befestigen kann. Der „Pfeifensessel" erfüllt den gleichen Zweck: ein etwas voluminöseres umgestülptes und über eine stützende Schale gezogenes Säckchen aus weichem Leder, in dessen Mulde die Pfeife sanft gebettet ruhen kann. Er wurde zwar als Pfeifenhalter für das Auto konzipiert, der Selbstklebeflecken kann aber vom Boden abgezogen werden, so dass der Sessel auch auf dem Schreibtisch als nützlicher und dekorativer Helfer dienen kann.

Pfeifenetuis

Unterwegs auf Reisen, im Urlaub oder auf dem Weg ins Büro (vielleicht zählen Sie ja zu den Glücklichen, die heute in Zeiten massiver Einschränkung des Rauchens am Arbeitsplatz dennoch auch dort Ihr Pfeifchen schmauchen können) sollten Pfeifen möglichst gut geschützt untergebracht werden. Der Handel bietet für nahezu jeden Anlass und für jeden Geschmack solche Etuis mit einem Fassungsvermögen von 2 bis 12 oder mehr Pfeifen an. Die Ausstattung variiert vom preiswerten Etui mit einfachen Schlaufen bis hin zum Kombietui mit langen Köcherschlaufen für die Pfeifen, mit extra Gefachen für Zubehör und Tabakdose sowie separatem Abteil für Papiere und Schreib-

unten:
Die edlen Etuis von Sillem's, aus feinstem Leder gefertigt und mit handgearbeiteten Silberrahmen besetzt. Davor Sillem's „Old Boy" Pfeifenfeuerzeug mit Silbermantel, Sillem's Stopfer aus Silber und Pfeifen von L.Wood und Peterson.

geräte. Die größeren Etuis sind oft mit einem in der Länge verstellbaren Gurt auch als Schultertasche zu tragen. Es gibt mittlerweile sogar vollwertige Aktenmappen mit einer ausknöpfbaren Palette für eine Reihe von Pfeifen. In der Regel werden Pfeifenetuis aus Leder gefertigt, die Qualität des Materials bestimmt auch den Preis. So gibt es recht preiswerte Importware, oft Kopien ursprünglich in Europa entworfener Etuis, die sehr wohl ihren Zweck erfüllen, deren

Klassische Pfeifenetuis aus deutscher Fertigung, hergestellt aus schwarzem Lammleder. Vorn links zwei Taschen-Kombis kautschukgefüttertem Tabak, darüber eine Variation des „Pipe Jack" aus festem Leder.

Material und Verarbeitung aber eine Nutzung über lange Zeit nur bedingt zulassen. Da die deutschen Pfeifenraucher hohe Ansprüche stellen und da es in Deutschland eine leistungsstarke Feintäschnerei mit einer langen Tradition gibt, liegt es durchaus nahe, dass sich einige dieser Firmen auf die Herstellung von Etuis für den Pfeifenraucher spezialisiert haben. Sie bieten eine vielfältige Auswahl an Taschen in hervorragender Verarbeitung und von bester Lederqualität. Die Preise sind natürlich höher als bei Importetuis. Besonders beliebt ist das schmiegsame Lammleder, aber auch ein etwas festeres Rindnappa oder das eher derbe Wasserbüffelleder finden großen Zuspruch. Die Farbpalette reicht vom hellen Naturfarbton über dunklere Braun- und Rottöne, von gedecktem Dunkelgrün in Kombination mit rötlichem Braun bis hin zu klassischem Schwarz, das alle Modetrends überdauert und sich als zeitlos und zu jeder Gelegenheit passend erwiesen hat. Auch Etuis aus strapazierfähigem Kunst- oder Naturfasergewebe, im Erscheinungsbild angelehnt an die in letzter Zeit weltweit beliebten leichtgewichtigen Sport- und Reisetaschen aus Textilmaterial, sind im Fachhandel zu finden und als preisgünstige Variante für Einsteiger durchaus zu empfehlen. In Form und Innenausstattung entsprechen sie meist den klassischen Vorbildern aus Leder.

Für das Innenfutter der meisten Etuis wird ein kunststoffbeschichtetes Gewebe verwendet. Es hat sich im Gebrauch als praktisch erwiesen, denn es lässt sich bei Bedarf auch einmal feucht auswischen, wenn allmählich das Innere eines Etuis zu sehr mit Asche bestäubt und dadurch unansehnlich geworden ist. Nur bei einigen, meist hochpreisigen Etuis besteht auch die Innenausstattung aus Leder. Die Schlaufen zur Aufnahme der Pfeifen dürfen weder zu eng noch zu weit sein. Heute finden wir an der Mehrzahl aller Pfeifenetuis die bewährten langen Köcherschlaufen, oft sogar mit einer zusätzlich eingenähten Gummizugschlaufe. Auf diese Weise wird das Mundstück abgedeckt und damit vermieden, dass die Bisskanten den nebenan liegenden Pfeifenköpfen unschöne Kratzer und Dellen zufügen.

Pfeifen-Etuis aus dicht gewebtem Nylonmaterial, ein preiswerter Fernost-Import. Ihre Ausstattung entspricht dem Standard der hiesigen Modelle.

Die kleineren Etuis sind eher für den Abend außer Haus gedacht und dürfen nicht viel Platz in Anspruch nehmen. Sie lassen sich in zwei Gruppen unterteilen. Seit vielen Generationen beliebt sind die handlichen Taschen-Kombis mit Platz für 1 oder 2 Pfeifen. Sie bestehen zur Hälfte aus einem recht geräumigen und meistens kautschukgefütterten Tabakabteil, welches entweder durch einen Reißverschluss mit darunter liegenden Gummiwülsten oder eine Umschlagklappe verschlossen wird. Die etwas größeren Etuis für 2 oder 3 Pfeifen sind oft mit einem ausknöpfbaren Tabakbeutel versehen, in preiswerteren Etuis aus gleichem Material wie das Innenfutter, in den teureren Etuis auch aus Leder gefertigt. Sie bieten ausreichend Platz für eine gute Tagesration Tabak und sind meistens sogar mit Naturkautschuk gefüttert, um den Tabak möglichst lange rauchfeucht zu halten.

Damit sind wir bei den Tabakbeuteln angelangt. Wieder lassen sich zwei Grundtypen unterscheiden: die althergebrachten Zugbeutel und die Rollbeutel. Zugbeutel, die dem Namen „Beutel" wirklich gerecht werden, sind heute fast gänzlich aus der Mode gekommen. Zwar machte die sackartige Form, gerade bei den Beuteln mit eingesetztem rundem Boden und entsprechend großer Öffnung, die Entnahme von Tabak und das Füllen der Pfeife sehr bequem. Leider lassen sich diese Beutel, auch wenn sie mit Kautschuk ausgeschlagen wurden, nicht ausreichend abdichten, weshalb der Tabak hier schnell austrocknete. Bewährt haben sich seit den 30er Jahren die mit Kautschuk gefütterten Rollbeutel aus weichem Leder, deren einfaches und zugleich geniales Konstruktionsprinzip wir auch von den handelsüblichen 50g-Weichpackungen für Pfeifentabak und Feinschnitt zu kennen.

Verschiedene lederne Tabakbeutel. Im Vordergrund links der klassische „Roll Up" Pouch, rechts daneben der „Container", der auf seinem vollflächigen Boden offen stehen kann. Darüber ein festes Tabak-Etui mit Metallbügelrahmen und Kautschukfutter.

Alfred Dunhill war sich nicht zu schade, in seinem Katalog der 30er Jahre „About Smoke" auch die preiswerten „Oil Silk" Pouches anzubieten, damals übrigens aus echter, geölter Seide.

Als preiswerteVersion findet man gelegentlich auch Beutel aus weichem und leicht transparentem lebensmittelechtem Kunststoff, moderne Nachfolger der traditionellen englischen Ölseidebeutel. Als sehr praktisch in der Handhabung hat sich die kleinere gefaltete Variante des Rollbeutels mit vollflächigem Boden erwiesen, der Stellbeutel (wir nennen ihn auch „Container"). Er kann, wie der Name erahnen lässt, in geöffnetem Zustand frei stehen und erleichtert so das Füllen der Pfeife mit beiden Händen. Die zunehmende Verbreitung hochgradig aromatisierter Tabake hat allerdings eine Schwäche der traditionellen Kautschukfutter offenbart: sie leiden unter dem Einfluß der Flavourzusätze im Tabak, werden mit der Zeit mürbe und reißen dann ein. Man kann jedoch die Lebensdauer kautschukgefütterter Tabakbeutel verlängern, indem man sie von Zeit zu Zeit gänzlich entleert und umkrempelt, dann das Futter feucht abwischt und danach zur Pflege mit ein wenig unparfümiertem Talkumpuder einstäubt. Dem Tabakgeschmack tut das gar nichts, und es ist auch gesundheitlich vollkommen unbedenklich.

Ebenso wie für Pfeifenständer sollte man auch für Pfeifenetuis das Fassungsvermögen lieber etwas größer wählen, um den recht unterschiedlich hohen bzw. dicken Pfeifenköpfen genügend Platz zu bieten. Und ebenso sollte man vor einem Kaufentscheid mit eigenen Pfeifen testen, ob das gewählte Etui diesen Anforderungen entspricht. Eine Pfeifentasche sollte nie so vollgestopft werden, dass sich der Reißverschluss nur noch mit Mühe zuziehen lässt. Er ist so etwas wie „das schwächste Glied in einer Kette" und könnte bei zu großer Dehnung der Tasche seine Funktion versagen. Einen neuen Reißverschluss einzunähen ist aber eine enorm aufwendige, knifflige und nicht zuletzt kostenträchtige Arbeit, weshalb sie auch heute kaum jemand mehr übenehmen will. Wir empfehlen, sich zwei Etuis unterschiedlicher Größe anzuschaffen: ein kleines für zwei oder drei Pfeifen am Abend und ein größeres für längere Reisen oder für den Tagesbedarf.

Die „Old Boy" Pfeifenfeuerzeuge des japanischen Herstellers CORONA mit ihrer traditioneller Reibradzündung und eingebautem Stopfer haben sich in jahrzehntelangem Gebrauch stets bewährt. Dieses Exemplar wurde von H. Frickert nachträglich mit marmoriertem jadegrünem „Cultured Amber" ummantelt.

Viele Pfeifenraucher schwören noch immer auf das gute, alte Zündholz. Für sie ist es wie eine Zeremonie, mit Bedacht den Tabak in ihre Pfeife zu füllen, ihn ganz sanft anzudrücken und schließlich - „zisch!" - ein Zündholz anzureißen, es in Kreisen über den Tabak zu führen und mit tiefen, konzentrierten Zügen die ersten Rauchwolken zu erzeugen. Eine Stunde des Genießens auf diese fast selbstvergessene Art zu beginnen, was könnte schöner sein? In unserer technikbetonten, ja, technikbelasteten Welt ist das Zündholz schon fast ein Relikt aus grauer Vorzeit. Seit sich das mit Gas betriebene Feuerzeug durchgesetzt und das Benzinfeuerzeug (von der Sammler-Ikone „Zippo" einmal abgesehen) fast völlig verdrängt hat, hat wohl doch die Mehrzahl aller Pfeifenraucher vom Zündholz Abschied genommen. Pfeifenfeuerzeuge mit ihrer waagerecht oder schräg gerichteten Flamme erlauben ein sauberes und geschmacksneutrales Anzünden des Tabaks. Die Flamme wird über den Tabak gehalten und hineingesogen, ein Kippen oder Verdrehen des Feuerzeugs ist nicht nötig. Pfeifenfeuerzeuge werden in allerlei Variationen angeboten, man kann wählen zwischen klassischer Reibradzündung und piezoelektronischer Zündung. Die Piezoelemente wurden seit den 90er Jahren erheblich verbessert und sind erfreulich leise geworden, niemand muss mehr vor Schreck zusammenzucken, wenn in der Nähe ein Piezofeuerzeug betätigt wird. Feuerzeuge mit geräuscharmer Batteriezündung, zu Beginn der 80er Jahre der Hit, haben sich als zu kompliziert, zu störungsanfällig und, auch wegen des recht häufig nötigen Batteriewechsels, als zu umständlich erwiesen. Sie werden heute, zumindest als Pfeifenfeuerzeuge, kaum noch angeboten.

Des öfteren hört man Klagen über die Reparaturanfälligkeit von Feuerzeugen. Die Erfahrung hat jedoch gezeigt, dass auftretende Störungen sehr oft auf unsachgemäße Behandlung zurückzuführen sind und der Mißmut über Störungen auch auf zu hohen bzw. falschen Erwartungen an diese kleinen Geräte beruht. Ein Feuerzeug vereint auf engstem Raum komplizierte, verwinkelte Mechaniken und Elektronik, die in ihrer Winzigkeit empfindlicher und anfälliger sind als Bolzen und Hebel großer Maschinen. Ein unglücklicher Fall auf den Boden aus Hüft- oder Brusthöhe kann für ein elektronisches Feuerzeug schon das Ende bedeuten. Es kann durchaus eine Weile dauern, bis sich die von einem solchen Sturz ausgelösten Verbiegungen oder Abrisse im Innern des Feuerzeugs als Funktionsausfall bemerkbar machen. Der Sturz ist dann längst vergessen, und allzu gern wird der Schaden dann verärgert auf mangelnde Qualität zurückgeführt. Beim Fall einer Kamera, eines Taschenrechners oder Mobiltelefons aus der genannten Höhe würde man sich allenfalls wundern (und freuen), wenn das Gerät einen solchen Sturz unbeschadet überstanden hat.

Beliebte und bewährte Pfeifenfeuerzeuge mit integriertem Stopfer, von verschiedenen Anbietern. links: „Passatore Pipe", rechts: „Euro-Jet" Pipe, beide mit Piezozündung, Import-Ware aus China. rechts unten: CORONA „Old Boy", mit Reibradzündung, aus Japan.

Elektronische Pfeifenfeuerzeuge leiden häufiger unter Zündausfällen. Ursache sind oft Fussel oder Staub aus der Jackentasche, die sich in dem Hohlraum rund um die Brenndüse ansammeln und das Überspringen des Zündfunkens behindern. Auch die eigentlich unnötige Angewohnheit, das Feuerzeug beim An- und Nachzünden des Tabaks direkt in die Rauchkammer der Pfeife zu halten, ist oft die Ursache für Störungen. Immer wieder schlagen sich dann Rauchkondensat und feinster Aschestaub auf Elektrode und Brenndüse nieder und überziehen beide mit einem isolierenden Belag, der die Funkenbildung verhindert. Um ein entzündbares Gasgemisch zu erzeugen, sind in dem Rohr der Brenndüse vor der eigentlichen vorderen Gasaustrittsöffnung beidseitig winzige Löcher angebracht und mit einer feinen Spiralfeder abgedeckt. Aus ihnen strömt bei Betätigung der Zündtaste noch vor dem Überspringen des Funkens eine kleine Menge Gas, die sich mit der Luft zu dem gewünschten zündfähigen Gemisch vereint. Es ist daher ohnehin hilfreich, die Zündtaste langsam und nicht ruckartig zu betätigen. Sind die feinen Zwischenräume der Spiralfeder und sogar die kleinen seitlichen Löchlein von teeriger Substanz und feinstem Staub verklebt, kann dort nicht mehr genügend Gas austreten, um sich im Hohlraum um die Brenndüse zu mischen - die Zündung bleibt aus.

Etwa seit der Jahrtausendwende haben sich in hohem Maße erstaunlich preiswerte Feuerzeuge aus chinesischer Produktion auf den Märkten der westlichen Industrienationen breitgemacht. In vielen Fällen sind diese Billigprodukte einfach nur Kopien bewährter Desings und Technik europäischer und japanischer Hersteller. Der Verbraucher unserer Breiten freut sich natürlich über niedrige Preise und greift gern zu den billigeren Alternativen. Oft genug ist deren Material jedoch von minderer Qualität und die Technik mangels Erfahrung nicht ausgereift, so dass häufig recht frühzeitig Funktionsstörungen auftreten. In diesem Zusammenhang erweist sich die in der EU seit Beginn des Jahrtausends für technische Geräte auf zwei Jahre ausgedehnte Gewährleistungspflicht für den Fachhändler als besonders ärgerlich, denn im Falle von Reklamationen, deren Quote bei Importen aus China deutlich höher liegt als bei den bewährten Markenprodukten, übersteigen nicht selten die Lohnkosten allein für die Demontage auf der Suche nach einem Fehler bereits den Kaufpreis des beanstandeten Feuerzeugs.

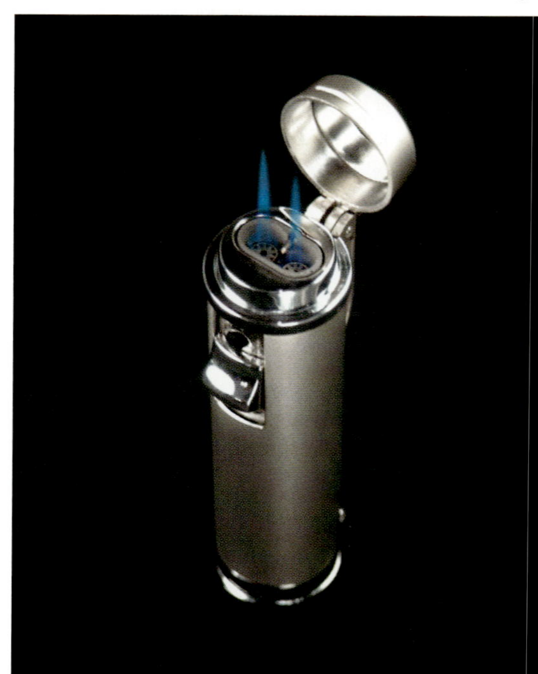

Bei Zigarrenfreunden sind die „Jet Flame"- oder „Torch"-Feuerzeuge sehr beliebt, deren heiße Flamme das Anzünden großer Zigarren beschleunigt. Wir möchten jedoch hier nochmals warnen, diese „Schweißbrenner" für die Pfeife zu nutzen.

Damit Sie an Ihrem Pfeifenfeuerzeug möglichst lange Freude haben, sollten Sie die folgenden Hinweise beachten:

Halten Sie das Feuerzeug neben den Pfeifenkopf und saugen Sie die Flamme in den Tabak hinein. Richten Sie die Flamme niemals direkt in den Pfeifenkopf. Sie riskieren sonst bei elektronischen Feuerzeugen möglicherweise recht bald Zündausfälle. Aber auch Brandschäden in Pfeifen sind zuweilen auf diese Unart zurückzuführen (wir haben davon bereits berichtet).

Stellen Sie mit der Regulierschraube die Flamme einmal auf die bevorzugte Größe ein und belassen Sie die Regulierung in dieser Stellung, auch wenn sich das Ende der Tankfüllung durch die kurzzeitig größer werdende und dann verschwindende Flamme ankündigt. Ein Nachregulieren bringt nur sehr kurzzeitigen Erfolg. Schon mancher hat dann nach dem Auftanken und vor dem erneuten Zünden vergessen, die Flamme wieder auf normale Größe zurückzustellen... Der Verlust eines gepflegten Bartes ist nicht so leicht zu verschmerzen, zumal wenn er hätte vermieden werden können.

Tanken Sie also das Feuerzeug auf. Stellen Sie zur Sicherheit die Regulierschraube für die Flammengröße auf niedrigste Stufe. Halten Sie das Feuerzeug senkrecht, mit dem Einfüllventil nach oben. Führen Sie die Kanüle der Gasampulle sanft auf den kleinen Konus im Zentrum der Einfüllöffnung und drücken Sie mehrmals langsam, aber kräftig die Ampulle nach unten, ohne sie dabei schräg zu verkanten. So kann das flüssige Gas aus der Ampulle ungehindert in den Tank des Feuerzeugs „fallen" und den Tank maximal auffüllen.

In den Gasampullen ist meistens auch ein nicht brennbares Treibgas enthalten, von dem bei jedem Nachfüllen ein wenig mit in den Feuerzeugtank strömt. Größere Ansammlung können dann zu Unregelmäßigkeiten der Flamme führen. Daher sollten Sie etwa vor jeder dritten oder vierten Füllung dieses Treibgas ablassen, indem Sie entweder die Flamme sich restlos ausbrennen und danach das Feuerzeug eine Weile geöffnet lassen, oder mit einem spitzen, aber auf keinen Fall scharfkantigen Gegenstand (z. B. einer ausgedienten Kugelschreibermine) den Konus des Einfüllventils so lange herunterdrücken, bis kein Gas mehr austritt.

Reinigen Sie ab und zu die Brenndüse. Bei Reibradfeuerzeugen lässt sich das mit einer ausrangierten Zahnbürste, eventuell unter Zuhilfenahme von etwas Pfeifenreinigungslösung oder Benzin, leicht bewerkstelligen. Bei Elektronikfeuerzeugen kommt man nicht so leicht an die Brenndüse heran. Mit dem dicken Ende eines Reinigers, den Sie vorher mit Pfeifenreinigungslösung oder Benzin benetzt haben, können Sie die Düse kreisend mit leichtem Druck vorsichtig abwischen. Vermeiden Sie dabei aber, die Zündelektrode, in der Regel einen dünnen, isolierten Draht, zu verbiegen. Falls Ihnen diese Arbeit zu heikel erscheint, bitten Sie Ihren Fachhändler um Hilfe.

Zündstoff für die Pfeife. Gas-Ampullen zum Nachtanken und Zündsteine von verschiedenen Anbietern, daneben die guten alten Zündhölzer in verschiedener Länge.

Wenn Probleme auftreten, wenden Sie sich vertrauensvoll an Ihren Fachhändler. Lassen Sie bitte Ihre Präzisionsschraubenzieher in der Schublade. Feuerzeuge lassen sich nicht „mal eben" reparieren, also verzichten Sie lieber auf eigenmächtige Eingriffe, besonders in der Garantiezeit. Bringen Sie den „Patienten" zu Ihrem Händler oder wenden Sie sich gleich direkt an die Service-Adresse des Herstellers, die oft auf dem Garantiebeleg ausgewiesen ist.

Auch aus europäischer Herstellung gibt es recht preiswerte Feuerzeuge von guter Qualität, wie hier das „Chic-4-Pipe" aus Österreich, sogar mit intergriertem Besteck.

Wer es schlicht und spartanisch liebt, dem mögen Pfeife, Feuer und Tabak genügen. Für ein genussvolles und auch wirklich behagliches Rauchvergnügen aber bedarf es einiger weiterer Zutaten. Über die nötige Pflege haben wir Sie bereits informiert, ebenso über Pfeifenschränke, -ständer, -etuis und -feuerzeuge, und über Gefäße zur Lagerung von Tabak wird im zweiten Teil des Buches noch zu sprechen sein. Daher sollen nun in Kürze noch die unentbehrlichen Pfeifenstopfer und -bestecke im Mittelpunkt stehen.

Fingern und Kleidung mit Asche und Kondensat auf ein erträgliches Minimum.

Eindrucksvoll ist auf jeden Fall die Vielfalt an Formen und Funktionsvarianten, die uns der Handel präsentiert. Einmal schlicht und funktional, dann wieder mit ausgefallenem Design, manchmal streng technisch mit futuristischem Touch, dann wieder verschnörkelt mit antikem Flair. Es lässt sich eigentlich für jeden Geschmack das Richtige finden. Durchaus hilfreich im Alltag sind Bestecke mit einem Klappmesserchen, das notfalls auch einmal eine Paketschnur

Die Bandbreite der Pfeifenbestecke reicht vom fast archaischen Hufnagel über das recht komplizierte Einhandbesteck mit Druckknopfmechanik bis zum originellen Design des „Füllhalters“ aus Bruyèreholz - für jeden Geschmack und Zweck ist sicherlich etwas dabei.

Während des Rauchens muss von Zeit zu Zeit die Asche etwas nachgedrückt werden. Dafür bietet der Handel eine reiche Auswahl von Pfeifenbestecken an. Gemeinsames Merkmal aller dieser Geräte sind eine Stopffläche und ein Räumdorn, um damit die Asche- und Tabakreste zu entfernen. Häufig ist dafür auch noch ein Spatel oder Löffel vorhanden. Die ursprüngliche Aufgabe des Dorns war das Freihalten des Rauchkanals im Pfeifenholm. Dafür haben wir ja nun glücklicherweise die besser geeigneten Pfeifenputzer, so dass die weit verbreiteten dreiteiligen Bestecke eher eine Verbeugung an die Tradition darstellen. Recht praktisch sind Pfeifenbestecke mit verdeckter oder versenkbarer Stopffläche. Sie reduzieren die fast unumgängliche Verschmutzung von

durchtrennen kann. Zum Ausräumen der Kohleschicht sollte man es aber nicht verwenden, dafür gibt es geeignetere Geräte, die wir im Kapitel über die Pfeifenpflege vorgestellt haben.

Und bitte denken Sie immer daran: Wenden Sie beim Nachstopfen nicht zu hohen Druck an. „Streicheln“ Sie die Asche sanft nach unten, sobald ein Teil des Tabaks verbrannt ist und der Zug etwas leichter wird. Lassen Sie die Asche über der Glut stehen, klopfen oder kratzen Sie sie nicht zwischendurch ab. Nach Beenden der Tabakfüllung rühren Sie die Asche mit dem Spatel sanft um und belassen Sie sie eine Zeit lang im Pfeifenkopf, damit sie dem Holz wieder etwas Feuchtigkeit entziehen kann.

Exotische Pfeifen

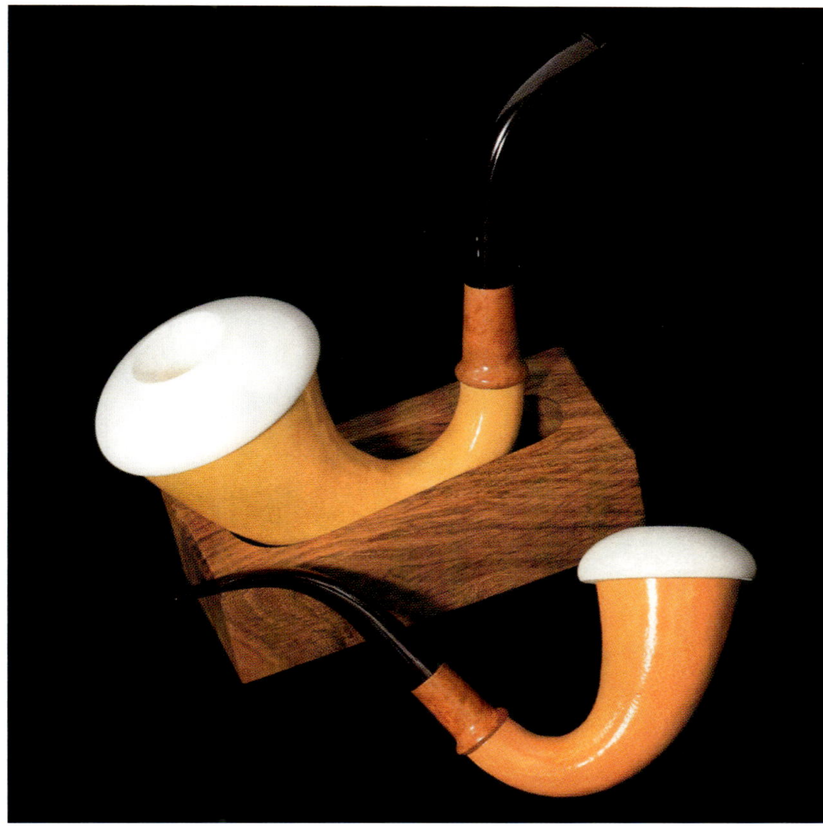

Calabash-Pfeifen werden aus harten afrikanischen Kürbisschalen gefertigt, deren natürlicher individueller Wuchs Form und Größe der späteren Pfeife vorherbestimmt. Diese Exemplare stammen aus der österreichischen Manufaktur Strambach.

Die „Calabash" oder Kalebassenpfeife

Sicherlich wird Ihnen schon einmal diese eigenartig schwungvolle bernsteinfarbene Pfeife mit dem weißen „Deckel" auf dem sich kelchförmig weitenden Kopf aufgefallen sein. Sie ist zwar keine Neuheit in unseren Breiten, hat sich aber bis in die heutige Zeit bei uns nicht so recht durchsetzen können. Sie fristet ein eher bescheidenes Dasein als originelles und kurioses Geschenk für den Pfeifenraucher, „der schon alles hat". Dabei ist die „Calabash" eine Pfeife mit sehr langer Tradition und keineswegs als „etwas abgehoben" oder gar „verrückt" zu bezeichnen, sondern erweist sich durchaus als ein Rauchgerät mit auffallend gutmütigen Eigenschaften. Dem österreichischen Hersteller Robert Strambach, seit Generationen bekannt für hervorragend gearbeitete Meerschaumpfeifen, ist es zu verdanken, dass sie durch das Umrüsten auf 9 mm Filter (ohne den ja hier bei uns in Deutschland scheinbar keine Pfeife mehr denkbar ist) in den vergangenen Jahren wieder größere Verbreitung gefunden hat.

Die eigentliche Heimat der „Calabash" ist das südliche Afrika. Lange bevor Buren und Briten dort siedelten, bauten die Eingeborenen Kalebassenkürbisse an, deren Formenvielfalt sie für die Fertigung von allerlei Haushaltsgegenständen nutzten. Man trocknete nach dem Entfernen von Fruchtfleisch und Kernen die hohlen, bauchigen Schalen und verarbeitete sie zu Trinkschalen, Schüsseln und Lagergefäßen für Lebensmittel. Mit den arabischen und später europäischen Kolonialisten kam auch das Tabakrauchen nach Afrika, und die Kalebassenkürbisse mit ihren harten Fruchtschalen boten sich für die Herstellung von Tabakpfeifen geradezu an. Da die Kürbisschale der Gluthitze aber nicht standhielt, kam man bald auf die Idee, aus luftgetrocknetem oder auch gebranntem Lehm feuerfeste Einsätze zu fertigen. Als Mundstück dienten die durchbohrten Stiele verschiedener heimischer Pflanzen.

Bei den holländischen und englischen Einwanderern waren Pfeifen aus Ton ohnehin seit langer Zeit bekannt und beliebt. Sie übernahmen von den Eingeborenen die Fertigungstechniken für Kalebassenpfeifen und verfeinerten sie für ihre Ansprüche. Im 19. Jahrhundert kam die „Calabash" dann nach Holland und England, wo sie sich schon recht bald zum begehrten Rauchgerät für den Gentleman der „Upper Class" mauserte. Man fertigte damals den Kopfeinsatz schon aus Meerschaum, er wurde aber oft fest in der Kürbisschale verankert und nicht selten von einer silbernen Kappe gehalten. In den Illustrationen zu den ersten Ausgaben von Conan Doyles berühmten Geschichten um Sherlock Holmes wird der Meisterdetektiv mit einer solchen Pfeife dargestellt.

Die Calabash-Pfeifen unserer Zeit unterscheiden sich nicht wesentlich von den afrikanischen Vorfahren. Sie sind allerdings im Vergleich zu den eher zierlichen englischen oder holländischen Pfeifen früherer Zeit größer geworden. Der Einsatz im Kopf wird aus Meerschaum gefertigt, selten noch aus Blockmeerschaum, sondern meist aus gutem Massa-Meerschaum. Er sitzt stramm in einem Ring aus elastischem, aber festem Kork, in der Regel aus Granulat, der in die geglättete und polierte Kürbisschale eingeleimt wurde. Um die Mundstücke, oft aus dekorativem honig- oder cognacfarbenem

„Cultured Amber" von Hand gefertigt, mit der harten, aber zerbrechlichen Kürbisschale dauerhaft zu verbinden, verlängert man den Hals der „Calabash" mit einem gedrechselten Stück Holz, z. B. Bruyère, oder Kunstharz. Hier lässt sich ein Mundstückzapfen stramm eindrehen, ohne einen Bruch oder das Einreißen des Halses zu riskieren. Bei der Filterversion wird meist ein Kunststoffrohr in den Halsansatz aus Holz oder Kunstharz montiert, das Mundstück selbst wird entsprechend ausgebohrt und sitzt stramm auf dieser Zapfenröhre.

Wenn wir den Meerschaumeinsatz abnehmen, offenbart uns die „Calabash" ihr unkompliziertes Innenleben. Der große Hohlraum bewirkt eine spürbare Kühlung und Trocknung des Rauchs, da sich an seiner rauhen Wandung ein Großteil der Kondensate absetzt. Wegen der meistens stark gebogenen Form des Kürbiskörpers gelangt auch kaum Kondensat ins Mundstück. Der passionierte Raucher wird allerdings feststellen,

Die Calabash in zerlegtem Zustand. Deutlich sieht man die von Kondensaten geschwärzte Unterseite des Meerschaumeinsatzes und Innenwand der einst hellen Kürbisschale.

dass sein Lieblingstabak, aus der „Calabash" genossen, an Aroma verliert und merklich „dünner" wird. Andere, vor allem Anfänger, werden dies eher als Vorteil sehen und beglückt zur Kenntnis nehmen, dass der Tabak ihre Zunge weit weniger traktiert. „Den een' sien Uul is den annern sien Nachtigall", sagt ein Plattdeutsches Sprichwort - was den einen stört, bereitet dem anderen Freude.

Auch die „Calabash" braucht von Zeit zu Zeit Pflege und gelegentlich auch eine gründliche Reinigung. Um den Korkring im Kürbis geschmeidig und gleitfähig zu halten, reiben Sie ihn ab und zu mit etwas Wachs ein, z. B. einem alten Kerzenstummel oder Teelicht. Wischen Sie mit einem Papiertaschentuch den Meerschaumeinsatz unterwärts ab, bevor Sie ihn dann wieder aufstecken. Zur Reinigung des Innenraums nehmen Sie den Meerschaumeinsatz ab und drehen das Mundstück ab. In den Kürbiskörper gießen Sie nun die einem Schnapsglas entsprechende Menge einer Pfeifenreinigungslösung oder eines sonstigen hochprozentigen Alkohols (niemals Brennspiritus - den ekelhaft fiesen Geschmack des Vergällungszusatzes wird man nie wieder los!). Schwenken Sie dann den Pfeifenkörper behutsam hin und her, um die Flüssigkeit überall hin schwappen zu lassen. Nach einigen Minuten entleeren Sie die Flüssigkeit durch den Kürbishals, um zu vermeiden, dass der Korkring durchnässt und beschädigt wird. Mit einem weichen, nicht fusselnden Lappen können Sie nun die aufgeweichten Kondensatreste von der Kürbiswand entfernen. Lassen Sie die Pfeife am besten einige Tage lang in zerlegtem Zustand austrocknen, bevor Sie sie wieder zusammensetzen. Bei sehr häufiger Nutzung der Pfeife ist diese Prozedur alle paar Wochen nötig, wenn sie nur ab und zu am Abend geraucht wird, genügt eine Grundreinigung alle paar Monate. Bei häufigerem Gebrauch setzt sich auch an der Unterseite des Meerschaumeinsatzes ein teeriger Belag ab, und manchmal wird dort der Meerschaum selbst oberflächlich etwas weich. Mit der Flamme eines Gasfeuerzeugs können Sie die Unterseite des Einsatzes nachhärten und den schwarzen Teerbelag regelrecht abbrennen.

Zusammenfassend können wir feststellen: Die „Calabash" ist unkompliziert zu rauchen. Sie verhilft dem Anfänger zu einem problemlosen, milden Rauchgenuss, wird aber den „alten Hasen" wegen der geschilderten Geschmackseinbußen nicht voll befriedigen. Ihre Größe macht sie etwas unhandlich, und der massive Meerschaumeinsatz bringt einiges an Gewicht. Sie ist also eine echte „Handpfeife", nichts für die Zähne. Außerdem verlangt sie sehr aufwendige Pflege. Eine Reparatur, besonders wenn es um das Einsetzen eines neuen Meerschaumkopfes geht, ist meist langwierig und nicht gerade billig, weil die Meerschaumeinsätze immer dem Durchmesser jeder einzelnen Pfeife individuell angepasst werden müssen.

Das Rauchen dieser exotischen Pfeife hat im Orient, in Indien und in China eine lange Tradition. Ihren Ursprung haben alle Wasserpfeifen in der indischen „Huka". Ihre Merkmale sind ein übergroßer Rauchkopf, zwei außerhalb des Wasserbehälters verlaufende Rohre und eine von alters her überlieferte Krümmung des Mundstückrohrs.

Für uns ist wohl die orientalische „Nargile" die bekannteste Form der Wasserpfeife. Der Name leitet sich übrigens von dem persischen Wort für Kokosnuss „nargil" ab. Das lässt auf ihre ursprüngliche Heimat Indien schließen, wo die Kokospalmen Teil der typischen Küstenvegetation sind, und auf die Verwendung der extrem harten Schalen der Kokosnuss als Wasserbehälter. Noch heute werden dort nach alten Vorbildern für die zahlungskräftigen westlichen Touristen Wasserpfeifen mit Kokosnusskorpus, Holzrohren und Lederschlauch gefertigt. Im Laufe der Zeit haben Perser und Araber das Aussehen dieser Pfeifen gemäß den bei ihnen üblichen Handwerkstechniken verändert. So gab es bereits früh Wasserbehälter aus farblosem oder gefärbtem Glas, aus glasierter Keramik (Fayence) oder aus innen verzinntem und außen reich mit Ornamenten ziseliertem und geputztem Kupfer oder Messing. Das eigentliche Funktionsprinzip aber blieb unverändert.

„Im türkischen Bazar". Carl Spitzwegs Gemälde von 1851/55 zeigt auf eindrucksvolle Weise die Atmosphäre von friedlicher Gelassenheit, die den Genuss des Tabaks aus der Pfeife begleitet.

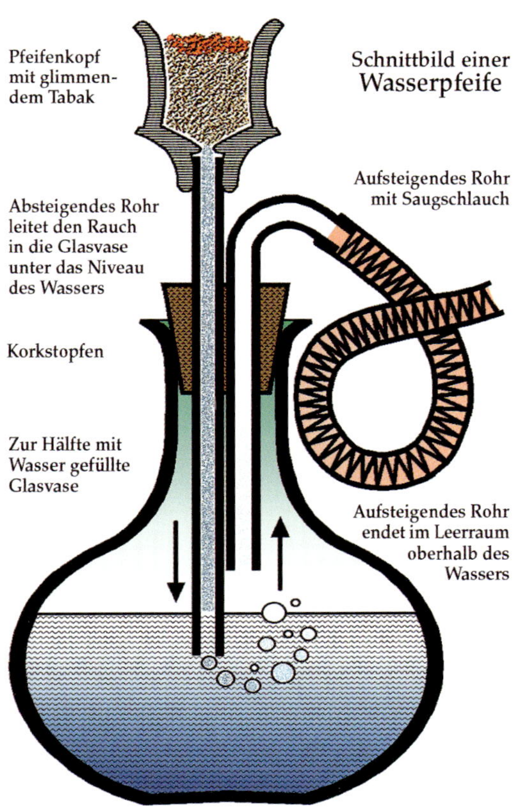

Das Schnittbild zeigt schematisch das Bauprinzip und die Funktion einer Wasserpfeife.

Das Oberteil besteht aus zwei parallel verlaufenden Rohren, die etwa in der Mitte von einer Manschette aus Holz oder Metall umschlossen werden und so zu einer Einheit verbunden sind. Auf dem längeren der Rohre sitzt oben der eigentliche Rauchkopf, der entweder aus Metall oder aus gebranntem Ton gefertigt wird. Das kürzere Rohr ist oberhalb der Mittelmanschette abgewinkelt, auf ihm steckt ein langer flexibler Schlauch aus spiralig gewickeltem Stahldraht, ausgekleidet und überzogen mit dünnem Kalbsleder. Noch heute werden die Schläuche von Wasserpfeifen aus den Ländern des Nahen Ostens auf die gleiche traditionelle Art gefertigt, wenn auch schon häufiger das Leder durch Folien aus Kunststoff ersetzt wird. Das Mundstück besteht bei einfacheren Pfeifen aus einem längeren Holzrohr. Die edlen Pfeifen der Sultane und reichen Herren hatten in früheren Zeiten auch Repräsentationscharakter, ihr Mundstückrohr wurde daher oft opulent verziert und mit einem recht großen wulstigen Endstück aus massivem Elfenbein oder Bernstein versehen.

Auch unterhalb der Mittelmanschette sind beide Rohre verschieden lang. Das Oberteil wird mit den freien Rohren nach unten auf den verengten Hals des Wasserbehälters gesetzt, als Dichtung dient häufig nur ein wassergetränkter Stoffstreifen, der um die Mittelmanschette gewickelt wird. Der Wasserbehälter ist etwa zur Hälfte gefüllt, so dass das längere Rohr ins Wasser eintaucht, während das kürzere einige Zentimeter über dem Wasserspiegel endet. Wir erinnern uns: auf dem längeren Rohr sitzt oben der mit Tabak gefüllte Rauchkopf, an dem kürzeren Rohr der Schlauch mit dem Mundstück. Wird nun an dem Schlauch gesogen, so entsteht im Wasserbehälter ein Unterdruck, und auf diese Weise wird der Rauch durch das Wasser gesogen. Dort wird er gekühlt und kann auch einen Teil der Teerstoffe an das Wasser abgeben, er wird also angenehm mild. Das vom Tabakrauch oft regelrecht braun gefärbte Wasser wird nach dem Rauchen einfach entleert.

Das Rauchen aus Wasserpfeifen hat bei uns bis vor kurzer Zeit nie so richtig Anklang gefunden. Dafür ist wohl weniger das Fehlen adäquater Tabake verantwortlich, sondern in erster Linie die völlig andersartige Lebenshaltung, die mit der Wasserpfeife untrennbar verbunden und uns im Innersten fremd ist: eine gewisse Weltentrücktheit fernab jeglicher Hektik, eine kontemplative und meditative Selbstversunkenheit ohne das Diktat der Zeit, die doch bei uns so kostbar ist. Die Wasserpfeife ist Ausdruck einer Kultur, die für uns mit dem Odium des Geheimnisvollen, Unergründlichen verbunden ist, was wiederum eine gewisse Neugier erzeugt und Interesse weckt. Als in den späten 60er und 70er Jahren aus den USA die Hippie-Bewegung mit ihren freiheitlichen und von fernöstlichem Denken beeinflussten Lebensphilosophien zu uns herüberschwappte, wurde die Wasserpfeife bei Jugendlichen als Rauchgerät für Marihuana oder Haschisch sehr geschätzt. Schon in den 50er Jahren hatte die Nachfrage der hier stationierten amerikanischen Truppen dafür gesorgt, dass sich deutsche Raucherbedarfshersteller der Produktion von Wasserpfeifen annahmen und die Konstruktion ein wenig modernisierten. Ein gewisser Anreiz für Käufer lag nun gewiss auch darin, dass bis zu vier Personen in geselliger Runde aus diesen Pfeifen rauchen konnten. Und man konnte dem Wasser ja auch angenehmere „Wässerchen" zusetzen...

Nargile aus Nepal mit einer silberbeschlagenen Kokosnuss als Wassergefäß und einem breiten Rauchkopf aus roter Keramik. Rauchrohr oder -schlauch sind wohl abhanden gekommen. Sammlung Osskó

Wasserpfeifen aus europäischer Produktion sind meistens mit einem ziemlich großen Kopf aus weißem Keramikmaterial versehen, der Wasserbehälter besteht aus buntem Glas oder Keramik. Die Schläuche sind mit einem einfachen Rückschlagventil ausgerüstet, um ein Gegenblasen zu verhindern, wenn mehrere Raucher sich eine Pfeife teilen. Im Zuge einer gewissen Liberalisierung im Umgang mit „weichen Drogen" wie Haschisch oder Marihuana hat auch ein Teil der Jugend wieder zur Wasserpfeife gefunden, und es kommen jetzt in größeren Mengen auch wieder Originalimporte aus dem Nahen Osten zu uns, wie man sie vorher allenfalls noch als Dekoration in Orientteppichgeschäften zu sehen bekam.

Eigentlich raucht man „Tombak", so die im Orient übliche Bezeichnung für den Wasserpfeifentabak. Dieser klebrige, grobkörnige und einschließlich der Blattrippen zubereitete Tabak ist für den Unkundigen auf den ersten Blick kaum als solcher zu erkennen. Man sollte nie versuchen, ihn probeweise aus einer Bruyèrepfeife zu rauchen, denn er ist kaum zum Brennen zu bringen. Dafür sorgt bei der Wasserpfeife ein Stück glühende Holzkohle, das ständig auf dem Tabak liegen muss. Zusammen mit den libanesischen oder ägyptischen Wasserpfei-

Wasserpfeifen aus italienischer Produktion mit Wasserbehältern aus buntem, teils bemaltem Glas. Die Mittelsäulen werden aus Buchenholz gedrechselt, das Rauchgefäß besteht aus heller Keramik. Es können bis zu vier Schläuche mit Rückschlagventil angebracht werden, für nicht belegte Anschlüsse sind, auf eine Kordel gereiht, Stopfen vorhanden.

fen werden seit einiger Zeit auch mehrere Sorten Original-Wasserpfeifentabak importiert, den man in vielen „Szene-Läden" kaufen kann - ordnungsgemäß versteuert, versteht sich. Dort bekommt man auch kleine Holzkohletabletten, mit denen der Tabak in Brand gesetzt wird, sowie allerlei anderes Zubehör. Versuchen Sie es ruhig einmal: eine echte Wasserpfeife ist gar nicht so teuer. Und selbst wenn der gekühlte und milde Rauch nicht Ihre Sache ist und Sie am Ende doch lieber zur gewohnten Bruyèrepfeife zurückkehren, so haben Sie mit einer Wasserpfeife immer ein dekoratives Accessoir für Ihre Wohnlandschaft, ein faszinierendes Beispiel für traditionelles Kunsthandwerk.

Etwa um die Jahrtausendwende setzte ein regelrechter „Run" auf diese Pfeifen ein, so dass der Handel sie jetzt wieder vermehrt in verschiedenen Größen anbietet, vor allem Importe aus Ägypten und anderen Ländern des Nahen Ostens. Parallel dazu kam es zu einem regelrechten Boom beim Wasserpfeifentabak. Der Handel lechzte geradezu nach diesem Zeug, zumal die europäischen Zollbehörden die meist aus Ägypten stammenden Einfuhren häufig beschlagnahmten, da auf Grund ihrer hohen Feuchtigkeit die Konservierungsstoffe die zulässige Grenze weit überschritten. Mac Baren nahm sich dieses Problems an und in Deutschland der Tabakhersteller von Eicken. Wir raten zum Kauf von Produkten europäischer Hersteller. Hier können Sie sicher gehen, dass die Gesetze eingehalten und nur die zur Pfeifentabakproduktion zugelassenen Ingredienzen verwendet werden.

Auch für die Wasserpfeife ist eine regelmäßige Reinigung wichtig. Alle Teile sind weitgehend zerlegbar und können mit den extra langen Pfeifenreinigern für Lesepfeifen gesäubert werden, die man eventuell vorher mit einer Reinigungslösung getränkt hat. Den Wasserbehälter kann man mit heißem Wasser und etwas Spülmittel gut reinigen. Die mit gemusterten Netzgewebe ummantelten flexiblem Kunststoffschläuche von Pfeifen aus hiesiger Produktion haben ein recht enges Lumen. Am besten spült man sie aus einer Spritzflasche mit etwas Pfeifenreinigungsflüssigkeit und bläst sie dann kräftig aus. Die Schläuche der Originalimporte sind meist auf traditionelle Art gefertigt, also aus spiraligem Draht, aber mit flexiblem farbigem Kunststoff umwickelt. Sie lassen sich ebenfalls auf die beschriebene Art reinigen. Bei Lederschläuchen sollten Sie lieber auf eine solche Reinigung verzichten, denn das Leder würde unter Einwirkung von Wasser und Lösungsmitteln hart und bruchanfällig werden. Außerdem wirkt die sich an der Innenwand ablagernde Teerschicht auch als eine zusätzliche Abdichtung des Leders, die durch eine Nassreinigung zerstört würde.

Eine „neuzeitliche" Wasserpfeife aus ägyptischer Fertigung mit zwei Schläuchen, im Stil aber angelehnt an traditionelle orientalische Modelle.

Pfeifen mit montierten Rohmundstücken, fertig für den Feinschliff. Aus der STANWELL Pfeifenfabrik, Borup/DK.

Die Pfeife – ein handwerkliches Kunstwerk

Dem Pfeifenmacher zugeschaut: ein Werkstattbericht

Arbeitsabläufe in einer Pfeifenmanufaktur

Pfeifen aus Dänemark und ihre Geschichte

Die Entstehung einer handgefertigten Pfeife

Anleitung zum Selbstfertigen von Pfeifen

Die Reparatur der Pfeife

Dem Pfeifenmacher zugeschaut: ein Werkstattbericht

Wer besonders gute Holzqualität, ausdrucksvolle Maserung und individuelle, ausgewogene Formgebung liebt, ist vom Anblick handgefertigter Pfeifen immer wieder begeistert. Hier sind im Idealfall alle genannten Eigenschaften in einem Stück vereint. Je nach handwerklicher Vorbildung hat jeder Pfeifenmacher im Laufe der Zeit seine eigenen Fertigungstechniken entwickelt, mit denen er am besten zurecht kommt und auf die er schwört. Strebt er eine größtmögliche Harmonie von Form und Maserung an, ist das Beschleifen des Holzes nach dem Maserungsverlauf die geeignete Methode. Das gilt vor allem für freiere Formen, die sich nur wenig oder gar nicht an klassischen Vorbildern orientieren. Freiheit bedeutet hier auch,

Zwei Handmade-Pfeifen von Holger Frickert aus den späten 90er Jahren, die beide deutlich seine Vorliebe für klassische Formen demonstrieren.

dass bei der Bearbeitung des Holzes auftretende Fehlerstellen leichter zu beseitigen sind, als es bei klassischen Shapes gegeben ist. Hier bestimmt wirklich der Wuchs des Bruyèreholzes die Form der Pfeife. Wer seine Kreationen auf diese Art frei gestaltet, bringt in der Regel die Bohrungen in Kopf und Holm erst nach Vollendung der äußeren Form an. Auch das erlaubt eine größere Freiheit der Gestaltung. Andere Pfeifenmacher, die eher die klassische Linie bevorzugen, verfahren in Anlehnung an traditionelle Fertigungstechniken, wie sie auch in den Fabriken praktiziert werden: Sie nutzen die Drehbank zur Formgebung. Doch auch hier erreicht man durch geschicktes Ein- und Umspannen des Bruyèreblocks eine erstaunliche Freiheit beim Ausgestalten der Formen. Lesen Sie im folgenden Abschnitt einen Werkstattbericht des Pfeifenmachers Holger Frickert, einem der Autoren dieses Buches.

„Bereits als Jugendlicher entdeckte ich während vieler Ferienaufenthalte in Dänemark die Faszination der Pfeife. Schon damals begann ich, die im Urlaub erstandenen Pfeifen selbst umzugestalten. Später, während meiner Studienzeit, erhielt ich erstmals Gelegenheit, mein gestalterisches Talent an Hobbyblöcken aus der Pibemageri von Erik Nørding mit Erfolg zu erproben. Im Verlaufe meines Zahnmedizinstudiums wuchs in mir die Einsicht, dass das Berufsbild eines Zahnarztes meinen kunsthandwerklichen und gestalterischen Neigungen kaum eine erfüllende Perspektive bieten würde. Wie es der Zufall wollte, suchte DAN PIPE, das damals noch in Hamburg ansässige Versandunternehmen für Pfeifen und Tabak, einen neuen Mitarbeiter. So ergab sich mit meinem Ausstieg aus der Zahnmedizin zugleich der Einstieg in die Welt der Pfeife. Mein Augenmerk galt nun vornehmlich der Herstellung es alljährlich neu erscheinenden Versandkatalogs und anderen gestalterischen Aufgaben, und ich konnte mir auch recht bald den Wunsch erfüllen, eine kleine Werkstatt für Pfeifenreparaturen einzurichten. Meine Bekanntschaft mit vielen dänischen Pfeifenmachern war dabei eine große Hilfe, und so war der Schritt zur Fertigung eigener Pfeifen nur folgerichtig."

„Meine Vorliebe gilt den klassischen Formen: der traditionellen englischen Pfeife mit eher strenger Linienführung, aber auch den mit leichter Hand und viel Schwung geformten Nachfolgern, wie sie von dänischen Pfeifenmachern zur Vollendung geführt wurden. So steht für mich die Ausgewogenheit der Form an erster Stelle, wobei ich allerdings auch ein möglichst harmonisches Zusammenspiel von Maserung und Pfeifenform anstrebe. Der (für manchen Raucher eher prosaische) Aspekt der Funktionalität ist für mich aber genauso wichtig. Denn was taugt eine Pfeife, bei der nur auf Schönheit von Maserung und Form und auf Holzreinheit geachtet wird? Nur allzu leicht bleibt dabei der Blick verstellt für so wichtige Faktoren wie eine ausreichende und gleichmäßige Wandstärke des Kopfes, für die Stabilität des Holms oder eine bissfeste, beißfreundliche Ausformung des Mundstücks."

„Doch nun zur Arbeit selbst. Die Blöcke wähle ich nach Maßgabe der angestrebten Pfeifenform aus, wobei ich versuche, den Maserungsverlauf bestmöglich mit der Form in Einklang zu bringen. Ein wenig vertraue ich dabei aber auch auf das Glück, das mir schon manches schöne Stück beschert hat, auch wenn der äußere Schein nicht allzu viel versprach. Umgekehrt hat sich so mancher Block mit feinster Zeichnung nach Fertigstellung der Pfeife als ein ‚Blender' mit recht flauer Maserung entpuppt oder mir während der Bearbeitung eine Fehlerstelle nach der anderen offenbart. Nach einer Skizze, die ich vorher angefertigt habe, übertrage ich die Silhouette der Pfeife

auf den Block und zeichne mir als Orientierungshilfe die Bohrachsen ein. Am Schnittpunkt von Rauchkanal und Kopfbohrung setze ich mit dem Körner eine Markierung. Bei gebogenen Pfeifen, deren Achsen von Pfeifenholm und Rauchkanal im Winkel zueinander verlaufen, bringe ich zusätzlich auf der Mittelachse des Holms eine solche Markierung an. Für das Vierbackenfutter meiner Drehbank habe ich bei einem Werkzeugmacher ein Paar spezielle Spannbacken zum Halten der Blöcke anfertigen lassen. Ihre verlängerten Greifflächen sind mit je einer Körnerspitze versehen, die in die vorher gesetzten Markierungen auf dem Block greifen. Sie ermöglichen ein leichtes und exaktes

An der Bandsäge wird entlang der skizzierten Linien die Rohform aus dem Bruyèreblock gesägt.

Umspannen und dienen mir gleichzeitig als Fixierpunkte für die Bohrtiefe von Rauchkanal und Rauchkammer."

„An der Bandsäge habe ich inzwischen entlang der aufgezeichneten Linien die Rohform des Pfeifenkopfes ausgeschnitten. Jetzt tritt die Drehbank in Aktion. Der Block wird zuerst zentriert über der Markierung für Rauchkanal und Kopfbohrung so eingespannt, dass ich mit einem langen Spiralbohrer den Rauchkanal ausbohren kann. Verlaufen bei der zu fertigenden Pfeife Rauchkanal und Holm in einer Achse, kann

Der skizzierte Entwurf wird auf den Bruyèreblock übertragen.

Auf der Drehbank wird zuerst der Rauchkanal ausgebohrt.

ich, ohne den Block umspannen zu müssen, auch das Zapfenloch bohren und mit einem schmalen, sich zur leicht gerundeten Spitze hin verjüngenden Formstahl den Pfeifenholm aus dem Block herausdrehen und auch

Das Zapfenloch ist bereits gesetzt, mit dem Formstahl wird jetzt der Holm aus dem Block gedreht.

seine Stirnseite plan abstechen. Jetzt lockere ich die Spannbacken ein wenig und drehe den Block - von den Körnerspitzen auf dem gehabten Fixierpunkt gehalten - in die richtige Position zum Ausbohren, besser gesagt Ausdrehen der Rauchkammer. Dazu führe ich den flachen, nur einseitig geschärften Bohrstahl in den rotierenden Block hinein. Ich bevorzuge eine zum Boden hin leicht verjüngte, konische Rauchkammer, denn sie garantiert im unteren Kopfbereich eine ausreichend gute Wandstärke. Diese Reihenfolge des Bohrens hat sich für mich als die exakteste erwiesen. Beim Ausdrehen der Kopfbohrung auf einen bereits vorhandenen Rauchkanal hin kann ich das genaue Aufeinandertreffen beider Bohrungen am besten steuern. Mit dem Formstahl drehe ich dann, so weit (tief) es die Spannbacken zulassen, die obere Hälfte der äußeren Form des Kopfes aus dem Block heraus und planiere den Kopfrand. Mit gröberem und nachfolgend mittlerem Schleifgewebe kann ich den rotierenden Pfeifenkopf jetzt auch gleich weitestgehend von Unebeneheiten befreien."

Mit dem einseitig beschliffenen Bohrstahl wird die Rauchkammer im Kopf ausgehöhlt.

Der Formstahl tritt wieder in Aktion und schneidet bis an den bereits gedrehten Holm die äußere Kopfform aus dem Bruyèrelock.

„Bei geraden Pfeifen sind damit die Arbeiten an der Drehbank beendet. Bei gebogenen Pfeifen muss ich den Block nach dem Ausbohren und Formdrehen des Pfeifenkopfes noch einmal umspannen, um den Holm auszuformen - jetzt zentriert auf die zweite Körnermarkierung. Zuerst drehe ich nun den Holm grob vor, um dann die Planfläche sauber abzustechen und das Zapfenloch zu bohren. Abschließend forme ich den Holm nach und glätte ihn, wie vorher schon den Pfeifenkopf, mit Schleifgewebe."

„Damit sind die grundlegenden Elemente der Pfeife vorläufig fertiggestellt. Die Überstände am Kopfboden und am Übergang zum Holm säge ich grob ab und forme diese Partie dann an der Schleifscheibe endgültig aus. Bevor ich nun für die restlichen feineren Formarbeiten zum Bandschleifer wechsle, passe ich ein geeignetes Mundstück an, um einen glatten und in der Linienführung sauberen Übergang vom Holm auf das Mundstück zu erzielen. Nach einem Zwischenschliff am gröberen Schleifband, bei dem noch bestehende Unebenheiten beseitigt werden, folgt der Feinschliff, der die Holzoberfläche von letzten Riefen befreit und glättet. Jetzt ist der Zeitpunkt gekommen, sich der eventuell hier und da sichtbar gewordenen kleinen dunklen Pünktchen im Holz anzunehmen - nur sehr selten ist ein Pfeifenkopf nach dem Formen und Feinschleifen wirklich frei von Fehlerstellen, und die Natur ist leider nicht bestechlich. Spätestens jetzt fällt die Entscheidung, wie die weitere Bearbeitung der Pfeife erfolgen soll. Sind keine oder nur ein, zwei ‚Spots' vorhanden und diese nur winzig klein, kann ich das Holz sehr hell einfärben oder sogar im Naturton belassen. Sind die dunklen Pünktchen etwas größer oder zahlreicher, müssen sie gekittet werden, und das Holz erhält eine

Am Schleifkissen, auch „Bimser" genannt, werden die Überstände am Kopfboden abgetragen und die endgültige Form glatt ausgearbeitet.

Kontrastbeizung, in der später die Spots fast untergehen. Ist die Maserung - unabhängig vom Vorkommen weniger oder mehrerer Fehlerstellen - zu wenig ausgeprägt, also zu flächig, kommt eigentlich nur eine Rustizierung in Frage, um nicht alle vorherige Arbeit umsonst verrichtet zu haben. Doch dazu kommen wir später."

„Kleinere Fehlerstellen steche ich vorsichtig mit einer feinen Stahlnadel aus, möglichst ohne sie dabei zu sehr zu vergrößern. Nun trage ich ein Tröpfchen eines ‚Sekundenklebers' auf und überschleife die Stelle mit feinkörnigem Band am Bandschleifer, noch bevor der Kleber hart wird. Er bindet den Bruyèreschleifstaub in der winzigen Vertiefung, die auf diese Weise nach zwei oder drei Schleifgängen schnell und dauerhaft aufgefüllt und geschlossen ist. Wenn die Fehlerstelle ein wenig größer ist und es sich mit der umgebenden Maserung vereinbaren lässt (‚Bird's Eye'-Strukturen eignen sich dafür am besten), bohre ich das Löchlein vorsichtig auf einen Durchmesser von 2,5 bis 3,5 mm aus, um dann aus einem Holzrest desselben Blocks einen kleinen leicht konischen Pflock zu drehen und ihn dort stramm einzuleimen."

„Ist die Holzoberfläche sauber, riefenfrei und glatt, wische ich den Pfeifenkopf mit einem feuchten Tuch ab, um die Holzporen zu öffnen und das tiefe Eindringen der Beizen zu erleichtern. Im Laufe der Jahre habe ich die verschiedensten Arten von Holzbeizen verwendet und probiert, mittlerweile benutze ich Farben eines englischen Herstellers, die mich durch gute Leuchtkraft und Beständigkeit überzeugt haben. Nachdem das feuchte Holz getrocknet ist, trage ich als erstes die Grundfarbe auf. Soll - oder kann - die Pfeife hell gefärbt werden, wähle ich ein mittleres Rotbraun, das später nach einem Zwischenschliff mit einem hellen Gelb zum zweiten Male gefärbt wird und dann ein herrlich leuchtendes, kontrastreiches Orange ergibt. Soll die Pfeife später dunkler, z. B. orange oder mahagonifarben gebeizt werden, wähle ich für die Grundfarbe Schwarz als reine Farbe oder in einer Mischung mit Dunkelrot. Nach Trocknung der Grundfarbe beschleife ich den ganzen Pfeifenkopf erneut, und zwar mit sehr feinem, bereits etwas abgenutztem Schleifband. Auf diese Weise wird die Beize oberflächlich wieder abgetragen, und die tiefer eingedrungene Beize bringt die Zeichnung des Holzes deutlich zur Geltung. Nach erneutem feuchtem Abwischen und einer Zwischen-

Der Feinschliff erfolgt am Bandschleifer. Während dieses Arbeitsgangs werden auch vorhandene Fehlerstellen (wie der feine Riss in der Kurve des Kopfbodens) mit Sekundenkleber und feinstem Schleifmehl gefüllt und geschlossen.

trocknung trage ich dann die endgültige Farbe mehrmals hintereinander auf und reibe jedes Mal sofort die Überstände mit einem sauberen Lappen ab. Abschließend trage ich mit einem weichen Pinsel eine verdünnte Schellackpolitur auf, die ich ebenfalls sofort mit einem Lappen abreibe. Der Schellack soll keine Deckschicht bilden. Nun muss der Pfeifenkopf einige Zeit trocknen, bevor ich ihn zuerst sehr sanft mit grobem, dann sehr feinkörnigem Schleifwachs und abschließend mit reinem Carnaubawachs polieren kann. Soll die Pfeife ein mattes Finish bekommen, streiche ich den Pfeifenkopf mit Leinölfirnis ein. Den Überschuss wische ich nach etwa einer Stunde mit einem weichen Lappen ab. Jetzt muss die

links:
Mit stark abgenutztem feinkörnigem Schleifband wird die dunkle Kontrastbeize abgetragen.

rechts:
Mit grober Polierpaste werden an der Poliermaschine das Mundstück poliert und die Oberfläche für die endgültige Wachspolitur vorgeglättet.

Pfeife je nach Witterung und Temperatur einige Tage ruhen, bis der Firnis richtig durchgehärtet ist und die Oberfläche auch einem festen Griff standhalten kann. Ein mit Leinölfirnis behandelter Pfeifenkopf kann später ohne weiteres auch mit Carnaubawachs auf Hochglanz poliert werden."

„Als Mundstücke verwende ich meist Acrylharzrohlinge, die nach meinen Vorgaben gefertigt wurden. Für besonders schön gelungene Pfeifen mit sehr guter Maserung fertige ich das Mundstück in Handarbeit selbst, entweder aus ‚Cumberland'-Stangenebonit oder Platten von ‚Cultured Amber' in farblich passender Tönung. Letztere sind leider heute nur noch unter Schwierigkeiten und kaum in den bevorzugten Farbtönen und Musterungen zu bekommen, seit meine langjährige Bezugsquelle in Dänemark vor einigen Jahren versiegt ist."

Ein letzter kritisch prüfender Blick auf die fertige Pfeife.

„Zum Schluss noch ein kleiner Exkurs in die ‚rauhe Wirklichkeit' - zu der immer wieder als ‚letzte Rettung' vorgenommenen Rustizierung. In jeder handgemachten Pfeife steckt viel, sehr viel Arbeit. Die Holzqualität ist von der Natur, also vom Zufall bestimmt und somit in meinen Augen eigentlich eher sekundär. Daher sind für mich geschickt und ausdrucksvoll rustizierte Pfeifen in keiner Weise minderwertig. Ihre Rauchqualitäten stehen denen glatter Pfeifen in keiner Weise nach. Ich habe mir - in Erinnerung an meine Zeit in der Zahnmedizin und Zahntechnik - für meine Werkstatt eine der Bohrmaschinen beschafft, mit denen man in Dentallabors arbeitet. Mit einem speziell zugerichteten feinen Fräser bearbeite ich die Oberfläche des Pfeifenkopfes und folge dabei möglichst der Holzmaserung. Anschließend erhält der Kopf eine ‚kräftige Abreibung' mit einer rotierenden harten Stahlbürste. Das Ergebnis ist ein griffiges Relief, das mit abwechselnden Partien von gewelltem ‚Straight Grain' und körnigem ‚Bird's Eye' an einen ausgeprägt tiefen Sandstrahl erinnert. Anschließend färbe ich den Pfeifenkopf ein: rötlichhellbraun, wenn das Holz fehlerfrei, aber kaum gemasert ist, schwarz mit dezenter Rottönung, wenn noch gekittete Holzfehler vorhanden sind. Zuguterletzt versiegele die Oberfläche hauchdünn mit einem geeigneten schnelhärtenden Transparentlack."

„Oft stellen Besucher in der Werkstatt die Frage: Wie viel Zeit brauchen Sie für eine Pfeife? Mein Antwort: Eine Stunde... oder eine Woche... Wenn es nur um die reine Arbeitszeit geht, käme ein geschickter Pfeifenmacher (ich denke da weniger an mich selbst, sondern an wirklich versierte Pfeifenmacher wie z. B. Erik Nørding oder Poul Winsløw) mit weniger als einer Stunde aus, um aus einem rohen Bruyèreblock eine ansehnliche und technisch einwandfreie Pfeife komplett herzustellen - wären da nicht die vielen Unwägbarkeiten, welche das Arbeiten mit dem unberechenbaren Bruyère jedes Mal von Neuem zu einem Abenteuer machen und unter ungünstigen Umständen dem Pfeifenmacher ein paar neue graue Haare wachsen lassen. Wer wie ich festgelegte Modelle auf Bestellung fertigt, weiß ein Lied davon zu singen, was es heißt, eine vorgegebene Form in einer vorgegebenen Qualität produzieren zu müssen. Oft sind viele Anläufe nötig, und nicht selten ist man am Rande der Verzweiflung, wenn das angestrebte Ziel wieder und wieder nicht erreicht wird. Die Zeit summiert sich, und ob am Ende der ersehnte Erfolg steht, bleibt immer ungewiss. Umso größer ist die Freude über ein Gelingen, auch wenn im Grunde der Lohn für die fertige Pfeife die wirklich aufgewendete Zeit kaum noch aufwiegt."

„Bei aller Hingabe an das Metier darf für mich aber auch der ‚Spaßfaktor' nicht zu kurz kommen. Als Michael Apitz, langjähriger und pfeifenbegeisterter Mitarbeiter bei DAN PIPE, mir 1996 im ‚Guinness Buch der Rekorde' den Eintrag ‚Kleinste rauchbare Pfeife der Welt - Länge: 37,5 mm' vorlegte, verschwand ich wortlos in meiner Werkstatt, um nach einer knappen Stunde eine echte Handcut Mini-Pfeife mit ‚Cumberland'-Mundstück vorzulegen und mich am Anblick der großen Augen und offenen Münder der Mitarbeiter zu weiden. Mein ‚Schnellschuss' mit einer Gesamtlänge von 22,5 mm wurde mit Beweisfotos und Zeugenaussagen als neuer Rekordversuch angemeldet und erhielt dann tatsächlich einen Eintrag im ‚Guinness Buch der Rekorde' von 1997".

Zwei „Giganten", Sonderanfertigungen von Holger Frickert für einen Kunden in der Schweiz. Sehr schön ist hier die „Straight Grain" Rusticierung zu sehen. Im Vordergrund Holger Frickerts Mini-Pfeife, die 1997 als „Kleinste Pfeife der Welt" einen Eintrag im „Guinness Buch der Rekorde" bekam.

Die Arbeitsabläufe in einer Pfeifenfabrik

Die traditionelle Pfeifenfabrikation

Saint Claude ist, wie wir bereits erfuhren, gewissermaßen die Wiege der heute gebräuchlichen Bruyèrepfeife. Die in Jahrhunderten gewachsene Drechslertradition und die Ausnutzung der Wasserkraft zum Antrieb der Maschinen haben die Art der Fertigung entscheidend geprägt und bestimmten die Arbeitsgänge - zumindest prinzipiell - bis in die allerjüngste Vergangenheit. Man hat in Saint Claude sogar noch bis weit in die zweite Hälfte des vergangenen Jahrhunderts die Wasserkraft des Flüsschens Bienne zum Antrieb der vielen Dreh- und Fräsmaschinen genutzt - und sei es nur zur Überbrückung von Stromausfällen, wie sie in Gebirgsregionen wetterbedingt gelegentlich auftreten. Auch die Maschinen sind vielfach im Prinzip die gleichen wie vor hundert Jahren, wenn auch die moderne Technik viele mechanische Änderungen und damit Erleichterungen in der Fertigung mit sich brachte. Nachdem zuerst die Dänen gänzlich neue Kopierfräsen für die Pfeifenproduktion einsetzten, haben mittlerweile auch die großen Hersteller in Saint Claude die Leistungsfähigkeit solcher Maschinen erkannt und setzen sie nun erfolgreich in ihren Fabriken ein. Wir wollen zuerst über die traditionelle Fertigung berichten und die modernen Techniken in einem späteren Abschnitt dieses Kapitels ausführlich darstellen.

links:
In der luftdurchfluteten Trockenhalle, einem Nebengebäude der Manufaktur BREBBIA im norditalienischen Varese, werden die angelieferten Bruyèreblöcke zwischengelagert.

unten:
Im Trockenraum bei BREBBIA ruhen die Kanteln, nach Form und Größe sortiert, auf breiten Gitterrosten.

Im Holzlager der Pfeifenfabrik, einem großen, gut durchlüfteten Schuppen neben dem Fabrikgebäude, stapeln sich, in Jutesäcke eingenäht, tausende von rohen Bruyèrekanteln. Von dort bringt man sie in speziell temperierte Trockenräume, um ihnen den Rest der während des Kochvorgangs in der Sägemühle aufgenommenen Feuchtigkeit schonend zu entziehen, bevor man sie der eigentlichen Produktion in der Fabrik zuführen kann. Dort werden sie als erstes kalibriert, d. h. je nach Pfeifenmodell auf einheitliche Größe geschnitten oder beschliffen. Diese Egalisierung des Werkstoffs ermöglicht eine weitgehend automatisierte Bearbeitung an den verschiedenen Drehbänken und Formfräsen.

Das Futter der Drehbänke ist mit zwei Spannbacken ausgerüstet, die jeden Block exakt gleich aufnehmen und in Position halten. Gegen den mit dem Futter rotierenden Block schiebt sich das Werkzeug, die sogenannte Drehpatrone. In ihr können mehrere Schneidstähle für jedes Pfeifenmodell individuell justiert werden, um das Holz in der gewünschten Form vom Bruyèreblock abzuspanen. Auf diese Weise entsteht zuerst die obere Hälfte der Außenform des Pfeifenkopfes bis zur Beuge zum Holmansatz und, oft im gleichen Arbeitsgang, die große Bohrung im Pfeifenkopf. Bei neueren Maschinen hat man diesen Vorgang umgekehrt, der Block bleibt fixiert und die mit hoher Geschwindigkeit rotierende Patrone wird, mit Druckluft oder Hydraulik

gegenüber:
In breiter Reihe stehen die Poliermotoren in der Fabrikationshalle der Manufaktur MOLINA in Varese/Norditalien.

gesteuert, gegen den Bruyèreblock bewegt. Man kann sich vorstellen, dass auf diese Art höhere Stückzahlen zu erreichen sind, denn zum Entnehmen des bearbeiteten Blocks und

links oben und unten: Die Kopf-Fräsmaschine bei MOLINA. Das obere Bild zeigt das Einspannen des Bruyèreblocks, das untere den Block mit der gefrästen oberen Hälfte des Pfeifenkopfes.

rechts oben und unten: Die Holm-Fräsmaschine bei BREBBIA. Oben der eingespannte Block mit vorgedrehtem Kopf, unten derselbe Block mit herausgefrästem Holm.

zum Einspannen einen neuen muss die Maschine nicht jedes Mal angehalten werden. Auf einer zweiten, im Prinzip ähnlich konstruierten Drehmaschine entsteht auf gleiche Weise der Pfeifenholm. Oft wird bei diesem Arbeitsgang auch gleich das Zapfenloch gebohrt und die Stirnseite des Holm plangedreht. Meist bohrt man aber das Zapfenloch auf der gleichen Maschine, die auch zum Bohren des Rauchkanals genutzt wird.

Die noch verbleibenden Überstände am Boden des Pfeifenkopfes werden bis auf einen Rest am Übergang zum Holm von einer speziellen Formfräse abgetragen. Hier steckt der

Pfeifenkopf fest auf einem Metallzapfen mit Spannbacken und wird gegen den rotierenden Fräskopf geführt, dessen Schneiden der jeweiligen Form der Kopfunterseite entsprechend geschliffen sind. Die Abdrücke jener Spannzapfen sind übrigens manchmal beim Kauf einer Pfeife noch in der Kopfbohrung zu entdecken. Die allerletzten Reste überstehenden

Holzes werden dann in der Regel an Radfräsen mit gerundetem Rand oder an Schleifscheiben in Handarbeit abgetragen. Dabei wird auch der Übergang vom Kopf auf den Holm nachgeformt und geglättet. Zum Formen dieser Kehle nutzen einige Fabriken auch Kopierfräsen, besonders wenn es um Modelle wie „Rhodesian“ oder „Bulldog“ geht, bei denen der Übergang vom Kopf auf den kantigen Holm eng gewinkelt und in der Ausformung sehr heikel ist. In der alten Fabrik von COMOY in London konnten wir eine solche frühe Version einer Synchron-Kopierfräse in Aktion erleben. Ein Arbeiter führte von Hand die feine, abgerundete Spitze des Abtaststabes hin und her über die Kehle zwischen Kopf und Holm einer bereits fertiggestellten Rhodesian-Pfeife, die in der Mitte der etwa vier Meter breiten Maschine fixiert war. Rechts und links davon tanzten, auf einem langen Gestänge montiert und wie von Geisterhand bewegt, jeweils sechs kleine Fräser synchron über die entsprechende Stelle an zwölf exakt gleich eingespannten Rohköpfen und formten die Kehle aus. Dank eines ausgetüftelt konstruierten Übertragungsmechanismus mit kardanischen Aufhängungen und Gegengewichten ließ sich das Gestänge federleicht bewegen.

links oben und unten: Die Kopfboden-Fräse bei BREBBIA. Das obere Bild zeigt den Bruyèreblock noch mit den rohen Unterkanten, das untere den Kopf mit rundgefrästem Boden.

rechts oben : Auf einer Tafel aufgereiht die Formfräsen mit den für verschiedene Modelle beschliffenen Schneiden.

rechts unten: Diese große Synchron-Kopierfräse kann zwölf Pfeifenköpfe gleichzeitig bearbeiten. Der Bediener führt den Abtaststahl über die „Mater“, und entsprechend schneiden die Fräser die Pfeifenform aus den rechts und links eingespannten Blöcken.

Der Rauchkanal wird auf einer speziell eingerichteten Werkbank gebohrt. Dazu fixiert man den Pfeifenkopf mit waagerecht ausgerichtetem Holm auf einem beweglichen Schlitten, der gegen den rotierenden Bohrer geführt

Das Bohren des Zapfenlochs in den Pfeifenholm bei BREBBIA. Der Pfeifenkopf wird von individuell angepassten Spannbacken gehalten, der rotierende Bohrer auf einem Prismenbett gegen den Pfeifenkopf geschoben.

wird. Die Spannvorrichtung, für jedes Pfeifenmodell individuell angefertigt, hält den Pfeifenkopf sicher in der gewünschten Position, so dass Abweichungen beim Bohren auf ein Minimum beschränkt bleiben. Die Bohrtiefe lässt sich nach Bedarf variabel einstellen. In manchen Fabriken erfolgt auf diesen Maschinen auch das Bohren des Zapfenlochs und das Planfräsen der Holmstirnfläche.

Nachdem die Pfeifenköpfe fertig geformt sind, werden die Mundstücke angepasst und an der Schleifmaschine mit dem Holm verschachtelt. So nennt man das Angleichen der Durchmesser von Holm und Mundstück.

Das Verschachteln der Mundstücke in der Manufaktur BREBBIA.

In der Regel beziehen die Pfeifenfabriken ihre Mundstücke vom Hersteller bereits in der passenden Größe, vielfach auch vorpoliert und mit maßgedrehten Zapfen. Das Verschachteln und die darauf folgenden verschiedenen Schleifarbeiten mit immer feinerer Körnung erledigen flinke, geübte Hände an größeren Schleifscheiben oder kleineren Schleifkissen. Bandschleifer haben wir in Fabriken mit traditioneller Fertigung nur selten vorgefunden, sie werden eher von dänischen Herstellern bevorzugt. Nach dem letzten Feinschliff scheinen Pfeifenköpfe und Mundstücke bereits mit einem leicht seidigen Glanz.

Vor dem Einfärben müssen die meisten Pfeifen mehr oder minder stark gekittet und danach nochmals fein beschliffen werden. Darauf folgt, oft in mehreren Schritten (und

rechts:
Mit einem dicken Pinsel wird die kräftig leuchtende Beize auf die bereits mit dunkler Kontrastfarbe behandelten und nochmals fein beschliffenen Pfeifenköpfe aufgetragen.

einem weiteren Zwischenschliff bei der zweifarbigen Kontrastbeizung), das Auftragen der Beizen, je nach Qualität in unterschiedlichen Farben. Spirituslösliche Beizen, wegen ihres sehr raschen Abtrocknens bevorzugt, werden mehrmals aufgetragen und - wie wir in einer englischen Fabrik beobachteten - regelrecht eingebrannt, indem man die von Beize triefend nassen Pfeifenköpfe „flambierte". Durch diese Prozedur erhöhen sich Intensität und Beständigkeit der Farbe. Nach einer Trocknung von mehreren Stunden erhalten die Pfeifen dann ihr endgültiges Finish. Für matte Oberflächen werden sie - oft sogar mehrmals - mit einem geeignetem Öl, z. B. Leinöl, behandelt und in Wärmeöfen getrocknet. Für polierte Oberflächen wird als Grundierung ein Firnis hauchfein aufgetragen, um die Holzporen oberflächlich zu schließen und ein Abreiben der Beize beim Polieren zu verhindern. Darauf folgt die Politur der Köpfe und Mundstücke mit feinen Schleifwachsen und schließlich die Glanzpolitur der Pfeifenköpfe, in der Regel mit dem harten pflanzlichem Carnaubawachs.

Heute sind immer mehr Hersteller dazu übergegangen, die Oberfläche ihrer glatten Pfeifen auch der mittleren und gehobenen Preislagen zu lackieren. Wir haben im Kapitel über Pfeifenpflege bereits darüber geschrieben. Die verwendeten modernen Lacke, in

jahrelangen Versuchsreihen auf die speziellen Anforderungen hin entwickelt und getestet, zeichnen sich durch besonders gute Haftfähigkeit, Hitzebeständigkeit und Abriebfestigkeit aus. Den EU-Vorschriften entsprechend

wurde der Anteil von Lösungsmitteln auf ein vertretbares Maß reduziert. In den vergangenen Jahren kamen die sogenannten „Fancy"-Pfeifen mit farbiger Lackierung stark in Mode. In Saint Claude entwickelte Chacom ein ganz spezielles Verfahren, bei dem ein hauchfeines elastisches Textilmaterial mit bunten Mustern über den Pfeifenkopf gezogen und durch Hitzebehandlung mit ihm verbacken wird. Abschließend erhalten die Pfeifenköpfe zum Schutz noch einen Klarlacküberzug.

Die Spritzlackier-Box bei MOLINA, wo auch bunte „Fancy"-Pfeifen produziert werden.

Zum Abschluss erfolgt in der Pfeifenmanufaktur noch eine eingehende Qualitätskontrolle, um die Pfeifen auf Gleichmäßigkeit von Politur oder Lackierung, auf Kratzer und beim Polieren wieder zutagegetretene Fehlerstellen zu überprüfen. Erst dann erhalten sie, je nach Sortierung, ihren Prägestempel mit Modellnummer und Markensymbol des Herstellers, den man neuerdings oft auch mit moderner Laser-Technik einbrennt, und werden schließlich für den Verkauf in Stoffbeutel und Falt- oder Stülpschachteln verpackt.

„Fancy"-Pfeifen von CHACOM, die in jedem Jahr mit neuen farbigen Mustern überraschen.

Auf einem großen Stahlgerüst stecken bei MOLINA die frisch lackierten Pfeifen, um in Ruhe abzutrocknen.

Dänische Pfeifenhersteller auf neuen Wegen

Unbelastet und kaum eingeengt von althergebrachten Produktionsmethoden haben die Dänen für die Herstellung von Bruyèreholzpfeifen gänzlich neue Wege eingeschlagen. In Zusammenarbeit mit findigen und sachverständigen Ingenieuren haben sie spezielle Kopiermaschinen entwickelt, mit denen sich nicht nur große Stückzahlen bearbeiten lassen, sondern die auch eine bis dahin nicht für möglich gehaltene Formenvielfalt in der Serienproduktion ermöglichen. Auch individuelle Shapes weit entfernt von traditionellen, klassischen Designs, wie sie vorher allenfalls von „Pibemagern" in aufwendiger Handarbeit gefertigt wurden, sind nun mit Hilfe moderner Maschinen fast uneingeschränkt reproduzierbar. Den Pfeifenrauchern kann diese Entwicklung nur recht sein, denn ihnen steht nun eine Welt neuer Formen offen, die sonst den besser betuchten Rauchern vorbehalten war und die sich mancher wirklich vom Munde absparen musste. Bekannte dänische Pfeifenmacher wie Sixten Ivarsson und sein Sohn Lars, „Former" H. J. Nielsen, Poul Rasmussen, Jørn Mikke, Jess Chonowitsch oder Tom Eltang haben ihre Kreativität in den Dienst der Pfeifenfabriken gestellt und - quasi als kleinen Nebenverdienst - einige wirklich einzigartige und noch heute mustergültige Modellentwürfe für die Pfeifenproduktion an Kopiermaschinen beigesteuert.

Am Anfang steht immer eine handgefertigte Pfeife

Für das Kopiermaschinenverfahren wird zu Anfang in Handarbeit eine Pfeife gefertigt. Nach ihrem Vorbild wird eine „Mater", ein Modell für die Abtasteinrichtung der Kopiermaschine hergestellt. Die ersten Maschinen arbeiteten mit einem Metallabguss des Originals im Maßstab 1:1. Die neuen Maschinen sind wesentlich effektiver und exakter in der Reproduktion, aber auch komplizierter in der Technik. Das Funktionsprinzip ist aber geblieben. Ein schmales Metallrad mit gerundetem Rand umfährt bei gleichzeitiger stetiger Vorwärtsbewegung die Mater und tastet so die Form des Pfeifenkopfes ab. Synchron umkreist eine schmale Radfräse den auf einem Spannkonus fixierten Bruyèreblock und schneidet aus ihm die Form heraus. Die Blöcke müssen dafür vorher kalibriert und bereits mit der späteren Kopfbohrung versehen werden, in die der Spannkonus eingreifen kann.

Die auf moderneren Kopiermaschinen eingesetzten Matern erinnern auf den ersten Blick eher an barocke, wulstig geschwungene kurze Stuhlbeine als an eine Pfeife. Um schwierige Partien wie Übergänge vom Kopf vorgangs. Man spannt das Original in die Fräsvorrichtung der Maschine und ersetzt die Radfräse durch ein Abtastrad. Auf der anderen Seite der Maschine montiert man anstelle des Abtasters eine Radfräse und spannt einen großen Kunststoffblock ein, in der Regel mittelhartes PVC. Im „Rückwärtsgang“ und mit verlangsamter Längsbewegung tastet nun die Maschine das Original ab und fräst mit einer bestimmten Übersetzung die spätere Mater aus dem Kunststoff.

auf den Holm oder asymmetrisch verlaufende Scheitelungen auf dem Pfeifenkopf später mit größter Genauigkeit fräsen zu können, müssen die Raumkoordinaten der Originalvorlage nämlich, je nach Pfeifenmodell verschieden ausgeprägt, so verändert werden, dass die Mater nun als ein verzerrtes Abbild des Originals erscheint. Die Herstellung dieser Art von Matern ist im Grunde eine Umkehrung des Kopier-

Die Feineinstellung und spezielle Übersetzung der Maschine muss für jedes Pfeifenmodell individuell vorgenommen werden. Das erfordert vom Maschinenmeister ein äußerst hohes Maß an Erfahrung, Augenmaß und Feingefühl. Das Einrichten dieser Kopiermaschinen dauert oft mehrere Stunden, immer wieder unterbrochen von Probeläufen. Ist die optimale Einstellung erreicht, geht alles weitere Schlag auf Schlag. Die Dauer des Kopiervorgangs in Anhängigkeit vom Längsvorschub der Fräsköpfe richtet sich nach dem Glättegrad der Pfeifenköpfe, der erzielt werden soll. Sie liegt zwischen etwa einer Minute für recht grob gerillte Oberflächen und bis zu drei Minuten für erstaunlich fein geglättete Oberflächen, die ohne weiteres schon für eine Sandstrahlbehandlung geeignet sind. Zwei oder gar vier Bruyèreblöcke können gleichzeitig in einem Durchlauf formgefräst werden. Ein geübter Bediener, der in Windeseile die fertig gefrästen Köpfe abnimmt und sofort neue Blöcke nachsteckt, kann, je nach eingestelltem Glättegrad und Kompliziertheit des Pfeifenmodells, einen Ausstoß von mehr als 100 Pfeifenköpfen in der Stunde erreichen.

In manchen Fabriken übernehmen solche Maschinen, ausgerüstet mit speziell entwickelten extrem schmalen Bandschleifern anstelle der Fräsen, auch einen Teil der Schleifarbeiten an den Pfeifenköpfen. Der Feinschliff erfolgt später aber wie von alters her immer noch von Hand an Schleifscheiben oder an Bandschleifern. Auch das Bohren von Rauchkanal und Zapfenloch sowie das Abrichten der Planfläche am Holm geschieht auf den gleichen Maschinen, die wir aus dem Bericht über die traditionelle Pfeifenfertigung bereits kennen.

Die wohl modernsten und leistungsfähigsten Maschinen dieser Art hat sich STANWELL ganz speziell für seine Bedürf-

Die große „Rhodesian“ von STANWELL, 1988 erstmals vorgestellt, zählt zu den über viele Jahre beliebtesten Modellen des dänischen Herstellers.

nisse bauen lassen und dabei alle Aspekte aus der langjährigen Produktionserfahrung einbezogen. Daher zählen die Modelle von STANWELL zu den originellsten Serienpfeifen, die der Handel dem Pfeifenraucher heute präsentieren kann.

So faszinierend die Pfeifenproduktion auf Kopierfräsmaschinen mit ihrer beeindruckenden Vielfalt möglicher Formen auch sein mag - ihr Einsatz stellt den Fabrikanten auch vor Probleme. Seine Investitionskosten wie auch die Einrichtkosten in der laufenden Produktion sind recht hoch und lassen sich nur durch große Ausstoßmengen kompensieren. Da aber die Weiterverarbeitung der Pfeifen immer noch - und mit ziemlicher Sicherheit auch weiterhin - zum größten Teil in Handarbeit geschieht, muss er entsprechend mehr Arbeitskräfte beschäftigen - wiederum ein Kostenfaktor. Und am Ende steht er vor der entscheidenden Frage: wird der Markt die riesigen Mengen von Pfeifen abnehmen? Mit Blick auf die Entwicklung des Gesamtkomplexes „Pfeife und Tabak“ und einem langsamen, aber stetigen Rückgang der Verkaufszahlen während der vergangenen Jahre sind Zweifel daran leider alles andere als unbegründet.

Die Mater für eine Zukermann-Kopierfräse, rechts ein roh gefräster Kopf und vorn das Endergebnis, die fertiggestellte Pfeife.

Pfeifen aus Dänemark und ihre Geschichte

Die Karriere der Bruyèrepfeife, wie wir sie heute kennen und schätzen, begann vor etwa 150 Jahren in dem französischen Jurastädtchen Saint Claude. Neben den bekannten Zentren der Bruyèrepfeifenfabrikation in Frankreich und England gab es bereits am Ende des 19. Jahrhunderts auch in anderen europäischen Staaten kleinere oder größere Produktionsstätten, so auch in Norditalien, in der Schweiz und in Deutschland. Sie belieferten fast ausschließlich die heimischen Märkte. Erst der Ruhm, der von den Pfeifen aus dem Hause Alfred Dunhill ausging, sorgte dafür, dass die „London Made" zum Synonym für gute Qualität wurde und sich zu einem bedeutenden Exportartikel entwickelte. Das Design bot europaweit ein ähnliches Bild: Von nationalen Spezialitäten wie den mit metallenem Zierrat beschlagenen „Kantonspfeifen" in der Schweiz einmal abgesehen, beherrschten klassische Formen wie „Billiard", „Apple", „Bulldog" oder „Dublin" das Angebot in den Tabakläden.

„Frischer Wind" kam mit Beginn der 60er Jahre von Norden, aus Dänemark. Aus Stahl lässt sich ein derber Amboss schmieden oder auch eine komplizierte feinmechanische Maschine herstellen. Das Material ist identisch, erst die Veredelung und spezielle Bearbeitung macht das Produkt kostbar. Ähnlich verhält es sich mit der Herstellung von Pfeifen. Die Dänen mussten sich schon etwas einfallen lassen, um mit der übermächtigen Konkurrenz der alteingesessenen europäischen Pfeifenfabriken Schritt halten zu können. Sie fanden ihren Weg in der Originalität der Pfeifenformen und in guter handwerklicher Qualität.

Fabrikgefertigte Pfeifen werden maschinell gebohrt, auf Kopierfräsen geformt und dann geschliffen, gekittet und gebeizt. Gewiss spielt auch hier die Handarbeit eine beträchtliche Rolle, sie ist aber unpersönlich. Wer nur den lieben langen Tag im Akkord Pfeifen beizt, poliert oder schleift, der wird kaum jemals einen engen Bezug zu dem Produkt entwickeln, das da durch seine Hände geht. Im Grunde ist es egal, ob es sich um Platinen für elektronische Geräte, um Kochtöpfe oder eben Pfeifen handelt. Daher wäre

Beispielhaft für dänische Kreativität und Formfreude sind diese drei Handmade-Pfeifen von Poul Winsløw (vorn), Jørn Larsen (Mitte) und - zumindest mit dänischem „feeling" - Holger Frickert (hinten).

es für die Arbeiter eine Überforderung, würde man ihnen auch noch Liebe zu dieser Tätigkeit abverlangen. Und doch ermöglicht, wie in anderen Industriezweigen auch, erst eine durchdachte Arbeitsteilung und der weitestgehende Einsatz von Maschinen eine effektive Produktion und damit für den Verbraucher erschwingliche Preise.

Der Traum vieler Menschen ist es, der Monotonie am Arbeitsplatz zu entfliehen. Für den Hersteller handgefertigter Pfeifen ist dieser Traum Wirklichkeit geworden. Allein aus der Geschicklichkeit seiner Hände wächst das Werkstück seiner Vollendung entgegen. Er leidet nicht unter dem Bewusstsein, nur ein kleines Rädchen im Getriebe einer Produktionsmaschinerie zu sein. Er kann seine Kreativität, seine Sorgfalt und seine Liebe vollends der handwerklichen Tätigkeit und dem Objekt widmen. Allerdings ist das Pfeifenmachen kein Beruf, der reich macht. Bei entsprechender handwerklicher Begabung und Kreativität ernährt es gewiss seinen Mann, doch gibt es wirklich nur sehr wenige Menschen, die mit Pfeifen Wohlstand erworben haben. Dazu gehört nämlich auch das Talent, sich und seine Schöpfungen mit voller Überzeugung zu vertreten und zu verkaufen. Diese Pfeifenmacher sind vor allem in Dänemark zu finden, und das hat wohl seine eigene Geschichte. Zum einen liegt es bestimmt an der größeren Verbreitung, welche die Pfeife in Dänemark erfahren hat, denn durch eine hohe Besteuerung waren dort die Zigarettenpreise schon immer extrem hoch, und eine Vielzahl von Rauchern hat sich notgedrungen der Pfeife stärker zugewandt. Zum anderen haben die Dänen viel Sinn für das Schöne entwickelt, für die Harmonie von Form und Material. Das „Danish Design" genießt schließlich nicht von ungefähr in aller Welt einen ausgezeichneten Ruf.

Die STANWELL Pfeifen-Palette aus den Jahren 1986/87, die man mit Blick auf den Markt in Deutschland um eine große Zahl neuer Modelle speziell für den Einsatz von 9 mm Filtern erweitert hatte.

Poul „Stanwell" Nielsen. Nach einem Gemälde in der STANWELL Pfeifenfabrik, Borup/DK.

Die Geschichte der dänischen Pfeife ist noch recht jung. In den 30er Jahren gab es dort nur eine englisch-dänische Pfeifenfabrik. Während des Krieges war man von

Pfeifenimporten abgeschnitten, auch an das Rohmaterial Bruyère war nicht heranzukommen. Zwei Holzkaufleute versuchten sich daher an der Pfeifenherstellung aus heimischen Hölzern. Natürlich musste das „Kind" einen möglichst englisch klingenden Namen haben, und so vertrieben sie ihre Erzeugnisse unter dem Namen STANWELL. Der große Erfolg blieb allerdings aus, selbst als nach Kriegsende das begehrte Bruyère wieder importiert werden konnte. Poul Stanwell (alias Poul Nielsen) musste sich von einem amerikanischen Importeur sagen lassen: „Ich habe von dänischem Käse und von dänischer Butter gehört, aber niemals von dänischen Pfeifen". Das sollte sich bald ändern. Heute zählt STANWELL zu den Größten der Branche. Mit enormem kreativen Potenzial hat man stets eine zeitgemäße und innovative Modellpolitik betrieben. Ohne die Pfeifen von STANWELL wäre unsere Pfeifenlandschaft um viele Blickpunkte ärmer.

1954 gründete der Schiffbauingenieur Georg Jensen in Kopenhagen eine Pfeifenfabrik. Er hatte schon früher für den eigenen Bedarf Pfeifen selbst gefertigt und brachte nun seine technischen Kenntnisse und Fertigkeiten in die Pfeifenherstellung ein. Georg Jensen fand sehr bald einen eigenen, ja eigenwilligen Stil in der Entwicklung seiner Pfeifenmodelle. Mit dem Umstieg auf die vom so wichtigen deutschen Markt geforderten 9 mm Filterpfeifen tat man sich aber schwer, und so gerieten die Pfeifen von Georg Jensen bei uns allmählich ins Abseits. Völlig zu Unrecht übrigens, denn wer sich mit Pfeifen auskennt, der wußte das ausgesprochen gute Preis-Leistungs-Verhältnis dieser Pfeifen sehr wohl zu schätzen. Leider ist es Per Jensen, dem Junior, nicht mehr gelungen, dem Markennamen Georg Jensen wieder den gebührenden Stellenwert zu verschaffen - die Pfeifenfabrik Georg Jensen wurde 2003 geschlossen. Glücklicherweise ist uns aber Per Jensen erhalten geblieben. Er leitet heute bei Mac Baren die Öffentlichkeitsarbeit, mit viel Engagement und sehr erfolgreich, wie wir als Gäste im Hause Mac Baren selbst erleben konnten.

Typische Formen aus der Modellpalette der kleinen Manufaktur Jarl/Kolding von 1979. Die „Erdbeere" (oben rechts) zählt bis heute zu Heiko Behrens Lieblingspfeifen.

links: Mit der „Royal Navy" bewies Georg Jensen 1987 Mut zur Innovation: die sandgestrahlteVersion dieser Serie erschien in leuchtendem Marineblau.

Natürlich gab es neben den bereits genannten Fabriken noch viele andere kleinere Betriebe, die den dänischen und internationalen Markt mit typisch dänischen Pfeifen versorgten. Dazu gehören Bari, Danmore, Jarl/Kolding, Kriswill, Nørding, Svendborg und Tabago mit Torben Dansk, um nur einige Marken zu nennen. Ruhm und Originalität der dänischen Pfeife waren und sind aber weniger mit diesen Fabrikpfeifen verbunden als vielmehr mit den handgefertigten Einzelstücken der Pfeifenmacher.

Mit eigenwilligen, teils asymmetrisch geformten Modellen stellte TORBEN DANSK 1987 nochmals Pfeifen für den 6 mm Filter vor, die Neuauflage einer Serie aus den Jahren 1977/78.

Einige Fachgeschäfte in Kopenhagen betrieben eine kleine Werkstatt für Pfeifenreparaturen, so auch die Firma Suhr. Dort arbeitete nebenberuflich Sixten Ivarsson. Es war eigentlich eher ein Zufall, dass er zum Pfeifenmacher wurde. Ein Kunde legte ihm die Skizze seiner „Traumpfeife" vor und bat ihn, doch einmal den Versuch zu wagen. Ein geeigneter Bruyèreblock wurde gefunden und die Pfeife fertiggestellt. Sie fand Gefallen, und weitere Aufträge ließen nicht lange auf sich warten. Die eigenwilligen Pfeifen-

Eine wunderschöne „Cross Grain"-Pfeife des schwedischen Künstlers Bo Nordh, deren Form auf eindrucksvolle Weise das Wechselspiel von „Straight Grain" und „Bird's Eye"-Maserung zur Geltung bringt.

formen aus der Hand Sixten Ivarssons verkörperten einen originellen und völlig neuen Stil. Deswegen bat ihn die Pfeifenfabrik STANWELL, einige Modelle für ihre Kollektion zu entwerfen. Das STANWELL-Design aus der Hand von Sixten Ivarsson wurde weltbekannt. Suhr richtete eine Pfeifenmacherwerkstatt ein und fand in dem talentierten Poul Rasmussen einen Nachfolger für Ivarsson, als dieser sich selbständig machte. Noch heute gilt der mittlerweile verstorbene Sixten Ivarsson als der „Meister der Meister" in der Pfeifenmacherzunft. Fragte man ihn, wer denn „der Beste" sei, so trat er bescheiden zurück und gab seinem jungen

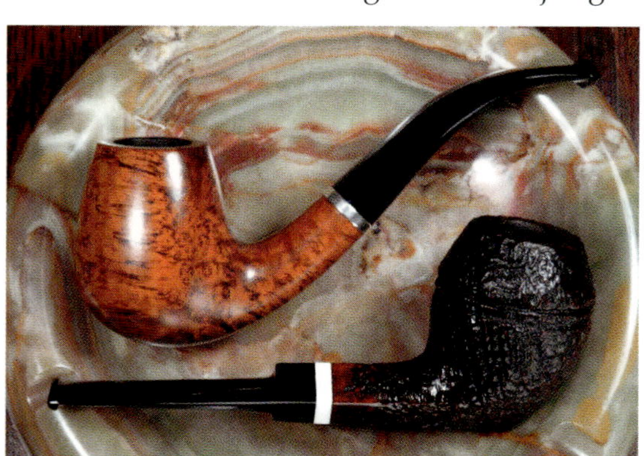

Zwei Pfeifen aus der „Atterup Pibemageri" von Emil Chonowitsch - klassische Formen, fast unscheinbar, und doch von besonderer Leichtig keit und Eleganz.

schwedischen Kollegen Bo Nordh den Vortritt. Dieser kreative Künstler, seit seinem neunzehnten Lebensjahr durch einen Unfall querschnittgelähmt, stellte in Handarbeit wirklich wunderschöne Pfeifen her, die unter Pfeifenliebhabern in der ganzen Welt hochgeschätzt und begehrt waren. Bo Nordh verstarb im Jahre 2006.

Bei Poul Rasmussen in „Suhr's Pibemageri" erlernte die „erste Generation" der dänischen Pfeifenmacher ihr Handwerk. Namen wie Emil Chonowitsch, der 1995 verstorbene „Grandseigneur" und Philosoph unter den Pfeifenmachern, sein Sohn Jess Chonowitsch, Svend Knudsen und auch H. J. Nielsen, genannt „Former" wären hier an erster Stelle zu nennen. Leider verstarb Rasmussen früh, und seine Frau Anne Julie führte das Geschäft weiter. Sie erlangte in den 80er Jahren als einzige Pfeifenmacherin der Welt viel Publizität.

W. Ø. Larsen und später auch Svend Bang, der seinerzeit als Geschäftsführer bei Larsen tätig war, holten sich einige dieser pfeifenbegeisterten und handwerklich talentierten jungen Leute in ihre Tabakgeschäfte,

rechts:
Die Form dieser eleganten Handmade-Pfeife von W. Ø. Larsen folgt dem fächerförmigen Wuchs des Plateauholzes und zeigt ein „Straight Grain" von optimaler Ausprägung.

richteten ihnen eine Werkstatt ein und vertrieben dann deren Pfeifen unter ihrem Firmennamen. So hat mancher Pfeifenfreund unter dem Namen W. Ø. Larsen ein Stück aus der Hand von „Former" oder Poul Ilsted in seiner Sammlung. Der Kreis der Pibemager erweiterte sich ständig, und auch heute noch machen in Dänemark immer wieder jüngere Künstler mit ihren Kreationen von sich reden. Die individuell gefertigten Pfeifen aus der Hand von Jørn Larsen,

P. H. Vigen sowie von Søren Vagn Nielsen und Kurt Balleby haben auch hier bei uns in Deutschland viel Beachtung gefunden.

Pfeifengeschichte schrieb auch Viggo Nielsen, der Nestor der dänischen Pfeifenmacher. Er gründete in Kolding eine Pfeifenmanufaktur und nannte sie BARI. In den 70er und 80er Jahren zählten die Serienpfeifen von BARI aus Kolding in Mitteljütland zum „Muss" in jedem guten Pfeifengeschäft. Übrigens war Viggo Nielsen einer der ersten, der Kopierfräsen eigener Konstruktion für die Serienfertigung einsetzte. Mit der eher langweiligen Routine in einer Pfeifenfabrik und den vielfältigen Zwängen, die der Handel mit Pfeifen nun einmal mit

sich brachte, hatte Viggo Nielsen nicht viel im Sinn, und so trennte er sich von BARI, um in Faaborg auf der Insel Fünen seine eigene neue Werkstatt zu eröffnen und sich gänzlich der Herstellung handgefertigter Pfeifen zu widmen. Er spezialisierte sich auf einige typische Grundmodelle von ganz be sonderer, eigenwilliger Schwungkraft, die er nach Vorgabe der Maserung variierte und individuell gestaltete. „Faaborg Piben" - der Name hatte unter deutschen Pfeifenliebhabern einen guten Klang, denn diese Pfeifen boten wirklich viel fürs Geld: viel zum Ansehen, viel zum Fühlen und viel Genuss beim Rauchen. Viggo Nielsens Söhne Jørgen und Kaj erlernten bei ihrem Vater das Pfeifenmacherhandwerk „von der Pike auf" und waren lange Zeit in seiner Werkstatt tätig, bevor sich beide selbständig machten und ihre eigenen Kollektionen vorstellten - Kaj mit eher klassisch geprägten Pfeifen, Jørgen mit eher freien Formen. Den Markennamen „Faaborg Piben" allerdings durften nur die

Klassische Formen von fast geometrischer Strenge sind das Kennzeichen vieler Kreationen des Künstlers P. H. Vigen aus Kopenhagen.

Pfeifen aus Viggo Nielsens eigener Hand tragen. Vor wenigen Jahren zog sich Viggo Nielsen aus der Pfeifenmacherei zurück.

In aller Munde ist auch der Name Poul Winsløw. Sein Stern ging erstmals Mitte der 80er Jahre am Pfeifenhimmel auf, und - um im Bild zu bleiben - seine Leuchtkraft stieg von Jahr zu Jahr. Heute gilt Poul Winsløw als einer der wichtigsten Exponenten dänischer Pfeifenkunst. Augenfällig sind vor allem die ausdrucksvoll hervorgehobene Maserung und die wunderschön leuchtenden

Viggo Nielsen in seiner Werkstatt, wie immer mit seiner hellen Pudelmütze, die er - quasi als Markenzeichen - während seiner vielen Vorführungen bei deutschen Fachhändlern stets auf dem Kopf trug.

Farben seiner Pfeifen, die er durch eine ausgetüftelte Beiztechnik erzielt, sowie seit einigen Jahren kunstvoll ausgeformte Holmverzierungen, die er aus verschiedenfarbigen Kunstharzen, zum Teil von Edelmetalleinschlüssen durchsetzt, selbst herstellt. Sein Handwerk und die grundlegenden „Kniffe"

Zwei typische Faaborg Pfeifen aus der Hand von Viggo Nielsen: lebhaft geschwungen und griffig in der Form mit ausgesucht schöner Maserung.

Eine kleine Auswahl aus der schier unerschöpflichen Modellpalette von Poul Winsløw, dessen kreativem Geist immer wieder neue attraktive Formen, Finishes und Verzierungen entspringen.

erlernte er in den Werkstätten von Preben Holm, der die Herstellung von „Freehand-Pfeifen" im Manufakturstil betrieb. Hier wurden die Bruyèreblöcke mit den nötigen Bohrungen versehen, dann drehte man Kopf und Holm grob vor und setzte ein passendes Mundstück an. Das weitere Ausformen der Köpfe an der Schleifscheibe übernahmen

Diese sandgestrahlte „Freehand"-Pfeife aus den 70er Jahren mit herrlich ausgeprägter Maserung ist ein Paradebeispiel für die Kreationen der Manufaktur von Preben Holm.

junge Talente wie Poul Winsløw, die unter bestmöglicher Ausnutzung der Maserung sehr schöne Ergebnisse hervorbrachten. Auf diese Weise entstanden in großer Stückzahl und schon fast im Fließbandverfahren individuell gestaltete Pfeifen, die in den 70er und 80er Jahren auch bei uns in Deutschland viele Freunde fanden. Poul Winsløw ging also aus einer denkbar guten Schule hervor, die ihm neben handwerklichen Fähigkeiten und umfassendem Know-How der Pfeifenmacherei auch das Gespür für rationelles Arbeiten mit auf den Weg gab - ein enormes Plus für einen kreativen Pfeifenmacher, der im heutzutage recht eng gewordenen Markt Erfolg haben und auf Dauer bestehen will. Poul Winsløw hat es erreicht: seit Mitte der 80er Jahre ist er international „im Geschäft", und er wird uns mit seinem Ideenreichtum und seinen immer wieder neu gestalteten Pfeifen sicherlich auch in Zukunft erfreuen.

Auch Erik Nørding erwarb sich mit seinen Serienpfeifen einen guten Namen. Er verband auf ansprechende Weise klassische Grundformen mit leichter, schwungvoller Linienführung und hat damit einen unverwechselbaren Stil ins Leben gerufen. Die Kreativität und die Erfindungsgabe des ursprünglich im Maschinenbau tätigen Ingenieurs kamen der Produktion zugute, denn er verstand es meisterhaft, seine Kenntnisse in der Konstruktion neuer Maschinen bei der Fertigung seiner Pfeifen optimal umzusetzen. Er hat darüber hinaus auch für andere Pfeifenproduzenten Maschinen umgerüstet oder konstruiert, so dass er mit Recht als einer der Pioniere der modernen Pfeifenfertigungstechniken gilt. Ein weiteres Merkmal

Bjarne Nielsen († 2008) in seinem Element - auf einer Pfeifenschau im November 2007 in der DTM-Tabakmanufaktur.

Die „Sipper" von 1988 mit ihren rundum als Spirale gefrästen Köpfen und der „Entenkopf" mit Amber-Acrylmundstück und vergoldetem Deckel bezeugen Erik Nørdings Gespür für schwungvolle Formgestaltung - und seinen Sinn für Witz im Umgang mit der Pfeife.

dieses humorvollen, manchmal auch recht „schlitzohrigen" Vollbluthandwerkers ist sein Gespür für die Tendenzen im Markt. Als sich gegen Ende der 80er Jahre der weltweite Rückgang des Pfeifenabsatzes anzukündigen begann, fuhr er seine Produktion herunter und konzentrierte sich mehr und mehr auf die Fertigung hochwertiger Handcut-Pfeifen. Wir hatten mehrfach Gelegenheit, ihm bei der Arbeit zuzusehen und waren immer wieder fasziniert, mit welch sicherer Hand und in welcher Geschwindigkeit er, fast beiläufig und gänzlich ohne jede Hast, seine Pfeifen an der Schleifscheibe formte.

Bjarne Nielsen hat als einer der ersten die große Bedeutung der Filterpfeife für den deutschen Markt erkannt und mit seinen Pfeifen seit Ende der 70er Jahre konsequent auf diesen Abnehmerkreis gesetzt. „Bjarne Pipes" wurden anfangs, ähnlich wie die Pfeifen von Preben Holm, im Manufakturstil gefertigt und konnten daher zu erstaunlich günstigen Preisen angeboten werden. Damit hat Bjarne vielen Rauchern in Deutschland und auch im Ausland den Weg gewiesen zur handgefertigten Pfeife individueller Prägung. Dabei kam Bjarnes Vermarktungssystem auch einer Reihe versierter dänischer Pfeifenmacher zugute, die er unter Vertrag nahm und denen er das Rohmaterial vorfinanzierte. Sie arbeiteten zwar in ihren eigenen Werkstätten, ihre Kreationen kamen aber als „Bjarne Pipes" in den Handel: preiswertere Pfeifen mit dem Stempel „bjarne" und dem „bj"-Logo auf dem Mundstück, die hochwertigen Exemplare mit dem Schriftzug „Bjarne Nielsen". Im Februar diese Jahres verstarb Bjarne plötzlich und unerwartet. Mit ihm haben wir einen langjährigen guten Freund verloren, und die dänische Pfeifenmacherzunft einen ihrer großen Exponenten.

„Bjarne Pipes" zeigen durchaus Anklänge an klassische Vorbilder, der „freie" dänische Einfluss ist aber stets erkennbar.

Zwei weitere Pfeifenmacher wollen wir noch nennen, die man ebenso wie Bjarne Nielsen zu den „Pionieren" der modernen handgefertigten dänischen Filterpfeife zählen kann: Karl Erik (Ottendahl) und Søren Refbjerg. Auch sie fertigten unter Manufakturbedingungen ihre individuell gestalteten Pfeifen mit viel Gespür für die Vorlieben

Handmade-Pfeifen von Karl Erik Ottendahl aus dem Jahre 1992. Handfreundlich, dickwandig, dabei aber stets schwungvoll und individuell.

der deutschen Pfeifenraucher: kompaktere Modelle mit großen Köpfen. Pfeifen von Karl Erik wurden über Planta in Berlin vertrieben, wo er auch einige Zeit als Berater für Design Berlin tätig war. Karl Erik Ottendahl verstarb im Jahre 2004. Søren Refbjerg hat sich inzwischen aus der Pfeifenproduktion zurückgezogen und zeitweise das Geschäft des leider verstorbenen dänischen Materiallieferanten Peer E. Hermann geführt, bevor es in die Regie von STANWELL überging.

Die Geschichte der dänischen Pfeife wäre nicht vollständig ohne die Erwähnung der Firma PIBE DAN in Kopenhagen. Dan Christensen gab als erster einen Katalog mit dänischen Pfeifen verschiedener Hersteller heraus. Bei ihm konnten Hobby-Pfeifenmacher ihr Material kaufen und ihre Werke in Kommission geben. Mancher konnte hier den Grundstein für seine späteren Erfolge und Bekanntheit legen. Dan interessierte die als zahlungskräftig und -willig geschätzten amerikanischen Touristen für die Kreationen junger dänischer Pfeifenkünstler und bediente auf dem Versandwege die Kunden in aller Welt. Die höchsten Preise erzielten handgefertigte Pfeifen aus Dänemark übrigens in Japan. Sixten Ivarsson und sein Sohn Lars, Jørn Mikke, sowie Emil und Jess Chonowitsch genossen bei japanischen Pfeifenenthusiasten eine ähnliche Verehrung, wie man sie dort Komponisten der europäischen Klassik entgegenbringt. So erzählte uns Emil Chonowitsch einmal von einem Anruf des Kopenhagener Büros der japanischen Fluggesellschaft. Dort hatte ein „Fan" seiner Pfeifen ein kostbares, aus Silber individuell gefertigtes Feuerzeug hinterlegt. Einfach so, aus tiefer Dankbarkeit und Bewunderung.

Die Herstellung eigener Pfeifen wurde in Dänemark ein beliebtes Hobby, zu dessen Verbreitung die Firma PIBE DAN einen großen Beitrag geleistet hat. Sie bot in ihrem Geschäft nämlich die nötigen Rohmaterialien an: Bruyèreblöcke, roh oder bereits vorgebohrt, dazu Mundstücke und vieles andere mehr. Immer mehr Pfeifenraucher fanden Freude an dieser geruhsamen, kreativen Freizeitbeschäftigung, und auch bei uns in Deutschland stieß diese Idee auf reges Interesse. Die Firma DAN PIPE in Lauenburg hat

Bruyèreblöcke in verschiedenen Bohrungswinkeln für den Hobby-Pfeifenmacher, Ausgangsmaterial für Ihre eigenen Gestaltungsversuche.

sich seit Mitte der 70er Jahre auf diesem Gebiet spezialisiert und bietet mit ihrem Katalog ein breites Sortiment von Material und Zubehör für Hobby-Pfeifenmacher an.

Den Beruf des Pfeifenmachers findet man übrigens nicht im offiziellen Lehrangebot. Einzig im norditalienischen Gavirate, ehemals Metropole der italienischen Pfeifenfabrikation, hat man in den späten 80er Jahren mit Unterstützung der dort ansässigen Pfeifenproduzenten ein Ausbildungszentrum für den Beruf des Pfeifendrehers gegründet. Der dreijährige Ausbildungsgang ist aber nur einmal durchgezogen worden - von den etwa 30 Absolventen fand am Ende kein einziger eine Anstellung in der Pfeifenproduktion. Die Schule wurde kurz darauf wieder geschlossen. Zwar haben viele der heute unter uns Pfeifenrauchern berühmten Künstler den Umgang mit der Materie bei einem Pfeifenfabrikanten erlernt und sich erst später selbständig gemacht, doch es gibt wohl ebenso viele Pfeifenmacher, die ihren erlernten Beruf aufgegeben haben und heute ihr ursprüngliches Hobby als - zumindest anteiligen - Broterwerb betreiben.

Bei der Pfeifenmacherei kommt man ohne das geeignete Werkzeug und leistungsfähige, für diese Zwecke geeignete Maschinen kaum aus, wenn man mehr erreichen will als nur einen kreativen Zeitvertreib. Die auf Holzbearbeitungsmaschinen spezialisierte dänische Firma Gundel & Bergstrøm, heute bei Køge auf Seeland ansässig, entwickelte sich im Laufe der Jahrzehnte zum „Hoflieferanten" dänischer Pfeifenhersteller.

Poliermotoren, Polierscheiben und -pasten, Schleifmittel und Zubehörteile für Schleifmaschinen - bei Gundel & Bergstrøm war alles zu haben. Das nötige Rohmaterial bezog man bei PIBE DAN in Kopenhagen oder bei Peer E. Hermann in Flakkebjerg.

Von den Anfängen der Hobby-Pfeifenmacherei mit eher ungelenken Ergebnissen hin zur professionellen Kreation: zwei handgefertigte Pfeifen von Holger Frickert aus den Jahren 1981 (hinten) und 1998 (vorn).

Peer E. Hermann fing in den 50er Jahren ganz klein an und gründete in Flakkebjerg bei Slagelse auf der dänischen Hauptinsel Seeland eine Importfirma für Bruyèreholz. Anfangs musste er zusätzlich noch als Nachtportier in einem Hotel arbeiten, um sich und sein Geschäft über Wasser zu halten. Doch recht bald gelang es ihm, seine kleine leistungsfähige Firma auf solide Beine zu stellen und als eine Institution in der Pfeifenwelt zu etablieren. Zum Bruyèreholz kamen bald auch andere Artikel wie Ebonitstangen, Mundstückrohlinge, Beizen, Hornspitzen, Perlbambus usw.. Bei ihm gab es alles, aber auch alles, was man so für die Pfeifenherstellung braucht. Man nannte ihn überall nur „Hermann".

Peer E. Hermann bot seinen Kunden einen sehr persönlich geprägten Service, wie man ihn in unserer Zeit kaum mehr kennt oder auch nur für möglich halten mag. Ihm machte es nichts aus, seinen Kunden dringend benötigte Waren notfalls selbst ins Haus zu bringen, auch wenn es nur um „Kleinkram" ging und er dafür einmal hin, einmal zurück quer durch Dänemark fahren musste. „Freude verbreiten" nannte er das, und er tat es von Herzen gern. Peer E. Hermann wusste über alle seine Kunden genauestens Bescheid. In seinem „Sündenregister", wie er es schelmisch nannte, notierte er über jeden von ihnen feinsäuberlich nicht nur alles, was er bei ihm gekauft hatte, sondern auch persönliche Daten wie Alter und Geburtstag, auch den der Ehefrau, die Namen der Kinder usw., so dass man zuweilen glaubte, Hermann wisse mehr über einen als man

Ein „Urgestein" der dänischen Pfeifenmacherzunft war Poul Hansen, von Haus aus Ingenieur, der bis in die 90er Jahre in Kopenhagen seine kleine Werkstatt betrieb.

selbst. Auch Holger Frickert, Pfeifenmacher und Mitautor dieses Buches, bezog viele Jahre sein Material in Flakkebjerg und lernte Peer E. Hermann dort kennen und schätzen.

„Hermann war für mich der Inbegriff des Dänen, ein Ausbund an Lebensfreude mit einer gehörigen Portion Verschlagenheit, liebenswert, offenherzig und gastfreundlich, voll Geist und Witz - ein Unikum. Gustav Wied hätte in ihm eine herrliche Vorlage für eine Person in seinen Romanen der ‚Knagsted' - Trilogie gefunden. Hermann ließ es sich nicht nehmen, mit uns auf deutsch zu sprechen, und er genoss die witzigen Sprachverdrehungen, die er in seine Übersetzung aus dem Dänischen bewusst einbaute. So prägte er das Wort „Langweilig-Rauchen" für die dänische Meisterschaft im Pfeifen-Langzeitrauchen. Trotzdem nahm er an jeder dieser Veranstaltungen teil - als Gast, denn hier gaben sich einmal im Jahr alle seine Freunde ein Stelldichein. Das durfte er auf keinen Fall versäumen. Er liebte die Geselligkeit. Und wo Hermann auftauchte, war es ganz gewiss niemals langweilig."

Peer E. Hermann, „Hoflieferant" aller berühmter dänischer Pfeifenmacher, stopft genüsslich seine Pfeife.

„Ich hatte einige Male das Vergnügen, Hermann zu treffen und erinnere mich noch an unsere erste Begegnung, als wäre es gestern gewesen. Kaum angekommen in Flakkebjerg, begrüßte mich ein schelmisch schmunzelnder kleiner Kerl auf der Schwelle seines geduckten alten Reetdachhauses und lud mich sofort ein zu „Øl og Ost" (Bier und Käse, einem gut abgelagerten, stark duftenden Havarti). In der guten Stube seines uralten Bauernhauses, „hyggelig" eingerichtet, wie es typischer dänisch nicht sein kann, nahmen wir in einem der Biedermeiersessel Platz und ließen es uns schmecken. Mein Blick schweifte über die tiefe Zimmerdecke, über Bücherregale und kleine mahagonigerahmte Bilder, durch die Spitzenvorhänge der Sprossenfenster auf die blühenden Stockrosen im Vorgarten. Welch ein Platz zum Wohlfühlen! Man sprach über Gott und die Welt, die kleine Welt der Pfeifenmacher im besonderen. Nicht selten vergaß man ob dieser Annehmlichkeiten die Geschäfte, und mancher Vormittagsbesuch endete erst am späten

rechts: So etwa kann man sich den Blick in Hermanns Materiallager vorstellen. Akribische Ordnung war seine Sache nicht - und wer genügend Zeit zum Suchen mitbrachte, wurde ganz gewiss auch fündig.

Abend. Die Bierflasche in der Hand, stapfte man - Hermann voraus - durch sein Warenlager in der alten Scheune. Was gab es da zu entdecken! Man turnte über große Jutesäcke voll mit Bruyèrekanteln, stolperte durch die scheinbar wahllos auf dem Boden verstreuten Blöcke, aus denen sich ein Vorbesucher einige schöne Stücke ausgesucht hatte. Und dann zeigte Hermann seine Schätze: feinst gemasertes Bruyèreholz aus Korsika, Plateaublöcke von gigantischen Ausmaßen, „Elefantenfüße" genannt, kostbaren Perlbambus und lebhaft gemaserte Brasilhornspitzen für Pfeifenholme, jede Menge Mundstücke und dergleichen mehr. Es war jedes Mal ein kleines Abenteuer, bis man endlich mit allem versorgt war, was man brauchte (oder auch nicht - denn vieles hatte gar nicht auf der Einkaufsliste gestanden). Und ebenso herzlich wie die Begrüßung vollzog sich dann auch der Abschied."

Das kehrt leider nicht mehr wieder. Peer E. Hermann starb 1996 im Alter von 77 Jahren. Mit seinem Tod ist die Pfeifenbranche um eine bedeutende Institution ärmer geworden. Mit ihm ging auch ein Stück gute, alte, heile Welt.

Wenn im Zusammenhang mit dänischen Pfeifen von Fabriken die Rede ist, gilt dies eigentlich nur mit Einschränkungen. Die Vorstellung von riesigen hohen Hallen, vollgestellt mit diversen Maschinen, an denen womöglich Hunderte von Menschen wie am Fließband ihre Arbeit verrichten, trifft ganz und gar nicht zu. Im Grunde ist „Pfeifenmanufaktur" der richtige Ausdruck. Die Anzahl der Mitarbeiter liegt meist bei zwei bis drei Dutzend, und - auch dafür sind die Skandinavier ja berühmt - die Arbeitsatmosphäre hat Werkstattcharakter mit liebenswert familiären Zügen. Es sind übrigens oft überwiegend Frauen, die für die handarbeitsintensiven Fertigungsschritte wie das Feinschleifen, Färben und Polieren zuständig sind. Die geringe Größe der Betriebe hat sich im Prinzip bewährt, denn sie können sich leichter auf die Trends und Schwankungen im Marktgeschehen einstellen. Leider hat seit Mitte der 80er Jahre der weltweite Rückgang des Rauchens im allgemeinen und damit auch des Pfeifenrauchens trotzdem für manche dänische Pfeifenmarke das Ende bedeutet. Einstmals bekannte Namen wie Danmore, Jarl, Tabago oder Zettervig sind heute nurmehr Pfeifengeschichte.

Parade der Filterpfeifen von Georg Jensen aus dem Jahre 1985.

Die Entstehung einer handgefertigten Pfeife

Frank Axmacher, ein junger Pfeifenkünstler aus dem Ruhrgebiet, schuf diese wundervoll leichte Schönheit, die sich hier von beiden Seiten eindrucksvoll präsentiert.

Grundsätzlich unterscheiden wir bei der Herstellung einer handgefertigten Pfeife zwei Arbeitsweisen. Klassische Formen werden auch hier weitgehend auf der Drehbank vorgedreht und später an Schleifmaschinen ausgeformt. Die „Freehand"-Pfeifen dagegen werden, wie der Name schon sagt, von Anfang an aus freier Hand an der Schleifscheibe geformt. Leider hat sich in Deutschland eine irreführende Verwendung dieses Begriffs eingebürgert - man bezeichnet damit fälschlicherweise jene oft eher klobigen Pfeifen, die sich in den 70er und 80er Jahren in den USA als „Fancy Pipes" großer Beliebtheit erfreuten. Auch bei uns fanden sie viele Freunde, ihre Blütezeit ist aber vergangen. Nur die dänische Pfeifenmanufaktur BARI stellte sie zuletzt noch in nennenswerten Stückzahlen her, und sie finden immer noch ihre Abnehmer. Diese „Fancy Pipes" werden aus Plateaublöcken gefertigt, die man grob

Zwei knuffig-handliche Pfeifen von BARI, typische Beispiele für die „Fancy Pipes" mit der natürlich gewachsenen Plateauborke auf dem breiten Kopfrand.

vorsägt, bohrt und dann in wenigen Arbeitsgängen unter weitestgehender Einbeziehung des Maserungsverlaufs an der Schleifscheibe formt. Augenfälligste Merkmale dieser Pfeifen sind die Borke der Bruyèreknolle, die als Kopfrand meist stehen gelassen und nur mit einer Stahlbürste von Rindenresten befreit wurde, und ein häufig auch schmuckvoll gedrechseltes Steckermundstück. Es ist wohl neben der oft eigenwilligen Form vor allem das materialbetonte rustikale Aussehen, das den Reiz dieser Pfeifen ausmacht. Die echten „Freehands" sind in der Herstellung weitaus komplizierter und aufwendiger.

Ihr Ausgangsmaterial ist überwiegend Plateauholz, dessen „Straight Grain"-Maserung bei den Liebhabern individuell

gestalteter Pfeifen in aller Welt den höchsten Beliebtheitsgrad genießt. Der Schönheit von Pfeifen mit einer „Cross Grain"-Maserung, wie sie Sixten Ivarsson in den 70er Jahren zu höchster Vollendung gebracht hat, wurde und wird auch heute noch kaum die gebührende Bachtung zuteil, weshalb sich auch eher selten ein Pfeifenkünstler mit ihrer recht komplizierten Fertigung befasst. in aller Regel strahlenförmig gefächert von der Mitte der Knolle nach außen. Aus diesem Grunde fertigen die Pfeifenmacher bevorzugt leicht gebogene Pfeifen, deren Gestalt sich dem Maserungsverlauf eines guten Blocks eben am besten anpassen lässt. An der Bandsäge wird nun die skizzierte Form grob aus dem Block herausgesägt und anschließend an der Schleifscheibe ausgear-

Kopf einer frei geformten „Cross Grain"-Pfeife, für das anschließende Beizen bereits feingeschliffen. Dahinter das Ausgangsmaterial, ein Bruyèreblock der Größe R 2 3/4.

Vor Beginn der gestalterischen Arbeit wird der Bruyèreblock abgeschliffen, um den Verlauf der Maserung deutlicher sichtbar zu machen. Flach gemaserte Holzpartien und größere Fehlerstellen werden an der Bandsäge abgetrennt. Manchmal reicht das verbliebene Stück Holz dann nicht einmal mehr für eine mittelgroße Pfeife. Glücklicherweise finden dänische und deutsche Pfeifenmacher aber auch für solche „Zwergpfeifen" Abnehmer - die Japaner können sich gerade für diese kleinen Pfeifen aus Künstlerhand besonders begeistern. Weist das Holz dann keine größeren sichtbaren Fehler mehr auf, kann man beginnen, eine Form zu entwerfen, welche die Maserung bestmöglich ausnutzt, um sie dann auf dem Block vorzuzeichnen. Nur selten gelingt es, einen Bruyèreblock zu finden, der ein „Straight Grain" für eine Pfeife mit geradem Kopf und Holm abgibt, denn die Maserung verläuft ja beitet. Vor dem Ausbohren der Rauchkammer werden Kopf und Holm oft noch mittels Hilfslinien zentriert.

Nun folgt der interessanteste und immer wieder faszinierende Arbeitsschritt: der Pfeifenmacher nimmt den grob zugeschliffenen Pfeifenkopf fest in beide Hände und führt ihn mit wohldosiertem Druck gegen einen langsam rotierenden Löffelbohrer. Es sieht eigentlich kinderleicht aus, was da vor sich geht. Und doch gehört eine riesige Portion Erfahrung dazu, aus der freien Hand die optimale Bohrrichtung und -tiefe zu erspüren. Außerdem ist diese Art des Bohrens nicht ganz ungefährlich. Trifft der Bohrer auf einen steinigen Einschluss oder Hohlraum im Holz, so kann er den Block derart stark verreißen, dass er kaum noch mit den Händen zu halten ist. Mit einem Zentrierbohrer wird dann der Ansatz der Holmbohrung vorgesenkt, anschließend wird das Zapfenloch ausgebohrt. Dazu verwenden viele Pfeifenmacher einen im Maschinenbau gebräuchlichen Spezialbohrer, dessen Konstruktion das gleichzeitige Planfräsen der Stirnfläche am Holm erlaubt. Auch der Rauchkanal wird wieder freihändig gebohrt. Dem Betrachter erscheint es wie Zauberei: Auf den Millimeter genau trifft der lange schlanke Spiralbohrer auf den Boden der Rauchkammer.

Schließlich passt der Pfeifenmacher ein Mundstück an, welches er oft ebenfalls von Hand formt, um der Pfeife eine gestalterische Einheit zu geben. Danach folgen weitere Schleifarbeiten, die unter Umständen wegen neu hervortretender Fehlerstellen auch ein Nach- oder Umformen der Pfeife erforderlich machen, bis nach dem abschließenden Feinschliff der Pfeifenkopf je nach Güte von Maserung und Holzqualität eingefärbt und dann zusammen mit dem Mundstück poliert wird.

Skulptur-Pfeifen, eine kunstvolle Rarität

Auch die Skulpturschnitzerei, die wir heute eigentlich nur noch an Meerschaumpfeifen zu sehen bekommen, hat auch in der Bruyèrepfeifenfertigung eine weit zurückreichende Tradition. Bruyèrepfeifen mit mehr oder minder fein beschnitzten Köpfen, z. B. Portraits, Tierköpfe, Jagdszenen oder

allegorische Darstellungen, wurden in französischen, italienischen oder auch deutschen Werkstätten häufig in großen Stückzahlen gefertigt. Sie wurden, wie auch die figürlich geschnitzten Meerschaumpfeifen, oft mit einem passenden Hartschalenetui angeboten und waren um 1900 ein beliebtes Geschenk für den gut situierten Herren. Mit der zunehmenden Verbreitung der klassisch schlichten Modelle der Bruyèrepfeife verschwanden diese Skulptur-Pfeifen aber allmählich aus den Tabakläden und fristeten nur noch in Gestalt von meist grob geschnitzter billiger Ostblockware ein kümmerliches Dasein als Souvenierpfeifchen in den Kiosken von Bahnhöfen oder Kurorten.

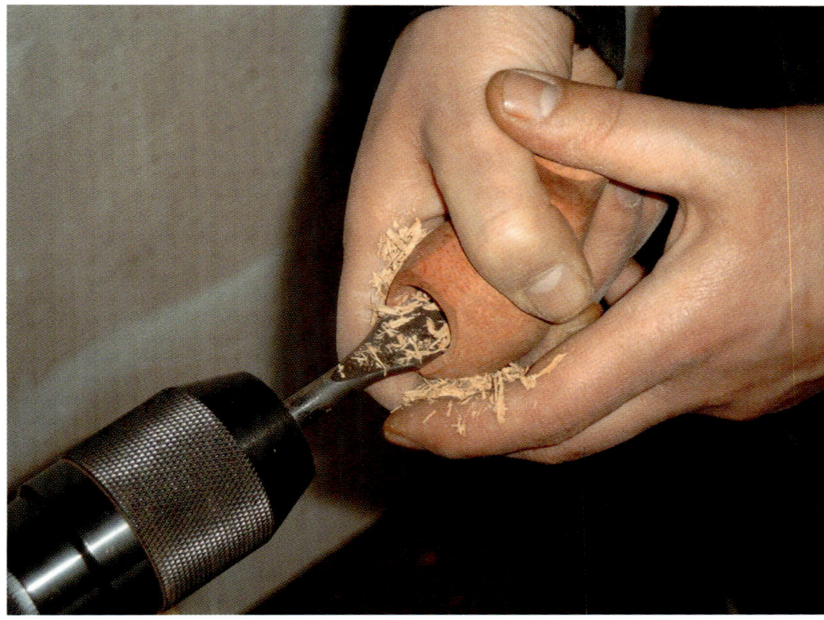

Fest umfassen beide Hände den vorgeformten Pfeifenkopf und drücken ihn gegen den Löffelbohrer, der sich langsam in das Holz schält.

Eine Kollektion von geschnitzten Bruyèrepfeifen mit den verschiedensten Tierköpfen im Museum der Manufaktur BREBBIA in Norditalien.

In jüngster Zeit haben zwei Künstler mit ihren Skulpturschnitzereien an Bruyèrepfeifen von sich reden gemacht. Aus dem galizischen Przemysl stammt der Schnitzer Bartolomiej Antoniewski, über den wir bereits berichteten. Er findet oft in Gegenständen des Alltagslebens die Anregung für seine Schnitzereien. Ein richtiger Zimmerofen als Pfeifenkopf mit dem typischen faltig gekrümmten Ofenrohr als Holm ist eine seiner originellen Kreationen. Seine Spezialität aber sind individuelle Portraitpfeifen, die er auf Bestellung nach Vorlage von Fotos des Kunden (en face und im Profil) plastisch aus einem Bruyèreblock herausarbeitet.

Geschnitzte Bruyèrepfeife mit Frauenkopf, ca. 1900, mit der Inschrift „Jura" und Schweizer Wappen.

Drei Pfeifen aus der Hand von Manuel Shaabi. von oben: Die Jahrespfeife DAN PIPE 1999 und die nach historischem Vorbild fein geschnitzten Pfeifen „Adlerklaue“ und „Adlerkopf“, beide aus dem Jahre 1998.

Aus Palästina stammt der mittlerweile in Deutschland eingebürgerte Holzschnitzer und gelernte Tischler Manuel Shaabi. Er arbeitetete in den 90er Jahren als Reparateur in der Pfeifenwerkstatt des Versandunternehmens DAN PIPE und konnte dort seine gestalterischen Fähigkeiten auch auf die Pfeifenmacherei übertragen. Begonnen hat es mit Pfeifen, die von Holger Frickert vorgefertigt wurden, um sie von Manuel Shaabi mit kunstvoll verschlungenen, fast kalligrafischen Bandornamenten beschnitzen zu lassen, wie wir sie von hölzernen Schmuckkästchen oder Metallwaren aus dem arabischen Kulturraum kennen. Später folgten eigene Kreationen und auch Skulpturpfeifen nach historischen Vorbildern. Adlerkopf und Adlerklaue sind zwei der eindrucksvollen Beispiele seiner handwerklichen Geschicklichkeit und Kunstfertigkeit. Manuel Shaabi betreibt mittlerweile seine eigene kleine Werkstatt und bietet seine Pfeifen vorrangig über das Internet an, was ihm auch im Ausland viele interessierte Pfeifenliebhaber und -sammler als Kunden zugeführt hat. Die Herstellung dieser geschnitzten Pfeifen aus dem recht widerspenstigen Bruyèreholz ist natürlich sehr aufwendig und langwierig, ihre Preise sind dementsprechend auch auf recht hohem Niveau angesiedelt.

Anleitung zum Selbstfertigen von Pfeifen

Viele der berühmten Pfeifenmacher sind über das Gestalten von Pfeifen für den eigenen Bedarf als Freizeitbeschäftigung „auf den Geschmack“ gekommen. Dieses Hobby ist seit den 60er Jahren in Dänemark, in Deutschland und auch in den U.S.A. unter Pfeifenrauchern immer beliebter geworden, wir haben bereits davon berichtet. Wenn Sie Spaß haben an Modellbau oder sonstigen kreativen Bastelarbeiten und noch dazu etwas handwerkliches Geschick, wird Ihnen die folgende Anleitung zum Selbstbau einer Bruyèrepfeife vielleicht Appetit machen, es einmal mit diesem schönen schöpferischen Hobby zu versuchen.

Aller Anfang ist schwer - es bedarf schon einiger Geschicklichkeit und Erfahrung, ehe ein Prachtstück aus eigener Hand Ihre Pfeifensammlung ziert. Darum stecken Sie Ihre Erwartungen beim ersten Versuch lieber nicht allzu hoch. Sie werden sehen: ein vielleicht etwas eigenwilliges, aber durchaus brauchbares und wohlschmeckendes Rauchgerät haben Sie auf jeden Fall zustande gebracht. Bei der zweiten Pfeife wird Ihnen das Formen schon viel leichter von der Hand gehen. Inzwischen haben Sie das Material kennen gelernt und sich mit den Konstruktionsmerkmalen der Hobbyblöcke vertraut gemacht. Beides können Sie bei der Gestaltung Ihres nächsten Entwurfs berücksichtigen. Es ist noch kein Meister vom Himmel gefallen - auch kein Pfeifenmacher, der heute für seine künstlerischen Schöpfungen berühmt ist. Dies als kleiner Trost, auch wenn Sie vermutlich nicht beabsichtigen, Ihr neues Hobby zum Beruf zu machen. Jedenfalls wünschen wir Ihnen viel Freude und gutes Gelingen bei Ihrer kreativen Beschäftigung.

Blöcke zur Pfeifenherstellung werden bekanntlich aus Bruyèreknollen geschnitten. Wir unterscheiden hier grob nach „Plateaublöcken“ mit der natürlich gewachsenen Borke und einer Maserung mit fächerförmig aufstrebender Zeichnung („Straight Grain“) und nach kantigen „Standardblöcken“, die eher eine „Bird's Eye“-Maserung aufweisen. Der gehobene Tabakwaren-Fachhandel hat

Von der Entwurfsskizze zur fertigen Pfeife entsteht aus dem roh zugeschnittenen Bruyèreblock ein kleines Kunstwerk.

vielfach für Hobby-Pfeifenmacher solche Blöcke im Angebot - in verschiedenen Winkeln vorgebohrt (für gerade, leicht gebogene und stark gebogene Pfeifen) und bereits mit einem passenden Mundstück versehen.

Benötigte Materialien

Bruyèreblock, vorgebohrt, mit angepasstem Mundstück*; Holzbeizen in verschiedenen Farbtönen, möglichst spirituslöslich*; Leinölfirnis*; Bienenwachs*; Schellack-Politur* oder anderer Polier- oder Einlassgrund; flüssiger „Sekundenkleber" (Cyanacrylat)

Benötigte Werkzeuge und Hilfsmittel

Schraubstock (oder -zwingen und Kantholz); kleine Säge (z.B. Puk-Säge, möglichst Blatt für Holzschnitt); Raspel (grob); Feilen flach und rund (mittelfein); Schleifpapier, besser Schleifgewebe, für Holz - grob, mittel, fein*; Rundholzstab ca. 10mm; Arbeitsgriff mit konischem Ende* (notfalls alter Besenstiel); spitzer Spatel (oder spitzes Küchenmesser); weicher, größerer Tuschpinsel; konische Pfeifenreiniger; Spiritusbrenner oder Heißluftpistole (ggf. Haartrockner); saubere weiche Putzlappen; Hobby-Bohrmaschine mit Tischstativ; Polierscheiben und -wachse*.

Viele der genannten Utensilien sind im Baumarkt zu bekommen. Für die mit * markierten Materialien finden Sie am Schluss dieses Buches eine Bezugsquelle.

Der vorgebohrte und mit passendem Mundstück versehene „Standardblock", auf dem bereits die Umrisse des Pfeifenkopfes und die Hilfslinien eingezeichnet wurden.

Der Entwurf der Pfeifenform

Diese Anleitung schildert die Herstellung einer Bruyèrepfeife aus einem „Standardblock" mit einem Bohrungswinkel von 60°. Bevor wir uns an den Entwurf der Pfeifenform machen, zeichnen wir auf den Seiten des Blocks einige Hilfslinien ein, die uns die Lage der Bohrungen in Kopf und Holm verdeutlichen, auf die wir bei unserem Entwurf Rücksicht nehmen müssen: die Mittelachse, die Weite und den tiefsten Punkt der Kopfbohrung, die Mittelachse von Holm und Mundstück und - wichtig bei Blöcken für gebogene Pfeifen - die Achse des Rauchkanals, die ja im Winkel zur Holmachse verläuft. Danach legen wir den Block seitlich auf ein Blatt Papier und zeichnen seinen Umriss nach, um jene Hilfslinien dann auch dort einzuzeichnen. Auf diese Weise erhalten wir ein Grundgerüst, in dem wir unseren Formentwurf aufbauen und skizzieren können. Eine Wandstärke von 5 - 6 mm am Kopfrand und 8 - 10 mm am Kopfboden sollte dabei nicht unterschritten werden. Auch der Holm soll nicht zu schlank werden - dies gilt besonders für Pfeifen mit der 9 mm Filterbohrung. Hier sollte ein Durchmesser von 16 - 17 mm eingehalten werden. Die Skizze unserer Pfeife übertragen wir auf den Block oder schneiden sie einfach aus und kleben sie auf eine Seite des Blocks.

Das Ausformen des Pfeifenkopfes

Als erstes markieren wir die Kehle am Übergang vom Kopf auf den Holm, spannen den Block mit der Seitenfläche nach oben fest ein und bohren an der markierten Stelle - schön senkrecht! - einmal quer durch den Block. Damit erleichtern wir uns das spätere Ausformen dieser Kehle. Nun spannen wir den Block um, so dass die Kopföffnung nach oben zeigt, und trennen mit der kleinen Säge die vorderen und hinteren Ecken des Blocks ab. Unter wechselndem geeigneten Umspannen sägen wir nach und nach alle Kanten des Blocks ab und nähern uns langsam der gewünschten Kopfform. Bevor wir die Überstände am Holm absägen, nehmen wir, des besseren Zugangs wegen, am besten das Mundstück kurzzeitig ab. Wer übrigens keinen Schraubstock zur Verfügung hat, kann sich, wie hier in unseren Bildern dargestellt, sehr gut mit zwei Schraubzwingen und zwei Kantholzabschnitten (ca. 6 x 6 cm) behelfen.

Das Ausbohren der Kehle, den späteren Übergang vom Kopf auf den Pfeifenholm.

Der Bruyèreblock, eingespannt mit Zwingen und einem Kantholz. Mit der kleinen Säge wurden die Kanten am Kopf bereits stückweise abgetragen.

Nun setzen wir das Formen mit der groben Raspel und der mittelfeinen Feile fort. Dazu spannen wir den konischen Arbeitsgriff mit dem kantigen Ende - am besten in leichter Schräglage - fest in den Schraubstock. So können wir den Block mit der Kopfbohrung auf den freistehenden Konus setzen, wo er sich mit etwas Druck durch Drehen festzieht. Zum Ausformen der Kehle

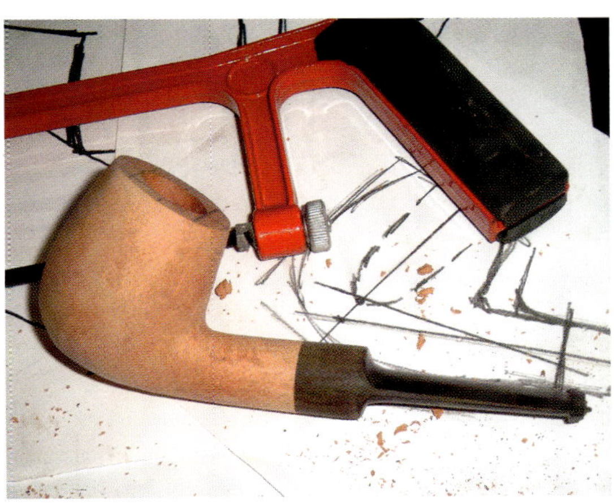

Holm und Mundstück wurden mit der feineren Feile „verschachtelt", der Kopf bereits mit gröberem Schleifgewebe geglättet.

zwischen Kopf und Holm nutzen wird die Rundfeile - wo die fehlt, reicht auch ein Stück stramm um ein dünnes Rundholz gewickeltes grobes Schleifgewebe. Den Pfeifenholm bearbeiten wir bei fest aufgestecktem Mundstück, denn nur wenn beide zusammen in einem Arbeitsgang befeilt und beschliffen werden, lässt sich ein gleichmäßig bündiger, stufenloser Übergang erreichen. Dieser Schritt sollte nicht mit der groben Raspel ausgeführt werden, sie würde im Mundstück tiefe Riefen erzeugen, die später nur unter Materialverlust und Verfälschung der Form zu beseitigen wären. Nachdem wir nun die Grobform erstellt haben, glätten wir Pfeifenkopf, Pfeifenholm und Mundstück mit mittlerem und später feinem Schleifgewebe, wobei das Mundstück immer auf dem Holm stecken bleibt.

Das Biegen des Mundstücks

Hobbyblöcke werden in verschiedenen Bohrungswinkeln angeboten, und die Blöcke für gebogene Pfeifen sind oft bereits mit einem gebogenen Mundstück versehen. Sollte hier nur ein gerader Mundstückrohling geliefert worden sein, werden wir ihn selbst biegen müssen. Dazu erhitzen wir das

Mit der groben Raspel wurden die vom Sägen noch kantigen Umrisse des Kopfes geglättet.

Mundstück, um das Material - in der Regel Ebonit - weich, elastisch und damit formbar zu machen. Eine Spiritusflamme (z. B. von einem Rechaud oder einem Fondue-Set) oder eine senkrecht stehende Heißluftpistole eignen sich für diese Arbeit bestens, zur Not tut es auch die Flamme einer Kerze. Bevor wir mit der Prozedur beginnen, stellen wir einen Topf mit kaltem Wasser und einen weichen Lappen bereit. Das Mundstück bleibt auch für diese Arbeit auf dem Holm stecken, den Biss waagerecht in einer Flucht mit dem Kopfrand ausgerichtet. Vom Biss her stecken wir einen Pfeifenreiniger in das Mundstück, um zu verhindern, dass beim Biegen der Rauchkanal zusammengedrückt oder abgeknickt und damit später unpassierbar wird. Nun halten wir das Mundstück über die Hitzequelle, indem wir es unter ständigem Drehen und Wenden durch die Flamme oder den Heißluftstrahl „wedeln“, bis die nötige Flexibilität erreicht ist. Die stetige Bewegung ist dabei sehr wichtig, um ein Verschmoren des Ebonits zu vermeiden. Mit dem Lappen als Hitzeschutz fassen wir das erweichte Mundstück zwischen Daumen und Finger. Wir biegen es in die gewünschte Form, halten es einen Moment und tauchen es dann in das kalte Wasser, wo es schnell erstarrt. Dieser Vorgang lässt sich, falls wir mit dem ersten Ergebnis nicht zufrieden sind, beliebig oft wiederholen.

Kopf, Holm und Mundstück sind mit feinerem Schleifgwebe geglättet worden, das Mundstück hat jetzt die endgültige Biegung erhalten.

Die Behandlung von Holzfehlern

Im seltenen Glücksfalle sind nach dem Formen und Feinschleifen keine sichtbaren Fehlerstellen vorhanden oder es sind nur winzig kleine Unreinheiten stehen geblieben. In der Mehrzahl der Fälle wird es jedoch nötig sein, kleinere oder auch größere Löcher im Holz zu schließen. Dazu verwenden wir einen Sekundenkleber, der mit Bruyèrestaub gemischt einen dauerhaften Kitt ergibt. Kleine Löcher polken wir mit einer spitzen Nadel vorsichtig ein wenig aus - möglichst ohne dadurch das Loch allzu sehr zu vergrößern - um die eingeschlossene dunkle Borke daraus zu entfernen. Dann geben wir ein Tröpfchen Sekundenkleber in das Loch und schleifen sofort unter nicht zu starkem Druck mit frischem Schleifgewebe mittlerer Körnung über diese Stelle hinweg. Der Kleber bindet den Schleifstaub in der Vertiefung, die sich nach mehrmaliger Wiederholung des Vorgangs schließt.

Größere oder große Fehlerstellen lassen sich auf ähnliche Weise kitten, nur reicht das Überschleifen hier nicht aus. Wir stellen uns ein wenig Bruyèremehl her, indem wir eines der vom Block abgetrennten Stücke auf grobem Schleifgewebe kräftig verreiben und den entstehenden Staub sammeln. In die Fehlerstelle geben wir nun als erstes einen Tropfen des Sekundenklebers, füllen mit dem bereitliegenden Spatel (oder spitzen Messerchen) reichlich Bruyèremehl in das Loch, drücken ein wenig nach und geben einen weiteren Tropfen Kleber darauf. So können wir in zwei, drei Lagen das Loch schließen. Es empfiehlt sich, zum Schluss noch einen Tropfen Kleber aufzutragen, ein wenig Bruyèrestaub aufzustreuen und diesen „Berg“ einige Stunden stehen und aushärten zu lassen. Erst danach glätten wir die Stelle wieder mit mittlerem und feinem Schleifgewebe. Wer es sich zutraut, kann natürlich auch versuchen, eine Fehlerstelle mit einem kleinen Pflock zu schließen - wir haben über diese Methode in einem früheren Abschnitt bereits berichtet.

Einfärben, Oberflächenbehandlung des Pfeifenkopfes und abschliessende Politur

Wenn sich nach der Fertigstellung unserer Pfeife das Holz als ausreichend rein herausstellt, genügt als Oberflächenbehandlung im Grunde das Einölen mit Leinölfirnis für ein mattes Finish oder ein wenig Schellackmattierung als Grundierung für eine abschließende Wachspolitur. Ist bei der Bearbeitung die eine oder andere Fehlerstelle zutage getreten, sollten wir das Holz einfärben, vorzugsweise mit einer Kontrastbeizung. Dazu befeuchten wir den fein geschliffenen Pfeifenkopf - immer mit aufgestecktem Mundstück - etwas mit Wasser, um die Holzporen zu öffnen und die Beizen besser einziehen zu lassen. Um zu verhindern, dass Beize in die Kopfbohrung läuft, können wir sie mit einem passenden Flaschenkorken verschließen. Mit einem weichen Pinsel oder mit einem in der Mitte geknickten konischen

Reiniger tragen wir als erstes eine schwarze oder dunkelbraune Beize als Kontrastfarbe satt und am besten mehrmals auf. Wir empfehlen spirituslösliche Beizen, die schnell trocknen und Zwischenschliffe unnötig machen, da sich die Holzfasern nicht wie bei Wasserbeizen mit jedem Auftrag wieder ein wenig aufstellen und die Oberfläche wieder rauh machen. Nach Trocknen der Kontrastbeize schleifen wir den ganzen Pfeifenkopf mit feinstem Schleifgewebe wieder ab und bringen dadurch die nun verstärkt gezeichnete Maserung wieder zum Vorschein. Anschließend wischen wir den Pfeifenkopf mit einem feuchten (nicht nassen) Lappen ab, um Schleifstaub zu entfernen und die Poren für die zweite Farbe zu öffnen. Nach kurzer Trockenzeit tragen wir dann die zweite Beize im gewünschten Farbton mehrfach und satt auf, z. B. Orange oder Mahagonibraun. Die Beize soll ins Holz eindringen, aber nicht auf der Oberfläche stehen bleiben, deshalb wischen wir den Überschuss nach jedem Auftrag sofort mit einem trockenen Lappen ab. Danach lassen wir den Pfeifenkopf gut austrocknen. Sie werden jetzt übrigens feststellen, dass die Fehlerstellen, die sich vor dem Beizen noch als dunkle Flecken vom helleren Holz abhoben, jetzt in der Maserung kaum noch wiederzufinden sind.

Der Pfeifenkopf wurde abschließend fein geschliffen und mit Kontrastbeize eingefärbt.

Die zweite Farbe wurde aufgetragen, hier ein helles Gelb, das sich mit dem dunklen Rot der Kontrastfarbe zu leuchtendem Orange mischt.

Um die Beize abriebfest zu machen oder bei ungefärbtem Holz die Oberfläche zu schützen und die Holzzeichnung noch zu verstärken, sollte der Pfeifenkopf mit Öl, Wachs, Firnis oder einer Politur behandelt werden. Für matte Oberflächen hat sich Leinölfirnis gut bewährt. Wir tragen ihn satt auf den Pfeifenkopf auf, lassen ihn etwa eine Stunde ins Holz einziehen und wischen dann den Überschuss mit einem sauberen Lappen gründlich ab. Leinölfirnis braucht nun gut eine Woche zum Aushärten. Dazu stecken wir unseren Pfeifenkopf am besten locker auf den senkrecht fixierten Arbeitsgriff. Sollte uns die matte Oberfläche dann doch nicht gefallen, lässt sie sich ohne Probleme auch glanzpolieren. Dafür sollte die Pfeife aber noch eine weitere Woche ruhen, damit der Firnis wirklich durchgehärtet ist.

Mit feinstem Schleifgewebe wurde die Kontrastfarbe wieder abgeschliffen, die Maserung tritt jetzt sehr viel deutlicher hervor.

Die Behandlung mit Bienenwachs erzeugt eine seidig glänzende Oberfläche, die später beim Rauchen allmählich wieder matt wird. Bienenwachs muss in flüssigem Zustand aufgebracht werden, es muss also erhitzt und geschmolzen werden. Das geschieht am einfachsten in einer sauberen Blechdose auf einem kleinen Stövchen (Teelicht). Auch den Pfeifenkopf sollten wir vor dem Aufbringen des Wachses erwärmen, z. B. im Backofen bei etwa 50° (Mundstück unbedingt vorher abnehmen!) oder mit der Heißluftpistole. Mit einem Pinsel oder geknickten Reiniger streichen wir das flüssige Bienenwachs auf das warme Holz. Wenn es sich verfestigt, können wir es jederzeit durch Erhitzen wieder verflüssigen, so dass es richtig ins Holz einziehen kann. Hier ist auch ein Haartrockner als Heizquelle gut geeignet. Die erkaltete Pfeife reiben wir dann mit einem sauberen Lappen gründlich ab, bis seidiger Glanz aufzieht.

Für eine spätere Wachspolitur sollte der Pfeifenkopf grundiert werden, um oberflächliche Poren zu schließen. Als Grundierung eignet sich Schellackmattierung sehr gut. Mit einem Pinsel oder umgeknickten Reiniger tragen wir den Schellack ein oder zweimal satt auf und reiben sofort mit einem trockenen, sauberen Lappen den Überschuss ab. Schellackmattierung ist alkoholhaltig und löst daher die Spiritusbeizen ein wenig an, es kann also passieren, dass der Farbton des Holzes wieder etwas heller wird. Nach einigen Stunden ist der Schellack durchgehärtet, und der Pfeifenkopf kann nun auf Hochglanz poliert werden.

Kopf, Holm und Mundstück wurden auf Hochglanz gebracht, der Kopf zusätzlich mit hartem Carnaubawachs poliert. Die Pfeife ist vollendet.

Zum Glanzpolieren von Pfeifenkopf und Mundstück ist das Polierset sehr gut geeignet, das wir im Kapitel über Pfeifenpflege bereits vorgestellt haben. Es wird mit einer elektrischen Bohrmaschine betrieben, die in einem Tischstativ waagerecht am Rand unserer Arbeitsfläche so fixiert wurde, dass die Polierscheiben zu unserem Körper hin drehen. Auf die mit höchster Drehzahl rotierende Stoffscheibe tragen wir als erstes mit Druck das jeweilige Polierwachs satt auf. Mit dem braunen Schleif- oder Vorpolierwachs polieren wir mit kräftigem Druck als erstes das Mundstück, um dann - sehr sanft und fast ohne Druck - auch den Pfeifenkopf mit diesem Wachs vorzupolieren. Dabei dürfen wir nicht vergessen, zwischendurch immer wieder etwas Polierwachs auf die Scheibe zu bringen - die Wachsmasse poliert, nicht der Stoff - und das Mundstück ständig zu drehen. Bei zu sparsamen Umgang mit Polierwachs oder längerem starrem Halten des Mundstücks riskieren wir zu hohe Reibungshitze, das Mundstück könnte dadurch anschmoren. An einer zweiten Stoffscheibe polieren wir mit dem hellen Glanzwachs das Mundstück auf Hochglanz und wenden es, wiederum sehr sanft, auch für den Pfeifenkopf an, um ihn noch feiner zu glätten. Für die abschließende Hochglanzpolitur des Pfeifenkopfes brauchen wir eine dritte saubere Stoffscheibe und ein spezielles Wachs: natürliches, extrem hartes Carnaubawachs. Die Drehzahl der Maschine muss dafür etwa auf die Hälfte heruntergeregelt werden, denn nur so können wir auf der Holzoberfläche unter sanftem Druck gegen die gewachste Scheibe langsam einen Wachsfilm aufbauen. Bei allen Poliergängen bleibt das Mundstück auf der Pfeife stecken, denn die Reibung an den Polierscheiben würde sonst die Kanten an Holm und Mundstück „brechen" - der bündige Übergang vom Holm auf das Mundstück ginge so verloren.

Damit ist unsere Pfeife nun endgültig fertiggestellt und kann in Betrieb genommen werden. Wer möchte, kann natürlich noch die Kopfbohrung mit einer Einrauchpaste ausstreichen, wie wir sie im Rahmen unserer Tipps zum Einrauchen erwähnt haben. Säubern Sie vorher aber noch den Rauchkanal in Pfeifenkopf und Mundstück von verbliebenem Staub und den Mundstückbiss von den Resten der Polierpasten. Dann kann es endlich ans Rauchen gehen - sicherlich mit besonders viel Genuss!

Am „Bimser“, einem kleinen Schleifkissen, korrigiert Jens Eltner, Hobby-Pfeifenmacher und Reparateur in der Pfeifenwerkstatt von DAN PIPE, die Form eines angesetzten neuen Mundstücks.

Die Reparatur der Pfeife

Neben den Aspekten von Schönheit der Gestalt und der Maserung einer Pfeife, die den Tabakgenuss inspirierend begleiten, ist die optimale Funktion einer Pfeife erste und grundlegende Voraussetzung für ein befriedigendes Rauchvergnügen. Die Pfeife ist und bleibt ein Gebrauchsgegenstand, und so werden sich zwangsläufig im Laufe der Zeit Gebrauchsspuren zeigen, die nicht nur ihr Äußeres betreffen, sondern auch ihre Funktion und damit auch den Rauchgenuss selbst mehr oder minder stark beeinträchtigen können. Im Kapitel über die Pflege der Pfeife haben wir dazu bereits einige Anmerkungen gemacht. Wir wollen zu Beginn dieses Abschnitts einige Ratschläge geben, wie kleine Probleme des Pfeifenraucheralltags zu beheben sind oder durch richtigen Umgang im Vorwege zu vermeiden sind.

Ratschläge zur Selbsthilfe

Mundstücke sollen immer nur in einer Richtung gedreht werden, und zwar im Uhrzeigersinn rechts herum - egal, ob heraus oder hinein. Die Holzfasern im Zapfenloch wurden durch rechtsdrehendes Ausbohren in diese Richtung gelegt und könnten sich bei Linksdrehen des Mundstückzapfens sperren, was gelegentlich schon zum Bruch des Zapfens oder, schlimmer noch, zum Einreißen des Holms geführt hat. Ziehen Sie das Mundstück immer unter gleichzeitigem Drehen ab und stecken Sie es entsprechend wieder auf. Achten Sie darauf, den Mundstückzapfen immer ganz in den Holm einzudrehen. Wird der Mundstückzapfen, wie nicht selten zu beobachten ist, ständig nur zu 2/3 oder 3/4 in den Holm gesteckt (manche Raucher scheinen diese Lücke „chic“ zu finden), verengt sich auf Dauer die Holmbohrung in der Tiefe, was spätestens bei einem Ersatz des Mundstücks zu Problemen führt und eventuell den Holm einreißen lassen kann. Drehen Sie niemals (in Worten: niemals) das Mundstück aus dem Holm, wenn die Pfeife erhitzt ist, weder während des Rauchens, noch sofort danach. Zapfenbrüche oder gar Holmrisse sind allzu oft die ärgerliche und möglicherweise auch recht kostspielige Folge.

Sitzt das Mundstück zu fest im Holm und lässt sich nur mit äußerster Kraftanstrengung drehen? Bringen Sie einfach ein wenig Graphitpuder auf den Zapfen (im Baumarkt, im Autozubehörhandel oder bei Schlüsseldiensten erhältlich), meist lässt sich dann das Mundstück meist wieder „wie geschmiert“ drehen. Den gleichen Effekt erzielen Sie auch mit VAUENs graphithaltigem Hartwachsstift „Stick“, den Sie im guten Tabakfachhandel bekommen.

Sitzt das Mundstück zu locker? Hier ist Abhilfe von eigener Hand nur eingeschränkt möglich. Die Ursache liegt meistens im unterschiedlichen Verhalten des Holzes im Pfeifenholm und des Mundstückzapfens unter Einwirkung von Hitze und Feuchtigkeit während des Rauchens. Zu heißes Rauchen unterstützt übrigens dieses

Durch ständige Einwirkung von feuchtem Kondensatist hier der Holm so stark aufgeqollen, dass das Mundstück nicht mehr bündig sitzt.

Phänomen. Die Hitze des Rauchs erwärmt das Zapfenmaterial, gleichzeitig quillt das Holz im Holm durch feuchtes Kondensat auf und quetscht den Zapfen zusammen. Beim Erkalten und Trocknen der Pfeife zieht sich das Holz zurück, der Zapfen aber verbleibt im gestauchten Zustand und sitzt nun locker im Zapfenloch. Sind Mundstück und Zapfen aus einem Stück gefertigt - in der Regel ist dies bei filterlosen Pfeifen gegeben - dehnt sich der Zapfen durch einfaches, aber vorsichtiges Erwärmen über einer Flamme wieder in seine ursprüngliche Form zurück und sitzt wieder stramm. Bei der überwiegenden Zahl von Filterpfeifen wird eine Zapfenhülse aus anderem Material eingeleimt, meistens aus elastischem und doch festem Kunststoff. Diese Zapfenhülsen lassen sich in der Regel auf die eben geschilderte Art leider nicht „regenerieren“, da sollte lieber ein versierter Reparateur Hand anlegen. Manchmal ist gerade bei Filterpfeifen das Holz des relativ dünnwandigen Holms durch ständige Einwirkung von feuchtem Kondesat dauerhaft aufgequollen und ermüdet, so dass es den Mundstückzapfen nicht mehr stramm halten kann. Eine erfolgversprechende Behebung dieses Problems lässt sich nur durch Aufziehen eines Metallringes bewerkstelligen.

Schnitt durch eine Pfeife, deren Rauchkanal total verstopft war, was am Ende zum Durchbrennen des Kopfes führte.

Die Pfeife zieht nicht mehr richtig? In der Mehrzahl der Fälle liegt die Ursache in mangelnder Reinigung. Als Folge setzen sich mit der Zeit im Rauchkanal von Holm und Mundstück Kondensate und auch Aschereste ab, die das Lumen stark verengen oder schlimmstenfalls sogar gänzlich verstopfen (sozusagen ein „Pfeifen-Infarkt“). Ein stark verengter Rauchkanal ist übrigens nicht selten auch Ursache für das Durchbrennen einer Pfeife. Oft reicht es aus, mit einigen in Reinigungsflüssigkeit getauchten Pfeifenputzern, vorzugsweise mit Bürstenreinigern, die Kondensate anzulösen und zu entfernen. Ist das nicht mehr möglich, sollte auf jeden Fall der Rauchkanal im Pfeifenholm ausgebohrt und ggf. ein neues Mundstück angepasst werden. Das Ausbohren sollten Sie immer einem Fachmann überlassen, besonders wenn es sich um gebogene Pfeifen handelt. Bei regelmäßiger Pflege der Pfeifen treten derartige Unannehmlichkeiten mit Sicherheit gar nicht erst auf.

Pfeifenreiniger lassen sich nicht oder nur mit großen Schwierigkeiten ins Mundstück führen? Dieses Problem tritt am häufigsten bei gebogenen Pfeifen auf. Die wenigsten Pfeifenhersteller machen sich die Mühe, vor dem Biegen ihrer Mundstücke einen Reiniger in den Rauchkanal zu schieben, um ihn offen zu halten und ein Abknicken zu verhindern. Abhilfe können Sie selber schaffen, indem Sie das Mundstück durch behutsames Erwärmen begradigen, dann vom Biss her einen Reiniger hineinschieben und es erneut biegen, wie wir es im Kapitel über den Selbstbau einer Pfeife beschrieben haben. Lassen Sie dabei das Mundstück auf der Pfeife stecken. Erstens können Sie das Ganze auf diese Weise besser halten, zweitens fällt es Ihnen leichter, dem Mundstück die richtige Biegung zurückzugeben. Wenn dieses Problem bei geraden Mundstücken auftritt, verfahren Sie auf ähnliche Weise. Meistens sitzt die Engstelle im Übergang vom Bissschlitz in den Rauchkanal. Nehmen Sie das Mundstück der Pfeife

Über der Flamme eines kleinen Spiritusbrenners lässt sich das Mundstück unter ständigem Drehen und Wenden und mit ein-eingestecktem Reiniger problemlos biegen.

ab, erhitzen Sie dann den verengten Bereich des Mundstücks und schieben Sie vom Zapfen her einen konischen Reiniger mit dem dünnen Ende voran ins Mundstück. Ziehen Sie ihn am Biss wieder heraus, so dass das dicke Ende im Mundstück verbleibt. Erwärmen Sie es noch einmal und lassen Sie es erkalten. Jetzt sollte das Lumen des Rauchkanals ausreichend geweitet sein, um später Pfeifenputzer auch vom Biss her problemlos ins Mundstück einführen zu können.

Beim „Pfeifendoktor"

Irgendwann ereilt wohl jede Pfeife das Schicksal in der Gestalt eines zerbissenen oder abgebrochenen Mundstücks, eines eingerissenen oder gar gebrochenen Holms. Doch das ist noch kein Grund zur Besorgnis. Eine Handvoll geschickter Leute hat sich auf die Reparatur solcher defekter Pfeifen spezialisiert. Sie arbeiten meist mit regionalen Fachhändlern zusammen, welche die Annahme und spätere Rückgabe der Reparaturaufträge übernehmen.

In den meisten Fällen ist nur ein Mundstück zu ersetzen. „Nur"... das klingt so einfach, und doch ist es in der Regel mit

Da liegt sie nun - der Mundstückzapfen hat den Sturz vom Schreibtisch nicht überstanden. Kein Problem für einen versierten Reparateur...

recht viel handwerklichem Aufwand verbunden. Mit einem Griff in die Ersatzteilschublade ist es noch lange nicht getan, wenn man von den wenigen Pfeifen mit konischem Steckermundstück einmal absieht. Deren Hersteller liefern manchmal auch vorpolierte Ersatzmundstücke an Fachhändler oder Reparateure. Oft sind aber auch hier noch Schleif- und Polierarbeiten nötig, weil sich die Weite und zuweilen auch die Form der Holmbohrung in Jahren des Gebrauchs verändert haben.

Auf jeden Fall müssen Sie für eine Mundstückreparatur dem Fachhändler oder Reparateur den Pfeifenkopf überlassen, am besten die komplette Pfeife. Das erleichtert ihm das Finden des richtigen Mundstückrohlings. Zwar kann ein guter Reparateur auf eine sehr ansehnliche Auswahl an Rohlingen zurückgreifen. Die ganze Bandbreite von Formen, welche die Produzenten für ihre aktuellen Pfeifen verwenden, kann ein Reparateur noch recht gut abdecken. Da aber Reparaturen vorrangig viele Jahre lang benutzte Pfeifen betreffen, ist eine Lagerung aller Formen aus zurückliegender Zeit kaum möglich - seine Lagerkosten würden rasch in astronomische Dimensionen steigen. Er versucht daher, mit möglichst wenigen Grundmodellen auszukommen, die er nach Bedarf durch geeignetes Beschleifen auch nachformen und damit für eine Vielzahl anderer Pfeifen verwenden kann. Der Trend zum Acrylharzmundstück auch bei preiswerteren Pfeifen macht den Reparateuren zusätzlich Probleme. Abgesehen davon, dass sich der Anteil von Aufträgen zum Ersatz verfärbter, unansehnlich gewordener Mundstücke stetig reduzieren wird, sind Beschaffung und Lagerhaltung der benötigten Roh-

Der Zapfen passt und sitzt stramm im Holm, der Umfang des Mundstückrohlings muss nun dem des Holms angeglichen werden.

linge von Acrylmundstücken wegen der relativ hohen Preise mit Schwierigkeiten verbunden. Pfeifenhersteller und -importeure halten ihre Lager heute möglichst knapp, bevorraten sich also nur mit dem Nötigsten. Die Hersteller von Acrylmundstücken fertigen nur auf Bestellung und verlangen für jedes Modell recht große Mindestabnahmemengen. Um also ein gut sortiertes Mundstücklager aufzubauen, müssten auf einen Schlag große Summen investiert und auf lange Zeit festgelegt werden. Seien Sie also dem Reparateur nicht böse, wenn er für Ihre Pfeife einmal nicht das Originalmundstück gefunden, sondern ein ähnliches, wenn auch in der Form leicht abweichendes Mundstück angepasst hat. Er hat sein Möglichstes getan.

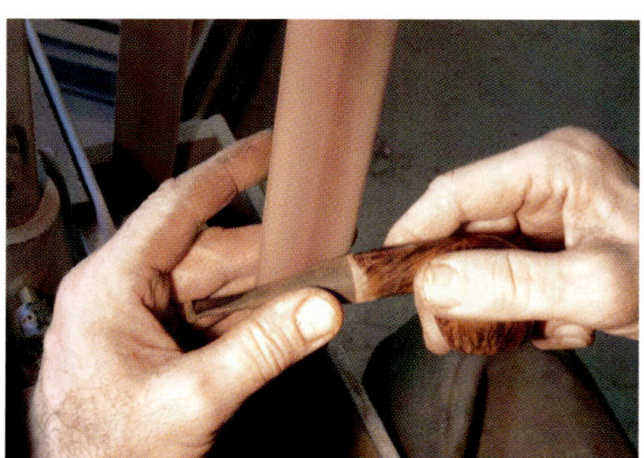

Am Bandschleifer erfolgt das Nachformen und Glätten, wobei der Holm geringfügig mit angeschliffen wird.

Ein passender Mundstückrohling ist gefunden. Auf der Drehbank wird der Zapfen exakt auf Maß gedreht.

Wenn Sie auf Ersatz durch ein Originalmundstück mit dem Logo des Herstellers Wert legen, muss der Fachhändler Ihre Pfeife an den Importeur oder dessen Vertragsreparateur, oft sogar an den Hersteller weiterleiten. Die Reparatur wird dadurch in der Regel wesentlich länger dauern und, wegen der anfallenden Versandkosten, auch viel teurer.

Hat der Reparateur in seinem Fundus einen passenden Mundstückrohling gefunden, spannt er ihn in seine Präzisionsdrehbank und bringt den Zapfen auf das richtige Maß. Filtermundstücke muss er entweder vorher ausbohren oder (Acrylharzmundstücke) mit einer Kunststoffzapfenhülse ver-

Am „Bimser", einem Schleifkissen mit grober Körnung, wird der Rohling zugeschliffen und in Umfang und optischer Linie mit dem Holm bündig nachgeformt.

sehen. Langsam „tastet" sich der Reparateur durch wiederholtes Abspanen in Zehntelmillimeterabständen an den exakten Durchmesser heran. Einspannen, drehen, ausspannen, probieren und wieder einspannen... Nur so lässt sich ein guter strammer Sitz des Zapfens im Holm erreichen. Bei den meisten Pfeifen hat sich mit der Zeit des Gebrauchs der Innendurchmesser der Zapfenbohrung durch Aufquellen oder durch Kondensatablagerungen minimal verändert. Diese geringen Abweichungen können bereits bewirken, dass - selbst wenn ein neues Originalmundstück vorrätig ist - dieses im Holm zu locker sitzt oder zu stramm, Letzteres auch noch mit dem Risko eines Holmrisses. In beiden Fällen muss also ein neuer Zapfen oder gleich ein gänzlich neues Mundstück angefertigt werden.

Nun wird das Mundstück in Position gebracht, der Biss schön parallel zum oberen Rand des Pfeifenkopfes, um dann den Umfang des Mundstücks dem des Holms anzugleichen. Der Reparateur wählt den Rohling immer so aus, dass er etwas dicker ausfällt als der Pfeifenholm. Sitzt die Zapfenbohrung schön mittig im Holm - und das ist bei vielen Pfeifen leider nicht der Fall - kann er den Rohling auf der Drehbank gleichmäßig auf den gewünschten Durchmesser herunterdrehen. Dann steckt er das Mundstück auf den Pfeifenholm, um an der Schleifscheibe und/oder am Bandschleifer das Mundstück so zu beschleifen, dass ein bündiger, absatzloser Übergang auf den Holm entsteht. Man nennt diesen Arbeitsgang „Verschachteln“.

Mundstück und Holm werden an der Poliermaschine mit gröberem und feinem Polierwachs auf Hochglanz gebracht.

Dabei wird meistens auch der Pfeifenholm geringfügig beschliffen. Es erfordert viel Fingerspitzengefühl, Erfahrung und ein gutes Auge, um hier die Linie der Pfeifenform wieder optimal zu erreichen. Die angeschliffenen Stellen auf dem Holm werden nur nachgebeizt, gefirnist und zusammen mit dem Mundstück poliert. Bei lackierten Pfeifen wird der Reparateur den Holm zum Schutz mit einem Streifen Isolierband oder Tesafilm abdecken - eine angewetzte Lackierung ist nur sehr schwer wieder zu restaurieren. Trotzdem muss er all sein Geschick aufwenden, um eine optimale Passgenauigkeit von Holm und Mundstück zu erzielen.

Für gebogene Pfeifen müssen Mundstücke zuerst einmal aus geraden Rohlingen wie beschrieben passgenau angefertigt werden, bevor man sie biegen kann. Dazu wird das Mundstück exakt in der Flucht mit dem Kopfrand ausgerichtet, dann ein Pfeifenreiniger vom Biss her eingesteckt, um den Rauchkanal offen zu halten, und schließlich das Mundstück behutsam erwärmt und zur gewünschten Kurve gebogen.

Nach dem letzten Feinschliff wird das beschliffene Ende des Holms nachgebeizt.

Wenn nur der Zapfen abgebrochen ist, das Mundstück selbst aber gut erhalten ist oder es sich um ein hochwertiges Handcut-Mundstück handelt, dessen Neuanfertigung immer mit recht hohen Kosten verbunden ist, lässt sich unter Umständen das Problem durch Ersatz des Zapfens recht schnell und preiswert beheben. Dies gilt auch für Acrylmundstücke von Filterpfeifen, die als Zapfen eine eingeleimte Kunststoffhülse haben. Da aber Pfeifenholme - und entsprechend auch die Mundstücke - meistens nicht exakt kreisrund sind, erweist sich das zentrierte Einspannen eines Mundstücks zum Ausbohren für einen neuen Zapfen als sehr zeitraubende „Fummelarbeit“. Die ursprünglich gehabte Passgenauigkeit zwischen Holm und Mundstück wird so gut wie nie wieder erreicht, es müsste also auch hier geschliffen werden. Die Bohrung für den neuen Zapfen braucht nur um ein halbes Grad von der ursprünglichen Zapfenachse abzuweichen, und schon bleibt zwischen Mundstück und Holm ein störender Spalt offen. In solchen Fällen ist es daher oft einfacher und letztlich auch kostengünstiger, von vornherein ein neues Mundstück anzupassen.

Die Reparatur ist nun beendet. Auch der Kopf der Pfeife hat eine neue Politur mit Carnaubahartwachs erhalten.

Holmrisse entstehen manchmal wie von selbst, weil beim Rauchen das durch Feuchtigkeit quellende Holz derart arbeitet, dass es dem Widerstand nicht gewachsen ist, den ihm der Mundstückzapfen entgegensetzt. Besonders betroffen sind Filterpfeifen, deren Zapfenhülse durch Einsetzen eines Adapters für filterloses Rauchen ihre ursprüngliche Elastizität verloren hat. Oft sind aber Stürze, ungeschicktes Verkanten beim Zusammenstecken der Pfeife, das Herausdrehen des Mundstücks aus der warmen Pfeife oder das Ausklopfen des Pfeifenkopfes die Ursache von Holmrissen. Sollte Ihnen dieses Malheur einmal passieren, rauchen Sie die Pfeife bitte nicht weiter. Die Rissflächen sollen möglichst sauber bleiben, um sie später haltbar leimen zu können.

Pfeifenkopf mit eingerissenem Holm.

Die Bruchflächen mit Leim bestrichen, wird der Holm in einer Zwinge zusammengepresst.

Der geleimte und beschliffene Holm wurde neu gebeizt und mit einem Metallring vor erneutem Bruch gesichert.

Wenn sich dort erst einmal Kondensat und Teer abgesetzt haben, kann das später die Haftkraft des Leims herabsetzen. Greifen Sie auch nicht selbst zu einem Kleber, der Ihnen vielleicht geeignet erscheint. Holmrisse lassen sich durch Leimen allein nicht reparieren. Die Spannkraft des vom Rauch ständig befeuchteten Holzes würde den Riss immer wieder öffnen. Und wenn dann die Risskanten auch noch mit Leimresten verunreinigt sind, ist eine saubere Reparatur später fast unmöglich. Eine dauerhafte Lösung bietet nur ein Metallring, den der Reparateur auf den Holm montiert. Diese Ringe sind meistens fast unmerklich konisch geformt, so dass sie sich von selbst stramm auf dem Holm festsetzen. Dadurch wird also der Riss geschlossen und gegen ein zukünftiges erneutes Aufplatzen gesichert.

Die Kiste mit Metallringen verschiedener Durchmesser für Holmreparaturen.

Nach Aushärten des Leims wurde die Bruchstelle beschliffen und kann nun nachgebeizt werden.

Ist aus dem Pfeifenholm durch das Einreißen auch noch ein Stück Holz herausgebrochen, so wird eine Reparatur schwieriger. Wenn irgend möglich sollten Sie das Bruchstück aufbewahren und es der zu reparierenden Pfeife beilegen. Wenn es klein genug ist und etwa der Breite eines üblichen Holmrings entspricht (ca. 10 mm), kann es vorsichtig wieder eingeleimt, mit einem Metallring überdeckt und die Bruchstelle dadurch gesichert werden. Ist das Stückchen verlorengegangen, dann bleibt nur noch die

Möglichkeit, den Holm so weit zu kürzen, dass wieder eine glatte Stirnfläche entsteht. Das Zapfenloch muss anschließend nachgebohrt werden, und wenn durch das Kürzen eines konischen Holms dessen Durchmesser größer geworden ist, wird wohl auch noch ein neues Mundstück angepasst werden müssen.

Ist der Holm gänzlich und womöglich nahe am Pfeifenkopf durchgebrochen, wird die Sache kritisch. Bei gebogenen Pfeifen ist wegen der verwinkelten Bohrungen im Holm meist nichts mehr zu machen. Bei geraden Pfeifen kann in einer komplizierten Operation der „Patient" in vielen Fälle noch gerettet werden - wenn Sie nicht vorher selbst mit der Leimtube gespielt haben. Die Bruchflächen werden zuerst mit Aceton entfettet und dann, mit einem wasserfesten Leim benetzt, unter Druck zusammengefügt. Nach dem Aushärten des Leims wird der Rauchkanal auf einen geeigneten Durchmesser erweitert, um im Bereich der Bruchstelle ein Gewinde zu bohren. Dort wird dann ein Gewinderohr aus Edelstahl oder hartem Aluminium eingeschraubt, das als innere „Schiene" dient und gleichzeitig die Bruchstelle vor direktem Kontakt mit feuchtem Rauchkondensat schützt. Unter Umständen wird sich die Pfeife später ein wenig feuchter rauchen lassen, weil sich in dem Metallrohr Kondensat abschlägt. Aber das gute Stück ist Ihnen erhalten geblieben, und das ist doch das Wichtigste.

Als weitere Serviceleistungen bieten viele Reparateure an, Pfeifen aufzupolieren, die Kohleschicht abzutragen oder im Rauchkanal von Holm und Mundstück verkeilte Filter oder Reiniger zu entfernen. Auch ein „Lifting" mit gänzlich neuem Finish steht bei manchen Reparateuren auf der Serviceliste. Vertrauen Sie Ihre Lieblinge dem „Pfeifendoktor" an. Er hat in diesen Dingen die nötige Erfahrung und wird in aller Regel einen Weg finden, damit Sie wieder mit Genuss aus diesen Pfeifen rauchen können. Die Kosten sind, dem Arbeitsaufwand entsprechend, durchaus akzeptabel, solange sie nicht den Wert der Pfeife selbst überschreiten. Letztlich bleibt es aber Ihrer eigenen Entscheidung überlassen, ob Sie Ihre Pfeife „zur Kur schicken" oder - mit mehr oder weniger Wehmut im Herzen - sie endgültig „zu Grabe tragen" wollen.

In diesem Zusammenhang möchten wir Ihnen noch eine Bitte mit auf den Weg geben: Reichen Sie nur gründlich gesäuberte Pfeifen zur Reparatur ein. Das spricht für Sie als echten Pfeifenraucher mit Stil, und es hält den „Pfeifendoktor" bei Laune. Bedenken Sie bitte auch immer, dass Ihre Mitmenschen vom Zustand Ihrer Pfeifen auch auf Sie als Person schließen könnten. Sollten Sie in Ihrer Nähe keinen Fachhändler für die Annahme von Pfeifenreparaturen wissen, so können Sie sich an die im Anhang am Schluss dieses Buches verzeichnete Adresse wenden.

Zum Abschluss dieses Kapitels noch eine Rarität der ganz besonderen Art: Kopf und Holm dieser klassischen „London Made" Billiard aus Bruyère wurden in einem speziellen galvanischen Verfahren mit einer ca. 0,2 mm starken Silberschicht überzogen. Der durchbrochene Überzug erinnert an Blumenmuster geklöppelter Spitzendeckchen.

Das satte Grün der riesigen Blätter und das zarte Rosa der Blütenkelche leuchten in der Sonne - ein Feld mit Virginiapflanzen in voller, üppiger Pracht.

Alles rund um den Tabak

Zum Charakter des Tabaks

Reifungsprozesse und Trocknung des Blattgutes; die gängigen Fermentationsarten und ihre Auswirkungen auf den Tabak

Der Handel mit Tabak ist Vertrauenssache

Ein Besuch im Rohtabaklager

In der Tabakfabrik

Der geheimnisvolle Orienttabak

Die Ursprünge des Tabakgenusses

Die Ausbreitung des Tabakgenusses in Europa

Tabakanbau in Virginia

Wer produziert (noch) Pfeifentabak?

Zum Schluss eine Anmerkung zum Thema „Zigarre"

Zum Charakter des Tabaks

Tabak und Pfeife sind natürlich für den Pfeifenraucher untrennbar miteinander verbunden. Wir haben uns hier dennoch für eine getrennte Darstellung entschlossen. Der Grund dafür ist eher willkürlich und wesentlich in dem Wunsch begründet, dem Leser die Orientierung zu erleichtern. Während also vorher das „Rauchgefäß" im Mittelpunkt stand, wollen wir nun das Geschehen von der anderen Seite her betrachten. Für die relativ breite Darstellung der historischen Rolle des Tabaks bitten wir um Nachsicht. Den vielschichtigen Verflechtungen von wirtschaftlichen Interessen, religiöser Intoleranz, der Überschätzung des Tabaks aus pharmazeutischer Sicht und der gelegentlichen Ächtung durch die Obrigkeit haben wir drei Kapitel gewidmet. Es ist uns sehr daran gelegen, diesen „geschichtlichen Faden" des Tabaks aufzuzeigen, nicht zuletzt, weil wir der Meinung sind, dass die gegenwärtige Diskussion um das Für und Wider des Rauchens nur vor diesem Hintergrund richtig gewertet werden kann.

In der Pfeife glimmt der duftende Tabak, im Glas funkelt der vollmundige Wein, dazu ein fesselnd unterhaltendes Buch - genussvolle Anregung für Seele und Geist.

Tabak und Wein haben vieles gemeinsam. Beide gehören zu den wohl sensibelsten landwirtschaftlichen Produkten, verlangen ausdauernde Pflege, möglichst viel Wärme und behutsame Erntemethoden. Doch damit ist es bei weitem nicht getan. Gerade nach der eigentlichen Ernte führen sie ein geheimnisvolles Eigenleben, bis sie schließlich ihrer freudespendenden Bestimmung zugeführt werden. Wohl jeder, der sich näher mit Tabak beschäftigt, wird davon geprägt und gewinnt ein beinahe als „erotisch" zu bezeichnendes Verhältnis zu diesem edlen, unsere Sinne anregenden Kraut.

Uns geht es jedes Mal so, wenn wir die Gelegenheit wahrnehmen, im Rohtabaklager einer Tabakfabrik zu verweilen. Versonnen stehen wir vor den vielen Ballen, Kisten und Säcken, lassen das Blattgut durch die Hände gleiten. Mal ist es luftigleicht oder „schaumig", wie es in der Fachsprache heißt, dann wieder fest und ledern, ja manchmal sogar klebrig. Die Nase ist betäubt von den vielfältigen Sinneseindrücken. Man schnuppert, tastet hier und dort, atmet andächtig tief durch und genießt in jener feierlichen Stille den beglückenden Rausch paradiesischer Zeitlosigkeit.

In der botanischen Systematik gehört der Tabak zur Gruppe der *Nicotiana*, einem Zweig der großen Familie der Nachtschattengewächse. Tabak ist also verwandt mit der Kartoffel und der Tomate, aber auch mit der Tollkirsche und dem Stechapfel. Vom russischen Machorka oder „Bauerntabak" einmal abgesehen, wird eigentlich nur die *Nicotiana Tabacum* als Rauchtabak verwendet, eine der etwa 60 Varietäten der Tabakpflanze. Dank ihrer enormen klimatischen Anpassungsfähigkeit wird sie heute auch weit über die Grenzen ihrer ursprünglichen (sub-)tropischen Heimat hinaus angebaut. Unterschiedliche Boden- und Klimaverhältnisse brachten zahlreiche Mutationen hervor, und diese vielfältigen Abarten wurden noch durch die von Menschenhand gesteuerten Kreuzungen bereichert.

Der Tabaksamen ist winzig klein. Etwa 10.000 bis 14.000 Körner wiegen nicht mehr als ein Gramm, daher reichen drei bis fünf Gramm Saatgut schon für einen ganzen Hektar. Aus diesem winzigen Körnchen entwickelt sich nun rasend schnell innerhalb von nur 100 Tagen eine enorme Blatt- und Blütenmasse, die eine Höhe von bis zu drei Metern erreichen kann. Eine weitere beeindruckende Leistung ist, dass etwa 43 Tabakpflanzen den Jahresbedarf eines Menschen an lebenswichtigem Sauerstoff produzieren.

Tabak hat es gern warm und gedeiht am besten bei einer mittleren Temperatur von 21 - 27 ° C. Das unbedingt nötige Minimum liegt bei 15 ° C. Selbst in Deutschlands hohem Norden, hier bei uns im Lauenburgischen, erntet man daher noch einen ganz annehmbaren „Virginia“. Tabak für Zigarren und für Schneidegut verlangen unterschiedliche Böden. Unter „Schneidegut“ fasst man übrigens jene Sorten zusammen, die man für Zigaretten- und Pfeifentabak nimmt, eben auf Grund dessen, weil sie geschnitten werden. Die Einlage für Zigarren führt man dagegen in einem Luftstrom durch ein Sieb, welches das Blattgut zerteilt. Der Grund für diese abweichenden Techniken liegt in der unterschiedlichen Feuchte des Tabaks bei der Verarbeitung. Sind es beim Pfeifentabak während des Schneidens etwa 25 %, so ist etwa die Hälfte ideal für die Zigarreneinlage sowohl bei der Verwirbelung im Luftstrom, als auch für den anschließenden Arbeitsgang des Wickelns in das Umblatt. Ja, „Wickeln“ ist hier der richtige Ausdruck, und so spricht man folgerichtig bei einer unfertigen Zigarre, bestehend aus Einlage und Umblatt, von einem Wickel. Tabak für Zigarren liebt übrigens etwas schwerere Böden mit einem ausgewogenen Gehalt an Stickstoff. Bei Schneidegut erzielt man die beste Qualität auf lehmigen Sandböden mit einem geringeren Gehalt an Stickstoff. Es gilt folgende Regel: Weniger Stickstoff = weniger Nikotin und mehr Zucker. Mehr Stickstoff = mehr Nikotin und weniger Zucker. Geerntet wird der Tabak von unten nach oben, und zwar in vier bis acht Arbeitsgängen, die jeweils einige Tage auseinander liegen.

Die Tabake werden in der Regel nach ihrer Herkunft (Provenienz) bezeichnet, wie zum Beispiel Kentucky, Maryland, Brasil oder Sumatra. Aus diesen Herkünften wuchsen allmählich Bezeichnungen für Handelssorten mit jeweils charakteristischen Übereinstimmungen. Als typisches Beispiel steht

Links:
Tabaksaat auf einem Virginiablatt, zum Größenvergleich liegen zwei Zündhölzer dabei.
Unten:
Historische kolorierte Darstellung der Tabakpflanze mit Blüten, Samenkapsel und Samenkörnern.

Anfang August steht dieses Feld mit Virginia-Tabak im Lauenburgischen in voller Blüte, die sich im Vordergrund, vom Wald beschattet, etwas zögerlicher entwickelt.

dafür der Virginia-Tabak, heute ein „Weltbürger". Damit dennoch die Herkünfte oder Provenienzen über die Sorte hinaus erkennbar bleiben, spricht man von brasilianischem Burley, italienischem Kentucky oder von rhodesischem Virginia (Zimbabwe).

Die größten Tabakproduzenten sind heute China, die U.S.A., Indien, Brasilien, die Türkei, Zimbabwe (früher Rhodesien) und - in Europa - Griechenland, Bulgarien und Italien. Statistische Aussagen sind historisch, was heißen soll: Das verwendete Zahlenmaterial ist in der Regel einige Jahre alt. Gewöhnlich tut das ja auch nichts zur Sache. Was Zimbabwe betrifft, kann man jedoch sehen, was alles in kurzer Zeit passieren kann -

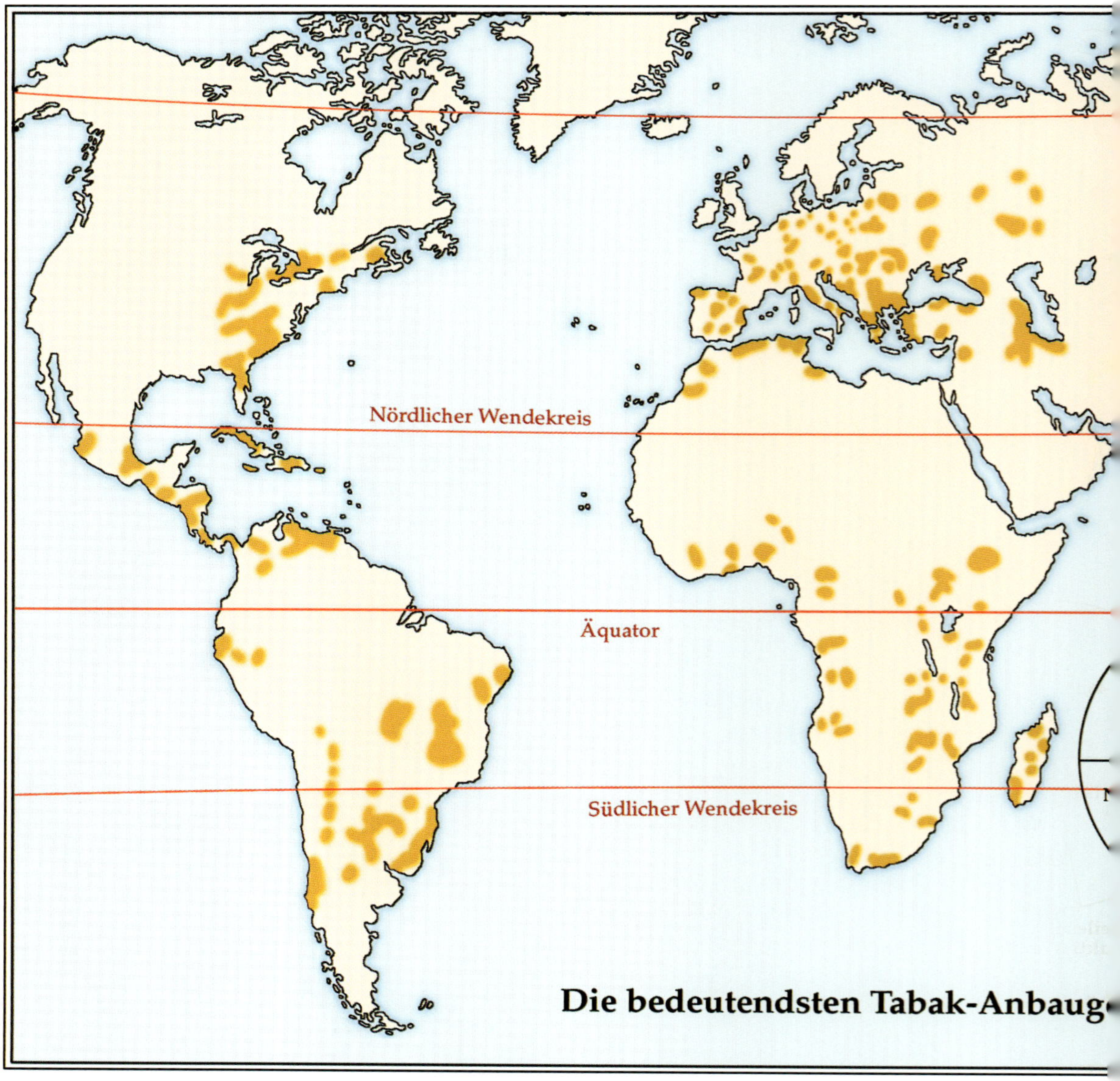

Die wichtigsten Anbau-Regionen und der prozentuale Anteil der Erdteile an der Weltproduktion.

Nachfolgend die größten Tabak-Anbauländer (in Klammern die Mengen), die zusammen ca. 72,5 % der Weltproduktion erzeugen:

China (975.000 tons)
U.S.A. (911.000 tons)
Indien (430.000 tons)
Brasilien (329.000 tons)
UdSSR (300.000 tons)
Türkei (290.000 tons)
Japan (173.000 tons)
Bulgarien (170.000 tons)
Südkorea (138.000 tons)
Kanada (115.000 tons)
Griechenl. (113.000 tons)
Italien (108.000 tons)

Nach B. C. Akehurst: „Tobacco" (1981)

sehr zum Schaden der Statistik, vor allem aber auch zum Schaden der betroffenen Menschen. Zimbabwe, dieses Juwel für besten Virginia-Tabak! Im Jahre 1997 erntete man dort noch 217 Tausend Tonnen. Heute sind es noch etwa 15 % davon. Wie ist so etwas möglich? Robert Mugabe, der alternde Präsident, gibt freiwillig nicht die Macht ab, hat das Rechtssystem seines Landes diktatorisch ausgehöhlt und die weißen Farmer größtenteils enteignet. Tabak als Symbol des Kolonialismus ist eine ideale Zielscheibe. Dem kann man - in Grenzen - sogar noch zustimmen. Doch ist es volkswirtschaftlicher Selbstmord, wenn dort ein Drittel des Sozialprodukts leichtfertig vernichtet wird. Fest steht jedenfalls: Schwarzafrika applaudiert Robert Mugabe. Und die westliche Welt darf wieder einmal den Hunger in einem afrikanischen Land finanzieren.

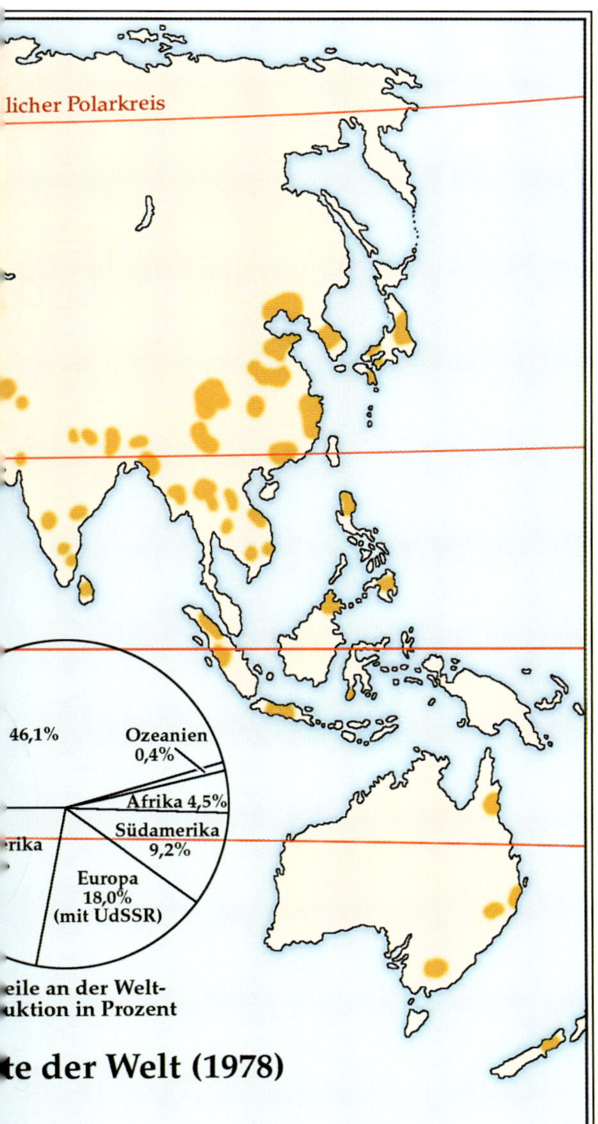

te der Welt (1978)

Reifungsprozesse und Trocknung des Blattgutes; die gängigen Fermentationsarten und ihre Auswirkungen auf den Tabak

In diesem Abschnitt wollen wir einen Ausflug wagen in den komplizierten Bereich der Tabakchemie. Kompliziert deswegen, weil sich die Frage stellt, ob man die hier ablaufenden Prozesse sachlich richtig und doch allgemein verständlich auf kleinem Raum darstellen kann. Der Anspruch eines Sachbuchs verlangt jedoch auch für diese Themen eine akzeptable Lösung, und so haben wir es bestmöglich versucht. Die verschiedenen Trocknungs- und Fermentationstechniken, „Curing“ genannt, werden in zwei Blöcken vorgestellt: einmal im Prozess der Trocknung und, getrennt davon, die weiteren Fermentationsprozesse. Wer es genau wissen möchte, sollte diesen Abschnitt zwei- bis dreimal durchlesen. Sie werden sehen: dann ordnen sich die Arbeitsgänge und laufen im Kopf wie ein Film ab.

Man mag sich wundern, dass unser geliebtes Kraut hier mit „Chemie“ in Verbindung gebracht wird, denken wir doch unweigerlich sofort an den künstlichen Eingriff des Menschen und an die Verwendung irgendwelcher artfremder Zusätze. Obwohl jedem Tabakprodukt auch Konservierungsstoffe in kleinen Mengen beigefügt werden sollten und auch die Aromatisierungspraktiken in diesen Bereich fallen, verbinden wir mit diesem Kapitel andere Absichten: hier handelt es sich vorwiegend um natürliche Prozesse, die aber dennoch viel mit Chemie zu tun haben. Tabak lebt und unterliegt daher ständiger Veränderung vom Beginn des Aufkeimens bis hin zu seiner Zweckbestimmung, dem freudespendenden Aufglimmen in der Pfeife. Wertvolle Hinweise verdanken wir den Veröffentlichungen „Tabak, Tabakwaren, Tabakhandel“ von Reckert, „Tabakanbau in Deutschland“ von Seibert und Hechler, und vor allem dem „Handbuch des Tabakhandels“ von Aschenbrenner und Stahl. Das Letztere ist für den Wissensdurstigen schier unerschöpflich, ist aber, wenn überhaupt, heutzutage nur noch antiquarisch zu haben.

Bereits vor der Ernte vollzieht sich in der Pflanze allerhand, was die spätere geschmackliche Qualität beeinflusst. Mit zunehmendem Wuchs wird die Versorgung der unteren „Hände“ mit Nährstoffen vernachlässigt oder gar dort gespeicherte Energiereserve zur besseren Versorgung des oberen Blattguts wieder abgezogen. Diesen naturgegebenen Drang nach oben muss der Pflanzer durch „Köpfen“ der Blütentriebe und „Geizen“ der überflüssigen Seitentriebe zum richtigen Zeitpunkt ausgleichen, um damit den Wachstumstrieb gänzlich in das erntefähige Blattgut zu lenken.

Vorbereitung des Tabaks für die Lufttrocknung auf einer dominikanischen Pflanzung. Die Blätter werden einzeln in einer Reihe auf eine Bastschnur gefädelt (links). Diese „Bandeliere“ werden dann in den Trockenschuppen luftig aufgehängt (rechts).

Als nächstes müssen wir uns mit dem Begriff der „Reife“ auseinandersetzen, ist er doch auf Tabak bezogen anders zu verstehen als bei den meisten anderen Kulturpflanzen. So schreiben Seibert und Hechler: *„Ein Tabakblatt ist dann reif, wenn es in seiner Entwicklungsphase den Zustand erreicht hat, der seinem speziellen späteren Verwendungszweck im äußeren Erscheinungsbild und der inneren Zusammensetzung genau entspricht.“* Zu berücksichtigen ist also, ob es sich um Blattgut für Zigaretten- , für Zigarren- oder für Pfeifentabak handelt. Darüberhinaus spielt auch eine Rolle, ob ein leichtes und nikotinarmes oder ein würzig-schweres Produkt angestrebt wird. Man spricht bei Tabak daher von einer „technischen Reife“. Dabei ist sogar noch die Tageszeit des Erntezeitpunkts von entscheidender Bedeutung, zum Beispiel für den Nikotingehalt des Blattguts. Tabak ist eben eine kapriziöse Pflanze.

Das Trocknen des Tabakgutes

Durch die Ernte wird das Blatt vom Stamm getrennt und damit auch vom Saftzustrom, was nun keineswegs heißen soll, dass das Leben im Tabakblatt schon die „rote Karte“ bekommen hat. Weit gefehlt, da geschieht noch eine Menge! Das Blatt holt sich Sauerstoff aus der Luft und scheidet Kohlensäure aus. Auch in den Zellen wird weiter ab- und umgebaut: Veratmen der Stärkevorräte und Abbau des Chlorophylls. Nach und nach schwinden die Lebenskräfte. Jetzt greift der Mensch ein. Er trocknet das Blatt nach seinen Vorstellungen. Damit wird dem Blatt das Wasser entzogen, und gleichzeitig werden diejenigen Vorgänge unterbunden, die zur Fäulnis des Blattes führen würden.

Und hier trennen sich die Wege zwischen dem Verfahren der (natürlichen) Lufttrocknung für Zigarren-Blattgut oder Orienttabak, in der Fachsprache „Sun Curing“ oder „Air Curing“ genannt, und den künstlichen Trocknungsverfahren für Zigaretten- und Pfeifentabak, „Fire Curing“ (Feuertrocknung) oder „Flue Curing“ (Warmluft- oder Kammertrocknung) genannt.

Beginnen wir mit der Lufttrocknung: Die Blätter werden in grünem, also vitalem

Zustand geerntet, zu „Bandelieren“ aufgefädelt und in der Regel in einen Trockenschuppen gehängt. Je nach Witterung ist das Blattgut nach 3 - 8 Wochen trocken, womit nicht „knochentrocken“ gemeint ist, vielmehr ist es noch elastisch mit einem Feuchtegehalt von etwa 25 %. Die Mittelrippe muß aber ohne Saft sein. In diesem Zustand sind die Blätter noch nicht rauchreif. Sie sind zu jung, zu roh. Es fehlt ihnen die Blume, das Aroma und die Würze. *„Genau wie der gekelterte Wein erhält der Tabak seine volle innere Reife und Blume durch eine weitere Behandlung, hier Fermentation“*, so Reckert.

Die Feuertrocknung ist die ursprüngliche Methode und geht auf die Rauchkultur der Indianer zurück. Die Rothäute hängten den Tabak einfach gebündelt in den Rauchabzug ihres Zeltes. Die Kolonisten übernahmen deren Kenntnisse und lernten später bessere Techniken kennen. Bis heute aber hat sich diese Tradition im „Dark Fired Kentucky“ oder „Dark Fired Virginia“ erhalten. Es handelt sich bei diesen gefeuerten Tabaken allgemein um sehr schweres, vollwürziges und nikotinreiches Blattgut, das man nur wenig für Pfeifentabak verwendet. Die besten Qualitäten - und hier nur die Blattspitzen - findet man im „Mundtabak“ (früher Kautabak), die minderen Sorten im „Halfzware Shag“ oder auch „Zware Shag“ (Feinschnitt). Für die Räucherung ist langsam glimmendes Hartholz nötig. In Amerika wird Hickory bevorzugt, Eiche und Ahorn tun es aber auch. Eine Abart der Feuertrocknung finden wir in der Aufbereitung des syrischen und zyprischen Latakia-Tabaks, dessen Blattgut über Zedernholzzweigen geräuchert wird. Zwischendurch beregnet man den Tabak, damit der Rauch gut haftet. Hat er schließlich seine charakteristische Schwärze und die intensive pfeffrige Note erreicht, wird er im Arabischen „Abu Riha“ (Vater des Geruchs) genannt.

Die Kammertrocknung ist im Grunde eine technische Fortentwicklung der oben genannten Trocknungsarten. Virginia- und Burley-Tabak sind für die Zigarettenproduktion und für die heute gefragten Pfeifenmixturen am wichtigsten. Beide Tabake eignen sich bestens für eine industrielle Verarbeitung bezüglich Anbau, Ernte, Trocknung und Fermentation. Als Autor ist man natürlich geneigt, Exoten wie den Orienttabak in den Mittelpunkt zu stellen. Das macht die Story farbiger, weil dort eben mehr mit dem Tabak geschieht. Doch bleiben wir bei der Wahrheit: Bei Pfeifenmixturen entfallen etwa 65 % des Volumens auf Virginia, 15 % auf Burley und etwa 20 % auf alle Spezialitäten, wobei hier „Orient“ den größten Anteil hat.

Blick in einen Trockenschuppen im badischen Nonnenweier. Das zu „Bandelieren“ auf Sisalschnüre gezogene Blattgut hat schon eine goldbraune, leicht rötliche Färbung angenommen.

Virginia- und Burley-Blattgut erntet man im Zustand der Vollreife nach Eintritt der ersten Verfärbungen des Blattguts. Im Unterschied zum Zigarrentabak werden sie nicht natürlich, sondern mit Hilfe warmer Luft getrocknet. Dafür haben die Pflanzer

Für die Kammertrocknung wird das Blattgut nicht mehr aufgefädelt, sondern, wie im Vordergrund zu sehen, von stählernen Klemmschienen gehalten in die Trockenkammer gehängt. Diese Klemmschienen wurden bereits bei der Ernte auf dem Feld mit Tabakblättern bestückt.

Schuppen, „Kammern“ genannt, die durch Schlitze im Boden mit heißer Luft versorgt werden. Diese „Kammern“ sind im engeren Sinne Blechkästen und ähneln im Äußeren wie in ihrer Größe den kleineren 20-Fuß-Containern. Die warme Luft steigt nach oben, trocknet das Blattgut und wird in abgekühltem Zustand wieder der Kammer entzogen. In regelmäßigen Abständen fügt man Feuchtigkeit hinzu, da anderenfalls das Blattgut verdorren würde. Dieses Verfahren dauert etwa vier Tage, wobei es anfangs „heiß hergeht" bis auf knapp 60 Grad Raumtemperatur. Dabei kehrt sich die bisher auf Wachstum eingestellte Funktion des Blattes um, nämlich auf einen Abbau des Chlorophylls, der Kohlehydrate, der Eiweißverbindungen und damit nicht zuletzt auch auf eine Reduzierung des schwer abbaubaren Nikotins. Da heute eher nikotinarmer und leichter Tabak gefragt ist, gewinnt die dafür wichtige kurze und intensive Trocknung und Fermentation zusehends an Bedeutung. Während dieser Phase sinkt der Feuchtigkeitsgehalt im Blatt von etwa 85 % auf 15 %.

Wir haben der besseren Übersicht halber Trocknung und weitere Fermentation in der Darstellung getrennt. Selbstverständlich ist diese Trennung künstlich. Tabak lebt von der Ernte bis zum Endstadium, was heißen soll: Bis er in Rauch aufgeht. Und alles, was auf diesem Weg zu seiner Veränderung beiträgt, ist letztendlich ein Prozess der Reifung. Mit anderen Worten: Tabak befindet sich in einem ständigen Wandel, den wir beschleunigen oder „forcieren" können, wie es in der Fachsprache heißt, oder andererseits durch Feuchtigkeitsentzug und kühle Lagerung hemmen können. Er „schläft" dann gewissermaßen und reift recht langsam nach. Mehr Informationen darüber finden Sie in den Abschnitten über den Orienttabak und den Perique. Dort haben wir einen „weiten" Fermentationsbegriff beschrieben: Orienttabak wird auch heute noch nach der Trocknung in etwa fünf Qualitätsstufen sortiert und anschließend kunstfertig in Ballen gestapelt, die Blattspitzen nach innen, die Stengel nach außen. Der Fermentationsprozess findet hier im Ballen statt und geht nahtlos in eine Phase der qualitativen Nachreifung über, „Aging" genannt, ein Phänomen, das wir bei allen Rohtabaken und auch bei fertigen Tabakprodukten beobachten können, hier insbesondere bei Zigarren. Durch das „Aging", also die Lagerung unter optimalen Bedingungen, wird aus so manchem ruppigen braunen Glimmstengel eine kultivierte Schönheit mit besten Manieren.

Für die Stapelfermentation werden die „Docken" - so nennt man die Bündel des getrockneten Blattguts - in gleicher Ausrichtung sorgfältig aufgeschichtet.

Daneben gibt es eine „enge" Vorstellung von Fermentation als technisches oder natürliches Verfahren zur Erreichung der Lagerfähigkeit des Tabaks als Grundvoraussetzung für seine Weiterverarbeitung. Und hier spielt die Art der Trocknung eine entscheidende Rolle für die spätere Verwendung des Tabaks.

Fassen wir zusammen: Trocknung und Fermentation sind die Voraussetzung für die Lagerfähigkeit des Tabaks. Weitere spätere geschmackliche Veränderungen des Tabaks bezeichnen wir als „Aging". Hier befinden wir uns inmitten der schwierigsten Materie der Tabakveredelung. Die Trocknungsprozesse sind für uns alle nachvollziehbar. Schwierig, vielschichtig und kaum greifbar bleibt uns der Fermentationsbegriff. Packen wir´s an!

Die gängigen Fermentationsarten

Das Wesen der Fermentation ist kompliziert, da Tausende verschiedener Fermente existieren. Allgemein wird die natürliche Fermentation als ein Gärungsprozeß bezeichnet, den Bakterien und Enzyme auslösen. Diese Begriffe sind altsprachlichen Ursprungs. Ferment, abgeleitet vom lateinischen „fermentum", bedeutet Sauerteig; Enzym, abgeleitet vom griechischen „zyme", bedeutet gleichfalls Sauerteig. Ferment und Enzym sind also zwei Bezeichnungen für eine Kraft, die für jeden Menschen offenkundig und nachvollziehbar bei der Zubereitung von Brot mit Hilfe von Sauerteig zum Einsatz kommt. Daher auch die Namensgebung. Faszinierend ist die perfekte Arbeitsteilung dieser Kleinstlebewesen. Jede Gruppe übt eine arteigene Wirkung auf die im Tabakblatt vorhandenen Stoffe aus. Man kennt noch den häufig bemühten und doch so treffenden Vergleich aus dem Biologie-Unterricht: Wie auf ein Schloß nur ein speziell dafür gefertigter Schlüssel paßt, so wirkt auf einen bestimmten Körper (Schloß) nur ein bestimmtes Ferment (Schlüssel) ein. Zum Gefüge einer Zelle gehört ein Fermentsystem (Schlüsselbund), das individuell für diese Aufgabe zusammengestellt ist.

Die Fermentation von Tabak ist, wie bereits gesagt, eine vielschichtige Angelegenheit. In Beratungsgesprächen mit Pfeifen- und Zigarrenrauchern wird immer wieder deutlich, daß diese biochemischen Prozesse den meisten Freunden des Tabaks nur bruchstückhaft bewußt sind und für den Hausgebrauch auf ein praktikables Maß zurechtgestutzt werden. Das ist nur allzu verständlich. So lesen wir häufig in Produktbeschreibungen dunkler Pfeifen-Mixturen: „Doppelt fermentiert“ - und das trifft ja, bezogen auf die Anteile von Black Cavendish, auch zu, wie wir noch sehen werden.

Kehren wir nun zurück zur Lufttrocknung, dem „Air Curing“. Die wunderschönen erntefrischen grünen Blätter haben nach der Trocknung viel von ihrer Pracht eingebüßt. Welk und krausfaltig scheinen sie von besseren Zeiten zu träumen. Nun aber beginnt ihr zweites Leben in Gestalt der klassischen „Stapelfermentation“. Dafür werden mehrere tausend Kilogramm Blätter in gut belüfteten Räumen aufeinander gestapelt. Der Druck ihres Eigengewichtes erzeugt Wärme, und diese Wärme ist der Transporteur für jene eben zuvor besprochenen, von Enzymen ausgelösten Prozesse. Zu deren Beobachtung und Steuerung führen die Pflanzer lange Thermometer in den Stapel ein. Keinesfalls sollte eine Temperatur von mehr als etwa 50 Grad entstehen, sonst „verbrüht“ der Tabak und ist dann aller charakteristischen Qualitäten beraubt.

Kurz vor diesem kritischen Punkt wird der Tabak umgeschlagen. Blätter, die zuvor außen lagen, kommen nun in die Mitte und umgekehrt. Das wird je nach Notwendigkeit drei bis sechsmal wiederholt. Durch das Zusammenwirken von Druck, Wärme und diesen Enzymen verliert der Tabak allmählich seine Unarten, er wird sozusagen manierlich: Bitterstoffe, Eiweiß, Stärke und vor allem auch Nikotin werden abgebaut oder umgewandelt. Er kommt dann geläutert aus dem Fegefeuer und zeigt nun bereits Ansätze späterer Aromenfülle. Vor allem stinkt er aufgrund des Eiweißverlustes nun beim Abbrand nicht mehr nach verbranntem Horn. Nach diesem Stress braucht der Tabak erst einmal Luft zum Atmen und zur Trocknung. Dafür wird er locker auf sogenannten Kühlbänken gestapelt und findet dort endlich seinen Seelenfrieden. Flinke Hände und sachkundige Augen sortieren die Blätter nach Qualitätsstufen. Nun erst kann er in Ballen verpackt und verschifft werden.

Tabak zu fermentieren, ist eine Kunst. Diese Tatsache hat Eingang in unzählige Anekdoten gefunden, die ältere Menschen über die letzten Kriegsjahre vor 1945 und die Nachkriegszeit berichten. Welch ein Aufwand wurde da betrieben, die kleine Tabakernte aus dem eigenen Garten in rauchfähigen Zustand hinüberzuretten. Hier zur Erbauung ein Auszug aus einer Broschüre von 1944 über Tabakanbau und -aufbereitung: *„Sehr gut läßt sich ein geeigneter Dunghaufen als Wärmequelle benutzen. Die Bandeliere werden in ein Tuch gewickelt, fest umbunden, mit etwas sauberem Stroh umwickelt und an einer geeigneten Stelle (nicht zu tief) untergebracht. [...] Nach 8-10 Tagen wird das Paket umgepackt und wieder in Dung gelegt. Nach weiteren 10 Tagen wird die Arbeit wiederholt und dann ist der Tabak fertig. [...] Man hege keiderlei Bedenken, der Tabak nimmt keinen Nebengeruch an und bleibt absolut sauber.“*

Titelblatt einer Anleitung zur häuslichen Rauchtabakherstellung (1944).

Gänzlich anders und sehr viel einfacher verhält es sich mit der „Kammertrocknung" unserer wichtigsten Sorten für Pfeifentabak, „Flue Cured Virginia" und „Flue Cured Burley". Übrigens wird auch Orienttabak inzwischen teilweise künstlich getrocknet. Erinnern wir uns an den zuvor beschriebenen Trocknungsprozess in Wärmekammern direkt beim Pflanzer. Danach ist das Blattgut auf etwa 15 % Feuchte heruntergetrocknet, es fehlt aber der „letzte Schliff".

„Air Cured Virginia" im Trockenschuppen. Nach 30 bis 70 Tagen ist der Tabak von leuchtend orange-goldener Farbe.

Dafür gibt es Fermentationsanlagen, die das vorgetrocknete Blattgut in lager- und verbrauchsfähigen Tabak verwandeln. Das sind groß dimensionierte Fermentationsmaschinen mit einem tunnelartigen Gehäuse von bis zu 80 m Länge und 2 - 3 m Breite. In dieser fließbandartigen Konstruktion wird der Tabak als erstes auf etwa 80 % angefeuchtet, dann stark erhitzt, wieder gekühlt und abschließend auf etwa 12 % angefeuchtet. Das ganze dauert nur etwa zwei Stunden. Kürzlich brachte uns ein Rohtabakmakler eine interessante Probe: Einen Black Cavendish aus Brasilien, produziert in zwei Stunden in einer dieser Fermentationsanlagen. Epochal! Revolutionär! Umwerfend! Sie müssen sich das wie in einem Rennen der Formel I vorstellen. Auch für diese Leistung braucht man enorm viel „fahrerisches Können". Da geht's auch mal mit Schmackes in die Kurven. Vergeigt der Pilot die Tour, so bleibt nur noch Asche. Mal sehen, was aus dieser Sache wird. Wir waren beeindruckt.

Nun wird der Tabak ins angrenzende Packhaus gebracht, klassifiziert und in feste Kartons von 200 kg verpackt, in Verkaufseinheiten („lots") zusammengefaßt und den Rohtabakeinkäufern angeboten. Diese Prozedur klingt ernüchternd. Doch liegen die Vorteile für alle, nicht zuletzt auch für Sie als Verbraucher, auf der Hand: Die Preise für Virginia und Burley bleiben erschwinglich, die Tabakfabriken erhalten regelmäßig verläßliche Ware von nahezu gleichbleibender Qualität bezogen auf Farbe, Geschmacks- und Raucheigenschaften. Außerdem bleibt Pfeifentabak wirklich bezahlbar, wenn man von der Gier unserer Finanzminister auf die Tabaksteuer einmal absieht.

Soweit die allgemein vorherrschenden Fermentationsverfahren. Es fehlt aber noch einiges, was berichtenswert ist. Am interessantesten ist die klassische Ballenfermentation für den Orienttabak, die wir später in einem gesonderten Kapitel behandeln werden. Nach der Trocknung des Tabaks wird das Blattgut nach althergebrachten Techniken zu Ballen gestapelt, leicht gepresst und in Jute vernäht. Im Rohtabaklager müssen diese Ballen besonders pfleglich gelagert werden, da dieser Tabak noch fermentiert. Luftig und hoch liebt es der „Orient" zu lagern. Man sollte die Ballen auch jedes Jahr drehen und wenden, damit die Fermentations- und Agingprozesse zu optimalen Ergebnissen führen. Wir haben zur Zeit der Niederschrift dieses Kapitels (2004) noch ungefähr fünfzig Ballen Orienttabak aus der Ernte 1992 liegen. Zwölf Jahre Reifung bei bester Pflege. Das Ergebnis ist mit einem gut gelagerten Whisky vergleichbar.

Der Handel mit Rohtabak ist Vertrauenssache

Im vorigen Kapitel haben wir den Tabak bis zu seiner Versandfertigkeit im Ursprungsland begleitet. Nun aber beginnt eine wirklich spannende Geschichte, die nicht ohne Risiko ist: Der Einkauf von Rohtabak, ein Risiko? Was soll das heißen? Keine Angst, gemeint sind nicht Qualitätsschwankungen zwischen Angebot und späterer Lieferung. Nein, hier geht es um das Kapital des Käufers: Wann soll er kaufen, zu welchem Preis? Wie wird sich der Kurs des Dollars entwickeln? Wie werden die nächsten Ernten ausfallen? Ein guter Produzent hält zur Sicherung des Qualitätsstandards Reserven für ein bis zwei Jahre vor. Kauft er mit wenig Risiko, also frühzeitig, kann er bei einer ungünstigen Konstellation von Rohtabakangebot und Dollarkurs gehörig draufzahlen. Das ist hier mit Risiko gemeint. Ein bisschen Pokern gehört dazu. Hier geht es um sehr viel Geld. Gerade Hersteller von Pfeifentabak gehören nicht zu den Großabnehmern, sind jedoch aus Gründen des optimalen Einkaufs - genau wie die Großen der Branche - zur Abnahme von mindestens einem Container Tabak gezwungen. Das sind bei dem kleineren 20-Fuß-Container immer noch 10.000 kg Tabak. Für ein gut sortiertes Tabaklager benötigt man aber etwa zehn verschiedene Sorten. Hier geht es also wirklich um sehr viel Geld, d. h. auch um ein erhebliches Risiko. Das ist eine Facette in dem gewiß nicht langweiligen Leben eines Einkäufers von Rohtabak.

In große Jutetücher eingeschlagen, wartet goldgelber „Flue Cured Virginia“ im großen „Warehouse“ auf den Beginn der Auktion.

Versteigerung von Virginia-Tabak in North Carolina, U.S.A. in den frühen 1980er Jahren.

Der zeitige Einkauf gilt aber nicht nur der Bestandssicherung. Nein, noch wichtiger ist die Nachreifung des „jungen“ Rohtabaks. Wird er noch im Erntejahr an den Tabakproduzenten verschifft, was in der Zeit des knappen Geldes zusehends häufiger geschieht, so braucht der Tabak noch Zeit und optimale Lagerbedingungen zur Nachreifung. Ein guter, aber noch zu junger Virginia zum Beispiel schmeichelt mit seiner wunderschönen Farbe. Es ist die Verlockung, das Versprechen auf spätere Genussfreuden. Noch aber sind es lediglich die äußeren Reize, die dem Fachmann Qualität signalisieren. Der Geschmackseindruck bleibt indifferent, lustlos und ohne Höhen und Tiefen. Dann kommt es im Laufe von 12 bis 24 Monaten zu einem immer wieder faszinierenden Wunder: Der zuvor so spröde Tabak wird zum Gaumenschmeichler und gibt nun den edelsten Blends das „gewisse Etwas“.

Schließlich gibt es in diesem Zusammenhang auch viel Erfreuliches zu berichten. Die Angebote der Tabakmakler enthalten stets Angaben zur Klassifizierung des Rohtabaks. Für uns am wichtigsten sind die Messwerte des Nikotin- und des Zuckergehalts: das A und O für den Einkäufer. Wir vergleichen die Qualität von Tabak gern mit dem Klangvolumen einer Musik-Anlage. Die Bässe bringt der Nikotingehalt, die Höhen der Zucker, beides zusammen macht erst den „Sound“. Dabei darf man Zucker nicht mit Süße gleichsetzen. Es ist wie beim Wein: Der natürliche Zucker ist der Geschmacksförderer schlechthin, was sich in vielfältiger und wunderbarer Weise äußert. Jeder Mensch schmeckt individuell, und er kann seine Eindrücke nur über Assoziationen wie „fruchtig" oder „nussig" mitteilen. Assoziationen sind hier der Zugriff auf bereits gespeicherte Geschmackserlebnisse. Da öffnet sich ein weiter Bogen von „zartbitter" über „feinherb" bis „lieblich", von „Feige" über „Pfirsich" bis „Johannisbeere". Was später im Zusammenhang mit der Aromatisierung an Süßem in einen Blend hineinkommt, hat bei weitem nicht die Qualität des natürlichen Zuckers. Mangel an „Substanz", an Charakter, lässt sich später auch durch stärkeres Soßieren nicht kaschieren.

Ein Black Cavendish Blend mit einem etwa 10-prozentigen Anteil von Broad Cut Virginia .

Man merkt es schon, wir sprechen wesentlich mehr über den Zucker und weniger über das Nikotin. Pfeifenraucher sind eben doch Naschkatzen! Der wahre Grund aber liegt in der Tatsache begründet, dass Nikotin weniger fassbar ist. Es ist wie die Sahne in der Suppe. Einmal verrührt, ist sie optisch nicht vorhanden, geschmacklich aber sehr wohl, andererseits aber kaum unterscheidbar von anderen Geschmackseindrücken. Nikotin ist farb- und geschmacklos, und dennoch ist es ursächlich für jene Momente reinen Glücks, wo die Pfeife oder die Zigarre im letzten Drittel eine sanfte Fülle erreicht, so tief, so voll und rund, dass man diesen Augenblick ins Unendliche hinüberretten möchte. Warum aber enthält das Tabakblatt überhaupt Nikotin? Man weiß es nicht genau, vermutet aber, dass die Pflanze dieses Alkaloid zum eigenen Schutz produziert, um Fressfeinde fernzuhalten.

Die nächstwichtigen Klassifizierungsmerkmale sind die Farbe und die Eigenschaften des Abbrands. Virginia skaliert man grob in „Lemon" (gelb bis grünlich) und „Orange" (gelb bis bräunlich). Ein schöner goldgelber Virginia ist eine Augenweide und wirkt appetitanregend, sozusagen als Vorfreude auf das zu erwartende Raucherlebnis. Daher achten die Hersteller immer auch auf das Erscheinungsbild, den sogenannten Mischungsspiegel. Besonders in Blends mit hohem Gehalt an Black Cavendish kann eine Prise von breit geschnittenem goldgelbem Virginia farbliche Wunder bewirken. Bereits 10g Virginia in 100g Black Cavendish täuschen dann ein Mischungsverhältnis von etwa 1 : 1 vor. Versuchen Sie es einmal. Man könnte diesen Versuch in die lange Reihe der vorliegenden optischen Täuschungen aufnehmen. Das Kriterium der Reinheit des Blattguts entfällt bei entripptem Tabak. Aber auch mit dem bereits Gesagten lässt sich Tabak vortrefflich prüfen.

Tabakqualität wird an seinem äußeren Erscheinungsbild gemessen, seinem Geruch, seinem Abbrandverhalten und am Rauchgeschmack. Dafür braucht man schon Intuition, lange Erfahrung und Liebe zum Beruf. Dabei ist der Beruf des „Rohtabakers", wie die Tabak-Einkäufer genannt werden, kein Lehrberuf im üblichen Sinne. Vielmehr geben die traditionellen Bremer und Hamburger Handelshäuser ihr Wissen von Generation zu Generation weiter. Daneben bilden die großen Tabakkonzerne je nach Bedarf hin und wieder einige begabte junge Leute für diesen Bereich aus, und nach etwa fünf Jahren können sie dann vielleicht behaupten, etwas von Tabak zu verstehen.

Eine gute Nase für die feinen Aromanuancen im Tabak ist eines der wichtigsten „Werkzeuge" des „Rohtabakers".

Wir hatten einmal die Gelegenheit, einen holländischen Rohtabak-Spezialisten in ein Tabaklager zu begleiten. Der Chef des Hauses führte uns herum, und beide Herren

„beschnupperten“ sich nun, tasteten beim Gang von Ballen zu Ballen das Wissen des anderen ab, „warfen sich die Bälle“ zu und entwickelten vor uns ein imponierendes Gebäude von Kennerschaft. Mit Auge, Nase und Hand wurde der Tabak „abgetastet“ auf Größe, Farbe und Dicke des Blattes, auf Lebhaftigkeit, Reinheit, Ausgeglichenheit und Elastizität. Die Blattbeschaffenheit wurde untersucht auf Schnittfestigkeit, Struktur, auf den Beschädigungsgrad und die Glimmfähigkeit. Zu diesem Zweck wurden einzelne Blätter mit Glut in Berührung gebracht und der Glimmprozess auf gleichmäßigen und knisterfreien Abbrand beobachtet. Auch die Länge des Gluthaltens spielte eine Rolle sowie das entstandene Aschebild. Bei vorzüglichem Abbrand ist es weißlich-grau und ohne schwärzlich verkohlte Einsprengsel.

Nachfolgend beobachten wir unseren Freund und Kollegen, Philipp Schuster, beim Rohtabak-Einkauf: *„Bei allen Tabakerprobungen erfasst man den Tabak mit allen Sinnen, d.h. erst schaut man den Tabak an, um die Gleichmäßigkeit im Reifebild zu erfassen. Dann schnuppert man am Tabak, um festzustellen, ob er angenehm und gesund riecht oder ob er vielleicht gar muffig geworden ist. Dann befühlt man den Tabak, um zu spüren, wie die Struktur und die Oberflächenbeschaffenheit ist, womit man gleichzeitig das Potential in der Reifung beurteilt. Danach entzündet man einige Blätter, um hierbei die Glimmfähigkeit zu erproben. Den entstehenden Rauch riecht man verständig, dabei erlebt man den ersten Eindruck des Geruches und der Raumnote.“* (Schuster News, Bünde 1/2006).

Nun hätten wir beinahe etwas wesentliches vergessen. Wie läuft so ein Kauf von Rohtabak eigentlich ab? Also, das Angebot des Maklers kommt nicht allein, sondern vielmehr in meist aparter Begleitung. Gemeint sind die wirklich hübschen Proben von etwa einem Kilogramm Gewicht, leicht angepresst und mit einem Seidenband - manchmal in den Nationalfarben des Herstellerlandes - wie eine Urkunde versiegelt. Der Käufer entnimmt dieser Probe eine Teilmenge, zerkleinert sie auf einer Handschneidemaschine und testet den Tabak. Wird die Offerte für gut befunden, verpackt man den Rest sorgfältig und verwahrt diesen als Gegenprobe zum Vergleich nach dem Eintreffen des Containers. Ärger gibt es immer einmal. Es ist dann eine Frage des Anstands, der Tradition und des vertrauten Umgangs miteinander, wie dieses Problem zu lösen ist. Dafür ein Beispiel: Wir kauften einen wunderbaren goldbraunen Virginia aus Zimbabwe und waren erstaunt, wesentlich dunkleres und schwereres Blattgut zu erhalten. Nach gemeinsamer Prüfung mit dem Makler und nach einigen Telefonaten fanden wir des Rätsels Lösung: Der Tabak war via Durban in Südafrika verschifft worden und stand dort - wegen fehlender Frachtpapiere - zwei Wochen auf der Hafenmole in der subtropischen Sonne. Wir erhielten einen akzeptablen Preisnachlass und machten etwas aus dem Tabak. Was machten wir wohl aus ihm? Erraten! Daraus wurde ein herrlich sanfter, süffiger Black Cavendish.

Verschiedene Rohtabakproben, wie sie von den Maklern an Rauchtabakproduzenten verschickt werden. Zum Schneiden einer ersten Rauchprobe tut es auch der alte Brotschneider aus Großmutters Küche.

Der Handel mit Rohtabak ist Vertrauenssache. Für den Tabak-Einkäufer ist nicht nur der Preis für den Zuschlag entscheidend, sondern vor allem *mit wem* er Tabak handelt. Anders gesagt: Für den Einkäufer ist es wichtig, wer sich mit seinem Namen für die Qualität der Ware verbürgt. Schon aus diesem Grund liegt auch der Tabakhandel in festen Händen alteingesessener Maklerfirmen. Ein gegebenes Wort ist hier so gut wie Bargeld, und der Handschlag ersetzt langwierige rechtliche Absicherungen.

Ein Besuch im Rohtabaklager

Die wichtigsten für Pfeifenmixturen genutzten Arten werden wir uns nun im Rohtabaklager einmal ansehen.

Der Virginia-Tabak hat viele Gesichter. Er ist, wie gesagt, ein Weltbürger. Importe aus seinem Ursprungsland Virginia/U.S.A. waren früher unschwer an der originellen Verpackung auszumachen. Gemeint sind die traditionellen Holzfässer, die „Hogsheads“,

Virginia-Blattgut aus den U.S.A., in traditionellen Fässern, den „Hogsheads“ gestapelt und verschifft.

worin Tausende großer, goldgelber Blätter ringförmig gestapelt waren und ein herbsüßes Aroma „veratmeten“, wie der Fachmann sagt. Heute, im Zeitalter containergerecht genormter Verpackung, reist auch der US-Virginia nicht mehr „Holzklasse“, sondern in schlichten Kartons mit 200kg Inhalt.

Viele Virginia-Importe weisen jedoch gänzlich andere Ursprungsländer aus. So lesen wir auf einigen Ballen „The People´s Republic of China“. Anderes hochwertiges Blattgut lässt Malawi oder Zimbabwe als Heimat erkennen. Auch ein „Virgin (SCR)“ aus deutschem Anbau ist in einer Ecke zu finden. Dahinter sieht man kleinere Ballen, die ein kräftiges, leicht teeriges Aroma veratmen. Hier ist das Blattgut kleiner und eher mittel- bis dunkelbraun. „Dark Fired Virginia“ steht dort geschrieben. Der Absender weist auf den Piedmont-Distrikt in Virginia hin. Hier haben wir es mit einem ausgesprochen kräftigen, nikotinreichen Würztabak zu tun, der im Rauch des Hickory-Holzes getrocknet wurde. Bereits wenige Anteile in einer Mischung geben ihr eine geschmackliche Tiefe, die es in sich hat und heute nur noch in wenigen naturbelassenen Blends geduldet wird.

Gänzlich anders verhält sich der weiche, nach einer speziellen Röstung rötlichbraun getönte Burley mit seinem typisch an Kakao erinnernden Duft. Für Pfeifentabak bevorzugt man leichte Sorten, die nach dem Anfeuchten locker und schwammig, d. h. sehr saugfähig sind. Burley gilt deshalb als wichtiger Baustein für die meisten aromatisierten Blends. Alle Burley-Rassen stammen übrigens aus einer 1864 im Staate Ohio zufällig entdeckten Pflanzenmutation aufgrund

Im Rohtabaklager der DTM-Tabakmanufaktur. In den oberen Regalen ruht eine Partie feinen Orienttabaks aus der Türkei, auf traditionelle Weise in Ballen aus Jute eingenäht.

von Chlorophyllmangel. So ist es, selbst eine „Panne" im weitläufigen Getriebe der Natur kann uns eine Kulturpflanze bescheren. Aus der Genforschung weiß man heute, dass eigentlich sämtliche Veränderungen im Bereich der Genetik auf solchen „Unfällen" beruhen. Heute steht der Burley-Tabak, bezogen auf die Anbaufläche, an zweiter Stelle nach dem Virginia. Ergänzend sei hier noch erwähnt, dass erhebliche Mengen Burley auch luftgetrocknet werden.

Ein paar Schritte weiter stehen wir vor einigen Ballen mit kräftigem, tiefbraunem Kentucky. Das Blattgut mit seiner noppenartigen Oberfläche fühlt sich dicht und fest an. Die Bergleute im Ruhrgebiet haben ihn früher pur geraucht und untertage sogar gekaut. Das waren noch harte Männer, zeigt er doch ähnlich „durchschlagende" Eigenschaften wie der „Dark Fired Virginia".

In luftige Jute vernäht, lagert gleich nebenan Orienttabak. Der gelblich-grüne „Orient" ist besonders kleinwüchsig, er wird immer noch ausschließlich per Hand geerntet, verlesen und umgeschlagen, unterliegt komplizierten Fermentations-Prozessen und ist in diesem Sinne der kostbarste Tabak. Besonders ausgesuchte Orient-Lagen verleihen der klassischen „English Mixture" jene behagliche Leichtigkeit und zarte Süße, die der Kenner so schätzt. So weit wollen wir es hier mit dem „Orient" bewenden lassen, da ihm das ganze nächste Kapitel gewidmet ist.

Eine hierzulande weniger bekannte Spezialität finden wir in den Regalen gegenüber. Es handelt sich um Maryland-Blattgut, dessen vollwürziges Aroma sich der prüfenden Nase mitteilt. Aber keine Angst - der „Maryland" ist wunderbar weich und recht nikotinarm, er eignet sich daher vorzüglich als Aromaspender für leichte, naturbelassene Mixturen. Bis in die frühen 90er Jahre gab es noch „echten Maryland" in den europäischen Rohtabaklagern. Heute greift man auf anderweitige Angebote zurück. Die Originale aus den U.S.A. sind zwar von hervorragender Qualität, sie sind aber schlichtweg zu teuer geworden. Man findet heute gleichwertige Qualitäten zum Beispiel in Zentralafrika und zahlt auf Grund von Sonderabkommen mit ehemaligen Kolonien europäischer Staaten keinen Zoll. Wie überall im Welthandel mit Rohstoffen kauft man dort, wo Qualität zu vernünftigen Preisen angeboten wird, und das ist gut so.

Hoch aufgetürmt auf luftigen Regalen finden wir dann, in Matten aus geflochtenen Palmenblätter verpackt, den bräunlichen „Java", sozusagen ein Oldtimer unter den Pfeifenkräutern. Vor gar nicht allzu langer Zeit unterschied man Pfeifen-Mixturen nach der „dänischen", der „englischen" und der „holländischen" Richtung. Letztere hat sich mangels Nachfrage heimlich aus dem Markt geschlichen. Weltweit geschätzt werden die ausgezeichneten, in Holland produzierten AMPHORA-Mixturen, die jedoch heute nicht mehr die holländische Tradition verkörpern, sondern eher unter dänischer Flagge segeln. Nein, indonesische Provenienzen sind im Pfeifentabak selten geworden. Äußerlich erinnert das Java-Blattgut an den Burley, und es zeigt tatsächlich ähnliche Eigenschaften: Auch der „Java" ist schwammig-leicht, er kann also viel Feuchtigkeit verkraften, ohne beim Abbrand übermäßig zu „schwitzen". Sein Duft erinnert allerdings eher an den Rauch von Sumatra-Zigarren. In der Pfeifentabakproduktion hat ihm heute der Burley eindeutig den Rang abgelaufen.

Einer der wohl berühmtesten Perique-Blends war der ESCUDO, der vollmundige „Spun Cut" aus England mit seinen extra großen Scheiben. Sein Nachfolger wird als „De Luxe Navy Rolls" von DUNHILL angeboten und in Dänemark produziert.

In einem gesonderten Raum lagern noch einige Spezialitäten. Beim Öffnen der Tür schlägt uns eine widersprüchliche Vielfalt von Geruchseindrücken entgegen, die an eine Gewürzhandlung zu Großmutters Zeiten erinnert. Betörende Süße vermischt sich mit rauchig-ledriger Schwere und schlägt im nächsten Augenblick um in den säuerlich-modrigen Geruch alter Weinfässer. Die Nase ist irritiert und schlägt Alarm. Wo sind wir hier nur hineingeraten? Dort, in dem Fass zur linken Hand befindet sich eine grauschwärzliche Masse, die freigiebig einen „Duft" ausstrahlt, der irgendwo zwischen Sirup und sauren Heringen einzuordnen ist.

Schwärzlich, ledrig und speckig glänzend - feiner Louisiana Perique, im Eichenfass gereift.

Und derartiges sollen wir uns in die Pfeife stopfen? Natürlich ja! Handelt es sich doch um den legendären „Louisiana Perique", ein unvergleichliches Gewürz in der Hand des kundigen Meisters, ein böser Schalk in den Händen des Laien. Schalk deswegen, weil es einige Wochen dauert, bis uns der Perique verrät, was wir da angemischt haben. Wir verwenden ihn gern in Virginia Flakes als Würztabak , wenn auch nur in Anteilen von maximal 5 %. Aber auch die Verbindung mit Black Cavendish und Latakia erzielt vorzügliche Ergebnisse. „Perique"- „Barrique" - „Barrel". Das Fass gab den Namen, und die Tradition wurde von den einst in Louisiana angesiedelten französischen Farmern begründet. Heute sind es übrigens nur noch vier Betriebe. Perique wird es vermutlich bald nicht mehr geben. Hier handelt es sich um vergorenen Tabak, der Silage im landwirtschaftlichen Futtersilo vergleichbar. Das Blattgut wird im Holzfass ausschließlich mit Wasser eingelegt und entwickelt dort ein reges Eigenleben im Fermentationsprozess.

Doch sind damit noch nicht alle Gerüche ermittelt, die uns in diesem Raum irritieren. Eine weitere Kiste verströmt eine betörende, schwere Süße. Auch darin befindet sich eine schwärzliche Masse, die nur noch entfernte Ähnlichkeit mit Tabakblättern verrät: der „Black Cavendish". Durch Druck und Hitze kann der Fachmann, wie wir bereits erfahren haben, den Tabak nachhaltig beeinflussen. Da kann man wahre Wunder erleben. Blattgut, welches vorher als zu schwer und kaum rauchbar empfunden wurde, kann als Black Cavendish beste Manieren beweisen. Als „Transporteure" dieser geschmacklichen Veränderung dienen Enzyme, jene Bio-Katalysatoren, die sich unter optimalen Wärmebedingungen enorm vermehren und dann fleißig die im Blattgut enthaltene Stärke in Zucker verwandeln, unerwünschtes Eiweiß abbauen und vieles mehr. Entscheidend bei dieser „gelenkten Fermentation" ist aber das richtige Dosieren von Druck und Hitze. Besten Black Cavendish erhält man auf der Basis eines zuckerreichen Virginia-Blattgutes. Mit Hilfe einer optimalen Technik wird eigentlich jeder Tabak schwarz. Allerdings sind diese Produktionsanlagen teuer und sehr energieintensiv, weshalb jeder Hersteller von Pfeifentabak an möglichst kostengünstigem Einkauf von fertigem Black Cavendish interessiert ist.

In den Zeiten der Segelschiffe wurde Virginia-Tabak aus den amerikanischen Kolonien in Fässern verschifft. Bei ungünstigen Umständen während der langen Überfahrt konnte er sich darin - sehr zum Nachteil der importierenden Firma - erheblich verfärben. Meist geschah das bei längerer Flaute und gleichzeitiger großer Hitze. Damals hing der Haussegen schief, wenn auf diesem Wege versehentlich Black Cavendish „produziert" wurde, denn den schwarzen Tabak wollte niemand haben - er musste also als Verlust abgeschrieben werden. Diese Zeiten sind allerdings längst vorbei. Black Cavendish ist sehr gefragt, entspricht er doch dem Trend zu leichten, nikotinarmen und hocharomatischen Mixturen. Was früher eine Panne war, ist heute also Mode. Mit diesem Verfahren ist es möglich, Tabak hochgradig zu aromatisieren, ohne dass die Aromatisierung besonders auffällt. Sie wird sozusagen im Black Cavendish versteckt. Und dann gibt es noch kleine Tricks: Ein Tröpfchen Orangenöl löscht die Süße dezent ab. So entstehen ganz feine Cocktails in der Tabak-Mischungsbar.

Es sollte nicht verschwiegen werden, dass gerade mit diesen schwarzen Mixturen dem Tabakwaren-Fachhandel der ideale Einstieg in die Hand gegeben wurde für Kreise potentieller Pfeifenraucher, die gern Pfeife rauchen möchten, jedoch vom „strengen" Flair der naturbelassenen Blends verschreckt wurden. Ja, man kann sagen: Was Latakia für die klassische „English Mixture" ausmacht, das gibt Black Cavendish den aromatisierten Blends. Auch im physikalischen Sinne: Das schwarze Blattgut dient als Abbrandverzögerer. Ein gewisser Nachteil darf jedoch nicht unerwähnt bleiben: Durch Hitze und Druck hat das zu Black Cavendish verarbeitete Blattgut seine Elastizität verloren. Es bröckelt daher leicht bei jeder mechanischen Berührung und ist hauptursächlich für den wenig geliebten „Grus", diesen Tabakstaub am Boden des Beutels. Wenig geliebt ist er, dieser Grus. Zumindest haben wir noch niemanden erlebt, der Grus begrüßt. Man verzeihe uns das Wortspiel. Und gleich drängt in uns das Besserwisserische mit Macht zu Wort. Ihr irrt euch, ihr Millionen von antigruslerischen Pfeifenrauchern! Nehmt Eure kleinste Pfeife, füllt sie mit dem Tabakgrus des Black Cavendish. Ihr werdet zugeben müssen: Nichts ist reicher, aromatischer, lieblicher, betörender als eben jener Grus. Also, weg von dem Zerrbild einer gruslosen Rauchergemeinde. Aber denken Sie bitte daran: Nur eine kleine Pfeife! Denn dieser Black-Cavendish-Grus ist nicht nur hocharomatisch, sondern zumeist auch ein ziemlich schwergewichtiger Geselle. Lecker und fulminant zugleich!

Einige Beispiele für Black Cavendish Blends der „dänischen" Linie, die seit Beginn der 80er Jahre geschmackliche Trends setzten.

Meist nur als störend empfunden: feiner Grus vom Black Cavendish. Im kleinen Pfeifchen genossen, bietet er einen besonders vollmundigen und erfüllenden Genuss.

Nun sind wir fast am Ende unserer Entdeckungsreise durch das Rohtabaklager angelangt. Doch haben wir einige Ballen übersehen, von denen einer aufgeschlitzt ist und uns somit einen Einblick erlaubt: Unscheinbare, schwärzliche Büschel. Richtig! Am Geruch leicht zu erkennen, handelt es sich hier um Latakia-Tabak. Von vielen als unentbehrlicher Würztabak heiß geliebt, von der Mehrheit heute aber als „Stinker" geächtet und verschmäht. Zwar ist sein rauchig-teeriger Charme nicht jedermanns Sache, doch ist der Latakia für naturbelassene Mixturen so wichtig wie der Pfeffer fürs Steak.

Auch heute noch wird der Latakia-Tabak nach alter Tradition in Ballen verschifft, von Hand in derbe Jute eingenäht.

Latakia-Tabak - die gleichnamige syrische Hafenstadt stand hier Pate - wird ausschließlich aus Orient-Blattgut zubereitet. Über grünen Zedernholzzweigen geräuchert, erhält er seinen speziellen, unverwechselbaren Charakter. Man unterscheidet zwischen dem „härteren" zyprischen und dem „weicheren" syrischen Latakia. Der Letztgenannte verliert aber zusehends an Bedeutung - er ist zu teuer und im Ergebnis weniger effektiv.

In der Tabakfabrik

Naturbelassene und aromatisierte Mixturen

Vor Beginn unseres Einstiegs in die einzelnen Arbeitsgänge der Tabakverarbeitung sollten einige übergreifende Merkmale erklärt werden. Da wäre zunächst einmal die recht grobe Unterscheidung zwischen naturbelassenen Blends und den aromatisierten Tabakprodukten. Zur erstgenannten Gruppe gehören die klassischen englischen Mixturen und die meisten Flakes. Den „Löwenanteil" stellen jedoch die mit Aroma- und Duftstoffen angereicherten Produkte. Es wäre aber nun völlig unsinnig, daraus auf eine Verfälschung des Tabaks zu schließen. Vielmehr folgt hier die Tabakindustrie einem von den Verbrauchern vorgegebenen Trend. Zum einen schmecken naturbelassene Mixturen den meisten Pfeifenrauchern zu hart und zu bitter, andererseits verlangen die lieben mitschnuppernden Angehörigen in der Wohnstube eine angenehme Raumnote, welche als das Flair des kultivierten Pfeifenrauchers betrachtet und akzeptiert wird, sozusagen das „Parfum" des Mannes.

Bevor wir mehr über Tabakaromen berichten, möchten wir den Produktionsablauf einer Mischung vom Anfang bis zum Ende vorstellen. Die von Heiko Behrens geleitete DTM-Tabakmanufaktur hat ihren Sitz in einer alten Mälzerei, vor mehr als 100 Jahren Stein auf Stein in den Elbhang gemauert und aufgrund der wasserführenden Bodenschichten burgartig angelegt - das ideale Domizil für die Lagerung und Produktion von Pfeifentabak. Hier sind wir zuhause.

Die Tabakindustrie produziert heute mit Hochtechnologie, was eine breite Versorgung zu marktgerechten Preisen ermöglicht. Auch können auf diese Weise Qualitätsschwankungen erheblich reduziert werden. Die Kehrseite davon ist allerdings die Abhängigkeit von der Produktionsmenge. So wurden im Laufe der Zeit viele Tabakspezialitäten „geopfert", weil sie nicht das nötige Volumen für eine automatisierte Fertigung erreichten. Das ist sehr bedauerlich, und besonders die Freunde naturbelassener Blends haben darunter zu leiden. Diese Lücken zu

Mit einer Forke werden vorgefeuchtete Rohtabakpartien aufgelockert und gründlich miteinander vermischt.

schließen, ist unser Ziel. Die Bezeichnung „Manufaktur" weist also auf die handwerkliche Ausrichtung der Fertigung hin. Unter diesen Bedingungen konsequent mit traditionellen Techniken produzierte Tabakspezialitäten haben ihren Preis, der jedoch bei guter Qualität vom Kunden akzeptiert wird. Das bedeutet: Verarbeitung besten Blattguts und liebevolle Begleitung des Tabaks auf seinem Weg von der Lagerung über die Aufbereitung, das Mischen, das Pressen und das Schneiden bis hin zur Verpackung. Das ist unser Weg. Wir arbeiten in Chargen von etwa 100 kg, und so läuft das ab:

Die Packerei meldet Bedarf an der Mischung 9564, einem vollen Latakia-Blend. Der Produktionsauftrag mit den benötigten Mengen der einzelnen Komponenten für die bestellte Mischung wird ausgedruckt und ins Rohtabaklager weitergereicht. Dort belädt ein Mitarbeiter nach Vorgabe der Rezeptur einen kastenförmigen Rollwagen mit den verschiedenen Rohtabakpartien und fährt mit ihm in die Tabakaufbereitung, wo man den Tabak auf einer großen Plane auf dem Boden ausbreitet. Mit Hilfe von Forke und Schaufel wird er nun gelockert und gemischt

Aufsprühen der Soße auf vorfermentierten Black Cavendish.

und, um ihn flexibel und geschmeidig zu machen, gleichzeitig mit Wasser aus einer Handspritze auf etwa 25 % anfeuchtet. In die Plane eingeschlagen, ruht der Tabak dann für eine Nacht, bevor er am folgenden Tag geschnitten werden kann. Von der Schneidemaschine fällt er auf ein Förderband und - zur Auflockerung des im Schneider zusammengepressten Blattguts - über ein Rüttelblech direkt in den mit Gasbrennern beheizten Trockner, der den Feuchtegehalt der Mischung wieder auf 20 % reduziert. Über ein zweites Förderband rieselt das Schnittgut dann in einen bereitgestellten Container und kann so in die Packerei geliefert werden.

Der gefeuchtete Tabak - hier Black Cavendish - wird geschnitten, das geschnittene Blattgut fällt auf ein Förderband.

Die nachfolgende Mischung 6626 erfährt eine ähnliche Behandlung - allerdings mit dem Unterschied, dass hier *aromatisiert* wird, und zwar auf zwei verschiedene Arten: Bei der Anfeuchtung vor dem Schneiden handelt es sich hier nicht allein um Wasser, sondern vielmehr um eine mit geschmacksfördernden Aromen wie z. B. Pflaume, Zimt, Lakritze, Honig usw. für jeden Blend individuell und sorgfältig komponierte Soße, die außerdem noch ein Feuchthaltemittel auf Glyzerin- oder Glykolbasis enthält. Diese Soße wird auf eine Temperatur von etwa 75 bis 80 Grad erwärmt und in der Mischtrommel oder - bei kleineren Mengen - wie gerade eben geschildert, mit der Handspritze auf den noch ungeschnittenen Tabak gesprüht. Die auf diese Weise angereicherte Mischung lässt man nun wiederum über Nacht ruhen, damit sich Tabak und Aromen optimal miteinander verbinden. Diesen Arbeitsgang bezeichnen wir als „Casing". Danach folgen Schnitt und anschließende Trocknung, und erst dann - als letzter Fertigungsprozess - werden bei hocharomatischen Mixturen die Duftstoffe aufgetragen, die vorrangig einer Optimierung der Raumnote dienen. Wir sprechen hier von „Top Flavouring". Es handelt sich meist um Stoffe in alkoholischer Trägerlösung, dem Parfum vergleichbar, die

Die „Schneidestraße" in Aktion. Rechts wird der Tabakschneider befüllt, das Schneidgut wandert auf einem Förderband über ein Rüttelblech in den Trockner in der Mitte und von dort, wieder per Förderband, in einen bereitstehenden großen Rollcontainer.

Die Zusammenstellung der „Top Flavourings" ist eine Wissenschaft für sich. Holger Frickert durfte, natürlich streng nach Rezept und eingewiesen von Tabakmeister Jürgen Westphal, ein solches Flavour aus verschiedenen Aromen amischen.

man auf den Tabak sprüht und die sich später beim Rauchen als charakteristischer Raumduft freisetzen. Natürlich dienen diese wertvollen Aromen daneben auch der Verfeinerung des Geschmacks einer Mischung. Nach dem Top Flavouring ruht der Tabak nochmals einen Tag, bevor mit dem Verpacken begonnen werden kann. Man muss dem Tabak in allen Produktionsverfahren Zeit lassen. Er soll doch später Muße verbreiten. Diese „Freiheit in der Zeit" sollte man ihm während der Herstellung stets lassen. Man schmeckt es im Nachhinein.

Hocharomatische Mixturen sollten „frisch" geraucht werden, denn nach 16 bis 20 Wochen ist da „der Lack ab" - selbst wenn aromaversiegelt verpackt wurde, schmecken sie nun oft knöchern und, auf das Aroma bezogen, indifferent. Hier hat unser Freund und Mitarbeiter, Michael Apitz, Einspruch eingelegt, den er wie folgt begründet: Seine bevorzugten Mixturen haben einen Anteil von mindestens 50 %, oft sogar von 80 % Black Cavendish. Dieser doppelt fermentierte Tabak ist tatsächlich der beste Aromaträger und geht mit den Aromen eine Verbindung ein, die meist andere Ergebnisse zeigt, als es bei hellen Mixturen der Fall ist. Und nun, so Miachael Apitz, kommt das von ihm beobachtete Phänomen: Werden solche mit hochwertigen Aromen intensiv veredelten Black-Cavendish-Mixturen, aromadicht versiegelt, in größere Gebinde zu möglichst 250g verpackt, und zwar locker und mit einem kleinen Luftvorrat versehen, dann erlebt man nach einigen Monaten der Lagerung eine wirklich interessante Überraschung: Aus der Verbindung von Tabak und Aromen ist etwas Neues entstanden. Der Rauch streichelt seidenweich die Zunge, und die Aromen - als individuelle Komponenten nun kaum mehr zu identifizieren - haben aus dem Black Cavendish ein Schmankerl vom Allerfeinsten gemacht.

Die Herstellung von Flake-Tabak

Der Flake, auch „Navy Cut" genannt, erinnert an die traditionellen Formen der Tabakkonservierung aus der „christlichen Seefahrt", als noch die großen Segelschiffe die Weltmeere beherrschten. Schon damals gab es Presstabak, allerdings sozusagen „nach Hausmacherart". Das Herstellungs-

Historisches Werbeplakat vom Beginn des 20. Jahrhunderts für einen englischen Flake aus dem Hause Imperial Tobacco.

verfahren war denkbar simpel: die Sailors beträufelten ganze Tabakblätter, vorzugsweise zuckerreichen Virginia, mit ihrem kostbarsten Nass - mit Rum. Dann schichteten sie die Blätter übereinander, drehten sie stramm zu einer kompakten Rolle und schlugen diese sorgfältig in ein Öltuch ein. Dieser Strang war dann ihr treuer Begleiter durch Stürme und Flauten auf den meist viele Monate dauernden Seereisen. In Ruhezeiten schnitten sie feine Scheibchen von ihrem Tabakstrang, die sie zerrieben und in ihren kleinen „Cutties" rauchten. Bei Schlechtwetter war natürlich an Rauchen nicht zu denken - sie bissen kurzerhand ein Stückchen von ihrer Tabakrolle ab, um es genüsslich zu kauen. Diese Urform des Presstabaks lebt bis in die heutige Zeit im „Spun Cut" oder „Curly Cut" weiter. Doch darüber später mehr.

Die schmalen Türen auf der Vorderseite der Flakepresse, welche die Tabakkammer während des oft mehrtägigen Pressvorgangs verschließen, werden geöffnet. Im Hintergrund rechts ist die Vorpresse zu sehen, mit der man das Blattgut vor dem Befüllen der großen Presse in Plattenform bringt.

Zur Herstellung von Flake-Tabak wird gelockertes und geschmeidig gemachtes Blattgut - meist eine Komposition verschiedener natursüßer Virginiasorten, oft im Zuge des Befeuchtens auch mit Soßen behandelt - in quadratischen Metallboxen geschichtet und durch leichtes Pressen „in Form" gebracht. Die entstehenden, noch recht locker strukturierten Platten werden dann, durch dünne Bleche oder kräftige Folie voneinander getrennt, in der eigentlichen Flakepresse aufgetürmt und unter hohem hydraulischem Druck zu einem kompakten Tabakblock komprimiert. Dadurch wird, oft auch noch unter zusätzlicher Wärmezufuhr, eine erneute Fermentation in Gang gesetzt. In der Fachsprache nennt man diesen Vorgang „Pluggen" - im englischen Sprachraum ist daher auch die Bezeichnung "Plug Cut" oder auch „Cut Plug" für Flake-Tabake gebräuchlich. Dauer und Höhe des Drucks - und damit auch der Temperatur - sind entscheidend für die spätere Farbe und die geschmackliche Ausprägung: je länger gepresst, desto dunkler, voller, im Geschmack aber auch weicher und süßer wird der Flake. Durch starke Hitzezufuhr entsteht bei Presszeiten

Die Flakepresse ist nun vollständig geöffnet, die Tabakplatten, „Cakes“ genannt, werden voneinander getrennt und einzeln entnommen.

von oft mehr als einer Woche ein tiefschwarzer Black Cavendish, wie er in den traditionellen englischen „Black & Gold“-Mixtures oder auch „Scottish Blends“ als süß getönte Würze zu finden ist - oft sogar als Ersatz für den teerig-rauchigen Latakia. Nachdem die Tabakplatten der Presse entnommen wurden, lagern sie oft noch mehrere Monate und reifen nach, bevor sie zuerst in Riegel von geeigneter Breite und dann, quer zur Schichtung des Blattguts, in dünne Scheiben geschnitten werden.

Stapel von Flakeplatten warten nach der Entnahme aus der Presse auf den Abtransport in den Reiferaum.

Aufgrund seiner Fülldichte lässt sich Flake-Tabak auf kleinstem Raum verpacken, und die klassische quadratisch oder länglich rechteckige Flake-Dose paßt bequem in die Jackentasche. In den vergangenen Jahren sahen sich kleinere Tabakproduzenten allerdings mit einem Problem konfrontiert: Der allgemeinen Rückgang des Pfeifentabakkonsums betraf auch die Flakes. Was nicht sank, war die hohe Mindestabnahmemenge für die speziellen Flake-Dosen. Um daraus resultierenden Kostensteigerungen aufzufangen, sind einige der Hersteller dazu übergegangen, ihre Flakes in kleineren Runddosen zu verpacken. Glücklicherweise hat sich diese Aufhebung des Platzsparfaktors nicht auch noch negativ auf den Abverkauf ausgewirkt - im Gegenteil: Flakes erfreuen sich seit einigen Jahren weltweit steigender Beliebtheit, auch wenn sie sich dank ihrer speziellen Zubereitung nicht ohne weitere Vorkehrungen rauchen lassen. Vielleicht ist aber gerade diese etwas umständliche Handhabung, die eine wirklich „handgreifliche“ Nähe zum Tabak mit sich bringt, für viele Pfeifenraucher ein besonderer Anreiz. Bevor man einen Flake in seine Pfeife füllen kann, muss man die Scheiben zerteilen und mit dem Daumen in der hohlen Hand ein wenig zerreiben. Der extrem komprimierte Tabak dehnt sich beim Abbrand in der Pfeife nämlich erheblich aus. „Alte Hasen“ legen die zuvor korkenzieherartig verdrehten Scheiben als ganzes in die Pfeife ein. Wie auch immer man verfährt - wichtig ist in jedem Fall, den Flake locker einzufüllen. Und auch wenn anfangs der Zug viel zu leicht erscheinen mag - allzu voreiliges Nachstopfen führt schnell zu einer Behinderung des Zugs.

Klassische Flake-Tabake, nach englischer Art aus Virginia Grades gepresst.

Auch die Wahl der richtigen Pfeife ist für einen optimalen Genuss von Flakes ausschlaggebend. Sie sollte nicht zu hoch sein, die Weite der Kopfbohrung sollte 19 mm nicht unter- und 23 mm nicht überschreiten. Die klassischen Modelle „Pot“, „Prince“ oder „Rhodesian“ eignen sich bestens. In zu engen Bohrungen kann der quellende Flake nicht „atmen“ und neigt zum „Schwitzen“, in zu weiten Bohrungen bereitet das Anglühen der ganzen Tabakfläche Probleme, so dass der Tabak nur in der Mitte abbrennt.

Die erwähnten idealen Flakepfeifen „Pot“, „Rhodesian“ und, mit aufgeriebenem Flake gefüllt, die „Prince“.

Zu hohe Köpfe sind allein wegen der vermehrten Kondensatansammlung im Bodenbereich ungeeignet. Bei richtigem Einfüllen in die richtige Pfeife zeichnen sich Flake-Tabake durch langsamen und gleichmäßigen Abbrand aus und bieten einen angenehm sanften, kühlen Rauchgenuss. Ein weiterer Vorteil ist ihre recht lange Lagerfähigkeit. Holger Frickert, ein ausgewiesener Liebhaber von Flakes, rät sogar zum Anlegen eines Flake-Vorrats, einem gut gepflegten Weinkeller vergleichbar, der ständig aufgefüllt wird, um dann nach geeigneter Lagerzeit die „Perlen“ in vollen Zügen zu genießen. Zwar unterliegen Flakes, wie alle Pfeifentabake, einer Nachfermentation, besonders wenn sie vakuumiert verpackt wurden. Wegen der hohen Dichte des Tabaks geht diese aber sehr langsam vonstatten. Ein Flake kann in der fabrikversiegelten Dose bei Temperaturen von etwa 20 Grad durchaus zwei oder drei Jahre ruhen und wird in dieser Zeit an Komplexität und Fülle, aber auch an Sanftheit gewinnen. Es lohnt sich also, ein wenig zu experimentieren und die Geschmacksentwicklung eines Flakes über längere Zeiträume zu beobachten.

Einige gebräuchliche Varianten des Flake-Tabaks wollen wir ebenfalls erwähnen. Da wäre als Erstes der „Ready Rubbed“, bestehend aus mehr oder minder stark zerteilten Flake-Scheiben. Er wird nicht nur von fast allen Herstellern unter verschiedenen Namen als eigenständiger Blend angeboten, sondern ist auch in vielen modernen Blends, vor allem aus dänischer Produktion, als auflockernder Mischungsanteil enthalten. Eine besonders interessante Flake-Zubereitung ist der „Granulated“ oder „Cross Cut“. Hier werden die gepressten Tabakplatten anfangs in dickere Scheiben geschnitten, die man dann nochmals in gleicher Dicke, aber quer zur ersten Schnittrichtung schneidet. So entsteht die charakteristische Körnung, wobei sich jedes einzelne Tabakkorn aus vielen Lagen gepressten Blattguts zusammensetzt. Diese gekörnten Mixturen sind in den U.S.A. sehr beliebt, wohl nicht zuletzt auch wegen ihrer einfachen und sehr bequemen Handhabung. Hier in Deutschland haben sie jedoch nie eine wirklich bedeutende Verbreitung gefunden. von Eickens „Lucky Star“, Pöschls EXCLUSIV „Royal“ und auch STANWELLs „Danish Truffles“ wären als beispielhafte Exponenten dieser traditionellen Tabakschnittart zu nennen.

Drei Pfeifenmixturen, unter hohem Druck gepresst und dann kreuzweise geschnitten. Sie werden als „Granulated“ bzw. „Truffles“ angeboten.

Nun kommen wir zum „Urvater“ der gepresstem Tabake, dem bereits erwähnten „Spun Cut“ oder „Curly Cut“. Die erstere

Bezeichnung weist eindeutig auf die seit Jahrhunderten kultivierte Herstellungsweise hin: das Tabakspinnen. In Streifen geschnittene, entrippte Tabakblätter, meist verschiedene Virginia-Provenienzen, werden in diagonaler Ausrichtung auf einandergelegt und

„Der Tabakspinner". Begleitet von mahnenden Sprüchen, zeigt dieser Holzschnitt von ca. 1700 die einzelnen Schritte der Strangtabakherstellung.

eingerollt. Der daraus entstehende Strang wird, wenn er eine bestimmte Länge erreicht hat, unter Zug in sich verdreht und auf diese Weise stark verdichtet. So entsteht allmählich ein - theoretisch gesehen, endloses - „Tabakseil", das zu kleineren oder größeren Rollen aufgewickelt wird. Diese Tabakrollen waren in alten Zeiten sogar das Wahrzeichen der Tabakspinner und sind in vielen historischen Illustrationen und alten Tabakpackungen zu finden. Nach oft mehrmonatiger Reifelagerung schneidet man den Strang in dünne Scheibchen, die entweder als eigenständiges Produkt in den Handel kommen oder als attraktive Beigabe die Optik einer Tabakmischung beleben. Der „Curly Cut" bietet ähnliche Vorzüge wie ein Flake, und auch er sollte vor dem Einfüllen in die Pfeife zerteilt und gelockert werden. Heute werden

Historische Tabakspinnmaschine mit zwei fertig gesponnenen Tabaksträngen.

„Spun Cuts" fast ausschließlich in Dänemark produziert, wo man diese traditionelle Tabakspezialität besonders schätzt. Es sind meist verschieden stark saucierte Virginia Blends, die zum Teil auch mit einem Kern aus süß-würzigem Black Cavendish oder kraftvollem Perique hergestellt werden. Die MAC BAREN Palette enthält allein fünf verschiedene „Spun Cut"-Varianten - darunter als echte Rarität sogar einen Latakia Blend.

Plakat eines Tabakgeschäfts des französischen Monopols, um 1820, mit Tabakrolle, Tonpfeifen und Schnupftabak-„Karotten".

Verpackung des Tabaks oder die Achillesferse der Pfeifentabakhersteller

Heutzutage ist in Warenbereichen mit hoher Steuerbelastung - und dazu zählt der Tabak - die Tendenz zu immer kleineren Verkaufsgebinden beobachtbar. Die Beutelverpackung (Pouch) bleibt in ihrer Größe unverändert, enthält aber plötzlich statt der bisherigen 50g nur noch 40g Tabak. Das sind mal eben 20 % weniger Inhalt bei gleich gebliebenem Verpackungsaufwand. Im Feinschnittsektor ist diese Verkaufspraxis bereits die Norm. Derartige Schleichwege zur Geldbörse des Kunden finden wir in hohem Maße unwürdig. Man signalisiert uns: Wir kennen Deine Gewohnheiten genau. Es ändert sich ja nichts. Bleib Du nur im Trott - bald kaufst Du nur noch die schöne Verpackung!

Verpacken von Pfeifentabak in runde 50g-Vakuumdosen.

Verpacken von Curly-Scheiben in runde 100g-Pullring-Dosen.

Dabei gehen die Verpackungskosten voll in die Preiskalkulation und damit auch in die Tabaksteuer ein. Sie wird nämlich bei uns zweigeteilt erhoben: erst einmal pauschal nach Gewicht und zusätzlich prozentual auf den Endverkaufspreis. Der Umkehrschluss müsste eigentlich heißen: Senkt die Verpackungskosten! Gebt diesen Vorteil an den umsichtigen und sparwilligen Kunden weiter, und zwar in einer Größenordnung, die er auch wirklich spürt. Die Kosten für die 50g-Blechdosen steigen seit Jahren aufgrund vermehrter Rohstoffnachfrage jährlich im zweistelligen Prozentbereich. Außerdem sollte jedem verständigen Menschen klar sein, dass es heute eigentlich nicht mehr akzeptabel ist, 50g Tabak in Blech zu kleiden. Wer jedoch diese kleinen Dosen trotz alternativer Verpackungsangebote kauft, sollte es zumindest mit schlechtem Gewissen tun. Wie heißt es doch im Volksmund so trefflich: „Einsicht ist der erste Schritt zur Besserung."

Und jetzt kommen die vielen Gegenargumente: Tabak in der 50g Pouch sei häufig trocken, und er wirke irgendwie verloren:

Verpacken von Virginia-Feinschnitt in Pouches (Weichpackung).

Die paar Krümel dort in dem Beutel! Und für viele Gelegenheitsraucher ist der Kauf von Tabak in größeren Gebinden als 50g nicht lohnend. Da würde der Tabak nur alt und trocken. Klar, für diese, von den Umsatzzahlen her gesehen doch eher kleinere Gruppe von Pfeifenrauchern können wir bei unserer Tabakgesetzgebung keine Alternativen bieten, da ein loser Abverkauf von Tabak in Deutschland verboten und erheblich strafbewehrt ist. Doch davon einmal abgesehen, könnten Hersteller von Pfeifentabak bemerkenswerte Rabatte auf größere Gebinde einräumen. Zum Beispiel verpackt in Beuteln aus aromaschützendem Laminat, uns allen als „Kaffeetüten“ geläufig. Dies ist der Königsweg, und er wird seit einigen Jahren auch von einigen Herstellern beschritten. Noch ein wichtiges Argument kommt hinzu: Ähnlich, wie wir es bei uns Menschen beobachten, ist auch der Tabak ein „soziales Wesen“. Zu Kleinstmengen verpackt, verkümmert er, wird spröde und miesepetrig. In Tüten von 100 bis 250 g dagegen, aromaversiegelt und nicht allzu fest verpackt, zeigt Tabak ein für seine Bedürfnisse ideales Eigenleben, kann sich mit seinesgleichen hinsichtlich des Aromas austauschen und ist damit bestens für den Verbrauch konditioniert. Für den täglichen Bedarf gibt es im Fachhandel preisgünstige Tabakbeutel aus „Ölseide“ oder auch edlere Varianten aus Leder. Dort hinein füllt man den Tagesbedarf und verschließt anschließend die Tüte, falls kein Tabaktopf zur Verfügung steht, einfach wieder mit einem Gummiband oder mit einem breiten Klebestreifen.

Der Pfeifenraucher könnte nun einwenden: „Das sind doch alles Probleme des Herstellers - was gehen die mich denn an? Ich bleibe bei meinen Gewohnheiten!“ Recht hat er - und auch wieder nicht. Denn die Verpackung geht, wie bereits erwähnt, in den Preis und damit in die Tabaksteuer ein. Das sind heute im Jahr 2006 etwa 30% des Verkaufspreises. Eine Blechdose für 50g Tabak kostet, Etiketten und Einlagen inbegriffen, etwa 60 Cent. Mit 5 multipliziert, sind es schon 3 Euro. Der Tabaksteueranteil auf die Verpackung beträgt hier noch einmal einen Euro. Auf 250g Tabak, abgepackt in einer „Kaffeetüte“, die nur etwa 30 Cent kostet, könnten die Hersteller also einen erheblichen Preisnachlass gewähren. So macht es auch für den Raucher Sinn, seine Gewohnheiten zu ändern. Darauf sollte man als Verbraucher schon achten.

Großgebinde von Pfeifentabak verschiedener Hersteller, abgepackt in laminierten „Kaffeetüten“.

Warum sprechen wir nun von der „Achillesferse der Hersteller“ in Verbindung mit dem Thema „Verpackung“? Tabak zu produzieren, ist mit Hilfe einiger Maschinen relativ zügig in großen Mengen möglich. Das Verpacken ist dagegen das sprichwörtliche „Nadelöhr“: Je kleiner die Mengen, desto größer ist die anteilige Handarbeit. Da aber die Nachfrage von Pfeifentabak seit vielen Jahren kontinuierlich sinkt, ist für viele Produkte eine automatisierte Verpackung nicht mehr lohnenswert, die handverpackte Ware jedoch zu teuer. Auch darin liegt ein wesentlicher Grund für das unaufhaltsame Verschwinden liebgewonnener Mixturen und Markennamen.

Geschnittener Tabak.

Linke Spalte,
von oben nach unten:

Virginia, 1,6 mm

Virginia , 6,0 mm

Virginia Ready Rubbed

Virginia Fine Cut

Rechte Spalte,
von oben nach unten:

Burley

Dark Fired Kentucky

Black Cavendish Brazil

Orient Izmir, Türkei

Geschnittener Tabak.

Linke Spalte,
von oben nach unten:

Latakia, Zypern

Virginia Flake mit
typischer Flake-Pfeife

Virginia Cross Cut

„Truffles", Cross Cut
aus Virginia, Burley
und Black Cavendish

Rechte Spalte,
von oben nach unten:

Virginia Curly Cut

English Mixture mit
Latakia, Mittelschnitt

Black Cavendish Blend
mit Ready Rubbed und
Virginia Broad Cut

„Wild Cut" aus Black
Cavendish, Burley und
Virginia Broad Cut

Wie feucht sollte Pfeifentabak sein?

Im allgemeinen wird Pfeifentabak mit einem Feuchtegehalt von 18 bis 20 % verpackt. Aromatisierte Mixturen sollten eher 20 % Feuchte haben, um die aufgesprühten Flavourings auf alkoholischer Basis nicht frühzeitig verdunsten und den Tabak fade und abgestanden schmecken zu lassen. Für naturbelassene Blends, gerade die „English Mixtures“ mit höherem Latakia-Anteil, sind dagegen eher 18 % angeraten, sie neigen sonst beim Abbrand zum „Schwitzen“. Diese zwei Prozentpunkte machen eine Menge aus, und man sollte das nicht unterschätzen.

Eine Auswahl von Tabaktöpfen verschiedener Größe und Gestalt, z.T. historischen Vorbildern nachempfunden.

Sollten Sie Probleme mit einer Mixtur haben, wie schlechten Abbrand, bitteren Geschmack oder schlechtenZug bei vermehrter Kondensatbildung, dann ist der Tabak mit großer Wahrscheinlichkeit zu feucht. Lassen Sie einfach das Gebinde einige Stunden oder auch über Nacht geöffnet stehen. Vermengen Sie anschließend die Oberfläche mit den unteren Lagen. Um sicher zu gehen, testen Sie zwischendurch den Grad der Trocknung in Form einer kleinen Pfeifenfüllung. Ist der Tabak dagegen zu trocken, was sich in einem recht schnellen und zu heißen Abbrand äußert, so breiten Sie den Tabak auf einem großen Teller oder Tablett aus und besprühen Sie ihn mit etwas *frischem* Leitungswasser. Aber bitte nur einen Hauch. Man tut hier schnell zu viel des Guten. Nach etwa einer halben Stunde können Sie den Tabak behutsam vermengen und wieder in das Gebinde füllen. Vergessen Sie bitte alle Tipps zum Nachfeuchten mit Apfel- oder Kartoffelschalen, die man unter oder zwischen den Tabak legen soll. Zum einen sind solche organischen Feuchtigkeitsspender nie geschmacks- oder geruchsneutral, zum anderen riskieren Sie so, Ihren Tabak durch Oxidations-, Gärungs- oder gar Fäulnisprodukte der rohen pflanzlichen Materie zu verderben. Einige wenige Tropfen eines hochprozentigen „Seelentrösters“ wie Rum, Cognac oder auch Whisky dürfen Sie allerdings gern dazugeben, doch sollten Sie den Tabak dann einige Tage ruhen und durchziehen lassen. Als einfache Faustregel sollte gelten: Solange Tabak nach dem Zusammendrücken zwischen Fingern und Daumen elastisch zurückfedert, ist er optimal konditioniert. Ist er dagegen klebrig und klumpt, ist er zu feucht. Zerbröselt er zwischen den Fingern, ist er zu trocken.

Der geheimnisvolle Orienttabak

Zwar wird Tabak allgemein in allen klimatisch geeigneten Regionen der Welt angebaut, doch hat der Orienttabak die Grenzen des alten Osmanischen Reiches nicht verlassen. Versuche, ihn etwa nach Kalifornien oder Rhodesien (Zimbabwe) zu verpflanzen, schlugen fehl. Der Grund dafür ist in den Bedingungen zu suchen, die den Orienttabak charakterisieren: das spezielle Klima, die besondere Beschaffenheit der Böden und die von Generation zu Generation tradierte verständige Behandlung durch den Menschen, Manipulation genannt.

Sämtliche Anbaudistrikte befinden sich im Einflussbereich des Ägäischen oder des Schwarzen Meeres, was bedeutet, der Orienttabak verlangt maritimes Klima: Weichen Regen und kühle Nächte, viele sonnentrockene Tage und wolkenreichen Meereswind. Dem Wein ähnlich, gedeiht dieser Tabak ausgezeichnet auf lehmigen und steinigen Böden, die eher als „arm" zu bezeichnen sind, aber viel Kali, Eisenoxyd und Fettstoffe enthalten. Bis vor wenigen Jahrzehnten wurde er sogar ausschließlich mit Ziegenmist gedüngt.

Während die Virginia- und Burley-Pflanzen auf satten Böden Mannshöhe erreichen, ist die Orient-Staude von wesentlich kleinerem Wuchs. Sie ertrotzt ihre bescheidene Größe in einer Art „Hungerwachstum" und ist vielleicht aus diesem Grunde so reich an ätherischen Ölen, die einen langsamen Abbrand bei gleichbleibender Freisetzung des feinen Aromas ermöglichen. Kaum eine andere Tabakpflanze birgt diese Vielfalt an Geschmacksvariationen. Am besten steht der Orienttabak an sonnengünstigen Berghängen. In der Fachsprache werden diese Lagen „Yakka" genannt. Auch die höher gelegenen „Djebel"-Lagen (türkisch = Berg) sind von hocharomatischer Qualität. Die Flachlandlagen, „Ova" genannt, sind leicht,

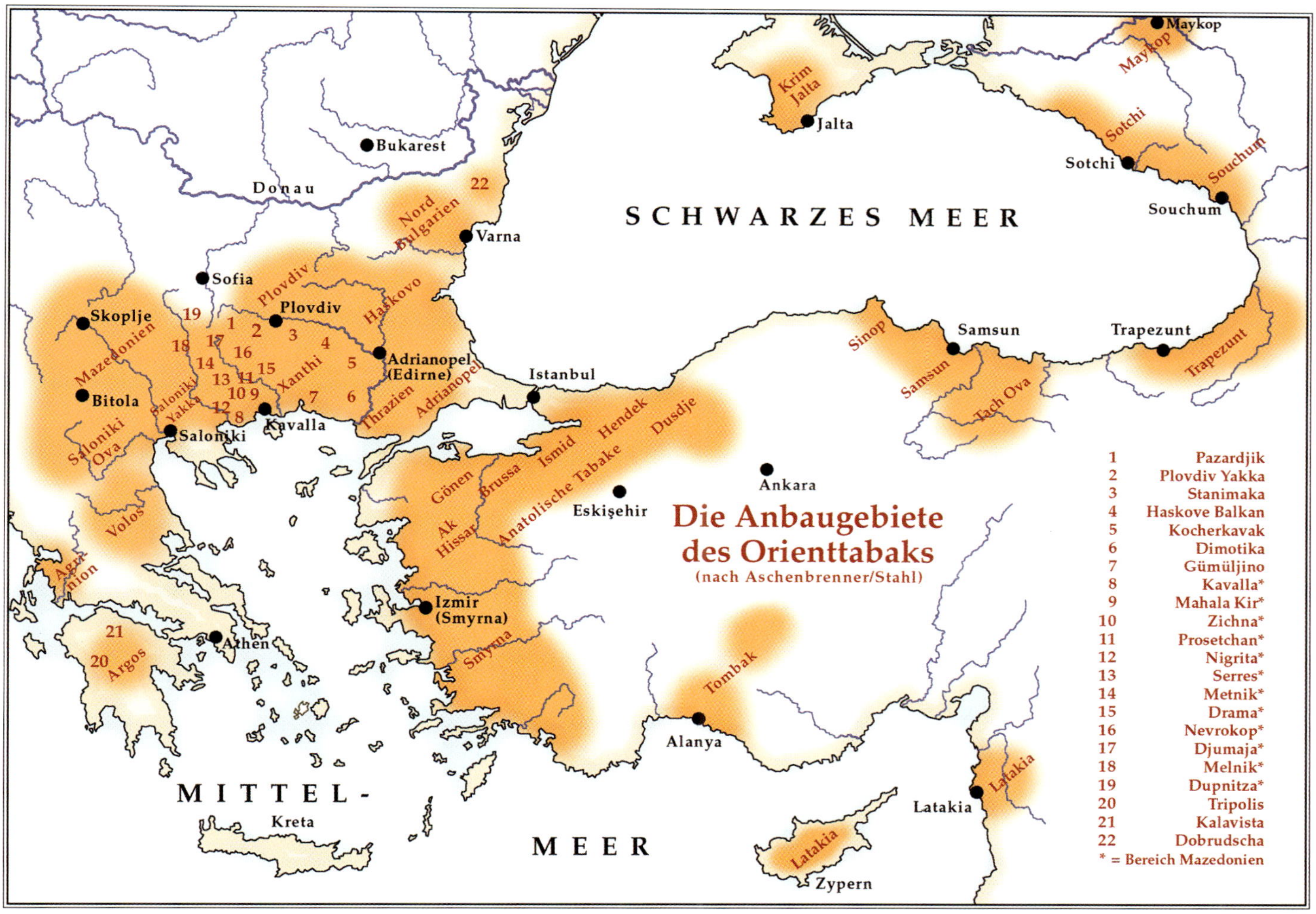

Die traditionellen Anbaugebiete des Orienttabaks. Nach einer Karte aus dem „Handbuch des Tabakhandels" von H. Aschenbrenner und Dr. G. Stahl, 1939.

aber von eher minderer Qualität und werden ihrer schönen goldgelben Farbe wegen gern als höherwertiges Füllgut verwendet. Das Auge soll ja schließlich bei einem guten Blend auch zu seinem Recht kommen, und

oben:
Die ständige Pflege der Orienttabakpflanzen bedeutete harte körperliche Arbeit, die vor allem von den Frauen der Bauern geleistet wurde.

daher achten die Produzenten von Pfeifen-Mixturen darauf, dass diese einen schönen „Spiegel" aufweisen, also auch durch eine appetitliche Optik einladend wirken.

Eine Tabakpflanze bringt acht Blattreihen hervor - „Hände", wie der Fachmann sagt. Jede „Hand" hat gewöhnlich drei Blätter. Während der Burley-Tabak auf rationelle Weise als ganze Pflanze maschinell geerntet wird, ist das Einbringen von Virginia- oder Orienttabak recht arbeitsintensiv. Im Abstand von einigen Tagen werden immer nur

In mühsamer Handarbeit und in ständig gebückter Haltung pflückten die Frauen Reihe für Reihe die Blätter von den kleinwüchsigen Pflanzen.

zwei Blattreihen zugleich gepflückt, und zwar die unteren Blätter zuerst. Den oberen „Händen" bleibt, ähnlich der Spätlese beim Wein, dann noch Zeit zur Entfaltung ihrer optimalen Reife. Dem biologischen Bauplan der Pflanze entsprechend, steigen die Säfte in die oberen Triebe. Deshalb bleiben die unteren „Hände" recht schwach und substanzlos. Die oberen zwei Reihen dagegen, „Utsch" genannt, sind zwar klein, aber reich an Aromen, und bei getrennter Blatt-Manipulation erzielen sie Spitzenpreise - sie wurden einst mit Gold aufgewogen. Auf sehr ähnliche Weise verfährt man übrigens auch bei der Ernte des Sumatra- und Java-Tabaks.

Gold soll hier das Stichwort sein für einen kleinen Ausflug in die zerklüftete Welt des Balkans zu Beginn dieses Jahrhunderts. Mut mussten sie schon haben, die Tabak-Einkäufer aus Hamburg und Dresden, den damals bestimmenden Plätzen des Orient-

rechts:
Vor dem Trockenschuppen prüfen Tabakbauer und Aufkäufer mit kritischem Blick die getrockneten, auf Schnüre gefädelten Blätter auf ihren Reifegrad.

tabakhandels, waren doch die abgelegenen Dörfer nur zu Pferde erreichbar. Im Hof oder auf dem Marktplatz wurden dann die Proben der Jahresernte getrennt nach Lagen und „Händen" ausgelegt und fachmännisch begutachtet. War man sich handelseinig, so wurde an Ort und Stelle bar bezahlt und der Kauf durch Handschlag und einige Gläser Ouzo beschlossen. Schecks waren für diese weltabgeschlossenen Bergbauern nur nichtiges Papier, das Geld musste schon klingen. Da es beim Tabakeinkauf um erhebliche Summen ging, war immer ein Sack voller

Goldstücke in der Satteltasche. Und das in jenem damaligen Räuberparadies! Tabakhandel - ein nichtssagendes Wort für die Fachkenntnisse dieser Leute! Gab man ihnen eine Handvoll Tabakblätter, so konnten sie garantiert nicht nur die Provenienz, sondern häufig auch das Ursprungsdorf und die Lage der Tabakfelder bestimmen.

Das waren die großen Zeiten des Tabakhandels. Nie wurden bei den einzelnen Manipulationen verschiedene Herkünfte gemischt. Vielmehr schichteten die Bauern jedes Dorfes ihre Tabake nach strengen Qualitätsmaßstäben in den klassischen Manipulationsarten für Orienttabake. So gab es eigentlich keinen Ballen, der einem anderen völlig gleichartig gewesen wäre. Die Ernten

Von den Bauern angelieferte Tabakballen wurden im Manipulationslager geöffnet, um die Blätter nochmals eingehend zu prüfen und zu sortieren.

aus den besten Anbaudistrikten wie Xanthi, Souyalessi oder Zichna waren von derart fein ausgeprägtem Aroma, dass schon kleine Beigaben davon einem Kilo Tabak von nur mittelmäßiger Qualität einen abgerundeten Geschmack verleihen konnten.

Warum spricht man nun bei Orienttabak von Manipulation und nicht von Fermentation? Dazu schreibt Meurer: *„Die Struktur der Blättchen ist so fein und zart, dass diese Tabake nicht einmal die übliche Fermentation vertragen, sondern vor dem Verkauf einer besonderen Behandlung unter der Bezeichnung Manipulation unterworfen werden. Mit diesem Begriff werden das Sortieren, das Verballen und die Fermentation zusammengefasst."* Auch hier lässt man den Tabak schwitzen, jedoch lediglich bei Temperaturen von 20 bis 25 Grad. Keinesfalls darf das zarte Blattgut an Farbe und Struktur verlieren.

Ein kleines Tabakbauerndorf im Anbaudistrikt Xanthi um 1925.

Die kunstfertige Behandlung des Blattguts in den überlieferten Manipulationsverfahren dürfte inzwischen ausgestorben sein. Die Manipulationsart richtete sich nach der Art des Tabaks. Es sind dies: die „Basma-Manipulation" bei der nur 50 bis 80 cm hohen, kleinblättrigen „Basma"-Pflanze, die „Baschibagli-Manipulation" bei der „Baschibagli"-Pflanze mit etwas höherem Wuchs und gröberem Blatt, als Spezialität der Anbauregionen um Smyrna (Izmir) die

Die zierlichen Orienttabakblätter aus dem Smyrna-Anbaugebiet (Izmir) weisen die typische goldgelbe, ins Grün tendierende Farbe auf.

„Kalup-Manipulation", bei der die Tabakblätter auf Schnüren aufgefädelt verbleiben, und die „Tonga-Manipulation", bei der die

Blätter zwar möglichst flach, aber nicht ausgerichtet in Formen zu Ballen gepresst werden. Überlebt hat eigentlich nur die „Tonga-Manipulation" - nicht nur, weil sie weniger arbeitsintensiv und daher kostengünstiger ist, sondern weil hier bereits im Ballen Mischungen zusammengestellt werden können, was später in der Fabrik erneut Arbeit einspart. Die anderen sind heute nicht mehr notwendig, da sich die Handelsformen für Orienttabak dem Markttrend folgend geändert haben. Früher mussten die Blätter mit jenen hochkultivierten Methoden zu Ballen gestapelt werden, da es ungewiss war, wann der Tabak verarbeitet wurde. Also „schlief" der Tabak gewissermaßen unter optimalen Druck-, Feuchtigkeits- und Temperaturbedingungen und reifte so von innen heraus durch langsame Freisetzung der Feuchtigkeit in einem Veredelungsprozess nach. Auch hier werden wir an den Wein erinnert. Heute kaufen die Agenten der großen Tabakkonzerne nach einem genau festgelegten Terminplan ein. Es wird für etwa ein Jahr im voraus disponiert. Die „Schlafperiode" des Tabaks ist also absehbar, und daher genügen einfachere Manipulationsverfahren.

Blick in das Orienttabaklager im luftigen Reemtsma-Tabakspeicher im Hamburger Hafen Ende der 1950er Jahre.

Doch auch heute noch stellt der Orienttabak allerhöchste Anforderungen an das Fachwissen der Meister in den Tabaklagern. Werfen wir einen Blick in den Hamburger „Saalehafen". Dort ruhen die Ballen, je nach Herkunft zwischen 30 und 60 kg schwer, in braune Jute vernäht auf mächtigen Holzdielen, dem geschäftigen Hafenlärm gleichsam entrückt. Jeder einzelne Ballen trägt seine „Visitenkarte", die nur von einem Eingeweihten entschlüsselt werden kann. Die Aufschrift „841222 AMSEL" auf den Ballen würde zum Beispiel bedeuten: 8 = 1998 geerntet, 4 = stammt aus Griechenland, genauer aus Ostmazedonien, 1 = ihm wird das Qualitätsurteil (2) zugeschrieben, die laufende Ordnungsnummer des Ballens ist 22. AM sind die Initialen des Lieferanten, und die Lettern SEL weisen schließlich auf das Anbaugebiet Selidze hin.

In Pfeifen-Mixturen, vor allem in den naturbelassenen Blends der „englischen Geschmacksrichtung", spielt der Orienttabak eine höchst wichtige Rolle, wenn er auch in den vornehmlich anglisierten Produkt- und Markennamen eher selten gewürdigt wird. Eine Ausnahme machte hier die berühmte Marke „Balkan Sobranie", die heute leider nur noch in Gestalt von hochpreisigen Edelzigaretten mit schwarzem oder buntem Papier und goldfarbenem Filtermundstück im Handel vertreten ist.

Der Umgang mit Tabak prägt die Menschen

Obwohl der Anbau, die Ernte und die Manipulation des Orienttabaks am arbeitsintensivsten sind, sollte doch darauf hingewiesen werden, dass es - wo auch immer - vielerorts auf der Welt Menschen gibt, denen der Tabak zum Lebensinhalt wurde. So sagen die amerikanischen Pflanzer: „Tabak geht ins Blut; wer jemals mit Tabak zu tun hatte, taugt nicht mehr für andere Arbeit." So können wir immer wieder mit Erstaunen feststellen, dass zum Beispiel in Tabakfabriken eine durch das Rohprodukt bestimmte gelassene Atmosphäre herrscht. Quirlig und bunt geht es dagegen auf den amerikanischen Tabakversteigerungen zu. Der Auktionator, auch „Singer“ genannt, ruft in einem kunstvollen stakkatoartigen Singsang die Partien aus. Jede Bewegung der Interessenten - und sei es nur ein Kratzen am Ohr - hat hier seine Symbolik und wird mit einer für den Laien kaum nachvollziehbaren Schnelligkeit registriert. Es ist keine Übertreibung

Lebhaftes Wedeln, Prüfen, Schnuppern, und dazu der rhytmische Gesang des „Singers“, des Auktionators, kennzeichnen die Tabakversteigerung in den U.S.A.

zu behaupten, dass die Stars unter den Ausrufern auch im großen Showbusiness ihre Chance hätten. Auf der Bremer Tabakbörse hingegen, die für Sumatra-Tabake zuständig ist, herrscht hanseatisches „understatement“ vor. Nach Begutachtung der ausgebreiteten Proben der Tabakpartien müssen die Gebote in einem streng limitierten Zeitraum schriftlich eingereicht werden (Einschreibungssystem), und zwar verdeckt in einem versiegelten Umschlag. Wer den höchsten Preis geboten hat, erhält die Partie. Trotzdem - und obwohl man in den entscheidenden Momenten beinahe eine Stecknadel fallen hören könnte - herrscht auch dort eine knisternde Spannung, die der an amerikanischen Plätzen nicht nachsteht. Geht es doch auch in Bremen pro Gebot oft um Millionen.

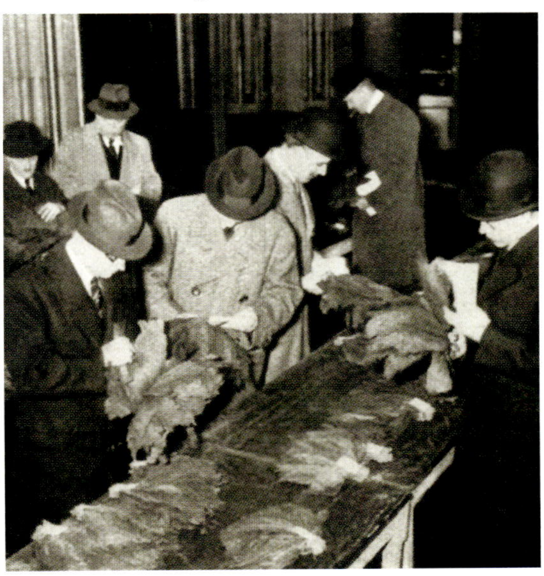

Vornehmer Ernst und konzentrierte Stille sprechen aus diesem Bild von der Probenauslage auf der Bremer Tabakbörse in den frühen 1930er Jahren.

Die Ursprünge des Tabakgenusses und seine Ausbreitung in Europa

An der Schwelle der Menschwerdung stand die Zähmung des Feuers. Doch brachten die Herdstellen in den Höhlen unserer frühen Vorfahren nicht nur Wärme und Licht, sondern als unangenehme Nebenwirkungen auch den beizenden Rauch des Holzfeuers. Vielleicht mögen bereits damals in grauer Vorzeit findige Köpfe herausgefunden haben, dass manche Kräuter und Blätter dem Rauch einen angenehmeren Duft verliehen und so dem Höhlenbewohnerdasein gewissermaßen einen Hauch von Behaglichkeit bescherten. Von dieser Erkenntnis geleitet, war es nur ein kleiner Schritt, dass man im kultischen Bereich die Opferfeuer für die Götter mit erlesenen Spezereien veredelte. Allerdings hatte dieses Geschehen - wenn wir von den Ureinwohnern Amerikas einmal absehen wollen - mit einem Rauchgenuss im heutigen Sinne wenig zu tun.

Indianische Bräuche

Die erste Begegnung mit den Bräuchen indianischen Tabakgenusses fand sehr wahrscheinlich am 2. November 1492 auf Kuba statt. Bartolomé de Las Casas beschreibt die Eindrücke der Spanier bei der Landung: „*Unterwegs begegneten wir vielen Männern und Frauen, die ein kleines Feuerchen mit sich führten, das in den Blättern eines Krautes glühte, dessen Rauch sie einsogen.*“ Kolumbus landete dort in der Bucht von Baracoa, die zum Siedlungsgebiet der Tainos gehörte. Dieser Indianerstamm baute Tabak an und umgab ihn mit Mythen und Legenden. Für sie war Tabak eine göttliche Pflanze, symbolisiert durch die Götterfigur „Cemi“. Wenn die Kaziken (Häuptlinge) vor schwerwiegenden Entscheidungen standen, vielleicht einen Kriegszug planten oder über den Ernteertrag ihren Cemi befragen wollten, wurde der Ritus der „Cohiba“ (Ausdruck der Tainos für Tabak) veranstaltet. Darüber ist bei Pedro Martyr in seinen „Decadas“ (1530) zu lesen: „*Sie gehen in die dem Gott geweihte Rohrhütte oder nehmen durch die Nase Cohiba auf, wie sie die Pflanze nennen, die einen Entrückungszustand der Seele erzeugt. Wenn dann eine momentane Wahnsinnsphase vorüber ist, so bleiben sie – den Kopf vornüber gebeugt und die Hände auf den Knien – kurze Zeit ohne zu sprechen in dieser Haltung und heben schließlich ganz apathisch geworden den Kopf, als seien sie aus einem schweren, tiefen Schlaf erwacht; danach richten sie die Augen zum Himmel und berichten alles, was ihnen der Cemi mitgeteilt hat."*

Kolumbus erste Landung in West-Indien 1492. Nach einem Kupferstich aus „Americae Partes", Frankfurt/M., 1590

Die Cohiba der Tainos kann als Vorläufer unseres Schnupftabaks angesehen werden und wurde mit Hilfe nach innen gewölbter Mahlsteine und einer Mörserkeule zubereitet. Kolumbus berichtet in seinem Tagebuch über einen ähnlichen Kult der Ureinwohner Haitis: *„In diesem Haus haben sie einen Tisch oder eine reichverzierte Platte, rund wie eine Holzscheibe, auf der sich ein wenig von diesem Pulver befindet, das von ihnen auf den Kopf dieser Cemis bei bestimmten Zeremonien gestreut wird; dann nehmen sie mit einem zweiendigen Halm, den sie in die Nasenöffnungen stecken, das Pulver auf."* Aus diesen Schilderungen lässt sich schließen, dass das Tabakschnupfen einer strengen Zeremonie unterlag, während das Rauchen wohl mehr dem unbefangenen Genuss diente.

„Raleighs erste Pfeife in England". Nach einer Karrikatur des 19. Jahrhunderts.

Übrigens unterlag Kolumbus einem Irrtum. Die Indianer bezeichneten nicht das Kraut der Pflanze als „Tabak", sondern das dafür verwendete Rauchgerät. In dem Bericht von Las Casas heißt es: *„Sie nannten diese Stäbchen, mit denen sie es zu sich nehmen Tabak und nicht die Pflanze oder den Schlaf, den diese bei ihnen verursachte."* Andererseits bezeichnet dieser Chronist auch die Zigarre als „Tabak": *„Die Männer hatten alle ein brennendes Holzscheit in der Hand und bestimmte Kräuter, deren Aroma sie einatmeten. Dies sind besonders trockene Kräuter, die in ein ebenfalls trockenes Blatt wie eine Muskete aus Papier [...] eingewickelt wurden. Diese Muskete wird an einem Ende angezündet, am anderen lutschen oder saugen die Eingeborenen oder nehmen den Rauch beim tiefen Einatmen auf: Dadurch wirkt der Körper schlaff und sie sind fast betrunken und deswegen, so sagt man, spüren sie die Müdigkeit nicht. Diese Musketen, oder wie wir es auch nennen mögen, nennen sie Tabak."* Es sollte nicht vergessen werden, welches Staunen, ja Entsetzen jenes feurige Geschehen bei den Europäern auslöste. Die Legende erzählt von einem Pagen Sir Walter Raleighs, der einst voller Schreck seinen Pfeife rauchenden Herrn in Qualm gehüllt vorfand. Da ihm das Pfeifenrauchen noch unbekannt war, glaubte er, Raleigh stünde in Flammen, und übergoss ihn „geistesgegenwärtig" mit einer Kanne Wasser, um seinen Herrn vor der „Feuersbrunst" zu retten.

So ist es nicht verwunderlich, dass in wenig später datierten Berichten bereits der moralisch mahnende Zeigefinger gegenüber diesen naiven Bräuchen der „Wilden" erhoben wird: *„Neben verschiedenen anderen schlechten Gewohnheiten haben die Indianer eine besonders schädliche: Das Inhalieren einer bestimmten Art von Rauch, den sie Tabak nennen, um dadurch eine besondere Art von Betäubungszustand zu erzeugen"*, heißt es bei dem spanischen Historiker Fernandez de Oviedo (1526). Rodrigo de Jerez, welcher der erste europäische Raucher gewesen sein soll, wurde dann auch später von der Inquisition wegen dieser „teuflischen" Besessenheit verurteilt und verbrachte einige Jahre „auf Entzug" in einem Kerker.

Tabak - ein medizinisches Wunderkraut?

Kaum waren die ersten Berichte über die seltsamen Auswirkungen des Tabaks auf Körper und Geist auf die Iberische Halbinsel gelangt, als sich auch schon die Ärzteschaft seiner gründlich annahm. Welch ein Fortschritt für die Medizin, wenn es gelänge, die Kraft des Rauches und der Entspannung als Droge zu verabreichen! Zwar ließen sich nun die Seeleute beim Landgang gern paffend mit ihrer neuen Errungenschaft bestaunen, doch sahen die Ärzte darin viel eher eine Zweckentfremdung. Quacksalberei und ernsthaftes Ringen nach neuen Erkenntnissen lagen zu jener Zeit noch dicht beieinander. Tabak wurde als Extrakt verordnet, und er wurde „medizinisch" geraucht, geschnupft oder gekaut. In besonders hartnäckigen Fällen sparte man - mit Hilfe eines Tabakrauch-Klistiers - auch die rückwärtige Körperöffnung nicht aus.

Dass dem Tabak auch heilende Kräfte innewohnen, ist gewiss richtig. Indianischen Medizinmännern war dies seit Langem bekannt. So mussten sich nach dem Bericht

des französischen Arztes Pierre Barrère (1743) die indianischen Heilkundigen in Guyana einer Tabakprobe als Befähigungsnachweis unterziehen. Nur derjenige wurde als rechtmäßiger Medizinmann anerkannt, welcher *„ungefähr zwey Maass Tabacksaft [...] in einem Zuge vor der ganzen gegenwärtigen Facultät"* austrank und diese starke Giftmenge überlebte. Derart hartgesottene Praktiken muteten sich die europäischen Ärzte des 17. Jahrhunderts natürlich nicht zu, sondern allenfalls ihren Patienten.

Nicolò Monardes (1493-1588), Arzt der Universität Sevilla, behauptete, er habe 36 Krankheiten mit Tabak geheilt. Er riet unter anderem, bei Geburtsschmerzen ein sehr heißes Tabakblatt auf den Nabel zu legen.

Dieses Flugblatt aus der Zeit des Dreißigjährigen Krieges hob die vielfältigen Vorzüge des Tabaks in Versen hervor. Sammlung E. L. Garbáty

Der Utrechter Professor Ysbrand von Diemersbroek (1609-1674) pries den Tabak als nahezu unfehlbares vorbeugendes Mittel gegen die Pest, die 1636/37 in Nijmegen wütete. Verständlicherweise versuchten sich viele Menschen mit Hilfe des Tabakrauches gegen Seuchen zu schützen. Während der Pestepedemie von 1665 in England hielt man die Tabakhändler für immun. Der Abtransport Verstorbener und die Pflege der Kranken geschah ausschließlich im „sicheren" Dunstkreis des Tabaks. Sogar die Jungen der Eliteschule in Eton mussten während der Pest in der Schule rauchen. Wer sich der Rauchpflicht widersetzte, den erwartete die Prügelstrafe. Alfred Dunhill zitiert die Schilderung eines französischen Reisenden über England um 1640: *„Zu gegebener Zeit nimmt jedes Kind sein Buch, zündet seine Pfeife an und der Lehrer, der mitraucht, zeigt ihnen, wie man sie richtig hält, gut stopft usw. So an das Rauchen von Jugend an gewöhnt, sind die Engländer überzeugt, der Tabak sei absolut notwendig zur Erhaltung ihrer Gesundheit."*

Die Behandlung von Kranken mit Rauch bei westindischen Indianern. Nach einem Kupferstich aus „Americae Partes", Frankfurt/M., 1590

In Frankreich wurde der Tabak sogar hoffähig. Jean Nicot, der französische Botschafter in Portugal, schrieb 1560 einen Brief an den Kardinal de Lorraine: *„Ich habe wieder ein Kraut bekommen aus Indien von wunderbarer und erprobter Wirkung gegen das*

Noli me tangere [Hautausschlag] und gegen Geschwüre, die von den Medizinern als unheilbar angesehen werden und ein schnelles einzigartiges Mittel gegen Übelkeit. So bald ich den Samen habe, werde ich Ihrem Gärtner welchen davon schicken und auch eine Pflanze in einem Faß mit einer Anleitung, wie sie gepflanzt und gepflegt werden soll ..." Jean Nicots Name wurde später verewigt, als die Chemiker Reimann und Posselt 1828 das von ihnen erstmals neutralisierte Hauptalkaloid des Tabaks „Nicotin" benannten.

Jean Nicot (1530-1600), nach dem das wirksame Alkaloid des Tabaks „Nicotin" benannt wurde. Nach einer Miniatur von Hendrik Goltzius.

Die Ausbreitung des Tabakgenusses in Europa

Nachdem sich in Spanien, dem Land seiner Entdecker und bis dato „Alleinimporteur", der Tabak stetig wachsender Popularität erfreute, breitete er sich, von Frankreich ausgehend, über ganz Europa aus. Er kam 1560 in die Niederlande und nach Belgien und 1565 nach Augsburg. Die erste deutsche Abhandlung aus kulturhistorischer, naturwissenschaftlicher und medizinischer Sicht gab der Bremer Arzt Johannes Neander 1622 in seinem Buch „Tabacologia". Der Glaube an die wundersame Heilkraft des Tabaks hielt sich lange Zeit. Das edle Kraut ruhte in den steinernen Töpfen der Apotheker und war somit den Krämern, die ihn natürlich zu anderen Zwecken anbieten wollten, als Handelsware verwehrt. Die Raucher mussten ihren heißgeliebten Tabak also zähneknirschend zu „Apothekenpreisen" erstehen. Mehr und mehr wurde dann allerdings aus dem Heilmittel ein Genussmittel.

Die Tabakgegner

Obwohl einige detaillierte Beschreibungen des indianischen Tabakgenusses vorlagen, kann gesagt werden, dass die Spanier und Portugiesen anfangs die Möglichkeiten völlig übersahen, die ihnen aus dem Handel mit Tabak hätten erwachsen können. Ihr Augenmerk war zu jener Zeit auf das gerichtet, was in der Alten Welt bereits als wertvoll galt: Gewürze, Gold und Silber. Das Desinteresse hielt natürlich nicht lange an. Nachdem die Mediziner sich der Tabakpflanze so enthusiastisch angenommen hatten, begannen zahlreiche Europäer mit dem Tabakanbau in Mittel- und Südamerika. Bereits 1580 wurde der Tabak in großem Umfang von Pflanzern in Trinidad, Kuba, Venezuela und Brasilien angebaut.

Da blieben die Neider natürlich nicht aus. Besonders in England mehrten sich die Stimmen, dieses unnütze Laster stärke nur den spanischen Feind. In den Medizinern fanden sie willkommene Unterstützung, da jene ohnehin gegen eine „missbräuchliche" Verwendung des Tabaks eingestellt waren. Die Regierung hatte einen willkommenen und politisch opportunen Anlass, den Tabak mit immer höherem Zoll zu belegen. Schließlich erreichte er 4.000 Prozent des Einfuhrwertes. 1599 kostete ein Pfund kubanischen Tabaks vier Pfund und zehn Shillinge. Für die Armen war er damit schlichtweg unerschwinglich. Sie konnten ihn allenfalls mit Huflattich strecken. Tabak wurde mit Silber aufgewogen: In die eine Waagschale kam der Shilling, in die andere ein Häufchen Tabak, gerade soviel, dass der Zeiger auspendelte. Trotzdem - oder gerade deswegen? - gewann das Rauchen immer mehr an Popularität,

Tabagie in London zur Zeit der Stuarts (1603-1688). Federzeichnung, British Museum.

und der Tabakschmuggel gedieh prächtig. Außerdem versuchten es die Bürger mit dem Eigenanbau, der allerdings unter Strafe stand.

Die Rauchsitten verrohten zusehends. Aufgrund der Tabakgegnerschaft am englischen Hofe wurde der Tabakgenuss mehr und mehr an den Rand der Gesellschaft gedrängt. Man rauchte in verrufenen Kneipen und in den Theatern, die damals noch jahrmarktähnliche Züge trugen. Shakespeare musste es sich gewiss häufig gefallen lassen, mit Knasterqualm umnebelt zu werden. Allerdings erlaubten die gesellschaftlichen Verhältnisse in England bereits nicht mehr, ein absolutes Rauchverbot durchzusetzen. Die Meinungen für und wider den Tabak waren in vielschichtiger Weise mit dem Ruf nach Freiheit verbunden. Wie auch heute noch Kinder eben aus dem Grunde rauchen, weil es verboten ist, war auch damals der Tabak Sinnbild für den Ruf nach mehr Gerechtigkeit und sozialem Ausgleich. Nur vor diesem Hintergrund ist die Geschichte der Rauchkultur überhaupt zu verstehen. Was im ausgehenden 19. Jahrhundert die Knebelung der Sexualität bedeutete, zeichnete sich bereits zweihundert Jahre vorher im Bereich des Tabaks ab. Die Herrschenden sahen in der Freigabe des Tabakrauchens den ersten Schritt zu einer Herrschaft des Pöbels. Dem musste unnachgiebig Einhalt geboten werden. Wie so oft in der Menschheitsgeschichte riefen auch hier die Regierenden Gott zu ihrem Verbündeten an. In einer anonymen Schrift aus der Zeit Jacobs I., betitelt „Work for Chimney-Sweepers; or: A Warning for Tobacconists" („Arbeit für Kaminkehrer oder: Eine Warnung für Tabakraucher") hieß es, es sei besser, mit einem englischen Hanfseil erdrosselt, als mit indianischem Tabak vergiftet zu werden.

Selbst der königliche Bannfluch, den Jacob I. 1604 in Form einer Schmähschrift, „Counterblast to Tobacco", veröffentlichte, konnte die Freunde des Tabaks nicht einschüchtern. Jacob versuchte darin zu beweisen, dass Rauchen ein Werk der Hölle sei. Die Schrift endete mit dem Satz: „ *[...] ein Gebrauch, der unangenehm der Nase, dem Gehirn nachteilig, den Lungen verderblich und wenn ich es so recht sagen soll durch die schwarzen Rauchwolken dem Höllendampf vollkommen gleicht.*" Der König nahm in Oxford persönlich an einer Debatte gegen den Tabak teil. Ein gewisser Dr. Cheynell erklomm während dieser öffentlichen Disputation das Rednerpult mit einer glimmenden Pfeife in der Hand und legte ein ergreifendes Plädoyer ab für die Freiheit des Rauchens. Dennoch endete der Streit für ihn und seine Fraktion von Gleichgesinnten in einer Niederlage.

Tabagie in Amsterdam. Tabakrauch gepaart mit Alkohol zeigt nicht immer angenehme Folgen. Nach einer Abbildung aus „Bacchus Wonderwerken", Amsterdam 1628.

Jacob I. von England (1566-1625), strenger Gegner des Rauchens. Nach einer Miniatur von Isaac Oliver oder Nicholas Hilliard.

Rauchverbote oder: Tabakrauchen, Moral und politische Disziplin

Es begann eine lange und düstere Periode der Rauchverbote; dem Volk wurden die „Daumenschrauben" enger gezogen. Es darf aber nicht unerwähnt bleiben, dass hinter diesen Verboten oft auch ein praktischer und sehr verständlicher Grund stand. Die Städte waren eng verschachtelt und häufig in Fachwerkbauweise angelegt, und so mancher verheerende Brand war wohl auf die Vergesslichkeit eines Pfeifenrauchers zurückzuführen. So erließ Herzog August Wilhelm von Braunschweig-Lüneburg 1725 ein Edikt: *„Tabac rauchen nicht ohne Capsel auf der Pfeiffen. Zuwiderhandlungen sollten mit Pfahl-Stehen und Esel-Reiten, mit Krumm-Schliesen auch wohl Gassen-Laufen bestrafet werden."*

In Bayern und in Preußen war das Rauchen in der Öffentlichkeit bis zum Revolutionsjahr 1848 verboten. Als die hinter ihren Barrikaden verschanzten Berliner Bürger gefragt wurden, was sie denn mit der Revolution erreichen wollten, soll die Antwort gewesen sein: „Wia woll´n freijet Roochen im Tierjart´n!" Der osmanische Sultan Murad IV. verbot das Rauchen unter Androhung schwerster Strafen, da im Koran nichts darüber zu lesen sei (wie konnte es auch), und es somit nicht Allahs Wille sein könne, dass seine Gläubigen rauchten. Ertappten Missetätern wurden ihre Pfeifen durch die Nasenlöcher gestoßen. So verunstaltet, ließ man sie rittlings auf einem Esel durch die Stadt reiten. Michael, der Zar aller Reußen, war da nicht weniger zimperlich. Er erklärte das Rauchen zur Todsünde und führte die „Sündigen" auch prompt dorthin.

Sultan Murad IV. Nach einem Kupferstich aus der Nationalbibliothek in Wien.

Besonders regen Zuspruch fand das „Teufelskraut" bei jenen, die eigentlich von Amts wegen dagegen wettern sollten - bei den niederen Ständen der Geistlichkeit. So ist einem Edikt des „Fürstlichen Consistoriums zu Wolfenbüttel" von 1723 folgende Warnung an die „Pastores" zu entnehmen: *„Es ist dem Consistorium die Nachricht zugekommen, was gestalt, das bei einigen Predigern [...] der Missbrauch des Taback Schmauchens so sehr Überhand genommen, dass sie nicht nur in ihren Häusern der meisten Zeit [...] mit Tabackschmauchen zubringen, sondern sich auch gar in öffentlichen Gelagen [...] in publiken Caffe und Wirthshäusern sich gar öfters mit der Tabackpfeife finden und antreffen lassen."* Als Folge wurde befürchtet, dass sich *„bei Bauern und gemmein Leuten der Priester-Respekt sehr verkleinert."* Hartnäckige Missetäter wurden sogar mit Amtsenthebung bedroht, nach dem Motto: Wer Tabak raucht, der begeht gewiss auch andere Sünden.

Tabakrauchen war also immer an Moral und damit an politische Disziplin geknüpft - ein Zusammenhang, der sich nach Freigabe des Rauchens in späteren Zeiten auf den sexuellen Bereich verlagern sollte. Selbst heutzutage sind - neben einer redlichen Sorge um die Volksgesundheit - bei manchen allzu engagierten Tabakgegnern Töne diktatorischer Besserwisserei und beinahe religiösen Eifers unüberhörbar.

Ein amüsantes Beispiel von politischer Tragweite misslungener Tabakgegnerschaft aus dem 17. Jahrhundert erzählt Washington Irving in seinem Buch „History of New York": Während der Amtszeit des Willem Kieft, genannt „William der Kribbelige", als Gouverneur von Neu Holland kam es unter den Siedlern zu großer Empörung über ein von ihm erlassenes Rauchverbot. Kieft war ein großer Gesetzgeber der kleinlichen Maßstäbe. Mit mikroskopischer Genauigkeit beobachtete er alle öffentlichen Angelegenheiten. Besonders störten ihn die politischen Zusammenkünfte der Leute von Neu Amsterdam. Bei diesen Anlässen, so fand er heraus, wurde viel und gern geraucht. Dort nahm man die Pfeifen kaum aus dem Mund, und er begann zu argwöhnen, dass die Pfeife der Ausgangspunkt sei für eine geheimnisvolle Affinität zwischen Politik und Tabakrauch. Er beschloß, „das Übel bei der Wurzel zu packen" und verdammte fortan den Tabak als schädliches, ekelhaftes (Un-)Kraut, das in jeder seiner Verwendungsformen schmutzig und unwürdig sei. Das Rauchen selbst nannte er eine schwere Belastung der öffentlichen Hand, einen Quell der Trägheit und ein tödliches Gift für das Glück und die Sitten der Bürger. Schließlich erließ er eine Bekanntmachung, welche im gesamten Neu-Holland das Tabakrauchen verbot.

große Menschenansammlung ließ sich, mit Pfeifen und Tabak bewaffnet, vor Willem Kiefts Haus nieder und begann heftig zu rauchen. Die Frauen schafften die „Munition" heran. Wie eine Spinne auf ihr Opfer stürzte Kieft aus dem Hause und verlangte eine Erklärung für diese gesetzwidrige Qualmerei. Die Antwort der Rebellen bestand in einer noch dichteren Wolke Tabakrauchs, vor der sich der wütende Kieft alsbald fluchtartig in sein Domizil zurückzog.

„The Pipe Plot"
Die Bürger von Neu Amsterdam „begrüßen" ihren Gouverneur Willem Kieft mit dichten Wolken von Tabakqualm, um gegen dessen Rauchverbot zu protestieren. Nach einem Gemälde von G. Boughton.

Unseliger Kieft! Hätte er in unserer Zeit gelebt und versucht, die Presse- und Meinungsfreiheit zu beschneiden, er hätte den Freiheitswillen des Volkes nicht empfindlicher treffen können. Die Pfeife war für den Neu Holländer geliebter Quell der Entspannung und Ausdruck seiner schwerblütigen Bedächtigkeit. Sie war sein ständiger Begleiter und sein Trost: War er fröhlich, rauchte er. War er betrübt, rauchte er, um fröhlich zu werden. Nie nahm er die Pfeife von den Lippen. Sie war so gut wie Bestandteil seiner Physiognomie. Ihm also die Pfeife nehmen? Ebenso gut hätte man ihm auch die Nase abschneiden können!

Das Ergebnis dieser Verordnung war dann auch ein öffentlicher Aufruhr. Eine

Es begannen langwierige Verhandlungen. Antonius, der Stadttrompeter, musste zwischen den Parteien vermitteln. Anfangs blieb Kieft in seiner Haltung starr. Doch allmählich „rauchte man ihn ein" und brachte den folgenden Kompromiss zustande: Das Rauchen war wieder erlaubt, doch blieben die langen Tonpfeifen, dieses Sinnbild der Bedachtsamkeit und des Genusses, auch weiterhin verboten. Kieft hielt diese Pfeifen für unvereinbar mit einer zügigen Abwicklung der Geschäfte. An ihrer Stelle verordnete er die kurzen Tonpfeifen, die nur etwa zwei Zoll maßen und bequem im Mundwinkel zu halten waren oder ins Hutband geknüpft werden konnten, so dass sie bei der Arbeit nicht mehr im Wege waren. Also endete dieser bedrohliche Aufstand, der als

„The Pipe Plot“ (Das Pfeifen-Komplott) in die Geschichte einging, wie leider nur wenige Erhebungen und Verschwörungen: Er löste sich in Rauch auf.

Die Vorbehalte der Obrigkeit dem Tabak gegenüber lösten sich zwar nicht ebenfalls in Rauch auf, doch schwanden sie mehr und mehr. Hat also doch die Vernunft gesiegt? Gewonnen haben auf jeden Fall die Finanzminister. Man erkannte sehr schnell, welch enorme Einnahmequelle in der Tabaksteuer schlummerte - und man hat das ja bis auf den heutigen Tag nicht vergessen.

„Der Wohlstand der Nationen“ - hier posiert Edward VII. von England stolz und sehr „relaxed“. Die jahrhundertelange britische Kolonialpolitik hat sich für ihn bezahlt gemacht - nicht so für die Völker in den einst eroberten Ländern. Aus „Smoker's Art“ von Joe & Sue Davidson.

Tabakanbau in Virginia

Macht- und Habgier waren die treibenden Kräfte der Kolonisation Amerikas. Freilich zeigte sich der Wolf anfangs im Schafspelz. Kolumbus und seinen Begleitern wurde von den Indianern aufrichtige Gastfreundschaft entgegengebracht. Deshalb konnte er dem spanischen Königshaus berichten: *„So fügsam, so friedlich sind diese Menschen, dass ich Euren Majestäten schwöre, es gibt auf der ganzen Welt kein besseres Volk. Sie lieben die Nächsten wie sich selbst, und ihre Sprache ist stets sanft und freundlich und von einem Lächeln begleitet.“* Diesen Eingeborenen war jede Zweideutigkeit fremd. Die große Tragik der indianischen Völker besteht gerade darin, dass sie in ihrer naturverbundenen Lebensweise seelisch nicht auf die Doppelzüngigkeit und die grenzenlose Profitgier der Weißen vorbereitet waren. Sie glaubten den Gebärden und übersahen jenes unheilvolle Flackern in den Augen der Gäste, die nur nach Schätzen spürten.

Die Kette unvorstellbarer Grausamkeiten während der Kolonisierung Amerikas ist lang und reicht bis in die Gegenwart. Rücksichtslos plünderten die Spanier und Portugiesen ihre neuen Besitzungen. Dies alles geschah im Zeichen des Kreuzes, und nach den überlieferten Zeugnissen wagte als einziger ein Geistlicher, sich dagegen zu empören. Es war der Bischof Bartolomé de Las Casas, der 1552 seinen „Kurzgefassten Bericht von der Verwüstung der Westindischen Länder“ schrieb: *„Seit vierzig Jahren haben sie unter ihnen nichts anderes getan, [...] als dass sie dieselben zerfleischen, erwürgen, peinigen, martern, foltern und durch tausenderlei ebenso neue als auch seltsame Qualen, wovon man nie etwas ähnliches sah, hörte oder las, auf die grausamste Art aus der Welt zu vertilgen. Hierdurch brachten sie es dahin, dass gegenwärtig von mehr als drei Millionen Menschen, die ich ehedem auf der Insel Hispaniola mit eigenen Augen sah, nur noch zweihundert Eingeborene vorhanden sind [...]. Wir können hier als gewisse und wahrhafte Tatsache anführen, dass in obgedachten vierzig Jahren durch das erwähnte tyrannische und teuflische Verfahren der Christen, mehr als zwölf Millionen Männer, Weiber und Kinder auf die ruchloseste und grausamste Art zur Schlachtbank geführt wurden [...].“*

Die Gründung der britischen Kolonie Virginia

Das zur See- und Handelsmacht aufstrebende England des Elisabethanischen Zeitalters wollte natürlich nicht untätig bleiben. Da nun Mittel- und Südamerika bereits vergeben waren, suchten englische Abenteurer wie Francis Drake und Walter Raleigh im Norden ihr Glück. 1584 wurde die Kolonie Virginia gegründet. Dort warteten freilich keine Schätze auf die Briten. Außerdem war dieses Land bereits von den wehrhaften Powhatan-Indianern bewohnt. Die Nachrichtenübermittlung zwischen den indianischen Stämmen des damals noch sehr dünn besiedelten Amerika dauerte lange. Dennoch waren bereits Gerüchte über die Grausamkeiten der Spanier in den Norden gedrungen, so dass die Engländer nicht gerade freundlich aufgenommen wurden.

Doch erwiesen sie sich als Meister der psychologischen Taktik und wendeten subtilere Methoden an als vor ihnen die Spanier. Für die Engländer war es überlebenswichtig, so lange Frieden zu wahren, bis die erste Siedlung, Jamestown, aus eigenen Kräften überleben konnte. Eigens zu diesem Zweck ließen sie eine Kupferkrone aus England kommen, inthronisierten den Häuptling Wahunsona-cook und verliehen ihm den Titel „König Powhatan". Eitelkeit kennt keine Unterschiede in der Hautfarbe, und der Frischgeschmückte päppelte seine späteren Peiniger erst einmal durch den Winter. Als es dann doch nach einigen Jahren zu erheblichen Spannungen kam, besann sich der Führer der Siedler, John Rolfe, auf einen Brauch europäischer Konfliktvermeidungsstrategie. Er heiratete kurzentschlossen die die Tochter des „Königs", Pocahontas, und gehörte damit gewissermaßen zur Familie. Nun soll ihn Powhatan aus Dankbarkeit die Kunst des Tabakanbaus gelehrt haben. Der Wahrheit näher kommen wir mit der Vermutung, dass John Rolfe zwar die Anbaumethoden der Indianer studiert, an dem herben Kraut aber gewiß keinen Gefallen gefunden haben wird. Wuchsen doch in Virginia um 1610 nur Pflanzen der Nicotiana Rustica. „Warum aber sollten die milden, doch hocharomatischen Blätter der Nicotiana Tabacum aus den spanischen Besitzungen nicht auch hier in Virginia gedeihen?", mag sich Rolfe gefragt haben. Also ließ er 1612 durch einen wagemutigen Kapitän Samen jenes spanischen Tabaks nach Virginia schmuggeln. Aus heutiger Sicht leitete Rolfe damit eine Entwicklung von weltgeschichtlicher Tragweite ein. Wenn Kanada ein Ahornblatt in seiner Flagge führt, so müsste es bei dem großen Nachbarn eigentlich das Tabakblatt sein. Denn nun begann der rasante Aufstieg des virginischen Tabakanbaus. Bereits 1614 konnte man die erste Ernte nach London verschiffen. Der süßlich-milde „Virginia" fand dort schnell Freunde, und im Jahre 1618 wurden bereits 20.000 Pfund davon in der alten Heimat England angelandet.

Das spanische Tabakmonopol war nun durchbrochen, und die Preise sanken in erschwingliche Bereiche. Ein Jahrzehnt später kamen schon 500.000 Pfund über den großen Teich. In dieser Pionierzeit des virginischen Tabakanbaus war die ganze Kolonie von einer Art „Tabakfieber" besessen. In einem Bericht des Captain John Smith über die Stadt Jamestown aus dem Jahr 1617 ist zu lesen: *„Ich fand fünf oder sechs Häuser, eine verwahrloste Kirche, die Palisaden zerbrochen, die Brücke zerstört. Die Kolonisten waren überall verstreut ausschließlich damit beschäftigt, Tabak anzubauen."* Überall waren demzufolge nur

Ein Virginia-Pflanzer auf seiner Plantage beaufsichtigt Sklaven bei Herstellung und Füllen der „Hogshead"-Fässer, in denen der Tabak nach England verschifft wurde.

große goldgelbe Blätter zu sehen. Der Tabak wurde zur Landeswährung. 1619 bezahlte man die erste von Holländern verschiffte „Fracht" von afrikanischen Sklaven natürlich mit Tabak. Selbst heiratswilligen Frauen wurde ihr „Pioniergeist" mit 120 Pfund besten Virginia-Tabaks vergütet.

Auch das Indianerproblem konnte die erstarkende Kolonie nun „pragmatischer" angehen. Häuptling Powhatan war längst in die ewigen Jagdgründe eingekehrt, und seine Tochter inzwischen auf einer Reise ins ferne Europa dem Londoner Nebel zum Opfer gefallen. Natürlich wehrten sich die tapferen Indianer, doch gegen die englischen Feuerwaffen hatten sie nicht die geringste Chance. In kurzer Zeit wurden die etwa 8000 Powhatans auf weniger als 1000 dezimiert.

Noch aber hielt in England der Tabakgegner Jacob I. das Zepter in den Händen. Und obwohl die englische Staatskasse erhebliche Gewinne aus dem Tabakhandel einstrich, war der Anbau in Virginia auf 1000 Pflanzen pro Person beschränkt. 1629 verdreifachte sein Nachfolger Charles I. zwar die erlaubte Anzahl angebauter Pflanzen, die Abhängigkeit der Pflanzer vom englischen Tabakmonopol bleib aber bestehen, und weitere Handelseinschränkungen von Seiten der Krone kamen hinzu, was die Kolonisten zutiefst verbitterte. Nicht zuletzt diese Tatsache war gewiss auch Nährboden

Auf der „Tobacco Road" rollten die riesigen „Hogsheads", von Ochsen und Maultieren gezogen, zum nächstgelegenen Landeplatz, wo sie für die Reise nach Europa auf Schiffe verladen wurden.

für die stetig wachsenden Anstrengungen zu einer Loslösung der Kolonien vom englischen Mutterland, die im Jahre 1773 mit der „Boston Tea Party" ihren offiziellen Anfang nahm. George Washington, selbst Tabakpflanzer, Oberbefehlshaber der Kolonistenarmee und später der erste Präsident der U.S.A., warb im nachfolgenden Unabhängigkeitskrieg unter den Tabakpflanzern um finanzielle Unterstützung und beschwor sie in einem berühmt gewordenen Aufruf: *„Wenn ihr kein Geld zur Verfügung stellen könnt, schickt Tabak!"* Eine Kriegsanleihe Frankreichs über zwei Millionen Livres wurde ihnen mit der Auflage gewährt: „Rückzahlbar in fünf Millionen Pfund besten virginischen Tabaks."

Wer produziert (noch) Pfeifentabak?

Diese Überschrift wird manchen Leser irritieren. Das lässt sich leider nicht vermeiden, wenn wir bei der Wahrheit bleiben wollen. Der Absatz von Pfeifentabak ist seit Jahrzehnten rückläufig. Als wir vor mehr als dreißig Jahren in diese Branche eintraten, wurden in Deutschland noch etwa 3.000 Tonnen Pfeifentabak verkauft. Heute, zum Zeitpunkt der Niederschrift dieses Kapitels im Jahre 2006, sind es nur noch knapp 900 Tonnen. Weltweit wird der Markt für Pfeifentabak zusehends kleiner, was zur Folge hat, dass sich die großen Tabakkonzerne fast vollständig aus diesem Bereich zurückgezogen haben. Dafür ein Beispiel aus eigener Erfahrung: Der Präsident für Pfeifentabak eines großen Konzerns wünschte sich zur besseren Positionierung seiner Handelsmarken eine Reihe von Pfeifenmixturen im Premium-Bereich, verpackt in besonders ansehnlichen Gebinden, und übertrug diese Aufgabe seinem Herstellungsbetrieb. Von dort erhielt er prompt den negativen Bescheid, dass man nach Schließung der eigenständigen Fabrik für Pfeifentabak - nunmehr als „Profitcenter" in eine Zigarettenfabrik eingebunden - derartige „Extravaganzen" nicht mehr leisten könne. So kam man auf uns zu. Wir besuchten diese Leute und vereinbarten mit dem Präsidenten eine Ideenfindungsphase von drei Monaten. Die ersten Ergebnisse sollten bei einem Gegenbesuch in unserer Firma vorgestellt werden. Nach Ablauf der drei Monate besuchten uns zwei völlig verstörte Herren, die uns berichteten, die Zigarettenfabrik mitsamt ihrer Pfeifentabakproduktion sei verkauft worden. Man wisse nun überhaupt nicht mehr, für wen man eigentlich arbeite. Den „Präsidenten Pfeifentabak" hatte man inzwischen auch wegrationalisiert. Obwohl diese Firma im Bereich Pfeifentabak ein Schwergewicht auf dem Weltmarkt darstellt, machte der Pfeifentabak nach Bekundung unserer Besucher gerade zwei Prozent des Konzernumsatzes aus. So ist es. In diesen großen Firmen ist der Bereich Pfeifentabak so eine Art „Blinddarm" - und der wird im Zeitalter des Shareholder Value kurzerhand entfernt.

Pfeifentabak ist daher heute eine Domäne mittelständischer Betriebe, und da gehört er auch hin. Hersteller können und müssen enorm flexibel sein. Die Märkte sind klein, und jedes Land hat seine eigene Bürokratie, die - wie könnte es auch anders sein - ihre Existenzberechtigung in immer neuen Auflagen findet, die den Rauchern und ihren Lieferanten das Leben erschweren. Diese Auflagen gelten für alle Tabakprodukte, sie sind aber eigentlich immer auf die Zigarette zugeschnitten und dort bei dem hohen Automatisierungsgrad auch problemlos zu meistern. So gelten bezüglich der Warnhinweise für eine Zigarette mit Millionenauflage dieselben Vorschriften wie für ein Nischenprodukt im Bereich Pfeifentabak, von dem jährlich nur einige Hundert Dosen verkauft werden. Vierzehn verschiedene Warnhinweise

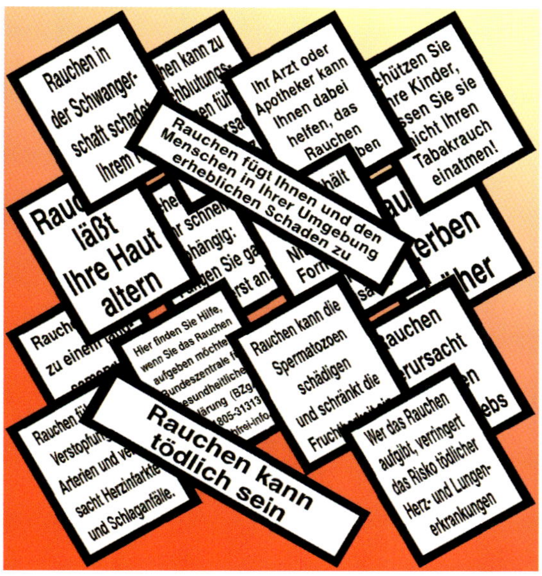

Die 14 Warnhinweise - Kommentar überflüssig!

sind in Deutschland für die Packungsrückseiten vorgeschrieben. Und diese Aufdrucke müssen - man lasse diese schöne Wortneuschöpfung der Bürokratie genüsslich auf der Zunge zergehen - diese müssen „rollieren", was heißen soll: Immer schön der Reihe nach im Wechsel. Dort, wo das alles automatisch geht, da spielen die Großen mit. Für die Kleinen bleibt nur das Gefummel in Handarbeit. Damit nicht genug: Wer nicht „rolliert", wie das Gesetz es befiehlt, macht sich eines Vergehens schuldig. Da winkt der Staatsanwalt schon mit harten Maßnahmen. Und dieses Problem taucht nicht nur einmal auf - nein, dreißig- oder vierzigfach, je nachdem, wieviele Exportmärkte Sie beliefern. Für jeden gelten meist andere Kennzeichnungsauflagen. Hinzu kommt noch der ständige Wechsel solcher Erlasse, da man auch anderenorts in der Welt nicht hinter uns „tüchtigen" Europäern zurückstehen möchte.

Zur Herstellung von Pfeifentabak gehört als unbedingte Voraussetzung die Liebe zum Produkt, und das macht uns wiederum stark. Wer nicht allein Profitinteressen zum Maßstab seines unternehmerischen Handelns macht, der geht auch bei schwerer See nicht über Bord. Natürlich spielt auch hier das Geld eine große Rolle. Denken Sie allein an die finanziellen Vorleistungen, welche die kleineren Hersteller von Tabakwaren heute erbringen müssen. Die Tabaksteuer ist auch in unserem Bereich bei der Rechnungsstellung inzwischen etwa auf gleicher Höhe wie der Warenwert. Wenn weiter, wie beabsichtigt, an der Steuerschraube gedreht wird, kann es so manchen Hersteller zur Aufgabe zwingen, weil er diese Summen nicht mehr vorfinanzieren kann, zumal die Banken in kritischen Zeiten knauserig sind. Dazu passt folgendes Mark Twain zugesprochenes Zitat: *„Banken sind Institutionen, die bei gutem Wetter Regenschirme verteilen, um sie bei schlechtem Wetter wieder einzusammeln."* Genau auf den Punkt getroffen, nicht wahr?

All jene äußeren Zwänge werden stetig zu einer weiteren Verarmung der Angebotspalette an Pfeifentabaksorten führen, zumal auch der Fachhändler in jene Vorleistung der Tabaksteuer eingebunden ist, was heißen soll: Auch er muss die Tabaksteuer vorfinanzieren. Wer heute als Fachhändler ein breit gefächertes Angebot von Pfeifentabak für seine Kunden vorhält, tut dieses also ebenfalls mit einer Portion Idealismus, da sich der Ertrag nicht allein aus dem Warenumschlag herausholen lässt.

Die größten Probleme haben wir noch gar nicht angesprochen: zum einen das in allen Ländern der Europäischen Gemeinschaft geltende Werbeverbot für Tabakwaren, welches in allen Medien (mit Ausnahme fachgebundener Publikationen) jegliche verkaufsfördernde Darstellung von und Information über Tabakwaren untersagt, zum anderen die europaweit verhängten Rauchverbote in öffentlichen Gebäuden und vor allem in der Gastronomie. Diese Beschränkungen werden mit Sicherheit nicht die Einführung neuer Pfeifentabak-Marken befördern. Aus all diesen Gründen haben wir davon abgesehen, Ihnen in diesem Buch einen Überblick und Informationen über die Palette der zur Zeit im Fachhandel angebotenen Marken und Sorten von Pfeifentabak zu geben. Wir bitten dafür um Verständnis.

Zum Schluss eine Anmerkung zum Thema „Zigarre“

Wie das Pfeifenrauchen ist auch das Rauchen von Zigarren von jeher verbunden mit Muße spendendem Genuss. Und genau wie die Verbreitung der Pfeife hatte auch die der Zigarre im Laufe des 20. Jahrhunderts stark unter der Konkurrenz der modernen Version des Tabakrauchens, der Zigarette zu leiden. Schnell und unkompliziert verfügbar, überall und fast jederzeit konsumierbar, das entsprach weit mehr dem immer schnelllebigeren Zeitgeist, als der vergleichsweise umständliche und langwierige Umgang mit der Zigarre - und erst recht mit der Pfeife. Dazu trug gewiß auch das Odium des Behäbigen, „Altbackenen“ bei, das in den Augen der jüngeren Generationen beiden Genussformen leider immer noch anhaftet. Der „Höhenflug“ der Pfeifenkultur in den 1960er und 1970er Jahren mit ihren neuen kreativen

Designs, vor allem aus Dänemark, und damit das hohe soziale Ansehen, welches der Pfeifenraucher genoß, waren nicht mehr in der Lage, diese Entwicklung aufzuhalten oder gar umzukehren. Spätestens seit Mitte der 1980er Jahre gingen die Verkaufszahlen von Pfeife und Tabak weltweit stetig zurück. Auch die Zigarre erfuhr bei uns in Deutschland seit den späten 1960er Jahren einen beängstigenden Niedergang, was in mancher von der Zigarrenproduktion geprägten Region, wie dem westfälischen Bünde, auch erhebliche gesamtwirtschaftliche Probleme brachte. Viele beliebte Marken verschwanden aus den Regalen, viele traditionsreiche Betriebe mußten ihre Tore schließen. Einzig die Fabrikation von kleinformatigen Cigarillos hatte Bestand und bekam sogar Aufwind, als sich, verunsichert von den vermehrt in allen Medien publizierten und diskutierten Gesundheitsschäden durch das Zigarettenrauchen, viele „Umsteiger“ den kleinen schlanken Minizigarren zuwandten.

Gegen Ende der 1980er Jahre begann sich neues Leben zu regen. Bisher wurde das Zigarrensortiment in Deutschland dominiert von den Erzeugnissen heimischer Produktion mit renommierten Namen wie André, Bachschmidt, Dannemann, Engelhardt, Neuhaus, Rinn & Cloos oder Villiger, allesamt klassische Short Filler Zigarren. Natürlich gab es daneben auch Long Filler, wie die kubanischen Originalimporte „Montecristo“, „Partagas“, „Romeo y Julieta“ usw., die sich aber - auch wegen der vergleichsweise sehr hohen Preise - nur ein kleiner Kundenkreis leisten konnte. Anfangs eher zaghaft, dann immer häufiger und auch mit größerer Variationsbreite, tauchten im Sortiment der Importhäuser neue Produkte und Namen auf: Long Filler Zigarren von den karibischen Inseln (der Dominikanischen Republik und Jamaica) und aus Mittelamerika (Honduras und Nicaragua). Nach Castros Revolution in Kuba und dem von Präsident Kennedy verhängten rigiden Embargo für kubanische Produkte waren die U.S.A. 1962 quasi über Nacht von den geliebten Havanna-Zigarren abgeschnitten. Als Folge der einschneidenden Maßnahmen und Enteignungen durch das Castro-Regime hatten zahlreiche Tabakpflanzer, Zigarrenfabrikanten und ihre versierten Mitarbeiter ihr Heil nur noch in der Flucht von Kuba gesehen, auf eine der benachbarten Inseln, nach Florida oder auf das mittelamerikanische Festland - natürlich nicht ohne sich mit einem kleinen Vorrat an kubanischen Tabaksamen einzudecken. In den neuen Heimatländern fanden sie zu ihrem (und unserem) Glück geeignete Böden und ideale klimatische Bedingungen für die

Aufzucht von Tabak und bauten in erstaunlich kurzer Zeit eine neue, stetig wachsende Zigarrenproduktion auf. Dabei kam ihnen zugute, dass sich die U.S.-Importeure alle wichtigen Havanna-Marken für den großen Markt der U.S.A. hatten schützen lassen und nun mit den neuen Produkten aus Honduras, Nicaragua oder der Dominikanischen Republik unter den alten, renommierten Markennamen die große Nachfrage nach „Havana Cigars" befriedigen konnten.

In den U.S.A. erlebte die karibische Zigarre zu Beginn der 1980er Jahre einen wahren Boom, und das trotz der dort vehement um sich greifenden staatlichen Restriktionen gegen das Rauchen. Vielleicht war es aber auch eine Art von „Protesthaltung" - in den U.S.A. hat man es nicht gern, wenn das in der Verfassung verankerte Recht auf „pursuit of happiness", das Streben nach Glück, Zufriedenheit und die freie Ausübung von Berufen oder Freizeitbeschäftigungen, beschnitten wird. Zeitlich leicht verzögert, schwappte diese Renaissance der Zigarre auch nach Europa herüber. Mit dem zunehmenden Reiseverkehr in die U.S.A. hatten immer mehr europäische Raucher die „Ersatz-Havannas" und die inzwischen auch unter den eigenen Namen der Produzenten in den U.S.A. vermarkteten Karibik-Zigarren kennen und schätzen gelernt, so dass auch auf dem „alten Kontinent" die Produkte aus der Neuen Welt nachgefragt wurden.

Es ist wohl in erster Linie dem vor einigen Jahren verstorbenen Hamburger Importeur Michael Kohlhase zu danken, seinen persönlichen Kontakten zu amerikanischen „Tabakern", seiner „Nase" für erfolgversprechende Geschäftsideen und seinem Mut zu manchmal verwegenen Entscheidungen, dass die Long Filler Zigarre in Deutschland so rasch eine derart große Verbreitung und Beliebtheit erreichte. Mit einem für die damalige Zeit unerhört hohen und riskanten finanziellen Einsatz kaufte er Ende der 1980er Jahre containerweise karibische Zigarren ein und vermarktete sie hier in Deutschland zu attraktiven, auch für den kleineren Geldbeutel erschwinglichen Preisen. Seither hat sich das Marktsegment der Long Filler Zigarren rasant vergrößert, alle großen und auch kleinere Importeure zogen nach und erweiterten ihr Sortiment um die begehrten Produkte aus der Karibik und aus Mittelamerika.

Erfreulich an dieser Entwicklung, die von den typischen Attributen einer Modeerscheinung natürlich nicht gänzlich frei ist und daher irgendwann von einer neuen Welle abgelöst werden wird, scheint aus unserer Sicht, dass sich auch immer mehr junge Menschen dem anregenden Genuss von Zigarren zugewandt haben. Viele haben erstmals mit der

Zigarre die Freuden des Tabakgenusses kennen gelernt und Gefallen daran gefunden, diesen Genuß bewusst zu erleben und zu zelebrieren. Der Handel hat sich - nach anfänglichem Zögern - wieder auf die in den U.S.A. gängige und auch bei uns bis in die 1960er Jahre gepflegte Praxis des Einzelverkaufs von Zigarren besonnen - bei Kistenpreisen von oft mehr als 200 Euro würde sonst doch mancher vom Kauf Abstand nehmen. So aber kann der Genießer sein eigenes „Menu à la carte" komponieren - für den eigenen Bedarf oder für einen geselligen Zigarrenabend im Freundeskreis. Diese „tastings", bei denen Zigarren verschiedener Marken und Provenienz gemeinsam genossen, begutachtet und verglichen, zuweilen auch benotet werden, erfreuen sich übrigens sehr großer Beliebtheit, sei es im privaten Rahmen, sei es bei einem der stets gut besuchten, von erlesenen Speisen sowie edlen Weinen und Spirituosen begleiteten „Cigar Dinner". Auch „Cigar Lounges", die vor allem in den größeren Städten entstanden sind - teils im Anschluß an einen Hotel- oder Restaurantbetrieb, teils auch als eigenständige Etablissements geführt - zeugen von dem hohen Beliebtheitsgrad, den die Zigarre auch bei uns heute wieder erreicht hat. Bemerkenswert ist auch die Tatsache, dass auch unter den Jüngeren das Genussrauchen auf diese Weise wieder Zuspruch erhalten hat. So hat das muffige „Opa-Image", das die Zigarre über die vergangenen Jahrzehnte begleitet und in weiten Kreisen der Gesellschaft ihre Attraktivität deutlich geschmälert hat, heute glücklicherweise seine Wirkung verloren.

Besonders erfreulich ist unsere Beobachtung, dass nicht wenige jener „Rauch-Novizen", angeregt durch den Genuss feiner Zigarren und inspiriert durch die Auslagen im gut sortierten Tabakfachgeschäft, sich auch für Pfeifen und Pfeifentabak zu interessieren begonnen und, nach ersten Schritten unter fachkundiger Beratung, zu veritablen Pfeifenenthusiasten „gemausert" haben. Das gibt Anlass zur Hoffnung, dass trotz des starken Gegenwinds aus Politik und Medien in der Zukunft noch mehr junge Menschen den entspannenden und anregenden Genuss von Pfeife und Tabak oder Zigarren für sich entdecken und den Umgang mit diesem über Jahrtausende gewachsenen Kulturgut schätzen, pflegen und in seiner Ursprünglichkeit auch für die nachfolgenden Generationen bewahren werden.

Individual-Pfeife mit wundervoller „Straight Grain"-Maserung aus der Reihe „Collection" von BREBBIA/Italien, dekoriert auf einem von Wellen, Sand und Wind zerfurchten knorrigen Stück Olivenholz am Ufer des Lago Maggiore.

Register

Abbrand 85 f., 94, 100, 187, 190 f., 194 f., 201 f., 208 f.
Abfärben 96
Abguss (s. a. Wassersack) 21, 22, 24
Acryl (-mundstücke) 43 ff., 72, 77, 79 ff., 84 f. , 174 f.
Adapter f. filterloses Rauchen 85
Aging 186, 188
Air Curing 184, 187
Aktivkohle-Filter 83, 84
Aldermen 17
Aluminiumstiel (Pfeifen mit A.) 89
Aluminiumzapfen an Mundstücken 72
Amboseli-Meerschaum 66 f.
Ambroid (-mundstücke) 64
Amphora 88
L'Anatra 42
Anbaugebiete des Tabaks 182, 209
Andrassy, Graf 61
Anti-Raucher-Kampagnen 17, 216 ff.
Antoniewski, Bartolomiej 48, 163
Anzünden 106, 107, 123, 125
Apple (Pfeifenform) 36
Ardor 42
Army (Pfeifenform) 36
Aromatisieren 195, 198 f.
Aromatisierte Mixturen 35, 83, f., 101, 108, 121, 192, 195, 197 f., 208
Aromen 63, 187, 197 ff., 210
Asari 49
Asche 102, 103 f., 107f., 126, 172
Aschebild 191
Aschenbrenner/Stahl 183, 209
Ascherest 102, 110, 172
Ascorti 43, 55, 98
Ashton 39
Atmungsfähigkeit des Holzes 113
Aufbereitung von Tabak 187, 198
Aufbewahren von Pfeifen 116 ff.
Aufbewahren von Tabak 208
August Wilhelm, Herzog 218
Auktion (Tabak-A.) 189, 213
Auswahl einer Pfeife 91 ff.
Axmacher, Frank 160, 161

Balleby, Kurt 153
Balsaholzfilter 86
Bang, Svend 33, 98, 152
Barbi, Rainer 34, 68, 98, 100
Bari 37, 151, 153, 160
Barontini 42 f.
Barrère, Pierre 215
Bartoli, Mauro 42
Baschibagli-Manipulation 211
Basma-Manipulation 211
Baumheide (Erica arborea) 29, 35
BBB 38
Bednarczyk, Zbigniew 48
Beheim-Schwarzbach, Martin 82
Behrens, Heiko 197
Beizen (Färben) 35, 51, 96, 113, 114, 137 f., 144, 168 ff.
Ben Wade 38, 57
Benda, Ernst 78
Bent (Pfeifenform) 36
Bernsteinmundstücke 64, 81, 129
Bestecke 126
Beizen (Einfärben) 35, 51, 96, 113, 114, 137 f., 144, 168 ff.
Biegen von Mundstücken 82, 167f., 173, 175
Bienenwachs 65, 101, 166, 169 f.
Big Ben 42
Billiard (Pfeifenform) 36
Bird's Eye 33, 51, 53, 99, 137, 165
Biss (Mundstück-) 56, 75 ff., 93, 95
Bjarne Pipes 37, 89, 155 f.
Black Cavendish 187 f., 190, 194 f., 198 ff., 206 f.
Blindbohrung 88, 111
Blockmeerschaum 65 ff., 101, 127
Bohrungen 70, 71, 83 ff., 87, 88, 94 f., 101, 111, 114 f., 134 ff., 141 f., 146, 162, 166ff., 170, 173 ff.
Bozener Pfeife 24
Brebbia 42 f., 70, 141 ff., 163
Bremer Tabakbörse 213
Briar (Briar Pipe) 9, 25, 28, 29, 53, 56, 57
Bruyère 28 ff., 52, 105, 106
- Blöcke (Ébauchons) 28, 31 ff., 156, 158, 165
- Ernte 31
- Herkunft 35
- Kanteln 28, 31 ff., 156, 158, 165
- Lagerung 30
- Pfeifen 8, 25 f., 28 f., 37 ff., 103 ff., 141 ff., 148 ff.
- Selbstgemacht 165 ff.
- Vorkommen 29, 30, 35
- Zuschnitte 31 f.
Bürstenreiniger 111
Bullcap (Pfeifenform) 36
Bulldog (Pfeifenform) 36
Burley 28, 185, 192, ff., 206
Busch, Wilhelm 22, 103, 110, 114
Butz-Choquin 40 f.

Cake 201
Calabash (-pfeife) 13, 18, 127 f.
Calabash (Pfeifenform) 36

Caminetto 55, 98
Canadian (Pfeifenform) 36
Carnaubawachs 137 f., 144, 170
Cartier, Jacques 16
Casing 198
Catlinit 9, 14
Chacom 40 f., 88, 145
Charatan 38 f., 57, 71, 98
Charles I. 222
Chenille 111
Cherrywood (Pfeifenform) 36
Cherrywood Pipes 25
Cheynell, Dr. 217
Chiara, Pietro 8
Chonowitsch, Emil u. Jess 8, 33, 34, 49, 98, 146, 152, 156
Churchwarden 18
Civic 38
Coburger Pfeife 24
Cohiba 213 f.
Collier Seed Mais 26
Comoy 9, 38
Consistorium zu Wolfenbüttel 218
Corn Cobs 26 f.
Coupeur 30 ff.
Cross Cut 202, 207
Cross Grain 33, 49, 99 f., 152, 162
Cultured Amber 65, 81 f., 128, 138
Cumberland-Ebonit 43, 71, 78, 138
Curly Cut 200, 202 f., 207
Cut Plug 200
Cutties 17, 20, 24, 64, 66, 97, 200
Cuty-Fort 40

Dänische Geschmacksrichtung 193, 195, 202
Dänische Pfeifen 33, 37, 98 f., 146 ff.
Danmore 151
Dark Fired 185, 192 f., 206
Decker, Uwe 32
Denicool 86
Dera-Pfeife 88
Deutsche Pfeifen 18, 21 f., 25 f., 44 f.,
Diemersbroek, Ysbrand v. 215
Doorrooker 18
Doyle, Arthur Conan 12, 127
Dr. Plumb 38, 89
Drake, Francis 17, 221
Drechslerei (Pfeifen-) 22 f., 25, 28, 46, 141
Drittelfüllung 103
Dublin (Pfeifenform) 36
Duftstoffe 197, 198
Duncan Briars 38
Dunhill, Alfred 9, 25, 53, 56 f., 71, 105, 121, 148, 215
Dunhill-Pfeifen 14, 38 f., 56 f., 78, 87, 89
Durchbrennen 27, 28, 86, 94, 100, 105, 109, 172

Ébauchons 31, 35,
Ebonit 72 f., 78, 138
Ebonitmundstücke 38, 71 ff.
Ebonitrohlinge 71, 73, 77 f.
Ehrenburg, Ilja 13, 109
Eigengeschmack 25, 27, 28, 65, 103, 109
Einbrenner (siehe Durchbrennen)
Einfärben (Beizen) 35, 51, 96, 113, 114, 137 f., 144, 168 ff.
Einfärbung (bei Meerschaum) 21, 63, 65, 101
Einrauchen 25, 65, 100, 103 ff.
Einrauchpaste 104
Elektronic-Feuerzeuge 106, 123 f.
Elisabeth I. 16 f.
Englische Pfeifen 25, 38 ff., 57, 85, 88,
Eskişehir 60
Etuis für Pfeifen 18, 27, 90, 101, 119 ff.
Erica arborea (Bruyère) 28 ff., 52, 105, 106
Ermanno 42
Ernte (Tabak-) 180 ff., 193, 210 f.

Faaborg Piben 153
Fairies (fairy pipes) 17
Falcon 38, 89 f.
Fancy-Mundstücke 75
Fancy-Pfeifen 41, 145,
Fancy Pipes 160
Fassungsvermögen (Etuis, Schränke, Ständer) 117 ff.
Fehler (Holz-) 34, 50 ff., 93, 104, 137 f., 162f., 168 f.
Fehlerhafte Bohrung 71, 94 f., 100 f.
Feinschnitt (Shag) 89, 185, 204
Feinschnittpfeifen (Shagpfeifen) 46, 72
Fermentation 183 ff., 193, 195, 211
Feuchte (von Tabak = Feuchtigkeit von T.)
Feuchtigkeit (Kondensat) in der Pfeife 21, 27, 62, 64, 76, 84 ff., 89, 94 f., 100, 108, 110 ff., 126, 172, 176
Feuchtigkeit von Tabak 84, 131, 181, 185 ff., 188, 192, 194, 198, 208
Feuertrocknung (Fire Curing) 184 f.
Feuerzeuge 106, 123 ff.
Filter für Pfeifen 83 ff.,
Filterpfeifen 26, 42, 44, 64, 70, 79, 84 ff., 93 f., 100 f., 107, 111
Filtersitz 85
Filterzigaretten 46, 82, 88
Finish (Oberflächenbehandlung) 66, 67, 137, 144, 168 f., 177
Finn, Huckleberry 27
Fire Curing 184 f.
Firnis 51, 96, 113, 137 f., 144, 168 f.
Fischschwanzmundstücke 74 f., 82
Fishtailmundstücke 74 f., 82
Flake 89, 194, 197, 200 ff., 207

Flakepfeifen 38, 202
Flakepresse 200, 201
Flame Grain 33, 37, 47, 49, 99, 100,
Flavour, Flavouring 105, 121, 195, 198 f., 208
Flue Cured, Flue Curing 184, 188, 189
Former 45, 52, 98, 104, 146, 152
Französische Pfeifen 32, 40 f., 88,
Freehand-Pfeifen 98, 154, 160
Frickert, Holger 55, 68 , 82, 98, 117, 122, 134 ff., 157, 164
Friedenspfeife 9, 15
Frischhalten von Tabak 208
Fülldichte 107, 201
Füllen des Feuerzeugs 125
Füllen der Pfeife 102, 107 f., 121, 201 ff.
Füllvolumen (Kopfbohrung)38, 89, 90, 93, 202
Funktionalität 92, 135

Garantie auf Pfeifen 105, 125
Garbe, Ingo 98
Gasparini 42
Gasfeuerzeuge 106, 123 ff.
GBD 38, 77
Gebogene Pfeifen 12, 32, 43, 70 f., 76, 86 f., 93 ff., 99, 100 f., 108, 111, 135 f., 162, 166 f., 173, 175, 177
Gegner des Rauchens 17, 216 ff.
Generalüberholung der Pfeife 112 f.
Genussmittel 10, 216
Geruch von Pfeifen 63, 94, 96, 104, 109, 112,
Geruch von Tabak 185, 187, 190, 191, 194, 196, 208
Geruchstest an Pfeifen 112
Geschmack 10, 13, 16, 22, 25, 27, 28, 35, 62, 63, 65, 74, 79, 84, 86, 87, 94, 95, 100 f., 103 ff., 108 f., 121, 123, 128, 184, 186, 188 ff., 192, 194, 198 ff., 202, 208, 209, 211
Gesundheit 10, 12, 83, 121, 215, 218, 224
Gewinde 63 f., 82, 87, 89, 91, 102, 177
Gezer, Hasan 75
Gigi 42
Glimmfähigkeit 84, 191
Glut 18, 24, 84, 89, 94, 103, ff., 126, 191
Gouda 17
Grain (Maserung) 33, 34, 37, 53, 99, 135, 160, 162, 165
Granulat (Filter-) 83, 86
Granulated (Cross Cut) 202, 207
Graphit 172
Grimmelshausen H.J.C. v. 23
Grobschnitt 103
Grosz, George 13
Grundreinigung 112 f.
Gubbels 42
Gummi 20, 72 f., 77 f., 88 f., 121
(s. a. Ebonit, Hartgummi, Kautschuk)
Gummi arabicum 50

Hänger (Pfeifenform = Bent) 12, 36, 40, 93,
Haiti (Pfeifenform) 36
Handcut-Mundstücke 38, 78, 81 f., 175,
Handcut-Pfeifen 31, 33, 39, 42, 43, 45, 51, 55, 63, 70, 76, 81, 98 ff., 134 ff., 146, 150, 153, 155 ff., 160 ff.
Hände (Tabak-Blattreihen) 184, 210
Handgefertigte Mundstücke (s. Handcut-M.)
Handgefertigte Pfeifen (siehe Handcut-P.)
Handmade-Pfeifen (siehe Handcut-P.)
Hansen, Poul 157
Háp, Pavel 46, 47
Hartgummi (s. a. Ebonit) 72 f., 77
Hasan Pipes 75
Hauni-Werke 82
Hechler (u. Seibert) 183
Hickoryholz 27, 185, 192
Hickory Pipes 27
Hobbyblöcke 134, 165, 167
Hobby-Pfeifenmacherei 46, 98, 156 f., 165 ff.
Hogsheads 192, 221, 222
Hohlschliff 76
Holger, Handcut 55, 68 , 82, 98, 134 ff., 157
Holm 33, 63, 64, 65, 70 f., 84, 87 ff., 93 ff., 101, 110 f., 115, 134 ff., 141 ff., 162f., 166 ff.
Holmbohrung 20, 65, 70, 87, 95, 101, 102, 111, 162, 172,
Holm, Preben 154, 155
Holmes, Sherlock 11, 12, 13, 40, 127
Holmrisse 95, 172, 175, 176 f.
Holzbeizen 113, 137 f., 144, 168 ff.
Holzqualität (Holzfehler) 31, 49, 51, 54, 93, 134, 138, 163
Holzstruktur (Maserung) 33, 34, 37, 53, 99, 135, 160, 162, 165
Hookah (s. a. Huka) 129
Horn, Michael 49, 52
Hornmundstücke (u.-rohre) 22 ff., 46, 63, 64, 72
Huka 129

Ilsted, Poul 33, 98, 152
Irving, Washington 218
Isle of Man 67
Ivarsson, Lars u. Sixten 33, 49, 98, 99, 146, 152, 156, 162

Jacob I. v. England 17, 217, 222
Jamestown 221
Japan, Pfeifen aus 49
Jarl-Kolding 41, 54, 151
Java-Tabak 193 f., 210

Jensen, Georg 151, 159
Jerez, Rodrigo de 214
Jet Flame Feuerzeuge 106, 124
Jirsa, Oldrich 46 f., 80
Joura, Karl-Heinz 98

Kalibrieren 141, 146
Kalumet 9, 14 f.
Kalup-Manipulation 211
Kaminwirkung 87
Kammertrocknung 184 f., 188
Kapuzinerkäfer 31
Karbonschicht (Kohleschicht) 65, 94, 100, 102 ff., 107 f., 114 ff., 126, 177
Kauf einer Pfeife 66, 76, 91 ff., 101
Kautabak 185
Kautschuk 72, 80, 120 f.
Kentucky-Tabak 181, 185, 193, 206
Kieft, Willem 218 f.
Kirsten Pipes 89
Kitten 49 ff., 66, 137, 168
Kittfreie Pfeifen 43, 49, 50
Kittstellen 49 ff., 92, 114, 138, 144
Klein, Reiner 98
Knudsen, Holmer 44 ff.
Knudsen, Svend 152
Kohlekruste, Kohleschicht (s. Karbonschicht)
Kolumbus 213 f., 220
Kondensat 21, 27, 62, 64, 76, 84 ff., 89, 94 f., 100, 108, 110 ff., 126, 172, 176
Konditionieren von Tabak 208
Konex-System 85
Kontrastbeizung 35, 50, 71, 137 f., 144, 168 f.
Kopalharz (-mundstücke) 64
Kopfbohrung (Rauchkammer) 19, 65, 67, 70 f., 88, 93, 114, 135 f., 142, 146, 166 ff.
Kopierfräsen 37, 41, 45, 77 ff., 81, 141, 143, 146 ff., 153
Körber, Kurt A. 82
Korsika 28 f., 31 f., 35, 41, 158
Kovacs, Karl 61
Krim-Krieg 23
Kriswill 41, 151
Kruste (siehe Karbonschicht)
Kühlsysteme 87 ff.
Kürbis 127 f.
Kulpinski, Ryszard 47
Kunstharz (-mundstücke) 43 ff., 64, 72, 77, 79 ff., 84 f., 174 f.

L. Wood 39 f., 119
Lack 51, 113 f., 138, 145, 175
Lackierte Pfeifen 41, 51, 113 f., 145, 175
Lacroix, Jean 40
Lagerung der Pfeifen 101, 116 ff.
Larsen, Jørn 149
Larsen, W. Ø. 152
Latakia 185, 194, 195, 196, 198, 201, 203, 207, 208
Lebensdauer, Pfeifen 25, 27, 35, 78
Lebensdauer, Tabakbeutel 121
Leinölfirnis 113, 137 f., 166, 168 f.
Les Wood (siehe L. Wood)
Lippenbiss 40, 42, 75 f., 78
Liverpool (Pfeifenform) 36
Loewe 38
London Made 9, 148
London Straw 18
Lopes, José Manuel 98
Lorenzo 42
Lorenzetti 42, 43
Lorraine, Kardinal de 215
Louisiana Perique 194, 203
Lovat (Pfeifenform) 36
Lufttrocknung 184, 187
Lületaşı 60
Lupenrein 51

MacArthur 27
Mac Baren 131, 151,
Macchia 29 ff.
Maigret 13
Maiskolbenpfeifen 26 f.
Manipulation 209 ff.
Martyr, Pedro 213
Maryland-Tabak 181, 193
Maserung 33, 34, 37, 53, 99, 135, 160, 162, 165
Massa-Meerschaum 63, 66, 67, 127
Masta 38
Mastro de Paja 42, 43, 55, 98
Medico Filter 27
Meerschaum 59 ff.
Meerschaumfilter 83, 84, 86
Meerschaumpfeifen 8, 9, 21, 59, 61 ff.,100 ff.
Mertschcavon 59
Mikke, Jørn 146, 156
Mischungen, Tabak-M.
- aromatisierte 35, 83, f., 101, 108, 121, 192, 195, 197 f., 208
- englische 193, 197, 201, 208, 212
- naturbelassene 116, 192, 193, 195, 196, 197, 208, 212
Missouri Meerschaum 26 f.
Mittelschnitt 207
Mixturen (siehe Mischungen)
Molina 42, 43, 141, 142, 145
Monardes, Nicola 215
Mounds 14
Mr. Bróg 47, 48
Mundstücke 71 ff.

Mundstücke 71 ff.
- Acryl- 43 ff., 72, 77, 79 ff., 84 f. , 174
- Bernstein- 64, 81, 129
- Ebonit-. 38, 71 ff.
- Horn- 46, 64, 72
- Kunstharz- 43 ff., 64, 72, 77, 79 ff., 84 f., 174 f.
Mundstückpolitur 73 f., 95, 112, 170
Mundtabak 185
Murad IV. 218
Mutationen 180, 192

Nachfermentation 202
Nargile 129 f.
Navy Cut (s. a. Flake) 200 f.
Neander, Johannes 216
Nebenstrom 85
Nicot, Jean 215
Nicotiana rustica 16, 221
Nicotiana tabacum 180, 221
Nielsen, Bjarne 89, 155, 156
Nielsen, H. J. (Former) 45, 52, 98, 104, 146, 152
Nielsen, Kaj 75, 153
Nielsen, Poul (Stanwell) 150
Nielsen, Søren Vagn 153
Nielsen, Viggo 153
Nikotin 83, 181, 184, ff., 189 f., 192 f., 195
Nørding, Erik 37, 67, 112, 134, 139, 151, 155
Nordh, Bo 34, 152
Nürnberg 24, 44, 57, 85

Old Boy 119, 122, 124
Oldenkott 25, 26
Olsen, Poul 56
Oom Paul (Pfeifenform) 36
Orienttabak 184, 185, 186, 188, 193, 196, 206, 209 ff.
Orlik 38, 97, 203

Papierfilter 86
Para-Kautschuk 72 ff.
Parker/Masta 38, 57, 85
Perique 194, 203
Peterson 38, 40, 67, 75, 88, 119
PPP (Peterson) 40, 75, 88
Pfeife (die erste P.) 92 ff.
Pfeifen
- Funktion 46, 88, 89, 92, 94, 100, 129, 135, 171
- Handgefertigte 31, 33, 39, 42, 43, 45, 51, 55, 63, 70, 76, 81, 98 ff., 134 ff., 146, 150, 153, 155 ff., 160 ff.
- Lackierte 41, 51, 113 f., 145, 175
- Lagerung 101, 116 ff.
- Lebensdauer 25, 27, 35, 78
- Pflege 110 ff.
Pfeifen
- Politur 73 f., 96, 112 ff., 137 f., 168 ff., 175
- Reinigung 76, 84, 101, 102, 110 ff.
- Rusticierte 51 f., 55 f., 66, 67, 93, 137 f., 139
- Sandgestrahlte 34, 52 ff., 93, 151, 154
- Selbst gemacht 165
Pfeifenascher 44, 96, 118 f.
Pfeifenbestecke 126
Pfeifendoktor 173 ff.
Pfeifendrechslerei 22 f., 25, 28, 46, 141
Pfeifenetuis 18, 27, 90, 101, 119 ff.
Pfeifenfabrik 141 ff.
Pfeifenfeuerzeuge 123 ff.
Pfeifenfüllung 102, 107 f., 121, 201 ff.
Pfeifenholm (siehe Holm)
Pfeifenkitt 49 ff., 66, 137, 168
Pfeifenmacher (siehe handgefertigte Pf.)
Pfeifenmanufaktur (siehe Pfeifenfabrik)
Pfeifenmixturen (siehe Mischungen)
Pfeifenputzer 76, 84, 101, 102, 110 ff.
Pfeifenräumer 115 f.
Pfeifenreiniger 76, 84, 101, 102, 110 ff.
Pfeifenreparatur 173 ff.
Pfeifenrohr 14, 17, 18, 21, 22, 23, 24 27, 28, 40, 49, 63, 64, 129
Pfeifenschränke, -ständer 116 ff.
Pfeifenstein 9, 14
Pfeifentabak (siehe Tabak)
Pfeifenwachs 112, 113
Pflege der Pfeife 110 ff.
Phenolharz (-mundstücke) 64
Philt Pads 86
Pibe Dan 156
Pibemager 34, 49, 134, 146, 152
Piezo (-feuerzeuge, -zündung) 106, 123 f.
Pipe Plot 218 f.
Plateau (-holz, -blöcke) 28, 31 ff., 37, 99, 152, 158, 160, 165
Platten (für Mundstücke) 64, 77, 79, 81 f., 138
Pluggen 200
Plumb, Dr. 38, 89
Poker (Pfeifenform) 36
Polieren 73 f., 96, 112 ff., 137 f., 168 ff., 175
Polinscy, Celina u. Tadeusz 47
Politur (siehe Polieren)
Pollock, John 20
Polnische Pfeifen 21, 47 f.
Polyesterharz (-mundstücke) 65, 81 f., 128, 138
Porzellanpfeifen 21 f.
Pot (Pfeifenform) 36
Pouch (Beutel-, Weichpackung) 204
Pouch (Tabakbeutel) 121
Pressen von Tabak 194, 197, 200 ff., 207
Pressmeerschaum 63, 66, 67, 127
Presstabak (Flake) 89, 194, 197, 200 ff., 207
Prince (Pfeifenform) 36

Prince of Wales 77
Prise (Schnupftabak) 18
Provenienz 181
Purbeck-Ton 17

Raleigh, Sir Walter 16 f., 214, 221
Rasmussen, Anne Julie u. Poul 98, 146, 152,
Raucheigenschaften 26, 39, 46, 47, 50, 53, 66, 93, 100
Rauchgenuss 9, 12, 22, 56, 62, 67, 83, 86, 88, 100, 110, 114, 128, 171, 202, 213,
Rauchkammer 19, 65, 67, 70 f., 88, 93, 114, 135 f., 142, 146, 166 ff.
Rauchkanal 19, 43, 45, 70 f., 72, 76, 77, 80, 85 ff., 88 f., 94, 100 ff., 107, 110 ff., 115, 135 f., 144, 147, 163, 166, 168
Rauchkondensat 21, 27, 62, 64, 76, 84 ff., 89, 94 f., 100, 108, 110 ff., 126, 172, 176
Rauchkultur 9, 11, 13, 16 ff., 29, 47, 56, 57, 185, 217
Rauchsitten 217
Rauchverbote 12, 15, 17, 90, 216 ff., 223
Räumer 115 f.
Raumnote 83, 191, 197, 198
Ready Rubbed 202, 206, 207
Reamer 115 f.
Regenerieren 96, 111, 114, 116
Reibradzündung 123 ff.
Reife, technische 184
Reimann und Posselt 216
Reparatur von Pfeifen 173 ff.
Reservistenpfeifen 22
Rhodesian (Pfeifenform) 36
Rhodesien (Zimbabwe) 182 f., 191, 192, 209
Risse im Pfeifenkopf 102, 115
Rohtabak 180 f., 186 ff.,
Rohtabakhandel 189 ff.
Rohtabaklager 180, 188, 192 ff.
Rolfe, John 221
Ross, Alexander 14
Ruhla 24, 62
Rusticieren 51 f., 55 f., 66, 67, 93, 137 f., 139
Rusticierte Pfeifen (siehe Rusticieren)

Saint Claude 9, 28, 32, 40 f., 80, 141, 145, 148
Sandstrahlen 52 ff.
Sandgestrahlte Pfeifen 34, 52 ff., 93, 151, 154
Sardinien 29, 30, 31, 32, 35, 44
Sättigungsgrad 11
Saucen, Saucieren (Casing) 198
Savinelli 42 f.
Schlitzbiss 76, 78
Schnupftabak 18, 23, 203, 214
Schraubgewinde 63 f., 82, 87, 89, 91, 102, 177
Schum, Odenwald (Schowa) 24
Seibert/Hechler 183
Sepiolith 59
Ser Jacopo 42, 53 f.
Shaabi, Manuel 164
Shell Briar 53, 57
Silikagelfilter 83
Silikagelgranulat 86
Sillem's 119
Simenon, Georges 13
Simplicissimus 23
Smith, John 221
Smoking and Health Report 82
Sortierung, zweite 42, 43, 55, 67, 77, 93, 96
Soßen, Soßieren (Casing) 198
Spanu, Tom 44
Spigot (Pfeifenform) 36, 39
Spots (s. a. Fehler, Holzfehler) 50, 136, 137
Spun Cut 200, 202 f., 207
Ständer (Pfeifen-) 116 ff.
Standpfeife 94
Stangenmaterial 64, 77 ff., 138
Stanwell (Pfeifen) 33, 37, 53, 54, 85, 147, 150 f.
Stanwell, Poul 150
Stapelfermentation 186, 187
Steckverbindung 63
Straight Grain 33, 34, 50, 52 ff., 99, 138, 139, 152, 160, 162, 165
Strambach, Robert 127
Strangtabak (siehe Curly Cut)
Suhr's Pibemageri 152
Sumpf-Erle 23
Svendborg 37, 84, 151
Systempfeifen 44, 88 ff.

Tabagien 17, 216, 217
Tabak 179 ff.
Tabak-Einkäufer 188 ff., 210
Tabakabbrand 85 f., 94, 100, 187, 190 f., 194 f., 201 f., 208 f.
Tabakanbau 16, 182, 183, 185, 187, 209 ff., 216, 220 ff.
Tabakaroma 185, 190, 192, 193, 209, 211
Tabakaufbewahrung 205, 208
Tabakbeutel 121
Tabakblatt 181, 184, 186, 190, 191
Tabakchemie 183
Tabakdosen 204
Tabaker 190
Tabakernte 180 ff., 193, 210 f.
Tabakfabrik, -manufaktur 197 ff.
Tabakfüllung 102, 107 f., 121, 201 ff.
Tabakgegner 17, 216 ff.
Tabakgenuss, Ursprünge 213 ff.
Tabakgeschmack 10, 13, 16, 22, 25, 27, 28, 35, 62, 63, 65, 74, 79, 84, 86, 87, 94, 95, (forts.)

Tabakgeschmack (Forts.) 100 f., 103 ff., 108 f., 121, 123, 128, 184, 186, 188 ff., 192, 194, 198 ff., 202, 208, 209, 211
Tabakglut 18, 24, 84, 89, 94, 103, ff., 126, 191
Tabakindustrie 28, 84, 197
Tabakkonservierung 131, 183, 200
Tabaklager 180, 188, 192 ff.
Tabakmakler 188, 189, 191
Tabakmissbrauch 10, 218
Tabakmixturen (siehe Mischungen)
Tabakpflanze 16, 178, 180, 184, 190, 209, 210, 211, 216
Tabakplatten 200 f.
Tabakpreise 17, 188, 197, 204 f.
Tabakqualität 181, 184, 189, 190, 191, 197, 198, 211, 212
Tabakrest 94, 102, 107f., 126
Tabaks-Collegium 19
Tabaksamen 181
Tabaksaft, Tabaksud (siehe Kondensat)
Tabakschneider 198, 199
Tabakschnitt (-arten) 206, 207
Tabakspinner 203
Tabakspfeife = Pfeife
Tabakstaude (s. a. Tabakpflanze) 28, 209
Tabaksteuer 188, 204 f., 220, 223
Tabakstrang 200, 203
Tabaktöpfe 118, 208
Tabakveredelung 186, 197 ff.
Tabakverpackung 204 f.
Tabakversteigerung 189, 213
Taylor, Billy (Ashton) 39
Teflon 63 f.
Terracotta-Pfeifen 21, 48
Terry-Report 82
Theelacht 19
Tibbe, Hendrik 26
Tilshead Pipe Company 39
Tiroler Pfeife 24
Tobacco Nation 16
Tobacco Road 222
Tobacconist 18, 217
Tombak 130
Tonpfeifen 8, 17 ff., 203, 219
Tonpfeifenbäckerei 17 ff.
Torch-Feuerzeuge 106, 124
Trocknung (von Tabak) 183 ff., 198 f.
Tschechische Pfeifen 46 f.
Twain, Mark 27, 223

Ulmer Maserköpfe 23
Uncle Paul = Oom Paul 36
Upshall, James 39
Ursprünge des Tabakgenusses 213 ff.

VAUEN 25, 44, 55, 57, 85, 90, 111, 113, 115, 172
Verarbeitung des Tabaks 197 ff.
Veredelung des Tabaks 186, 197 ff.
Verdaguer, Joaquin 21
Verfärbung (bei Meerschaum) 21, 63, 65, 101
Verpackung von Tabak 204 f.
Virginia-Tabak 89, 178, 181 ff., 185, 188 ff., 195, 200 f., 203, 206, 207, 210, 220 f.
Vogelaugenmaserung (s. a. Bird's Eye) 33, 51, 53, 99, 137, 165

Warnhinweise 223
Washington, Georges 222
Wasserglas 104
Wasserpfeifen 129 ff.
Wasserpfeifentabak 131
Wassersack (s. a. Abguss) 21, 87, 88
Weichpackung 204
Weichselholzpfeifen 25
Werbeverbot für Tabakwaren 223
Wiener Meerschaum 67
Wild Cut 207
Wood, Les 39 f., 119
Woodstock (Pfeifenform) 36
Würztabak 192, 194, 196

Yard of Clay 18

Zapfen (Mundstück-) 63 f., 70, 72, 79, 82, 84, 171 f.
Zapfenhülse 64, 79, 85, 94 f., 101 f.
Zapfenloch (s. a. Holmbohrung) 70, 95, 135 f., 142, 144
Zapfensitz 95, 171 f.
Zenith (Fayence u. Tonpfeifen) 21
Zettervig 159
Zigarette 9, 10, 23, 46, 82, 181, 184, 185, 212
Zigarrenrauchen 224
Zubehör für Pfeifenraucher 116 ff.
Zündung (bei Feuerzeugen) 123 ff.

Der Virginia-Tabak fasziniert uns immer wieder mit seinen satt grünen großen Blättern und seinen filigranen weiß-rosa Blüten.

Literatur-Empfehlung:

José Manuel Lopes: „Pipes - Artisans and Trademarks"
Das wohl umfassendste Kompendium zeitgenössischer Pfeifenmacher,
die englische Übersetzung des protugiesischen Originals „Cachimbos".
ISBN 972-589-153-8 © 2005 Quimera Editores (ca. 55,- €)

Bezugsquellen für Hobby-Pfeifenmacher, Adressen für Pfeifenreparaturen:

Wir empfehlen, erst einmal Ihren örtlichen Fachhändler aufzusuchen. Bleiben dort Wünsche offen oder ist eine Reparatur nötig geworden, die Ihr Fachhändler nicht ausführen (lassen) kann, so wenden Sie sich vertrauensvoll an folgende Adresse:

DAN PIPE, Hafenstraße 30, D-21481 Lauenburg
www.danpipe.de - E-Mail: pipe@danpipe.de
Telefon: 0 41 53 - 59 89 0 - Fax: 0 41 53 - 59 89 69

Versender von Pfeifen, Tabak und Zubehör sowie Zigarren:

Es gibt in Deutschland mittlerweile einige Firmen, die vorrangig über das Internet zu erreichen sind und über die dort installierte Präsentation direkt an den Endverbraucher versenden. Es gibt aber unseres Wissens nur einen Anbieter, der neben dem Online-Shop auch einen 320-seitigen Farbkatalog, geteilt für Pfeifen- und für Zigarrenraucher, mit einem umfassenden Sortiment für alle Tabakgenießer zu bieten hat:

DAN PIPE - Cigar & Company
Hafenstraße 30, D-21481 Lauenburg
www.danpipe.de - E-Mail: pipe@danpipe.de
Telefon: 0 41 53 - 59 89 - 0 Fax: 0 41 53 - 59 89 69

Internet-Foren für Pfeifenfreunde:

Dem Trend zu verstärkter Nutzung elektronischer Kommunikationsmedien folgend sind in den vergangenen Jahren auch immer mehr begeisterte Pfeifenraucher „auf diesen Zug aufgesprungen". Hier tauscht man Erfahrungen aus, schildert Eindrücke von neuen Tabakmixturen oder berät einander bei der Lösung von Problemen im Pfeifenraucher-Alltag. Aus den mittlerweile recht zahlreichen Foren haben wir hier eine der bewährtesten Adressen als Empfehlung für einen Besuch ausgewählt:

www.daft.de

Impressum

Mit vollem Genuss Pfeife rauchen - Wissenswertes über die Pfeife und den Tabak
Vollständige Ausgabe - Kurt Viebranz Verlag (GmbH & Co. KG)

Erstausgabe 2008 im Kurt Viebranz Verlag (GmbH & Co. KG)
Buchgestaltung und Satz: Holger Frickert
Bildbearbeitung: Einsatz Creative Production, Hamburg
Druck: Neef & Stumme, Wittingen

ISBN 978-3-921595-54-1

Die Autoren haben sich für alle Abbildungen in diesem Buch nach Kräften und bestem Wissen um die Genehmigung zur Publikation durch deren Rechtsinhaber bemüht. Wir danken folgenden Personen und Institutionen für ihre Unterstützung und die Genehmigung zur Wiedergabe von Photos und Illustrationen:

akg-images, Berlin (15, 16, 90, 129)
brebbia pipe, Brebbia/Varese, Italien
Culver Pictures (222)
Denver Art Museum (14)
Deutsches Institut für Filmkunde (11)
Dover Publications Inc. (10)
Dunhill „About Smoke", Privatbesitz Jens Eltner (56, 89, 105, 121)
„Mit vollem Genuß Pfeife rauchen", Falken Verlag
(53, 132, 185, 186, 189, 190, 192
Molina Pipe, Barasso/Varese, Italien
Musée Carnavalet, Paris (203)
New York Public Library (214, 219, 221)
Irnák Osskó, Velburg (21, 22, 23, 61, 62, 65, 130)
Reemtsma Cigarettenfabriken „Tabago - Ein Bilderbuch vom Tabak..."
(181, 200, 203, 210, 211, 212)
SEM Schönberger Ebonite Manufaktur (72, 73)
Ser Jacopo dalla Gemma, Pesaro, Italien
Suhrkamp Verlag, Insel-Taschenbuch 904 „Geschichte des Rauchens"
(214, 215, 216, 217, 218)
VG Bild-Kunst, Bonn © 2008 (14)
Westermann Verlag, Braunschweig (35)
Poul Winsløw, Hvidovre/DK (59)

Fotos Michael Apitz für DAN PIPE (178, 182)
Fotos Heiko Behrens für DAN PIPE (47, 48, 184, 185)
Fotos Everhard Finck, Schnakenbek und Holger Frickert für DAN PIPE
8, 18, 21, 25, 27, 28/29, 33, 37, 38, 39, 40, 41, 42, 43, 44, 45, 46, 49, 50, 54, 57, 63, 65, 66, 67, 68/69, 76, 77, 82, 83, 84, 85, 87, 88, 90, 91, 92, 94, 95, 96, 97, 98/99, 112, 116, 117, 118, 119, 120, 121, 124, 125, 126, 127, 131, 134, 135 - 138, 145, 146/147, 149, 151, 152, 153, 154, 155, 156, 160, 163, 164, 164/165, 192/193, 194, 196/197, 198 - 201, 204, 224, 225

Fotos Holger Frickert für DAN PIPE
2/3, 6/7, 12, 13, 20, 22, 24, 25, 30, 31, 32, 34, 37, 39, 40, 42, 43, 44, 47, 48, 49, 50, 51, 52, 53, 54, 55, 57, 58/59, 62, 64, 66, 70, 71, 72, 73, 74, 75, 77, 78, 79, 80, 81, 84, 85, 86, 87, 89, 91, 93, 100, 101, 102, 103, 106, 106/107, 109, 111, 113, 114, 115, 116, 117, 122/123, 124, 125, 128, 139, 140 - 145, 148, 152, 154, 155, 157, 158, 1610/161, 162, 163, 166 - 176, 177, 180, 181, 185, 190, 191, 194, 195, 196, 201, 202, 204, 205, 206/207, 208, 211, 226/227

für eigene Notizen